C语言学习笔记

从入门到实战

薛小龙◎编著

中国铁道出版社有限公司
CHINA RAILWAY PUBLISHING HOUSE CO., LTD.

内容简介

本书以学习笔记的形式循序渐进地讲解了使用C语言的核心知识，并通过具体实例的实现过程讲解了各个知识点的使用方法和流程。全书简洁而不失其技术深度，内容丰富全面，针对每一个知识点均搭配典型案例讲解和视频；除此之外，本书易于阅读，以极简的文字介绍了复杂的案例，帮助读者扎实理解实践应用。

本书注重知识点讲解的系统性和贴近实战性，可帮助入门读者步步为营，夯实C语言基础；除此之外，对于有一定基础的读者，书中的大量实例和心得经验，可帮助其巩固开发水平，积累实战经验。

图书在版编目（CIP）数据

C语言学习笔记:从入门到实战/薛小龙编著.—北京:
中国铁道出版社有限公司，2019.10
ISBN 978-7-113-26175-7

Ⅰ.①C… Ⅱ.①薛… Ⅲ.①C语言－程序设计 Ⅳ.①TP312.8

中国版本图书馆CIP数据核字（2019）第178903号

书　　名：C语言学习笔记：从入门到实战
C YUYAN XUEXI BIJI : CONG RUMEN DAO SHIZHAN
作　　者：薛小龙

责任编辑：荆　波　　**读者热线电话：**010-63560056
责任印制：赵星辰　　**封面设计：**MXK DESIGN STUDIO

出版发行：中国铁道出版社有限公司（100054，北京市西城区右安门西街8号）
印　　刷：中煤（北京）印务有限公司
版　　次：2019年10月第1版　2019年10月第1次印刷
开　　本：787 mm×1 092 mm　1/16　**印张：**26.25　**字数：**613千
书　　号：ISBN 978-7-113-26175-7
定　　价：59.80元

FOREWORD 前言

从你开始学习编程的那一刻起，就注定了以后所要走的路：从编程学习者开始，依次经历实习生、程序员、软件工程师、架构师、CTO 等职位的磨砺。当你站在职位顶峰的位置蓦然回首，会发现自己的成功并不是偶然，在程序员的成长之路上会有不断修改代码、寻找并解决 Bug、不停测试程序和修改项目的经历。不可否认的是，只要你在自己的开发生涯中稳扎稳打，并且善于总结和学习，最终将会得到可喜的收获。

■ 选择一本合适的书

对于一名程序开发初学者来说，究竟如何学习并提高自己的开发能力呢？选择一本适合自己的开发图书会是一个好的建议。那么什么样的图书才是适合自己的呢，除了对知识点的细致讲解外，更要能实现从理论平滑过渡到项目实战，为此，我们特意策划了本书。

■ 本书的特色

（1）内容全面

本书详细讲解 C 语言所涵盖的所有知识点，循序渐进地讲解了这些知识点的使用方法和技巧，帮助读者快速步入 C 语言开发高手之列。

（2）146 个示例融入其中，面向实战

通过对这些实例的讲解实现了对知识点的横向切入和纵向比较，让读者有更多的实践演练机会，并且可以从不同的方位展现一个知识点的用法，确保读者扎实掌握。

（3）视频讲解，二维码布局全书

本书正文的每一个二级目录都有一个二维码，通过二维码扫描可以观看本小节内容的讲解视频，既包括实例讲解也包括教程讲解，对读者的开发水平实现了拔高处理。

（4）本书售后帮助读者快速解决学习问题

无论书中的疑惑，还是在学习中遇到的问题，群主和管理员将在第一时间为读者解答，这就是我们对读者的承诺。

（5）QQ 群 + 网站论坛实现教学互动，形成互帮互学的朋友圈

本书作者为了方便给读者答疑，特提供了网站论坛、QQ 群等技术支持（通过 QQ：729017304 获得），并且随时在线与读者互动。让大家在互学互帮中形成一个良好的学习编程的氛围。

■ 本书的读者对象

本书以学习笔记的形式系统地讲解了 C 语言的知识点和基本的实战应用，旨在帮助入门级的读者轻松梳理知识点并掌握简单开发技巧。另外，融入书中的开发经验和综合案例，会对有着一定 C 语言开发基础的读者大有裨益，帮助他们提升开发技能、积累实战经验。

■ 致谢

本书在编写过程中，得到了中国铁道出版社编辑的大力支持，正是各位编辑的求实、耐心和效率，才使得本书能够在这么短的时间内出版。另外，也十分感谢我的家人给予的巨大支持。本人水平毕竟有限，书中存在纰漏之处在所难免，诚请读者提出宝贵的意见或建议，以便修订并使之更臻完善。

最后感谢您购买本书，希望本书能成为您编程路上的领航者，祝您阅读快乐！

编者

2019 年 8 月

CONTENTS 目 录

第 6 章 使用流程控制语句

第 7 章 数组存储数据

第 11 章　链表

第 12 章　位运算

第 13 章　预编译处理

第 14 章　文件操作

第 18 章　开发图形化界面程序

第 19 章　学生成绩管理系统

第1章 C语言基础知识介绍

（视频讲解：14分钟）

在当今众多的流行编程语言中，C语言并没有因为其年长而显得老迈，反而在各个领域中经受住了考验，更加老而弥坚，深受广大程序员的喜爱。本章将详细介绍C语言的发展历史，分析C语言老而弥坚的原因，让读者对C语言有一个基本的了解。

1.1 永不过时的C语言

"TIOBE世界编程语言排行榜"是编程语言的圣殿，榜单每月更新一次，榜单的排名客观公正地展示了各门编程语言的地位。"TIOBE世界编程语言排行榜"同时也是编程语言流行趋势的一个重要指标，它基于互联网上有经验的程序员、课程和第三方厂商的数量。在榜单中，过去两年C语言稳居前2。

↑扫码看视频（本节视频课程时间：5分49秒）

1.1.1 品味C语言这一坛老酒

都说程序员的最大悲哀是需要不断地学习新技术，只有这样才能不被现实淘汰。新技术确实带来了科技的进步，但是有一门编程语言历久弥新，这就是C语言！这门在1969年诞生，1990年推出ISO标准的编程语言，已经50周岁了。在受到强大的后来者Visual Basic、C++、Java、C#、Python等语言冲击后，反而一直屹立在科技前沿没有被湮没，并且这个世界根本离不开这坛越老越香的老酒！

TIOBE世界编程语言排行榜是编程语言流行趋势的一个重要指标。TIOBE世界编程语言排名使用著名的搜索引擎（诸如Google、MSN、Yahoo!、Wikipedia、YouTube以及Baidu等）进行计算。在最近几年中，Java语言和C语言依然是最大的赢家。其实在最近几年的榜单中，程序员们早已习惯了C语言和Java的"二人转"局面。表1-1是最近两年榜单中的前两名排名信息，数据截至2019年8月。

表1-1

2018年排名	2019年排名	语言	2018年占有率(%)	2019年占有率(%)
1	1	Java	13.268	16.380
2	2	C	10.158	14.000

注意：“TIOBE 世界编程语言排行榜”只是反映某个编程语言的热门程度，并不能说明一门编程语言好不好，或者一门语言所编写的代码数量多少。“TIOBE 世界编程语言排行榜”可以用来考查大家的编程技能是否与时俱进，也可以在开发新系统时作为一个语言选择依据。

1.1.2 C 语言的发展史

综观当今编程语言世界，C 语言是最流行、使用最广泛的程序设计语言之一。C 语言具有绘图能力强、可移植性等优点，并具备很强的数据处理能力，因此适合编写系统软件、二维图形、三维图形和动画程序。

还要说一说 Java、C++ 和 C# 这些语言，它们都是面向对象的编程语言。面向对象的编程语言比面向过程的 C 语言确实更为优秀，但是它们都是在 C 语言取得骄人成绩后才推出的，并且或多或少都借鉴了 C 语言的一些语法特点。更确切地说，Java、C++、C# 都借鉴了 C 语言的一些优点和语法规则，然后进行了改良，这些具体特点将在后面向你一一介绍。接下来我们先看一看 C 语言的发展历程：

- 1963 年，剑桥大学将 ALGOL 60 语言发展成为 CPL（Combined Programming Language）语言。
- 1967 年，剑桥大学的 Matin Richards 对 CPL 语言进行了简化，于是产生了 BCPL 语言。
- 1973 年，美国贝尔实验室的 D.M.RITCHIE 在 BCPL 语言的基础上设计出了一种新的语言，他取 BCPL 的第二个字母作为这种语言的名字，这就是 C 语言。
- 1977 年，为了推广 UNIX 操作系统，Dennis M.Ritchie 发表了不依赖具体机器系统的 C 语言编译文本《可移植的 C 语言编译程序》。
- 1978 年，Brian W.Kernighian 和 Dennis M.Ritchie 出版了名著 *The C Programming Language*，促使 C 语言成为世界上流行最广泛的高级程序设计语言之一。
- 1989 年，随着微型计算机的日益普及，出现了许多 C 语言版本。由于没有统一的标准，这些 C 语言版本之间出现了一些不一致的地方。为了改变这种情况，美国国家标准研究所 (ANSI) 为 C 语言制订了一套 ANSI 标准，成为现行 C 语言的主要特点。
- 1990 年，美国 ANSI 标准被国际标准化组织 ISO 采纳，被命名为 ISO/IEC9899:1990，有些地方称为 C89，有些地方称为 C90 或者 C89/90，成为最初的国际标准。
- 2011 年 12 月 8 日，国际标准化组织（ISO）和国际电工委员会（IEC）旗下的 C 语言标准委员会（ISO/IEC JTC1/SC22/WG14）正式发布了 C11 标准。

1.1.3 学习 C 语言还有用吗

C 语言正式诞生于 1973 年，是一枚即将年满 50 岁的老大叔啊。坊间一直流传说 C 语言不是面向对象的，功能不如面向对象的编程语言（例如 Java、C++、C# 等）强大，学习 C 语言已经落伍了，真是这样吗？

其实在很多初学者的心底埋藏着一个问题：C 语言会不会只是人们学习程序设计的一块小小的垫脚石，而没有了实际的使用价值？当然不是！某位 IT 界知名大佬给你几句金玉良言：越是基础的语言，越是能实现强大的功能，越是具有强大的生命力。在软件开发行业中，许多好的软件和系统都是由汇编语言和 C 语言等编写出来的。C 语言不仅是软件开发的基石，而且有着强大的生命力。事实胜于雄辩，前面表 1-1 中的统计数据中你已经看到了，身为“70 后”的 C 语言长期占据当前使用率排名的第二位。

不是面向对象的 C 语言，为什么还有这么多的程序员在使用呢？这是因为 C 语言具有强大的功能，C 语言在 Windows 平台上主要用于系统底层驱动的开发。特别是在 Linux 或 Unix 系统中，C 语言一直到现在都还是主流中的主流，C 脚本和 Shell 构建了一整套 Unix/Linux 哲学。

依据多年的开发经验，可以将 C 语言的成功原因简单地总结为如下 3 点：

- 语法简单，是学习其他语言的基础，很多高级语言都是 C 语言的变种。
- 符合 Unix/Linux 开发哲学，特别适合和其他语言联合开发大型软件程序。
- C 语言活跃于底层驱动开发、Linux 系统开发和 Unix 系统开发中，是这些领域中当之无愧的霸主。Android 系统的底层源码，便是基于 Linux 使用 C 语言实现的。而我们熟知的苹果手机系统 iOS 和苹果商店中的软件，也是用 C 语言的变种 Objective-C 开发的。

1.2　认识第一段 C 语言程序

在前面已经讲解了 C 语言的发展历史和经久不衰的原因，在接下来的内容中，将编写第一段简单的 C 语言程序，让大家初步认识 C 语言的魅力。

↑扫码看视频（本节视频课程时间：4 分 56 秒）

1.2.1　编写第一段 C 语言程序

实例 1-1：第一段 C 语言程序（定义变量并进行算数操作）

源码路径：下载包 \daima\1\1-1

本实例的实现文件为“first.c”，在里面定义了多个变量，并对变量进行了各种类型的算数操作。文件 yuehui.c 具体代码如下所示。

```
① #include <stdio.h>                          //引用头文件
② int m;                                     //定义全局变量
③ int min(int x,int y);                      /声明自定义函数min()
④ int main()
⑤ {
⑥   int a,b;                                 //定变量
⑦   printf("\nEnter two Number:");           //调用库函数，输出函数
⑧   scanf("%d,%d",&a,&b);                    //调用库函数，输入函数
⑨   m=min(a,b);                              //用用户定义的函数
⑩   printf("Minimum:%d\n",m);

⑪ }
⑫ int min(int x,int y)//程序员自定义函数min()
⑬ {
⑭   int t=0;                                 //声明变量
⑮   if(x<y) t=x;                             //如果x小，则输出x
```

```
⑯   else t=y;                                    // 如果 x 大，则输出 y
⑰   return(t);
⑱ }
```

上述代码的含义是，对用户输入的数值 x 和 y 进行大小比较，并输出较小的数值。初学者一定要注意，务必要使用英文格式的输入法编写 C 语言程序。

第①行通过 #include 语句引用输入和输出的头文件 stdio.h，头文件是一个外部文件。

第②行定义全局变量 m，全局变量可以在当前文件中使用。

第③行声明自定义函数 min()，只是声明拥有两个 int 类型的函数参数 x 和 y 而已。函数 min() 的具体功能由第⑫～⑱行实现。

第④～⑪行是程序主函数 main() 的实现代码，C 语言中的主函数名被固定为 main()，每个 C 程序有且只能有一个主函数。主函数 main() 是 C 语言程序第一个运行的函数。

第⑥行声明两个 int 类型的局部变量 a 和 b，局部变量的意思是 a 和 b 只能在这个主函数中使用；

第⑦行和第⑧行分别调用了 C 库函数 printf() 和 scanf()，库函数是 C 语言官方提供的、预先编写好的函数；

第⑨行调用了用户自定义的函数，自定义函数是程序员自己编写的。

第⑫～⑭行编写自定义函数 min() 的具体功能实现。

第⑫行声明自定函数 min() 的格式，里面包含两个 int 类型的参数 x 和 y。

第⑭行定义了局部变量 t，并设置其初始值为 0，局部变量的意思是 t 只能在这个自定义函数中使用。

第⑮行和第⑯行对 x 和 y 两个参数进行大小判断，将较小的值的大小赋给变量 t。

第⑰行返回变量 t 的值。

注意：对上述代码的讲解使用了 C 语言中的大量专业名词，例如变量、常量、函数等，读者只需要有一个大体了解即可。在本书后面的内容中，将对这些专有名词进行详细讲解。

1.2.2 分析 C 语言程序的具体组成

下面将以上述实例 1-1 为素材，介绍 C 语言程序的具体组成。在现实应用中，每个 C 语言程序都由如下 8 个部分构成。

1. 主函数 main()

每个 C 语言程序必须至少包含一个主函数 main()，这是 C 语言程序中必不可少的组成部分。使用主函数的具体格式如下所示。

```
int main(){
        函数体
}
```

函数体可以分为说明部分和执行部分两个部分，说明部分用于定义变量的数据类型，而执行部分用于实现想要的具体功能。

主函数 main() 可以被放于程序内的任何位置，但是程序执行时将首先执行主函数，并且也大多数从主函数结束。主函数可以调用其他的函数，但是其他函数不能调用主函数。

2．引用头文件

在 C 语言程序中，经常会用到输入函数和数学函数等，而这些函数都被事先做好放在了各种的“头文件”中，开发人员只需引用这些相应的“头文件”即可实现对各种函数的使用。在 C 语言程序中，引用头文件的语法格式如下：

```
# include <头文件>
```

在 C 语言程序中加上“头文件”的引用，就是将头文件的内容整体嵌入所编写的源程序中。有些头文件是 C 语言官方已经编写好的，这被作为库函数。我们可以直接使用 #include 语句来使用在头文件中定义的库函数，这样可以大大提高开发效率。而有些头文件是程序员自己编写的，这种自己编写的头文件通常是在开发过程中经常用到的功能模块。

在上述实例 1-1 的代码中，文件 stdio.h 是 C 语言官方定义的，在里面编写了实现信息输入和输出相关的函数（printf 和 scanf）。如果不用 #include 语句引用头文件 stdio.h，要想在上述代码实现信息输入和输出相关的功能，就需要开发者自己编写大量的函数代码来实现，会耗费大量的时间和精力，降低开发效率。C 语言官方提供的常用“头文件”有 stdio.h（输入 / 输出函数）、math（数学函数）和 string.h（字符和字符串函数）等。

注意：究竟什么是头文件呢？头文件是 C 语言官方定义的程序文件和函数，通过这些文件函数可以实现数学运算、文件处理等功能。当开发者遇到这些数学运算和文件处理等功能时，只需直接调用 C 语言官方提供的头文件即可，不用开发者自己编写代码。

3．变量的定义部分

变量是被用于存储信息的内存单元赋予的名称。在程序运行时，程序使用变量存储各种信息。如果在 C 语言中使用变量，必须在使用前定义它。

4．函数定义的说明部分

此部分的功能是将程序中包含的函数在实现和调用它之前进行声明，并将有关信息通知编译系统。函数声明不同于函数实现，后者包含了实现具体功能的组成函数的实际代码语句。在上述代码中，第 3 行是函数 min() 的声明部分，而第 12 行到第 18 行是函数 min() 的实现部分。

5．函数的实现部分

函数的实现部分是完成具体的功能，这些具体功能需要编写一些代码来实现。除了 main() 主函数和系统提供的 C 库函数（上面代码中的 printf() 和 scanf()）外，其他的函数都是用户自定义的函数。这些函数都包括说明部分和函数体，说明部分用于说明函数的名称、类型和属性等信息；而函数体是函数说明部分下面的“{}”内的部分代码。

6．注释

C 程序中的注释以“/*”符号开始，以“*/”结束，注释的内容不会被编译，也不会被执行，它可以出现在程序的任何位置。注释可以占一行或多行，当只占一行时，可以使用“//”来注释。例如在上面的代码中，笔者使用的是单行“//”注释。

在程序中放入注释语句，可以提高程序的可读性。当程序规模很大或很复杂时，可以通过注释来规划程序的功能，并便于后期维护。

7．大括号“{}”

大括号“{}”的功能是将组成每个 C 函数的程序括起来，大括号中的语句被称为代码块。

（8）分号“;”

分号“;”的功能是表示每条语句的结束，这是 C 语言程序的必要组成部分。

1.3 如何学好 C 语言

前面细致地分析了 C 语言的程序，林林总总有 8 个组成部分，是否感觉到有些迷茫了？初学者应该如何学好 C 语言呢？关于怎样学好 C 语言，这是仁者见仁、智者见智的。根据笔者多年的经验，建议遵循如下的 4 个原则。

↑扫码看视频（本节视频课程时间：2 分 27 秒）

1．多看代码

在有了基本的语法基础以后一定要多看别人的代码，注意代码中的算法和数据结构。学习 C 语言的关口是算法和数据结构，而在数据结中，指针是其中重要的一环。绝大多数的数据结构是建立在指针之上的，例如链表、队列、树、图等。由此可见，只有学好指针才能真正学好 C 语言。别的方面也要关注一下，诸如变量的命名、库函数的用法等。有些库函数是经常用到的。对于这些函数的用法就要牢牢记住。

2．多动手实践

程序开发比较注重实践和演练，光说不练是假把式。对于初学者来说，可以多做一些练习，对于不明白的地方，可以亲自编一个小程序实验一下，这样做可以给自己留下一个深刻的印象。在自己动手的过程中，要不断纠正自己不好的编程习惯和错误认识。在有一定的基础之后，可以尝试编一点小游戏，可以参考相关资料来编写一定规模的代码。基础比较扎实的时候，可以编一些关于数据结构方面的东西，例如经典的学生管理系统和图书借阅系统等。

3．学习要深入，基础要扎实

基础的作用不必多说，在大学课堂上曾经讲过了很多次，在此重点说明“深入”。职场不是学校，企业要求你能高效地完成项目功能，但是现实中的项目种类繁多，我们需要从根本上掌握 C 语言技术的精髓。走马观花式的学习已经被社会所淘汰，入门水平是不会被开发公司接受的，他们需要的是高手。

4．恒心，演练，举一反三

学习编程的过程是枯燥的，我们需要将学习 C 语言当成自己的乐趣，只有做到持之以恒才有可能学好。另外编程最注重实践，最怕闭门造车。每一个语法，每一个知识点，都需要反复地用实例来演练，只有这样才能加深对知识的理解。同时要做到举一反三，实现相关联知识的触类旁通。

第 2 章

安装 C 语言开发工具

（视频讲解：16 分钟）

在开发 C 语言程序之前，需要选择一款专业的开发工具，只有这样才能达到事半功倍的效果。本章将简要介绍三款常用的 C 语言开发工具，详细介绍它们的安装、使用和调试运行的方法，为读者步入本书后面知识的学习打下基础。

2.1 一步到位的 Visual Studio

笔者建议使用史上最强开发工具——Visual Studio，这款工具可以开发 C、C++、C#、Python、ASP.NET 等程序。等你学完 C 语言后，如果想学习 C++、C#、ASP.NET，就不用更换开发工具了。本节将详细讲解安装 Visual Studio 2017 的知识，并介绍使用 Visual Studio 2017 调试 C 语言程序的方法。

↑扫码看视频（本节视频课程时间：9 分 38 秒）

2.1.1 安装 Visual Studio 2017

现在 Visual Studio 的最流行版本是 Visual Studio 2017。在微软公司推出的 Microsoft Visual Studio 2017 安装包中，主要包含如下 3 个版本。

- 企业版：能够提供点对点的解决方案，充分满足正规企业的要求。这是功能最为强大的版本，价格最高。
- 专业版：提供专业的开发者工具、服务和订阅。功能强大，价格适中，适合专业用户和小开发团体。
- 社区版：提供全功能的 IDE，完全免费，适合一般开发者和学生。

接下来，我们以企业版为例，讲解 Visual Studio 2017 的安装。

安装 Microsoft Visual Studio 2017 企业版的具体流程如下。

（1）登录微软 Visual Studio 官方网站：https://www.visualstudio.com/zh-hans/，如图 2-1 所示。

图 2-1

（2）单击“下载 Visual Studio”下的“Enterprise 2017”链接开始下载，如图 2-2 所示。下载后得到一个 exe 格式的可安装文件“vs_enterprise__2050403917.1499848758.exe”。如图 2-3 所示。

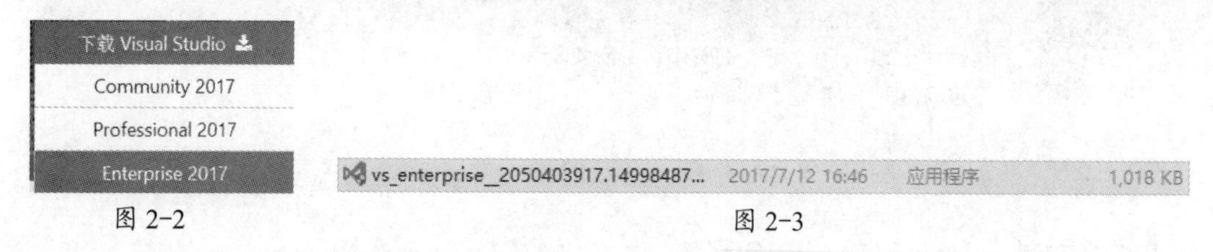

图 2-2　　　　图 2-3

（3）鼠标右键单击下载文件“vs_enterprise__2050403917.1499848758.exe”，选择使用管理员模式进行安装。在弹出的界面中单击“继续”按钮，这表示同意了许可条款，如图 2-4 所示。

图 2-4

（4）在弹出的“正在安装”界面选择你要安装的模块，本书内容需要选择安装如下所示的模块：

- 通用 Windows 平台开发
- .NET 桌面开发

上述各模块的具体说明在本界面中也进行了详细说明，如图 2-5 所示。在左下角设置了安装路径，单击“安装”按钮后即开始进行安装。

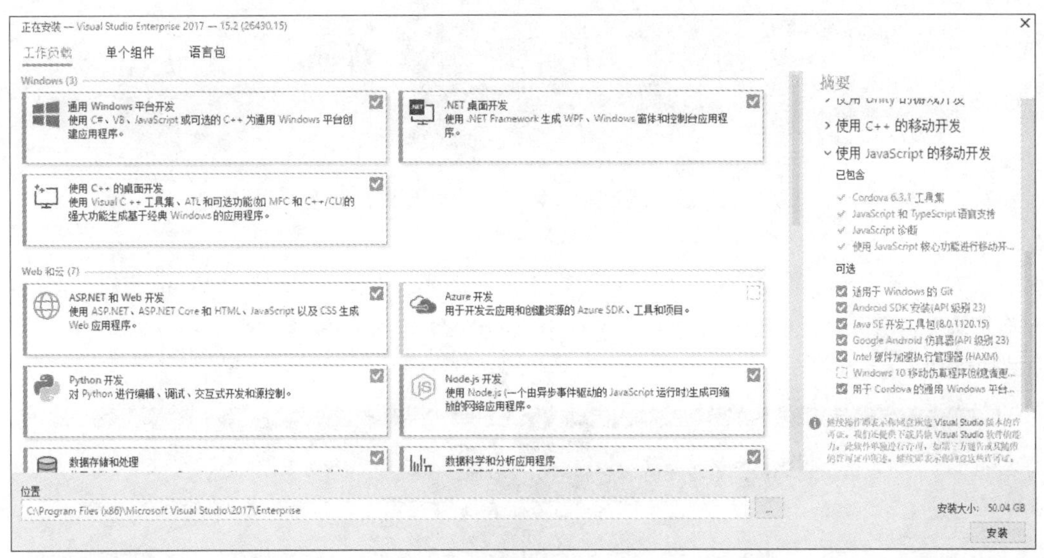

图 2-5

（5）单击“安装”按钮后弹出安装进度界面，这个过程比较耗费时间，读者需要耐心等待，如图 2-6 所示。

（6）安装成功后的界面效果如图 2-7 所示。

图 2-6　　　　　　　　　　图 2-7

（7）依次单击“开始”“所有应用”中的“Visual Studio 2017”图标就可启动我们刚安装的 Visual Studio 2017，如图 2-8 所示。

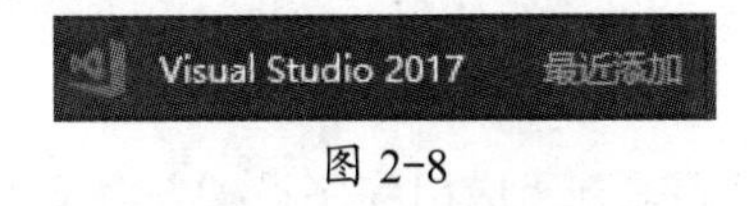

图 2-8

2.1.2　使用 Visual Studio 2017

在下面的实例中，演示了使用 Visual Studio 2017 运行一个 C 程序的方法。

实例 2-1：使用 Visual Studio 2017 运行一个 C 程序

源码路径：下载包 \daima\2\2-1

（1）打开 Visual Studio 2017，依次单击顶部菜单中的“文件”“新建”“项目”命令，如图 2-9 所示。

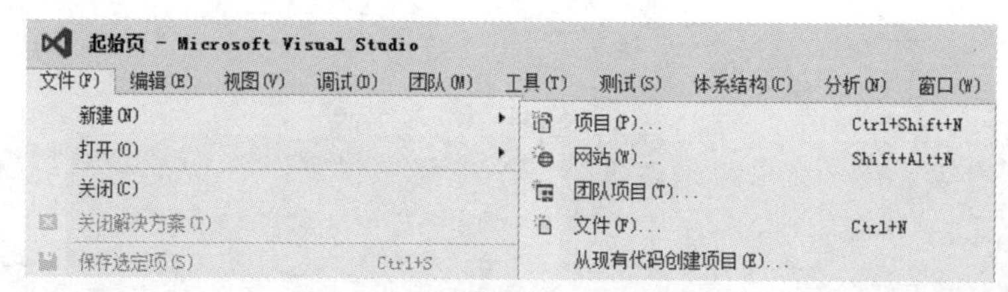

图 2-9

（2）在弹出的“新建项目”对话框界面中，在左侧“模板”中选择“Visual C++”选项，在右侧选中“Win32 控制台应用程序”，在下方的“名称”中设置本项目的名称为“C++1”，如图 2-10 所示。

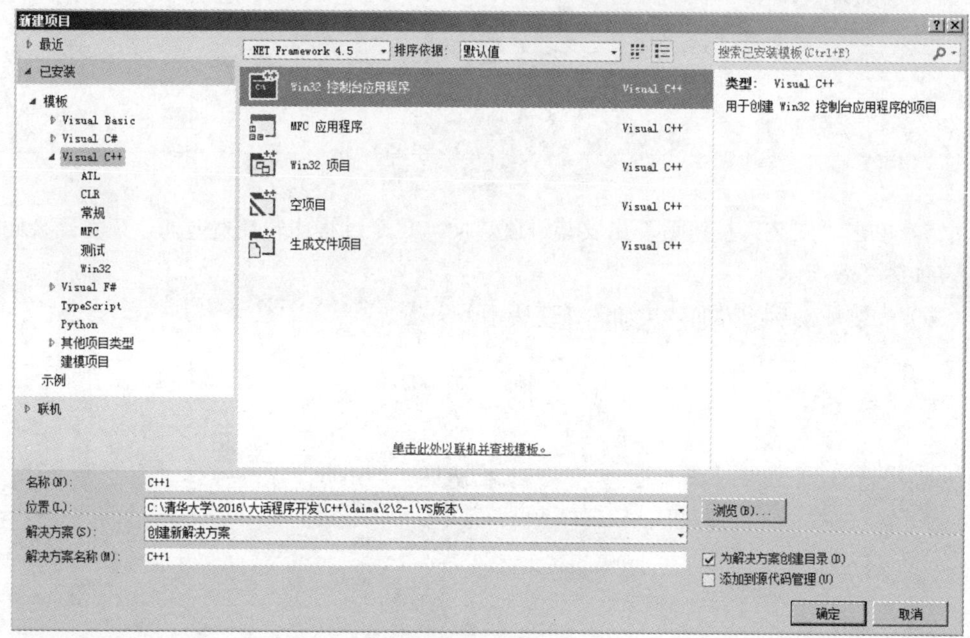

图 2-10

注意：因为向来 C 语言和 C++ 语言不分家，所以 Visual Studio 2017 并没有专门为 C 语言提供模板，而是同时对 C 语言和 C++ 语言提供了同一个模板“Visual C++”。所以在使用 Visual Studio 2017 创建 C 语言项目时，只能在左侧“模板”中选择“Visual C++”选项。

（3）单击“确定”按钮后来到“欢迎使用 Win32 应用程序向导”对话框界面，如图 2-11 所示。

（4）单击“下一步”按钮后来到“应用程序设置”对话框界面，在上方的应用程序类型中勾选“控制台应用程序”复选框，在下方的附加选项中勾选“预编译头”复选框，如图 2-12 所示。

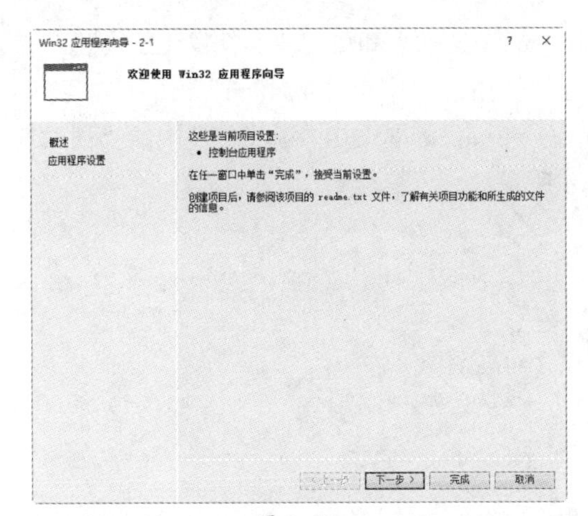

图 2-11

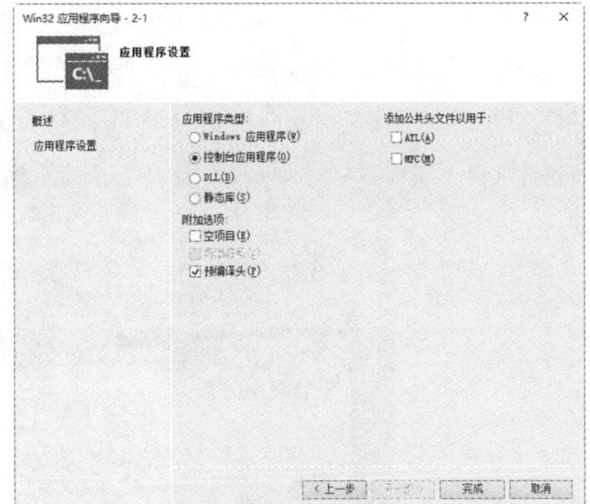

图 2-12

（5）单击“完成”按钮后会创建一个名为“2-1”的项目，并且会自动生成一个名为“2-1.cpp”的程序文件，如图 2-13 所示。

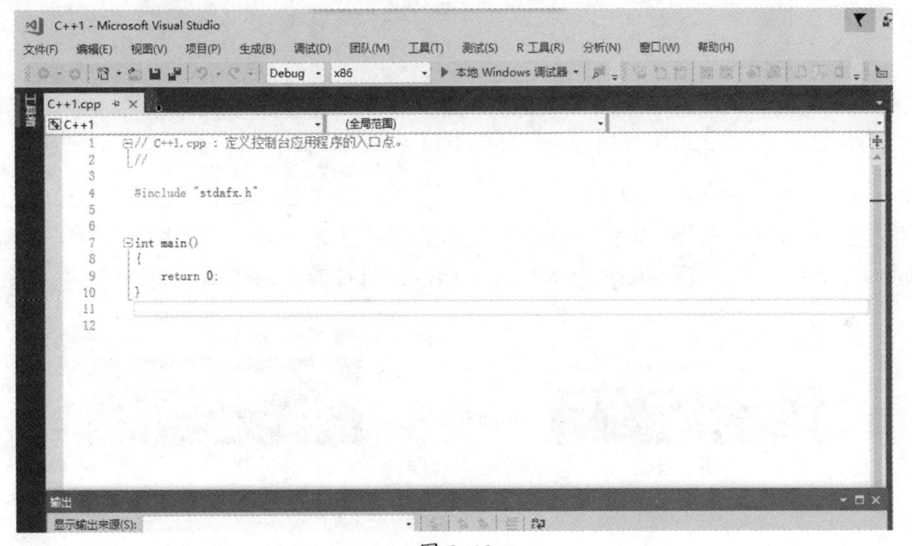

图 2-13

（6）将前面实例 1-1 中的代码复制到文件 2-1.cpp 中，具体实现代码如下所示。

```
#include "stdafx.h"                         //必须使用这个头文件
int m;                                      //定义全局变量
int min(int x, int y);                      //声明函数 min
int main(){
   int a, b;                                //定义变量
   printf("\nEnter two Number:");           //调用库函数，输出函数
   scanf("%d,%d", &a, &b);                  //调用库函数，输入函数
   m = min(a, b);                           //调用用户定义的函数
   printf("Minimum:%d\n", m);
}
int min(int x, int y) {                     //定义函数
   int t = 0;                               //声明变量
   if (x<y) t = x;                          //如果 x 小，则输出 x
   else t = y;                              //如果 x 大，则输出 y
   return(t);                               //返回 t 的值
}
```

通过上述代码可知，和前面的实例 1-1 相比，只是文件名和引用头文件发生了变化。在 Visual Studio 2017 环境中是“.cpp”格式的文件，引用的头文件是“stdafx.h”。

（7）开始调试上面的 C 语言程序，依次单击 Visual Studio 2017 顶部菜单中的“调试”“开始执行（不调试）（H）”命令，如图 2-14 所示。

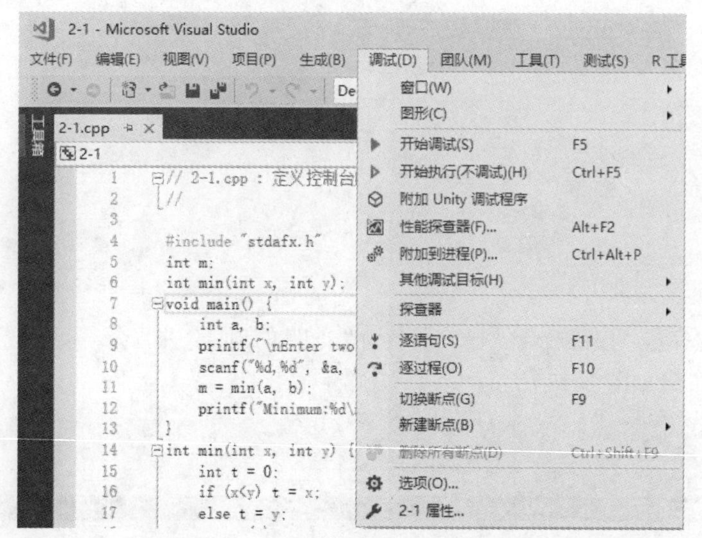

图 2-14

程序执行后会提示输入两个数字，如图 2-15 所示。注意，这里只能输入整数，因为程序中设置的变量 *x* 和 *y* 是 int 类型，int 类型在 C 语言中表示整数。输入两个数字，例如分别输入“2”和“3”，按下回车键后会显示较小的值，执行效果如图 2-16 所示。

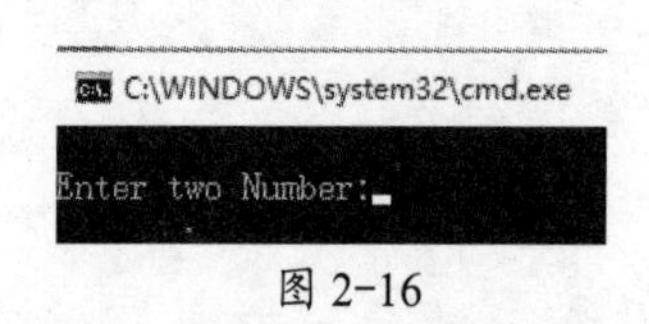

图 2-16

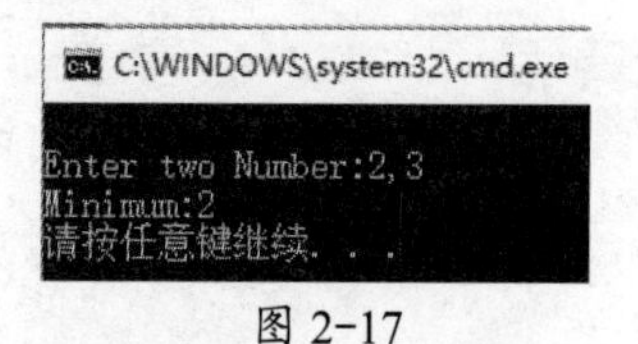

图 2-17

2.2 使用 DEV C++ 开发 C 语言程序

对于新手来说，Visual Studio 2017 确实过于复杂了，接下来将介绍一个轻量级的开发工具：DEV C++。DEV C++ 具备图形视图界面，比较容易操作。在 DEV C++ 的编码界面中可以使用复制和粘贴等命令，提高了开发效率。

↑扫码看视频（本节视频课程时间：2 分 26 秒）

2.2.1 安装 DEV C++

（1）在百度中检索并下载 DEV C++ 安装包，双击可执行的 EXE 文件进行安装，会首先弹出选择语言界面，在此选择默认选项“English”，如图 2-17 所示。

（2）单击“OK”按钮后来到同意协议界面，在此单击“I Agree”按钮，如图 2-18 所示。

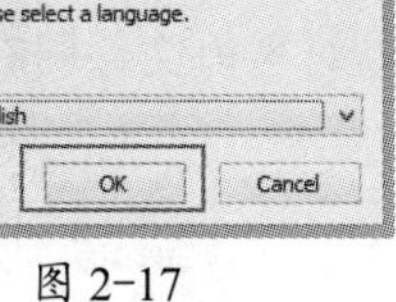

图 2-17

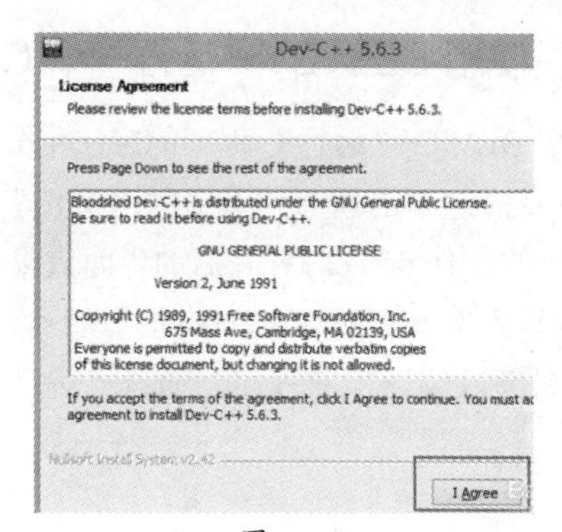

图 2-18

（3）在弹出的选择组件界面中勾选要安装的组件，如图 2-19 所示。在此建议按照默认设置进行安装，然后单击“Next”按钮。

（4）在弹出的界面中选择安装路径，如图 2-20 所示。

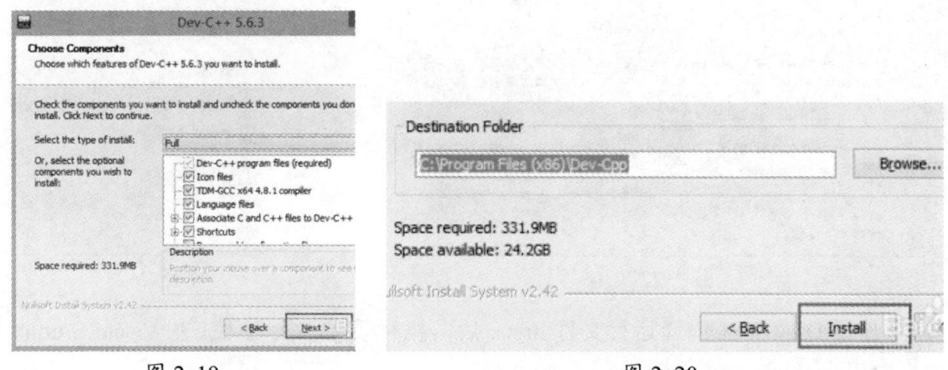

图 2-19　　　　图 2-20

（5）单击“Install”按钮开始安装，安装完成后打开 DEV C++，开发界面效果如图 2-21 所示。

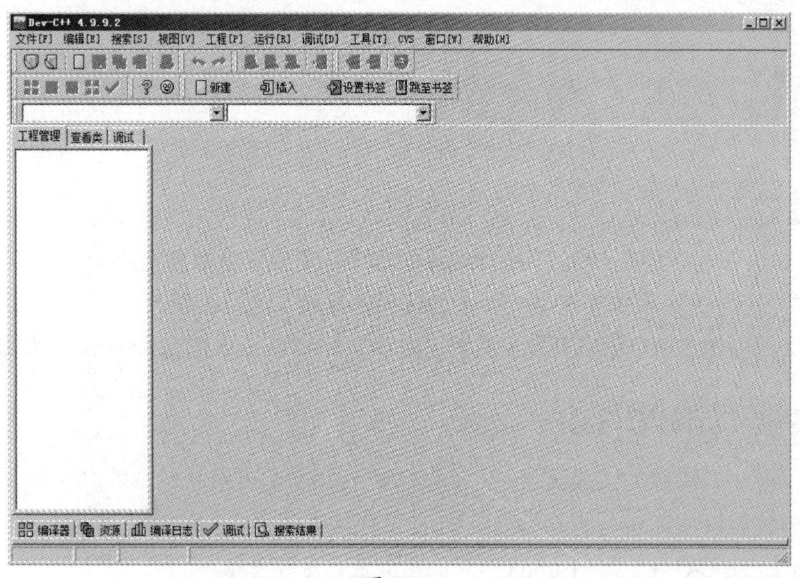

图 2-21

2.2.2 使用 DEV C++ 运行一个 C 语言程序

使用 DEV C++ 运行 C 程序的方法十分简单，具体流程如下所示。

（1）依次单击顶部菜单中的“文件”“打开项目或文件”命令，可以直接打开前面实例 1-1 中的文件 first.c，打开后的界面效果如图 2-22 所示。

（2）依次单击顶部菜单中的“运行”菜单弹出对应的界面，如图 2-23 所示。通过“编译”命令可以编译当前程序，通过“编译运行”命令可以对当前文件同时执行编译和运行操作。

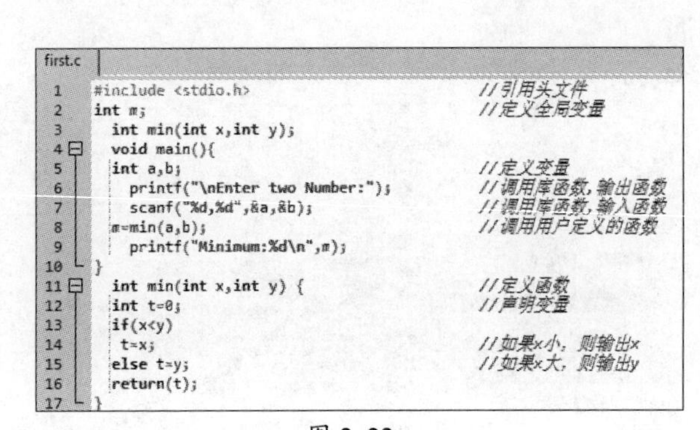

图 2-22

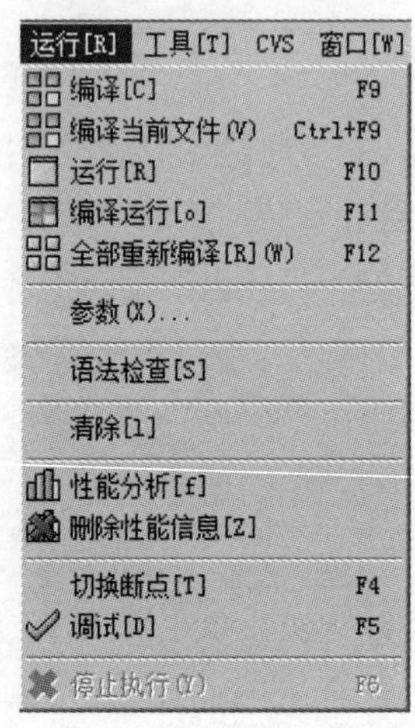

图 2-23

（3）使用 DEV C++ 编译运行文件 first.c 后，执行效果和实例 1-1 在 Visual Studio 中显示得完全一样。

2.3 使用 Turbo C 3.0 开发 C 语言程序

本节将介绍一款古老的 DOS 开发工具 Turbo C/C++ 3.0，相信很多读者肯定会问，既然 Turbo C/C++ 3.0 已经落伍了，为什么还介绍呢？这是因为国内很多高校的教程和计算机等级考试教程还停留在 Turbo C/C++ 3.0 工具，所以本书将用很少的篇幅介绍这款工具的用法。

↑扫码看视频（本节视频课程时间：2 分 37 秒）

注意：C 语言程序是在 DOS 下进行编译的程序，所以，就需要在 DOS 环境下进行开发、编译和调试。但是 DOS 系统实在是一个十分落后的系统，已经远离当今主流，操作十分不便。正因如此，市面中的主流 C 语言开发工具都是在 Windows、Linux 或 MacOS 操作系统中使用的。

2.3.1 安装 Turbo C 3.0

（1）在百度中搜索“Turbo C 3.0（WIN7、8、10 亲测可用）”，然后下载压缩包。

（2）下载后解压缩进行自动安装，安装成功后会创建桌面快捷方式，单击桌面快捷方式即可启动 Turbo C/C++ 3.0。Turbo C 3.0 的主界面，如图 2-24 所示。

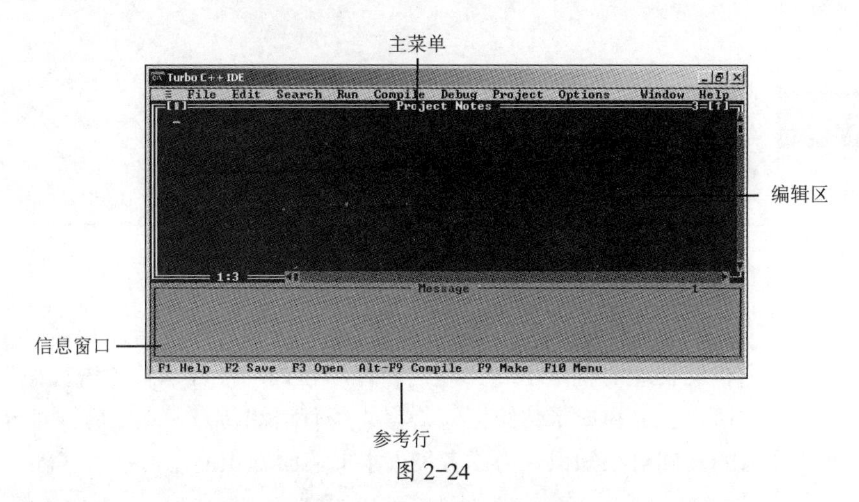

图 2-24

- 主菜单：通过这些菜单可以进行创建、保存和调试等操作，实现 C 语言中的应用开发。
- 编辑区：是代码编写区域，可以编写自己需要的代码。
- 信息窗口：显示常用的提示信息，例如“编译成功”和“执行完毕”类的提示。
- 参考行：显示操作当前界面的快捷键提示，例如“F1 Help”表示按下“F1”键将弹出“帮助”界面。

2.3.2　使用 Turbo C 3.0

Turbo C 3.0 的具体操作步骤如下：

（1）打开 Turbo C 3.0，进入编辑界面，编写本书前面实例 1-1 的代码，如图 2-25 所示。

（2）按下“F9”键，进行编译并链接，成功后弹出成功提示，如图 2-26 所示。

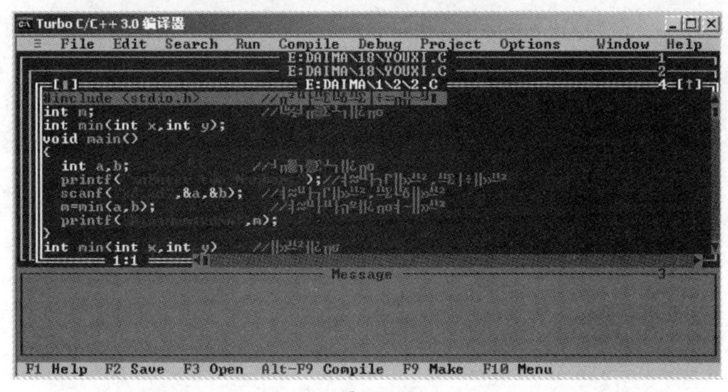

图 2-25

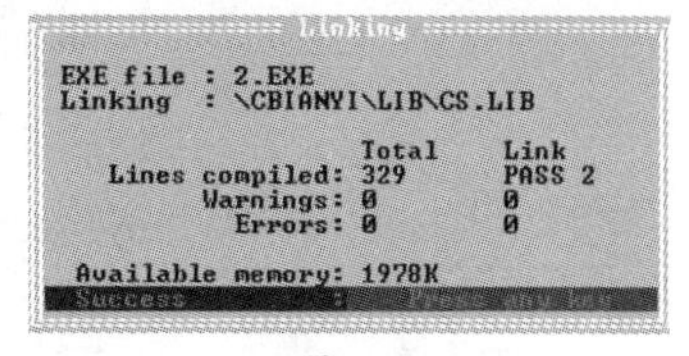

图 2-26

（3）按下快捷键“Ctrl+F9”运行此程序，将输出指定的界面，如图 2-27 所示。

（4）随便输入两个数字，中间用逗号隔开，然后按下“Enter”键。按下快捷键“Alt+F5”后，输出效果如图 2-28 所示。

图 2-27

图 2-28

第3章

C语言语法基础

（视频讲解：81分钟）

语法是任何一门编程语言的核心，只有掌握了语法知识，才能编写出正确合理的程序语句，满足软件项目的功能需求。C语言作为一门汇编语言，它集成了传统汇编语言的所有语法特点。本章将详细介绍C语言的基础语法知识，为读者步入本书后面知识的学习打下基础。

3.1 标识符和关键字

标识符和关键字都是一种具有某种意义的标记和称谓，在C语言程序中，使用的变量名、函数名、标号等被统称为标识符，除了库函数的函数名由系统定义外，其余都是由用户自定义的。

↑扫码看视频（本节视频课程时间：6分04秒）

3.1.1 标识符

C语言规定，标识符只能是由字母 (A ～ Z，a ～ z)、数字 (0 ～ 9)、下划线（_）组成的字符串，并且其第一个字符必须是字母或下划线，例如下面的标识符都是合法的。

```
b
y
_4x
BOOK_2
Sum234
```

而下面的标识符是非法的。

```
3s                                          //不能以数字开头
s*T                                         //不能出现非法字符“*”
-3x                                         //不能以减号开头
bowy-1                                      //不能出现非法字符“-”(减号)
```

例如在本书前面的实例1-1中，定义的变量m、a、b都是标识符。在使用标识符时必须注意以下几点。

- 标准C语言不限制标识符的长度，但它受各种版本C语言编译系统的限制，同时也受到具体计算机的限制，例如某版本C语言规定标识符前八位有效，当两个标识符前八位相同时，则被认为是同一个标识符。
- 在标识符中，大小写是有区别的，例如“BOOK”和“book”是两个不同的标识符。

- 标识符虽然可由程序员随意定义，但标识符是用于标识某个量的符号，因此，命名应尽量有相应的意义，以便阅读理解，做到能够“顾名思义”。
- 所有标识符必须由一个字母（a~z，A~Z）或下划线（_）开头。
- 标识符的其他部分可以用字母、下划线或数字 (0~9) 组成。
- 标识符只有前 32 个字符有效。
- 标识符不能使用 Turbo C 中的关键字。

3.1.2　关键字

关键字是由 C 语言规定的具有特定意义的字符串，通常也称为保留字。开发人员定义的标识符不能与关键字相同。例如在本书前面的实例 1-1 中，“void”和“int”就是关键字。在 C 语言程序中一共有 32 个关键字，根据关键字的作用，可以将关键字分为数据类型关键字和流程控制关键字两大类。

1. 数据类型关键字

（1）基本数据类型（5 个），见表 3-1。

表 3-1

关键字	具体说明
void	声明函数无返回值或无参数，声明无类型指针，显式丢弃的运算结果
char	字符型类型数据，属于整型数据的一种
int	整型数据，通常为编译器指定的机器字长
float	单精度浮点型数据，属于浮点数据的一种
double	双精度浮点型数据，属于浮点数据的一种

（2）类型修饰关键字（4 个），见表 3-2。

表 3-2

关键字	具体说明
short	修饰 int，短整型数据，可省略被修饰的 int
long	修饰 long，长整形数据，可省略被修饰的 long
signed	修饰整型数据，有符号数据类型
unsigned	修饰整型数据，无符号数据类型

（3）复杂类型关键字（5 个），见表 3-3。

表 3-3

关键字	具体说明
struct	结构体声明
union	共用体声明
enum	枚举声明
typedef	声明类型别名
sizeof	得到特定类型或特定类型变量的大小

（4）存储级别关键字（6个），见表3-4。

表3-4

关键字	具体说明
auto	指定为自动变量
static	指定为静态变量
register	指定为寄存器变量
extern	指定对应变量为外部变量
const	与volatile合称“cv特性”，指定变量不可被当前线程/进程改变（但有可能被系统或其他线程/进程改变）
volatile	与const合称“cv特性”，指定变量的值有可能会被系统或其他进程/线程改变，强制编译器每次从内存中取得该变量的值

2. 流程控制关键字

（1）跳转结构（4个），见表3-5。

表3-5

关键字	具体说明
return	用在函数体中，返回特定值（或者是void值，即不返回值）
continue	结束当前循环，开始下一轮循环
break	跳出当前循环或switch结构
goto	无条件跳转语句

（2）分支结构（5个），见表3-6。

表3-6

关键字	具体说明
if	条件语句，后面不需要放分号
else	条件语句否定分支（与if连用）
switch	开关语句（多重分支语句）
case	开关语句中的分支标记
default	开关语句中的“其他”分支，可选

（3）循环结构（3个），见表3-7。

表3-7

关键字	具体说明
for	for循环结构
do	do循环结构
while	while循环结构

注意：上述32个关键字的具体含义，大家只需简单了解即可，此时并不需要完全牢记。在本书后面的内容中，还将详细讲解上述关键字的用法。

3.2　数据类型

在C语言中有很多数据类型，推出多种数据类型是为了更好地处理不同类型的数据。在本节的内容中，将详细讲解C语言数据类型的知识，为读者步入本书后面知识的学习打下基础。

↑扫码看视频（本节视频课程时间：8分10秒）

在C语言中，可以将数据类型分为4大类，分别是基本数据类型、构造数据类型、指针类型和空类型。上述各种类型的具体结构如图3-1所示。

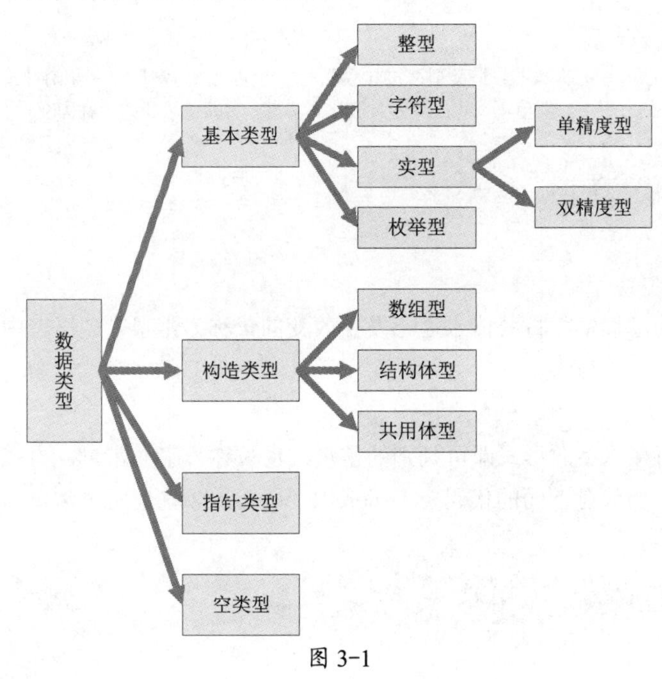

图3-1

（1）基本数据类型

基本数据类型最主要的特点是，其值不可以再分解为其他类型。也就是说，基本数据类型是自我说明的。

（2）构造数据类型

构造数据类型是在基本类型基础上产生的复合数据类型。也就是说，一个构造类型的值可以分解成若干个“成员”或“元素”。每个“成员”都是一个基本数据类型或一个构造类型。在C语言中，有以下三种构造类型。

- 数组类型
- 结构体类型
- 共用体（联合）类型

（3）指针类型

指针是一种特殊的类型，同时又是具有重要作用的数据类型。指针类型的值用来表示某个变量在内存储器中的地址。虽然指针变量的取值类似于整型量，但这是两个类型完全不同的量，因此不能混为一谈。和指针相关的知识将在本书后面的内容中进行讲解。

（4）空类型

空类型是一种特殊的数据类型，它是所有基本类型的基础。在C语言中，使用关键字void来标识空类型。在调用函数值时，通常应向调用者返回一个函数值。这个返回的函数值是具有一定的数据类型的，应在函数定义及函数说明中给以说明。但是，也有一类函数，调用后并不需要向调用者返回函数值，这种函数可以定义为“空类型”，其类型说明符为void。

3.3　常量和变量

C语言中的基本数据类型，按其取值的特点可以分为常量和变量两种。在执行C语言程序的过程中，其值不发生改变的量被称为常量，将其值可变的量称为变量。

↑扫码看视频（本节视频课程时间：26分52秒）

3.3.1　常量

在执行程序的过程中，将其值永远不发生改变的量称为常量。C语言中的常量分为如下两种。

1．直接常量

直接常量是直接以字面形式即可判别的常量，也被称为字面常量。直接常量可以在代码中直接输入数值，例如在下面的代码中，score01和score02就是两个常量，数据类型分别是int和float。

```
int score01=100;
float score02=100.01
```

2．字符常量

在C语言程序中，可以用一个标识符来表示一个常量，这样的常量称为符号常量。有如下两种定义C语言符号常量的方法：

（1）编译指令#define定义

使用编译指令#define定义常量的语法格式如下所示，其中“常量名”遵循的规则和变量相同，习惯上用大写字母表示符号常量名，小写字母表示变量名。

```
#define 常量名 常量值
```

例如在下面的代码中，使用#define定义了常量score01，表示后面的常量值“10000”用字符常量“score01”来代替。以后在程序中遇到常量score01的时候，这个score01的值表示1000这个数值，是永远固定不变的。

```
#define score01 10000
float score02=12.1111
```

注意：“#define”是一条预处理命令（预处理命令都以”#”开头），称为宏定义命令（在后面预处理程序中将进一步介绍），其功能是把该标识符定义为其后的常量值。一经定义，以后在程序中所有出现该标识符的地方均代之以该常量值。“#define”语句不以分号结尾，

它可以被放于源代码的任何位置。不过在定义常量时，只有在它定义之后的源代码中才有效。

（2）使用关键字 const 定义

在 C 语言中，const 是一个修饰符，在定义一个常量时需要在常量前加上这个修饰符。在现实程序开发过程中，在整个程序中的许多地方经常都要用到一个常数，可以给这个常数取个名字，每处常数都以该名字代替。例如在下面的代码中，用“pi”来表示数学中比较著名的 π 的值：

```
const float pi=3.1415926;
```

注意：由于有效位的限制，在下面常量定义中，最后三位不起任何作用。

```
const float pi=3.141592653;
```

尽管等号后面的常数是 double 型的，但是因为 float 常量只能存储 7 位有效位精度的实数，所以 pi 的实际值为 3.141593(最后 1 位 4 舍 5 入)。 如果将常量 pi 的类型改为 double 型，则能全部接受上述 10 位数字。有关 float 和 double 类型的精度知识，请读者阅读本章后面的内容。

当使用 const 定义常量后，在程序中对这个常量只能读不能修改，从而可以防止该值被无意地修改。由于不可修改，所以在定义常量时必须进行初始化操作。例如在下面的代码中，对常量 pi 的值初始化为 3.1415926。

```
const float pi;
pi=3.1415926;
```

在 C 语言程序中，不能将常量名放在赋值语句的左边，C++ 语言也是如此。在语法中规定是将右边的计算结果赋给左边，如果是将常量名放在赋值语句的左边，则赋值过程是将右边的一个计算结果赋给左边一个常量。右边的计算结果不是固定的，那么左边的常量还怎么能“常”呢？

在定义常量的过程中，初始化的值可以是一个常量表达式。常量在程序运行之前就已经知道了其值，所以在编译时就能求值。但表达式中不能含有某个函数。例如在下面的代码中，因为 sizeof 不是函数，而是 C++ 的基本操作符，该表达式的值在编译之前能确定，所以第一个常量定义语句合法。第二个语句要求函数值，函数一般都要在程序开始运行时才能求值，该表达式不能在编译之前确定其值，所以是错误的。

```
const int size=100 * sizeof(int);                //合法的
const int number=max(15, 11);                    //错误的
```

一般来说，相同类型的变量和常量在内存中占有相同大小的空间。只不过常量不能通过常量名去修改其所处的内存空间，而变量却可以。

注意：有些书中将常量分为数值常量、字符常量、字符串常量和符号常量等，这些都已经在上面介绍的内容中包含了，只是划分方法的不同，读者无须刻意关心。

3.3.2　变量

在 C 语言程序中，将其值可以改变的量称为变量。一个变量应该有一个名字，在内存中占据一定的存储单元。变量定义必须放在变量使用之前，一般放在函数体的开头部分。

任何一种编程语言都离不开变量，特别是在数据处理程序中，变量使用得非常频繁。我们甚至无法编写出没有变量参与的程序，即使编写出来运行后的意义也不大。变量之所以如此重要，是因为变量是编程语言中数据的符号标识和载体。C 语言是一种应用广泛的善于实

现控制的语言，变量在C语言中的应用更是灵活多变。变量是内存或寄存器中用一个标识符命名的存储单元，可以用来存储一个特定类型的数据，并且数据的值在程序运行过程中可以进行修改。程序员一旦定义了变量，那么，变量就至少可为我们提供两个信息：一是变量的地址，即操作系统为变量在内存中分配的若干内存的首地址；二是变量的值，也就是变量在内存中所分配的那些内存单元中所存放的数据。在C语言中有6种变量类型，见下表3-8。

表3-8

关键字	具体说明
数据类型的变量	如char cHar，int iTimes，float faverage
全局变量	在全局范围内起作用
局部变量	只在局部范围内起作用
静态变量	有静态全局变量和静态局部变量，修饰字符是static
寄存器变量	修饰字符是register
外部变量	修饰字符是extern

注意：变量在内存中占用的大小是由数据类型决定的，不同的数据类型的变量，为其分配的地址单元数是不同的。在C语言中常用的数据类型有bool型、char型、short型、int型、long型、float型和double型。除了上述几种基本的数据类型外，开发者还可以自己定义所需要的数据类型。上述各种变量类型的含义和用法将在本书后面的内容中进行讲解！

在C语言程序中，把用来标识变量名、符号常量名、函数名、数组名、类型名和文件名的有效字符序列称为标识符。标识符是一个名字，C语言中的标识符必须遵循如下所示的4个原则。

- 第一个字符必须是字母（不分大小写）或下划线（_）；
- 后跟字母（不分大小写）、下划线（_）或数字；
- 标识符中的大小写字母有区别。如，变量sum、sum、sum代表三个不同的变量；
- 不能与C编译系统已经预定义的、具有特殊用途的保留标识符（即关键字）同名。比如，不能将标识符命名为float、auto、break、case、this、try、for、while、int、cha、short和unsigned等。

在C语言程序中，声明变量的语法格式如下所示。

```
变量类型 变量命；
```

例如下面的代码分别声明了int类型的变量m和float类型的变量n。

```
int m;
float n;
```

在C语言程序中，还可以在同一行中同时声明多个变量，每个变量名称之间用逗号隔开。例如下面的代码：

```
int m,n;
float a,b;
```

在使用变量时需要对变量赋初值。在C语言程序中可以有多种方法为变量提供初值，在此先介绍在定义变量的同时给变量赋以初值的方法。此种方法称为初始化，在变量定义中初始赋值的一般格式如下所示。

```
类型说明符 变量1= 值1，变量2= 值2，……;
```

例如在下面的代码中，为各个变量进行了初始化赋值。但是在定义中不允许连续赋值，例如 a=b=c=7 是不合法的。

```
int a=3;
int b,c=2;
float x=3.2,y=3f,z=0.75;
char ch1='K',ch2='P';
```

例如编译并链接后下面的代码后会产生错误，如图 3-2 所示。

```
#include <stdio.h>
main(){
   int a=b=c=7;
   b=a+c;
   printf("a=%d,b=%d,c=%d\n",a,b,c);
}
```

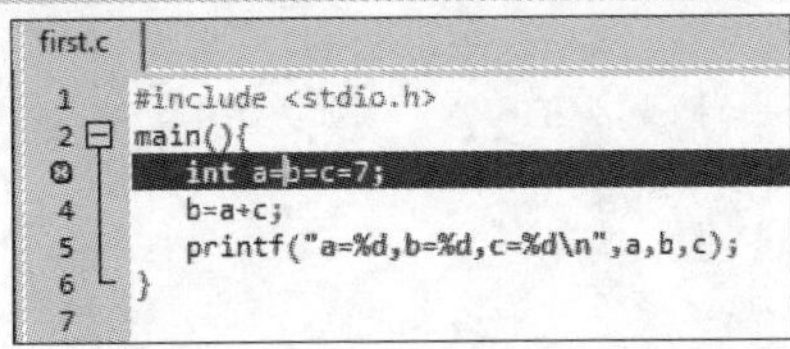

图 3-2

应该如何解决这个错误呢？要想解决这个错误，只需对代码进行如下修改即可。

```
#include <stdio.h>
int main(){
   int a=7,b,c=7;
   b=a+c;
   printf("a=%d,b=%d,c=%d\n",a,b,c);
}
```

此时执行后将会输出正确的结果，如图 3-3 所示

图 3-3

请看下面的实例，提示用户输入圆的半径，然后根据输入的半径值计算圆的周长和面积。

实例 3-1：计算圆的周长和面积

源码路径：下载包 \daima\3\3-1

本实例的实现文件为“area.c”，具体代码如下所示。

```
#include "stdafx.h"
#define PI 3.14                              //定义常量 PI 的值是 3.14
int main(){
    float r, area, circ;                     //定义三个变量
    printf("\n 输入一个数字！ ");              //提示用户输入圆半径的值
    printf("\n 我输入的是：");
    scanf("%f", &r);                         //显示用户输入的是
    circ = PI*(2 * r);                       //计算圆周长
    area = PI*(r)*(r);                       //计算圆面积
    printf("\n 周长是 ""\:%f", circ);         //显示计算周长的结果
    printf("\n 面积是 ""\:%f",area);          //显示计算面积的结果
}
```

运行程序后先弹出“张翰，你过来输入一个数字！好的，老大！”提示语句，如图 3-4

所示。在屏幕中输入一个数字“3”，并按下“Enter”键后，将分别输出半径3对应的周长和面积，如图3-5所示。

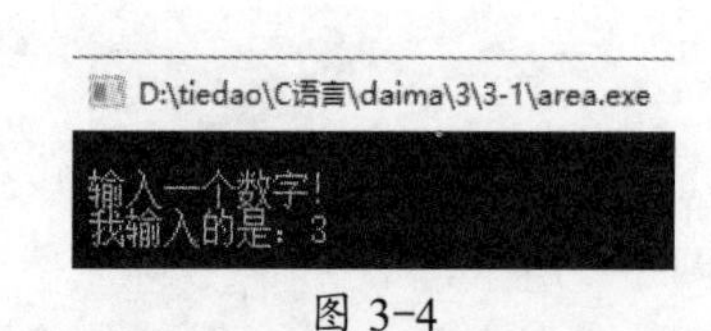

图 3-4

图 3-5

3.4 整型数据

整型数据就是我们平常说的整数，例如数字1、2、3、100、1000、287等都是整数。整型常量就是整型常数，在C语言中有着十分重要的地位。在本节的内容中，将详细讲解整型数据的基本知识。

↑扫码看视频（本节视频课程时间：7分41秒）

3.4.1 整型常量

在C语言程序中，可以使用如下3种形式来表示整型常量。

（1）八进制整常数

八进制整常数必须以0开头，即以0作为八进制数的前缀。数码取值为0～7。八进制数通常是无符号数。例如下面的都是合法的八进制数：

```
015(十进制为13)
0101(十进制为65)
0177777(十进制为65535)
```

而下面的都不是合法的八进制数：

```
256(无前缀0)
03A2(包含了非八进制数码)
-0127(出现了负号)
```

（2）十六进制整常数

十六进制整常数的前缀为0X或0x，其数码取值为0~9、A~F或a~f。例如下面都是合法的十六进制整常数：

```
0X2A(十进制为42)
0XA0 (十进制为160)
0XFFFF (十进制为65535)
```

而下面的都是不合法的十六进制整常数：

```
5A (无前缀0X)
0X3H (含有非十六进制数码)
```

（3）十进制整常数

十进制整常数没有前缀，其数码为0～9。例如下面的都是合法的十进制整常数：

```
237
-568
```

```
65535
1627
```

而下面的都不是合法的十进制整常数：

```
023 (不能有前缀 0)
23D (含有非十进制数码)
```

整型常量的长度是不同的，不同类型整型常量的长度表示方式也不同。在 16 位字长的计算机上，基本整型的长度也为 16 位，因此表示的数的范围也是有限定的。十进制无符号整常数的范围为 0 ～ 65535，有符号数的范围为 -32768 ～ +32767。八进制无符号数的表示范围为 0 ～ 0177777。十六进制无符号数的表示范围为 0X0 ～ 0XFFFF 或 0x0 ～ 0xFFFF。如果使用的数字超过了上述范围，就必须用长整型数来表示。长整型数是用后缀字母“L”或“l”（小写 L）来表示的。

例如下面是十进制长整常数：

```
158L (十进制为 158)
358000L (十进制为 358000)
例如下面是八进制长整常数：
012L (十进制为 10)
077L (十进制为 63)
0200000L (十进制为 65536)
例如下面是十六进制长整常数：
0X15L (十进制为 21)
0XA5L (十进制为 165)
0X10000L (十进制为 65536)
```

长整数 158L 和基本整常数 158 在数值上并无区别。但是对于 158L 来说，因为是长整型量，C 编译系统将为它分配 4 个字节存储空间。而对于 158 来说，因为是基本整型，所以只分配两个字节的存储空间。因此在运算和输出格式上要予以注意，避免出错。

无符号数也可以用后缀来表示，整型常数的无符号数的后缀为“U”或“u”。例如：358u、0x38Au 和 235Lu 均是无符号数。

前缀和后缀可以同时使用以表示各种类型的数。例如 0XA5Lu 表示十六进制无符号长整数 A5，其十进制为 165。

在 C 语言程序中，整型常量的具体分类如图 3-6 所示。

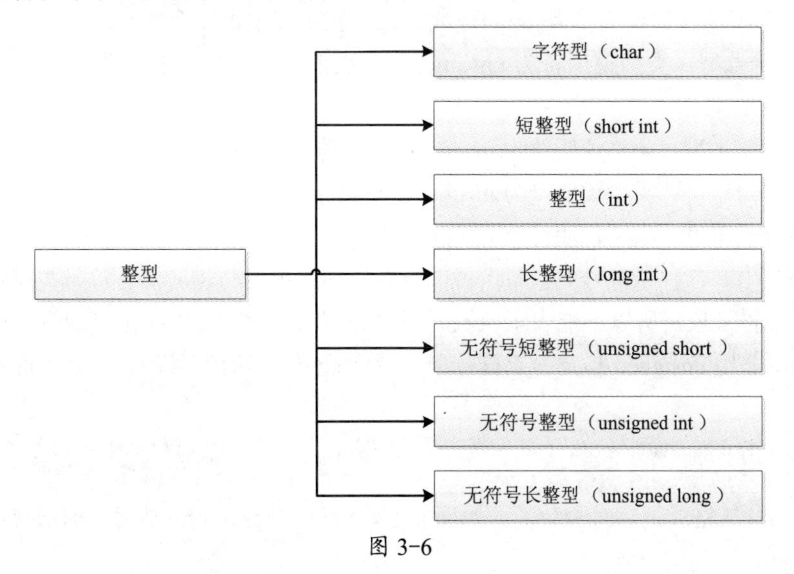

图 3-6

上述分类图十分直观，各种整型常量类型的具体说明如下。

（1）一个整数，如果其值在 -32768 ～ +32767 范围内，认为它是 int 型，它可以赋值给 int 型和 long int 型变量。

（2）一个整数，如果其值超过了上述范围，而在 -2147483648 ～ +2147483647 范围内，则认为它是长整型，可以将它赋值给一个 lont int 型变量。

（3）如果某一计算机系统的 C 版本（例如 Turbo C），确定 short int 与 int 型数据在内存中占据的长度相同，则它的表示数范围与 int 型相同。因此，此时一个 int 型的常量也可以同时是一个 short int 型常量，可以赋给 int 型或 short int 型常量。

（4）一个整常量后面加一个字母 u 或 U，认为是 unsigned int 型，如 12345u，在内存中按 unsigned int 规定的方式存放（存储单元中最高位不作为符号位，而用来存储数据）。如果写成 -12345u，则先将 -12345 转换成其补码 53191，然后按无符号数存储。

（5）在一个整常量后面加一个字母 l 或 L，则认为是 long int 型常量。例如 123l、432L、0L 等，这往往用于函数调用中。如果函数的形参为 long int 型，则要求实参也为 long int 型。

注意：因为计算机只能识别二进制的数据，所以无论多么复杂的数据，最终会被以二进制的形式存储在内存中。不同的数据类型在内存中占用的空间是不同的，对它们执行的数学运算符也不相同。例如，存储小型整数时需要的内存会较小，计算机对其执行的速度就非常快；而大型整数所占用的内存会比较大，计算机对其执行的速度就会比较慢。所以编程领域中是否合理使用数据类型，对整个计算效率有很大的影响。

3.4.2 整型变量

1. 整型变量的分类

在 C 语言中，整型变量可以分为如下 4 类：

（1）基本型：类型说明符为 int，在内存中占有两个字节。

（2）短整量：类型说明符为 short int 或 short，所占字节和取值范围均与基本型相同。

（3）长整型：类型说明符为 long int 或 long，在内存中占 4 个字节。

（4）无符号型：类型说明符为 unsigned。根据前面讲到的三种类型，无符号型又可以分为如下 3 种类型：

- 无符号基本型：类型说明符为 unsigned int 或 unsigned。
- 无符号短整型：类型说明符为 unsigned short。
- 无符号长整型：类型说明符为 unsigned long。

在 C 语言中，各种无符号类型量所占的内存空间字节数与相应的有符号类型量相同。但是由于省去了符号位，所以不能表示负数。通过使用 signed，可以指定整型变量的符号是多余的，因为除非用 unsigned 指定为无符号型，否则整型都是有符号的。例如下面的变量是无符号型的：

```
unsigned int                                    //无符号基本整型
unsigned long[int]                              /无符号长整型
```

C 语言的默认格式是有符号数的，如果加上修饰符“signed”也是用于标识有符号数的。

有符号整型变量的最大表示到 32767，无符号整型变量的最大表示 65535。

在 C 语言中，各类整型量所分配的内存字节数及数的表示范围是不同的，具体见表 3-9。

表 3-9

类型说明符	数的范围	字节数
int	-32768~32767【-215~（213-1）】	2
unsigned int	0~65535【0~（216-1）】	2
short int	-32768~32767【-215~（213-1）】	2
unsigned short int	0~65535【0~（216-1）】	2
long int	-2147483648~2147483647【-231~（231-1）】	4
unsigned long	0~4294967295【0~（232-1）】	4

2. 声明整型变量

在 C 语言程序中，声明整型变量的语法格式如下所示。

```
类型 变量名；
```

上述格式中的“类型”可以是表 3-1 中的各种类型，例如下面都是合法整型变量。

```
int a,b,c;                                      //a,b,c 为整型变量
long x,y;                                       //x,y 为长整型变量)
unsigned p,q;                                   //p,q 为无符号整型变量
```

实例 3-2：计算两个整型变量的和

源码路径：下载包 \daima\3\3-2

本实例的实现文件为“jisuan.c”，具体代码如下所示。

```
#include <stdio.h>
int main(){
    int zhengshuang,gulinazha;                           //声明两个整型变量
    zhengshuang=80;                                      // zhengshuang 赋值
    gulinazha=98;                                        // gulinazha 赋值
    printf(" 综合得分是：%d\n",zhengshuang+gulinazha);    //显示两者的和
    printf("(unsigned)%u\n",zhengshuang+gulinazha);
}
```

编写代码完毕后，执行后的效果如图 3-7 所示。

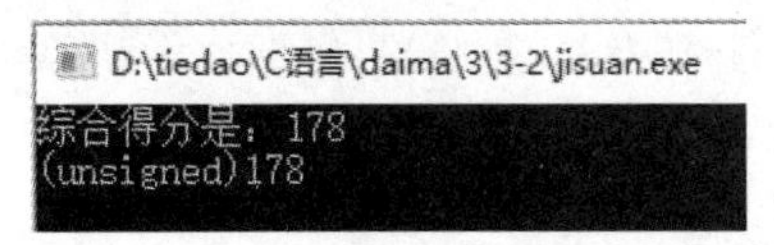

图 3-7

注意：在上述实例中书写变量时，应该注意以下 4 点。

（1）允许在一个类型说明符后，定义多个相同类型的变量。各变量名之间用逗号间隔。类型说明符与变量名之间至少用一个空格间隔。

（2）最后一个变量名之后必须以“;”号结尾。

（3）变量的定义必须放在变量使用之前，一般放在函数体的开头部分。

（4）在定义和运算变量时，要保持它们之间的类型，以防止溢出错误。例如在下面的代码中，变量 *x*、*y*、*z* 是长整型变量，变量 *a* 和 *b* 是基本整型变量。它们之间允许进行运算，运算结果为长整型。但是由于变量 *c* 和 *d* 被定义为基本整型，因此最后结果为基本整型。这

就说明不同类型的量可以参与运算并相互赋值。其中的类型转换是由编译系统自动完成的。

```
int main(){
  long x,y,z;
  int a,b,c,d;
  x=1;
  y=2;
  z=2;
  a=3;
  b=4;
  c=x+a;
  d=y+b;
  printf("c=x+a=%d,d=y+b=%d\n",c,d);
 }
```

3.5 实型数据类型

实型数据也被称为浮点型，就是平常所说的小数，实型常量也被称为实数或者浮点数。在C语言中，可以将实型数据分为实型常量和实型变量两种。在本节的内容中，将详细讲解C语言实型数据类型的知识。

↑扫码看视频（本节视频课程时间：9分12秒）

3.5.1 实型常量

在C语言中，实数只采用十进制，有如下所示的两种形式。

（1）十进制数小数形式

由数字和小数点构成，由数码0~9和小数点组成，并且必须得有小数点。例如下面列出的都是合法的实数：

0.0、25.0、5.789、0.13、5.0、300.、-267.8230

（2）指数形式

由十进制数、加阶码标志“e”或“E”以及阶码（指数）组成。但是在阶码标志“e”或“E”之前必须有数字，并且其后面的阶码必须为整数。其一般形式为：

```
a E n（a为十进制数，n为十进制整数）
```

例如下面都是合法的实数：

```
2.1E5 （等于2.1*105)
3.7E-2 （等于3.7*10-2)
0.5E7 （等于0.5*107)
-2.8E-2 （等于-2.8*10-2)
```

而下面都是不合法的实数：

```
345 （无小数点）
E7 （阶码标志E之前无数字）
-5 （无阶码标志）
53.-E3 （负号位置不对）
2.7E  （无阶码）
```

标准C语言允许浮点数使用后缀，后缀为字母“f”或“F”即表示该数为浮点数，例如“356f”和“356”是等价的。另外实数的指数形式有多种，例如123.12可以表示为下面的形式。

```
123.12e0
```

```
12.312e1
1.2312e2
0.12312e3
```

通常将其中的 1.2312e2 称为“规范化的指数形式”，即在阶码标志“e”或“E”之前的小数部分，小数点左边有且只能有一个非 0 数字。并且一个实数是在用指数形式输出时，是按规范化的指数形式输出的。

3.5.2　实型变量

在 C 语言程序中，实型变量占用的内存比整型变量要多，因为它含有小数部分。在一般情况下，一个实型数据占用 4 字节内存，并且是以指数形式存在的。系统会把一个实型数据分为一个小数部分和指数部分，用以分别存储，并且需要遵循如下两条规则。

- 小数部分占的位（bit）数愈多，数据的有效数字愈多，精度愈高。
- 指数部分占的位数愈多，则能表示的数值范围愈大。

1. 实型变量的分类

在 C 语言程序中，实型变量分为单精度（float 型）、双精度（double 型）和长双精度（long double 型）三类。在 C 语言标准中单精度型占 4 个字节（32 位）内存空间，其数值范围为 3.4E−38 ~ 3.4E+38，只能提供七位有效数字。双精度型占 8 个字节（64 位）内存空间，其数值范围为 1.7E−308 ~ 1.7E+308，可提供 16 位有效数字。具体说明如表 3-10 所示。

表 3-10

类型说明符	比特数（字节数）	有效数字	数的范围
float	32（4）	6~7	10^{-37}~10^{38}
double	64(8)	15~16	10^{-307}~10^{308}
long double	128(16)	18~19	10^{-4931}~10^{4932}

2. 声明实型变量

在 C 语言程序中，定义实型变量的格式和书写规则与整型变量相同，只是将类型设置为“float”和“double”而已。例如下面代码声明了合法的实型变量：

```
float x,y;                                          //x,y 为单精度实型量
double a,b,c;                                       //a,b,c 为双精度实型量
```

3. 实型数据的舍入误差

由于实型变量是由有限的存储单元组成的，所以能提供的有效数字总是有限的，这样就会存在舍入误差。为了避免误差产生，开发人员就不能将一个很大的数和一个很小的数进行运算处理。

实例 3-3：对一个很大的数和一个很小的数进行加法运算

源码路径：下载包 \daima\3\3-3

本实例的实现文件为“error.c”，具体代码如下所示。

```
#include <stdio.h>
 int main(){
   float num1,num2;                                 //定义两个实型变量
   num1=111111111e2;                                //很大的赋值
   num2= num1+10;                                   //加一个小数
```

```
    printf("%f,%f\n", num1, num2);                //输出计算结果
}
```

编写代码完毕后，执行的效果如图 3-8 所示。

图 3-8

从图 3-8 所示的计算结果可以看出，当将很大的实型数据和很小的实型数据相加时，其结果没有发生变化。结果中的前 8 位是准确的，而后几位是不准确的。由此可以得出一个结论，把很小的数加在后面几位是没有任何意义的。这一点在 VS 版本代码中可以看得更加清晰，在 Visual Studio 2017 的调试界面中会显示“warning C4305: “=”: 从“double”到“float”截断”的提示。

3.6 字符型数据

字符型（Character）数据是指不具计算能力的文字数据类型，包括中文字符、英文字符、数字字符和其他 ASC Ⅱ字符。在 C 语言中，可以将字符型数据分为字符常量和字符变量两种。

↑扫码看视频（本节视频课程时间：13 分 21 秒）

3.6.1 字符常量详解

在 C 语言程序中，字符常量是用单引号括起来的一个字符，例如‘a’、‘b’、‘=’、‘+’、‘?’等。C 语言中的字符常量有如下 3 个特点。

- 字符常量只能用单引号括起来，不能用双引号或其他括号。
- 字符常量只能是单个字符，不能是字符串。
- 字符可以是字符集中任意字符。但数字被定义为字符型之后就不能参与数值运算。如‘5’和 5 是不同的，‘5’是字符常量，不能参与运算。

除了以上形式的字符常量外，在 C 语言中还允许用一种特殊形式的字符常量，就是以一个“\”开头的字符序列。例如，在 printf 函数中出现的“\n”，它代表一个换行符。这是一种“控制字符”，在屏幕上是不能显示的。在程序中也无法用一个一般形式的字符表示，只能采用特殊形式来表示。在 C 语言中，常用的以“\”开头的特殊字符见表 3-11。

表 3-11

转义字符	说明	ASCII 代码
\n	回车换行	10
\t	横向跳到下一制表位置	9
\b	退格	8

续表

转义字符	说明	ASCII 代码
\r	回车	13
\f	走纸换页	12
\\	反斜线符" \"	92
\'	单引号符	39
\"	双引号符	34
\a	鸣铃	7
\ddd	1 ～ 3 位八进制数所代表的字符	
\xhh	1 ～ 2 位十六进制数所代表的字符	

在表 3-3 中列出的字符都被称为“转义字符”，意思是将反斜杠“\”后面的字符换成另外的意义。例如’ \n’ 中的“n”不代表字母 n 而作为“换行”符。其中表 3-3 中最后第两行是用 ASCII 码（八进制数）表示一个字符，例如’ \101’ 代表 ASCII 码（十进制数）为 65 的字符“A”。’ \012’ （十进制 ASCII 码为 10）代表“换行”。用’ \376’ 代表图形字符“■”。用上表中的方法可以表示任何可输出的字母字符、专用字符、图形字符和控制字符。请注意’ \0’ 或’ \000’ 是代表 ASCII 码为 0 的控制字符，即“空操作”字符，它将用在字符串中。

实例 3-4：通过转义字符输出指定的文本字符

源码路径：下载包 \daima\3\3-4

本实例的实现文件为“trance.c”，具体代码如下所示。

```
#include <stdio.h>
int main(){
printf(" ab c\t de\rf\tg\n");                    //输出双引号内的各个字符
printf("h\ti\b\bj k");                      //输出双引号内的各个字符
}
```

在上述代码中，程序中没有预设字符变量，用 printf 函数直接输出双引号内的各个字符。其中第一个 printf 函数先在第一行左端开始输出“ ab c”，然后遇到“\t”，它的作用是“跳格”，即跳到下一个“制表位置”，在我们所用系统中一个“制表区”占 8 列。“下一制表位置”从第 9 列开始，故在第 9 ～ 11 列上输出“de”。下面遇到“\r”，它代表“回车”（不换行），返回到本行最左端（第 1 列），输出字符“f”，然后遇到“\t”再使当前输出位置移到第 9 列，输出“g”。下面是“\n”作用是，使当前位置移到下一行的开头。第二个 printf 函数先在第 1 列输出字符“h”，后面的“\t”使当前位置跳到第 9 列，输出字母“i”，然后当前位置应移到下一列（第 10 列）准备输出下一个字符。下面遇到两个“\b”，“\b”的作用是“退一格”，因此“\b\b”的作用是使当前位置回退到第 8 列，接着输出字符“j k”。

编写代码完毕后，执行效果如图 3-9 所示。

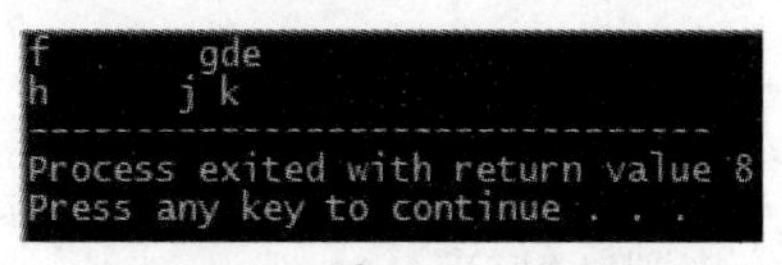

图 3-9

注意：在使用转义字符时，必须注意如下 6 点。

（1）转义字符中只能使用小写字母，每个转义字符只能看作一个字符。

（2）\v 垂直制表和 \f 换页符对屏幕没有任何影响，但会影响打印机执行响应操作。

（3）在 C 程序中，使用不可打印字符时，通常用转义字符表示。

（4）转义字符' \0' 表示空字符 NULL，它的值是 0。而字符' 0' 的 ASCII 码值是 48。因此，空字符' \0' 不是字符 0。另外，空字符不等于空格字符，空格字符的 ASCII 码值为 32 而不是 0。编程序时，读者应当区别清楚。

（5）如果反斜线之后的字符和它不构成转义字符，则' \' 不起转义作用将被忽略。例如下面的语句：

```
printf("a\Nbc\nDEF\n");
```

会输出：

```
aNbc
DEF
```

（6）转义字符也可以出现在字符串中，但只作为一个字符看待，例如下面字符串的长度。

```
"\026[12,m"： 长度为 6。
"\0mn"：长度为 0。
```

3.6.2 字符串常量

在 C 语言程序中，字符串常量是由一对双引号（” ”）括起的字符序列，例如下面都是合法的字符串常量。

```
"China"
"C program"
"$12.5"
```

很多初学者困惑于一个问题：字符串常量和字符常量有什么不同？例如，字符常量’ a’ 和字符串常量” a” 虽然都只有一个字符，但在内存中的情况是不同的。两者是不同的量，它们之间主要区别如下。

（1）字符常量由单引号括起来，字符串常量由双引号括起来。

（2）字符常量只能是单个字符，字符串常量则可以含一个或多个字符。

（3）可以把一个字符常量赋予一个字符变量，但不能把一个字符串常量赋予一个字符变量。在 C 语言中没有相应的字符串变量，这是与 BASIC 语言不同的。但是可以用一个字符数组来存放一个字符串常量，具体内容将在数组一章内予以介绍。

（4）字符常量占一个字节的内存空间。字符串常量占的内存字节数等于字符串中字节数加 1。增加的一个字节中存放字符” \0” (ASCII 码为 0)，这是字符串结束的标志。

例如下面实例的功能是，将字符变量和整型变量进行相互赋值，并输出运算结果。

实例 3-5：我最喜欢的偶像是欧阳娜娜

源码路径：下载包 \daima\3\3-5

本实例的实现文件为“zichang.c”，具体代码如下所示。

```
 #include<stdio.h>                                        /* 包含头文件 */
int main(){
   printf("我最喜欢的偶像是欧阳娜娜 !\n");                 /* 输出字符串 */
```

```
    return 0;                                          /* 程序结束 */
}
```

编写代码完毕后，执行效果如图 3-10 所示。

我最喜欢的偶像是欧阳娜娜!

图 3-10

3.6.3　字符变量

在 C 语言程序中，字符变量用来存储字符常量，即单个字符。字符变量的类型说明符是“char”，定义字符变量类型的格式和书写规则都与整型变量相同，具体格式如下所示。

```
char 变量;
```

例如在下面的代码中定义了两个字符变量 *a* 和 *b*：

```
char a,b;
```

在 C 语言中，因为每个字符变量被分配一个字节的内存空间，所以只能存放一个字符。字符值是以 ASCII 码的形式存放在变量的内存单元之中的，例如 x 的十进制 ASCII 码是 120，y 的十进制 ASCII 码是 121。例如在下面的代码中，对字符变量 a 和 b 分别赋予’x’和’y’值：

```
a='x';
b='y';
```

将一个字符常量放到一个字符变量中，不是把字符本身放到内存单元中，而是将此字符的相应 ASCII 代码放到存储单元中，例如在下面的代码中，字符“x”的 ASCII 码为 120，字符“y”的 ASCII 码为 121。

```
char a,b;
ch1='x';
ch2='y';
```

上述代码实际上是在 ch1 和 ch2 这两个单元内存中放了 120 和 121 的二进制代码。所以，可以把 *a* 和 *b* 可以看作整型量。即一个字符既可以以字符形式输出，也可以以整数形式输出。当以字符形式输出时，需要预先将存储单元中的 ASCII 码转换为相应的字符，然后再输出；当以整数形式输出时，直接将 ASCII 码作为整数输出。

```
ch1=01111000;
ch2=01111001;
```

注意：从以上描述可以看出，字符型数据和整型数据之间的转换十分简单和方便。它们之间可以相互赋值，并且可以直接进行运算。在输出时，字符型数据和整型数据是完全通用的，既可以以整数的形式输出，也可以以字符的形式输出。但是字符型数据只占 1 个字节，只能存放 0—255 范围内的整数。整型量通常为二字节量，字符量为单字节量，当整型量按字符型量处理时，只有低八位字节参与处理。

例如在下面实例的功能是，将字符变量和整型变量进行相互赋值，并输出运算结果。

实例 3-6：将字符变量和整型变量进行相互赋值

源码路径：下载包 \daima\3\3-6

本实例的实现文件为“copy.c”，具体代码如下所示。

```
#include <stdio.h>
```

```
int main(){
    int num1;                               //声明一个整型变量
    char num2;                              //声明一个字符变量
    num1='a';                               //将字符数据赋值给整型变量
    num2=98;                                //将整型数据赋值给字符型变量
    num1=num1-32;
    num2=num2-32;                           //字符数据与整型数据进行算术运算
    printf("%c,%c\n",num1,num2);            //以字符形式输出
    printf("%d,%d\n",num1,num2);            //以整数形式输出
}
```

编写代码完毕后，执行效果如图 3-11 所示。

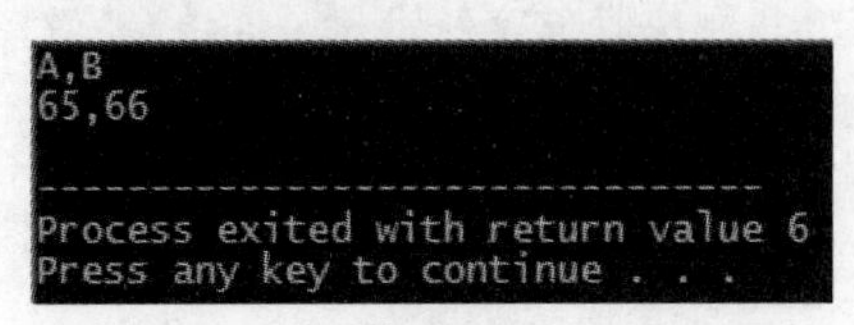

图 3-11

注意：当 char 变量输出时，如果是 %c 则输出字符本身，如果是 %d 则输出这个字符所对应的 ASCII 码的十进制值。

3.7 整型、实型和字符型数据之间的运算

本章前面介绍的实型、整型和字符型等数据类型之间有千丝万缕的联系，例如整型数据和实型数据之间可以进行运算，而且字符型数据可以和整型数据通用，整型、实型、字符型数据之间也可以进行运算。

↑扫码看视频（本节视频课程时间：7 分 12 秒）

注意：不同的数据类型也能相互运算吗？

可以，但是在运算处理之前，不同类型的数据要事先转换成同一种数据类型，然后才能运算。具体的转换方法有两种，一种是自动转换，一种是强制转换。本节将详细讲解这两种转换方式的基本知识。

3.7.1 强制转换

强制类型转换是通过类型转换运算来实现的，其功能是把表达式的运算结果强制转换成类型说明符所表示的类型。实现强制类型转换的语法格式如下所示。

```
(类型说明符)  (表达式)
```

例如下面的转换：

```
(float) m                               //把 m 转换为实型
(int)(m+n)                              //把 m+n 的结果转换为整型
```

在使用强制转换时应注意如下所示的两个问题：

（1）类型说明符和表达式都必须加括号 (单个变量可以不加括号)，如把 (int)(x+y) 写成 (int)x+y 则成了把 x 转换成 int 型之后再与 y 相加了。

（2）无论是强制转换或是自动转换，都只是为了本次运算的需要而对变量的数据长度

进行的临时性转换，而不改变数据说明时对该变量定义的类型。

实例 3-7：将 int 类型强制转换为 double 类型

源码路径：下载包 \daima\3\3-7

本实例的实现文件为“qiangzhi.c”，具体代码如下所示。

```
#include <stdio.h>
int main(){
    int sum = 17, count = 5;                //定义 int 类型变量 sum 和 count
    double mean;                            //定义 double 变量 mean
    mean = (double) sum / count;            // 把一个整数变量除以另一个整数变量
    printf("sum 除以 count 的结果是 : %f\n", mean);
    return 0;
}
```

编写代码完毕后，执行效果如图 3-12 所示。

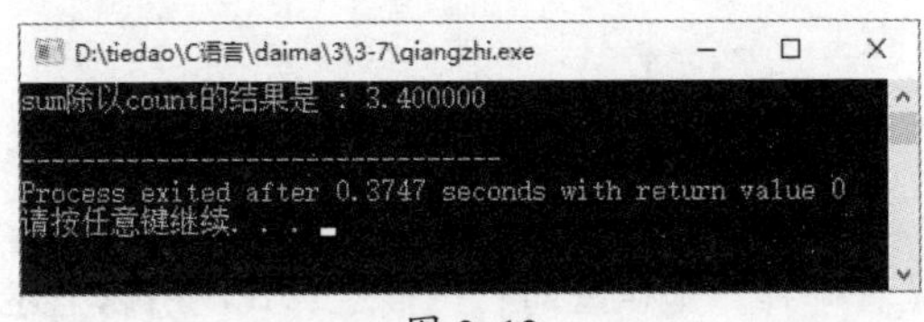

图 3-12

3.7.2　自动转换

在 C 语言程序中，自动转换是指当不同数据类型的变量或常量进行混合运算时，由编译系统自动完成。使用自动转换时需要遵循如下 5 条原则。

（1）如果参与运算量的类型不同，则先转换成同一类型，然后进行运算。

（2）转换按数据长度增加的方向进行，以保证精度不降低。如 int 型和 long 型运算时，先把 int 量转成 long 型后再进行运算。

（3）所有的浮点运算都是以双精度进行的，即使仅含 float 单精度量运算的表达式，也要先转换成 double 型，再作运算。

（4）char 型和 short 型参与运算时，必须先转换成 int 型。

（5）在赋值运算中，赋值号两边量的数据类型不同时，赋值号右边量的类型将转换为左边量的类型。如果右边量的数据类型长度左边长时，将丢失一部分数据，这样会降低精度，丢失的部分按四舍五入向前舍入。

上述转换原则的具体描述如图 3-13 所示。

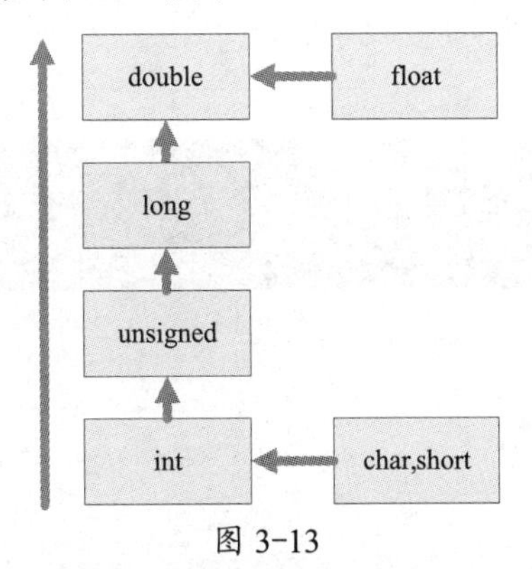

图 3-13

在图 3-13 所示的转换原则中，横向箭头是运算时必定要进行的转换。例如 char 必须转换为 int 才可以运算，float 必须转换为 double 才能运算。纵向箭头表示当运算对象的类型不同时转换的方向，例如 char 和 float 运算，是将 char 转为 double 后运算。

注意：char 转为 double 的过程是一次性的，无须中间过程，其他转换同样，不同类型的数据只有转换到上图中相交的节点时才能进行运算。例如在下面的代码中，PI 为实型，s 和 r 为整型，在执行面积计算语“s=r*r*PI”句时，r 和 PI 都转换成 double 型计算，结果也为 double 型。但由于 s 为整型，故赋值结果仍为整型，舍去了小数部分。

```
#include <stdio.h>
main(){
  float PI=3.14159;
  int s,r=5;
  s=r*r*PI;
  printf("s=%d\n",s);
}
```

再例如在下面的代码中，需要将 m → int， n → float，b 和 d → double，e → long。

```
m*n+'b'+23-d/e
```

因为 C 语言和其他语言一样，是从左向右扫描运算式，所以上述运算的具体步骤如下。

（1）计算 m*n，int 和 float 交汇于 double，先将 m、n 转换为 double，再计算，结果为 double。

（2）’ b’ 为 char，转换为 double 后于第一步结果相加，结果为 double。

（3）23 为 int，转为 double 后运算，结果为 double。

（4）“/” 运算优先级高于“-” 运算，所以先运算 d/e，e 转换为 double 型后运算，结果为 double。

实例 3-8：计算圆的大概面积和精确面积

源码路径：下载包 \daima\3\3-8

本实例的实现文件为“zidong.c”，具体代码如下所示。

```
int main(){
    float PI = 3.14159;                                    //定义float 类型变量 PI
    int s1, r = 5;                                         //定义 int 类型变量 s1 和 r
    double s2;                                             //定义 double 类型变量 s2
    s1 = r*r*PI;                                           //给 s1 赋值
    s2 = r*r*PI;                                           //给 s2 赋值
    printf("王公子，圆的大概面积是 %d, 精确面积是 %f，这些你造吗？ \n", s1, s2);
    return 0;
}
```

编写代码完毕后，执行效果如图 3-14 所示。

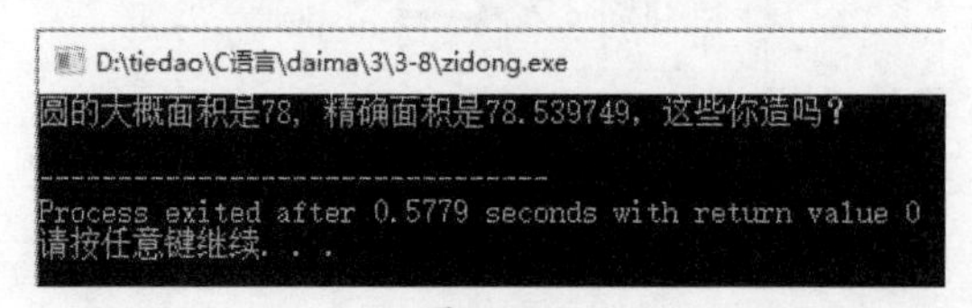

图 3-14

第4章 运算符和表达式

（视频讲解：79分钟）

在C语言程序中，即使有了变量和常量，也不能进行日常的程序处理工作，还必须使用某种方式将变量和常量的关系表示出来，此时运算符和表达式这一概念便应运而生。运算符和表达式的作用是将变量和常量建立起一种组合联系，以实现现实中某个项目需求的某一个具体功能。本章将详细介绍C语言运算符和表达式的基本知识，为读者步入本书后面知识的学习打下坚实的基础。

4.1 运算符和表达式介绍

谈起运算符和表达式，大家肯定还记得小时候做的加减乘除数学题。其实四则运算符号（如加、减、乘、除）就是运算符，而算式“35÷5=7”就是一个表达式。

↑扫码看视频（本节视频课程时间：21分00秒）

事实上，除了加减乘除运算符，和数学有关的运算符还有>、≥、≤、<、∫、%等。这些运算符号可是和我们的生活息息相关的啊，如购买游戏装备、订购演唱会门票、比拼女神颜值、统计校园面积等，都离不开这些运算符。

在C语言程序中，将具有运算功能的符号称为运算符。而表达式则是由运算符构成的包含常量和变量的式子。表达式的作用就是将运算符的运算作用表现出来。这就像你跟你的女神表白一样，你内心的“喜欢”和“不喜欢”等是一种运算符，而将内心想法表白出来就是运算符的作用。下面举一个简单点的C语言例子帮助你理解，例如在下面的代码中，“+”是一个运算符，而“a+b”则组成了一个表达式。

```
a+b;
```

注意：运算符犹如一个操作媒介，当接到用户传来的“+”指令后，将会对前后两个元素进行相加处理；当接到用户传来的“-”指令后，将会对前后两个元素进行相减处理。

C语言中的运算符和表达式很多，正是这些丰富的运算符和表达式，使得C语言的功能变得十分全面和完善，这也是开发者们喜欢上C语言的主要原因之一。特别是像我这样的超级高手级别的开发专家，对C语言更是爱不释手。但为了降低初学者的学习难度，下面我根据运算符的实现功能，将其分为10类，见下表4-1。

表 4-1

运算符	具体说明
算术运算符	算术运算符是和我们日常生活关系最密切的运算符，用于实现各类数值的运算，包括加（+）、减（-）、乘（*）、除（/）、求余（或称模运算，%）、自增（++）、自减（-）共 7 种
关系运算符	关系运算符同样和日常生活密切相关，用于实现比较运算。共包括大于(>)、小于(<)、等于(==)、大于等于（>=）、小于等于（<=）和不等于（!=）6 种运算
逻辑运算符	逻辑运算符用于实现逻辑运算，包括与（&&）、或（||）、非（!）共 3 种
位操作运算符	位操作运算符是指参与运算的量按照二进制位进行运算，包括位与 (&)、位或 (|)、位非 (~)、位异或（^）、左移（<<）、右移（>>）共 6 种
赋值运算符	赋值运算符用于实现赋值运算，包括 3 类共 11 种，分别是简单赋值（=）、复合算术赋值（+=，-=，*=，/=，%=）和复合位运算赋值（&=，|=，^=，>>=，<<=）
条件运算符	条件运算符（?:）是一个三目运算符，功能是实现条件求值
逗号运算符	逗号运算符的功能是把若干表达式组合成一个表达式（，）
指针运算符	指针运算符包括取内容（*）和取地址（&）两种
求字节数运算符	求字节数运算符的功能是计算数据类型所占的字节数（sizeof）
其他运算符	主要包括括号 ()，下标 []，成员（→和 .）等几种运算符

4.2 算术运算符和算术表达式

在 C 语言程序中，算术运算符和我们的生活最为密切相关，算术表达式是由算术运算符和括号连接起来的式子。在本节的内容中，将详细讲解 C 语言算术运算符和算术表达式的知识。

↑扫码看视频（本节视频课程时间：15 分 15 秒）

4.2.1 算术运算符的分类

在 C 语言程序中，有 7 种算术运算符，见下表 4-2。

表 4-2

算数运算符	具体说明
+	加，实现加法运算
-	减，实现减法运算
*	实现乘法运算
/	实现除法运算
%	实现取模运算
--	每次递减 1
++	每次递加 1

C 语言的上述算术运算符又被分为单目运算符和双目运算符，其中单目运算符是指运算对象只有一个运算符，例如取正（+）、取负（-）、取反（^）、自加（++）、自减（--）

等运算符。双目运算符是指运算对象必须为两个的运算符，例如加（+）、减（-）、乘（*）、除（/）等运算符。

例如“a+b”中的“+”就是一个双目运算符，而“a++”中的“++”就是一个单目运算符。

4.2.2　单目运算符

单目运算符的特点是只有一个运算对象。在 C 语言中有 4 种单目运算符，分别是 ++（自增 1，运算对象必须为变量），--（自减 1，运算对象必须为变量），+（取正）和 -（取负）。例如，-a 是对 a 进行单目负操作。

实例 4-1：使用单目运算符实现基本的数学运算

源码路径：下载包 \daima\4\4-1

本实例的实现文件为“yuehui.c”，在里面定义了多个变量，并对变量进行了各种类型的算数操作。文件 yuehui.c 的具体实现代码如下所示。

```
#include <stdio.h>
int main(){
    int a=100,b;                                            //声明两个整型变量
    b=a++;                                                  //将变量 a 放在自增符号前
      printf("我现在只有：%d\n",b);                        //输出结果
    a=100;                                                  //还原变量 a 的值
    b=++a;                                                  //将变量 a 放在自增符号后
       printf("表哥借我 1 块，我现在有：%d\n",b);           //输出结果
    a=100;                                                  //还原变量 a 的值
    b=a--;                                                  //将变量 a 放在自减符号前
       printf("购买 1 块钱的冰棍后还剩：%d\n",b);           //输出结果
    a=100;                                                  //还原变量 a 的值
    b=--a;                                                  //将变量 a 放在自减符号后
       printf("购买一块钱的小碗豆脑后还剩：%d\n",b);        //输出结果
}
```

运行上述代码后输出对变量 *a* 的运算结果，执行效果如图 4-1 所示。

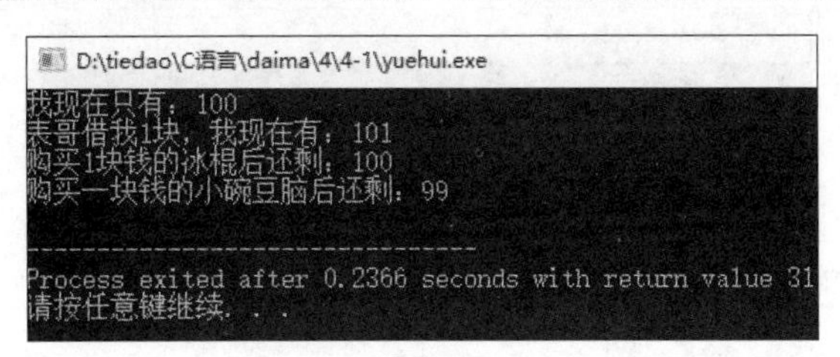

图 4-1

注意：一般算术运算符的结合顺序都是“从左往右”的，但自增、自减运算符的结合顺序则是“从右向左”的。特别是当 ++ 和 -- 与它们同级的运算符一起运算时，一定要注意它们的运算顺序。例如 -m++，因为负号 - 和 ++ 是属于同级运算符，所以一定要先计算 ++，然后再计算取负 -。

4.2.3　双目运算符

双目运算符是指可以有两个操作数进行操作的运算符。在 C 语言中，一共有 5 种常用的双目运算符，见下表 4-3。

表 4-3

算数运算符	具体说明
+	加
-	减
*	乘
/	除
%	取模或取余

实例 4-2：获取任意小于 1000 的正整数的个位、十位、百位和千位的数字

源码路径：下载包 \daima\4\4-2

本实例的功能是使用求模运算符获取任意小于 1000 正整数的个位、十位、百位和千位的数字。本实例的实现文件为“meiguihua.c”，具体实现代码如下所示。

```
#include <stdio.h>
int main(){
    unsigned int number,i,j,k,m;
//提示输入一个小于 1000 正整数
    printf("请输入一个数字(0<整数<1000) :");
    scanf("%d",&number);                        //获取用户输入的数
    i=number/1000;                              //求该数的千位数字
    j=number%1000/100;                          //求该数的百位数字
    k=number%1000%100/10;                       //求该数的十位数字
    m=number%1000%100%10;                       //求该数的个位数字
    printf("%d,%d,%d,%d\n",i,j,k,m);            //输出结果
}
```

运行上述代码后将在屏幕中提示“准备送给女神多少朵玫瑰？”（小于 1000 的正整数），输入“999”后将分别输出输入数字的个位、十位、百位和千位对应的数字。执行效果如图 4-2 所示。

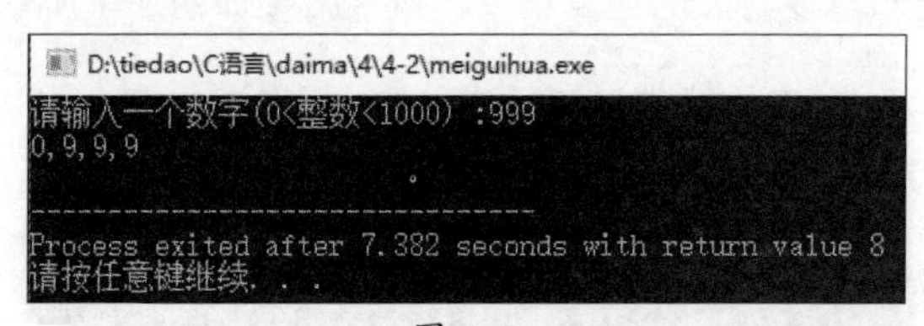

图 4-2

4.3 赋值运算符和赋值表达式

在 C 语言中，赋值运算符的含义是给某变量或表达式设置一个值，例如“a=5”，表示将数值“5”赋予给“a”，表示这时在程序中看到“a”就知道它的值是数字“5”。

↑扫码看视频（本节视频课程时间：15 分 52 秒）

4.3.1 基本的赋值运算符

C 语言中有两种赋值运算符，分别是基本赋值运算符和复合赋值运算符两种。C 语言的基本赋值运算符记为“=”，由“=”连接的式子称为赋值表达式。在 C 语言程序中，使用基本赋值运算符的基本格式如下所示。

```
变量 = 表达式
```

例如，下面列出的都是基本赋值处理：

```
x=a+b
w=sin(a)+sin(b)
y=i+++--j
```

赋值表达式的功能是计算表达式的值，并将其赋予左边的变量。赋值运算符具有向右结合性，所以可以将“a=b=c=10”理解为“a=(b=(c=10))”。

在其他高级语言中，赋值构成了一个语句，称为赋值语句。在 C 语言程序中，把“=”定义为赋值运算符，尤其可以构成赋值表达式。凡是表达式可以出现的地方均可出现赋值表达式。

例如下面的式子是合法的，表示将整数值“8”赋予 a，将值“9”赋予 b，再把 a 和 b 相加，将两者的和赋予 x，所以 x 的值为 17。

```
x=(a=8)+(b=9)
```

在赋值处理应用中，如果赋值运算符两边的数据类型不相同，系统将自动进行类型转换，即把赋值符号右边的类型换成左边的类型。具体来说有如下 10 条转换规则。

（1）实型赋予整型：要舍去小数部分。

（2）整型赋予实型：数值不变，但以浮点形式存放，即增加小数部分(小数部分的值为 0)。

（3）字符型赋予整型：因为字符型为 1 个字节，整型为 2 个字节，所以要将字符的 ASCII 码值放到整型量的低八位中，高八位为 0。整型赋予字符型，只把低八位赋予字符量。

- 如果所用系统将字符处理为无符号的量或对 unsigned char 型变量赋值，则将字符的 8 位放到整型变量低 8 位，高 8 位补零。
- 如果所用系统（如 Turbo C）将字符处理为带符号的（即 signed char），若字符最高位为 0，则整型变量高 8 位补 0；若字符最高位为 1，则高 8 位全补 1。这称为“符号扩展”，这样做的目的是使数值保持不变，如变量 C（字符’\376’）以整数形式输出为 -2，i 的值也是 -2。

（4）double 型数据赋给 float 型数据：只截取其前面的 7 位有效数字，存放在 float 变量的存储单元中，但是数值不能溢出。例如下面代码将会产生溢出错误：

```
float f;
double d=123.456111e100;
f=d;
```

（5）当将 float 型数据赋给 Double 型数据时，数值不变，有效位扩展到 16 位。

（6）将一个 int、short、long 型数据赋给一个 char 型变量：只将其低 8 位原封不动地送到 char 型变量（即截断），例如下面的赋值：

```
int i=123;
char c='a';
```

```
c=i;
```

（7）将带符号的整型数据（int 型）赋给 long 型变量时：要进行符号扩展，将整型数的 16 位送到 long 型低 16 位中。如果 int 型数据为正值（符号位为 0），则 long 型变量的高 16 位补 0；如果 int 型变量为负值（符号位为 1），则 long 型变量的高 16 位补 1，以保持数值不改变。

（8）将 unsigned int 型数据赋给 long int 型变量时：不存在符号扩展问题，只需将高位补 0 即可。

（9）将一个 unsigned 类型数据赋给一个占字节数相同的整型变量，例如：

```
unsigned int=>int
unsigned long=>long
unsigned short=>short
```

将 unsigned 型变量的内容原样送到非 unsigned 型变量中，但如果数据范围超过相应整型的范围，则会出现数据错误，例如下面的赋值代码：

```
unsigned int a=111111;
int b;
b=a;
```

（10）将非 unsigned 型数据赋给长度相同的 unsigned 型变量：也是原样照赋，连原有的符号位也作为数值一起传送，例如下面的代码将有符号数据传送给无符号变量：

```
int main(){
   unsigned a;
   int b=-1;
   a=b;
   printf("%u",a);
}
```

因为“%u”是输出无符号数时所用的格式符，所以运行后 a 后的结果为：77777。但如果是下面的赋值：

```
int main(){
   unsigned int a;
   int b=-1;
   a=b;
   printf("%u",a);
}
```

因为 unsigned int 的范围是 0-65535，int 型数据 -1 超出了 int 型的范围，从而使结果数据发生错误。

注意：C 语法陷阱：在一个逻辑条件语句中，常数项应该永远在左侧吗？

C 语言中，“=”是赋值运算符，“b=1”表示变量 *b* 等于值 1。“==”是相等运算符，如果左侧等于右侧，返回 true，否则返回 false。很多初学者喜欢用“=”替代“==”，其实这是一个常见的输入错误。如果将常数项放在左侧，将产生一个编译时错误，例如如下代码：

```
int x = 4;
    if ( x = 1 ) {
        x = x + 2;
        printf("%d",x);                          // 输出为 3
    }
    int x = 4;
    if ( 1 = x ) {
        x = x + 2;
        printf("%d",x);                          // 编译错误
```

```
}
```

4.3.2　复合赋值运算符

在 C 语言程序中，为了简化程序并提高编译效率，可以在赋值运算符“=”之前加上其他运算符，这样就构成了复合赋值运算符。复合赋值运算符的功能是，对赋值运算符左、右两边的运算对象进行指定的算术运算符运算，再将运算结果赋予右边的变量，例如，下面都是合法的复合赋值运算符处理代码。

```
a+=b;                                                      //等价于 a=a+b;
a-=b;                                                      //等价于 a=a-b;
a*=b;                                                      //等价于 a=a*b;
a/=b;                                                      //等价于 a=a/b;
a%=b;                                                      //等价于 a=a%b;
```

复合赋值运算符右边的表达式是一个运算“整体”，不能把它们分开，例如下面的代码：

```
a*=b+10 ;
```

等价于下面的代码：

```
a=a*(b+10);
```

4.3.3　赋值表达式

在 C 语言程序中，用赋值运算符将运算对象连接而成的式子称为赋值表达式。请看下面的代码：

```
k=(j=1);
```

因为赋值运算符的结合性是从右向左的，所以上面的代码等价于下面的代码：

```
k=j=1;
```

实例 4-3：实现基本的赋值表达式运算处理

源码路径：下载包 \daima\4\4-3

本例的实现文件为“num123.c”，具体实现代码如下所示。

```
#include <stdio.h>
int main(){
    int num1, num2, num3;          //(1)
    num1= num2= num3=20;   //(2)

    num1+= num3;                   //(3)
    num2*= num3;                   //(4)
    printf("num1=%d, num2=%d, num3=%d\n", num1, num2, num3);          //(5)
    printf("num1+= num2*= num2- num3 is %d\n", num1+= num2*= num2- num3);
//(6)
    printf("(num1=( num2=4)+( num3=6)) num1=%d \n", num1=( num2=4)+( num3=6));
//(7)
}
```

上述代码的具体实现流程如下。

（1）分别定义了 3 个变量 num1、num2 和 num3。

（2）将变量 num1、num2 和 num3 初始赋值为 20。

（3）将 num1 和 num3 的和 40 赋值为 num1。

（4）将变量 num2 和 num3 的积 400 赋给 num2。

（5）输出当前 3 个变量的值。其中，num1 为 40，num2 为 400，num3 没变，还是 20。

（6）输出表达式“num1+= num2*= num2- num3”的值。根据从右向左结合性，先运算“num2*= num2- num3”，即 num2= num2*(num2- num3)=400*380=152000；然后再运算“num1+= num2”，即 num1=num1+num2=152000+40=152040。

（7）输出表达式“num1=(num2=4)+(num3=6)”的值。根据从右向左结合性，先对 num2 和 num3 进行新的赋值运算，即令 num2=4，num3=6，然后进行 num2+ num3 运算，最后进行 num1= num2+ num3 运算，得到 num1=10。

运行上述代码，将分别输出运算表达式的处理结果，如图 4-3 所示。

```
num1=40, num2=400, num3=20
num1+= num2*= num2- num3 is 152040
(num1=( num2=4)+( num3=6)) num1=10
```

图 4-3

4.4 关系运算符和关系表达式

在 C 语言程序中，使用关系运算符可以表示两个变量或常量之间的关系，例如，经常用关系运算来比较两个数字的大小。在本节的内容中，将详细讲解关系运算符和关系表达式的知识。

↑扫码看视频（本节视频课程时间：5 分 05 秒）

4.4.1 关系运算符

在 C 语言中提供了 6 种关系运算符，见下表 4-4。

表 4-4

关系运算符	具体说明
<	小于
<=	小于等于
>	大于
>=	大于等于
==	等于
!=	不等于

关系运算符的优先级低于算数运算符，但高于赋值运算符。其中，<、<=、> 和 >= 同级的，而 == 和 != 是同级的，且前 4 种的优先级高于后两种。

注意：在 C 语言中，因为关系运算符只是起到了比较的作用，功能十分有限，所以通常将关系运算符称为比较运算符。

4.4.2 关系表达式

在 C 语言中，关系表达式就是用关系运算符将两个表达式连接起来的式子，被连接的表达式可以是算数表达式、关系表达式、逻辑表达式、赋值表达式和字符表达式等。例如下面代码中的表达式都是关系表达式：

```
a>b
(a=200)<(b=120)
a+b<c-d
x!=y
b*b>4*a*c
```

任何一个关系表达式的结果均为两个值：真和假，其中用 1 代表真，用 0 代表假。假设 x=1，y=2，z=3，看下表 4-5 中的关系表达式的含义。

表 4-5

关系运算符	具体说明
fabs(x-y)<1.06E-06	求值顺序为先计算函数 fabs，再做 <，表达式的结果为 0
z>y+x	求值顺序为先做 +，再做 >，表达式的结果为 0
x!=y==z-2	求值顺序为先做 -，再做 !=，最后做 ==(同级从左向右)，表达式的结果为 1
x=y==z-1	求值顺序为先做 -，再做 == ，最后做 =，表达式的结果为 1

例如在下面的实例中，演示了使用关系运算符和表达式的过程。

实例 4-4：比较体重

源码路径：下载包 \daima\4\4-4

本实例的功能是比较变量 a 和 b 的值并输出比较结果，文件 bipin.c 的具体实现代码如下所示。

```
#include <stdio.h>
int main(){
    printf("--------体重大比拼---------\n");                    //输出结果
    printf("a的体重是200斤，使用变量a来表示。b的体重是120斤，使用变量b来表示。\n");
//输出结果
     printf("-------- ----------------\n");                     //输出结果
    int jieguo,a=200,b=120;                                  //声明变量
    jieguo=(a>b);                                            //获得关系表达式a>b的结果
    printf("jieguo=(a>b)\ni=%d\n",jieguo);                   //输出结果
    jieguo=(a<b);                                            //获得关系表达式a<b的结果
    printf("jieguo=(a<b)\njieguo=%d\n",jieguo);              //输出结果
    jieguo=(a>=b);                                           //获得关系表达式a>=b的结果
    printf("jieguo=(a>=b)\njieguo=%d\n",jieguo);             //输出结果
    jieguo=(a<=b);                                           //获得关系表达式a<=b的结果
    printf("jieguo=(a<=b)\njieguo=%d\n",jieguo);             //输出结果
    jieguo=(a==b);                                           //获得关系表达式a==b的结果
    printf("jieguo=(a==b)\njieguo=%d\n",jieguo);             //输出结果
    jieguo=(a!=b);                                           //获得关系表达式a!=b的结果
    printf("jieguo=(a!=b)\njieguo=%d\n",jieguo);             //输出结果
}
```

在上述代码中，定义变量 a 的初始值是 200，b 的初始值是 120，然后定义变量 jieguo 为关系运算表达式的运算结果。最后通过关系表达式来运算各种操作，并将运算结果输出。运行程序后会分别输出各个关系表达式的运算结果。执行效果如图 4-4 所示。

```
D:\tiedao\C语言\daima\4\4-4\bipin.exe
---------体重大比拼----------
a体重是200斤，使用变量a来表示。b的体重是120斤，使用变量b来表示。
--------  ---------------
jieguo=(a>b)
i=1
jieguo=(a<b)
jieguo=0
jieguo=(a>=b)
jieguo=1
jieguo=(a<=b)
jieguo=0
jieguo=(a==b)
jieguo=0
jieguo=(a!=b)
jieguo=1

--------------------------------
Process exited after 0.4841 seconds with return value 23
请按任意键继续. . .
```

图 4-4

4.5 逗号运算符和逗号表达式

我们在小学时就学过了逗号，逗号是一个完整句子中间的停顿，意思是让阅读者休息休息，然后接着看后面的内容。在C语言程序中，逗号“,”也是一种运算符，称为逗号运算符。其功能是把两个表达式连接起来组成一个表达式，这个表达式称为逗号表达式。

↑扫码看视频（本节视频课程时间：5分07秒）

4.5.1 逗号运算符

在C语言程序中，逗号“,”的用法有两种：一种是用作分隔符，另一种是用作运算符。在变量声明语句、函数调用语句等场合，逗号是作为分隔符使用的。例如：

```
int a,b,c;                                        //分隔符
scanf('%f%f%f',&f1,&f2,&f3);                      //分隔符
```

C语言还允许用逗号连接表达式，例如x=1.6，y=1.1，12+x，x+y，这里用三个逗号运算符将四个算术表达式连接成一个逗号表达式。

注意：C语言中如何区分逗号是运算符还是分隔符？

在C语言中，在输入（scanf）输出（printf）语句中逗号是作为分隔符使用的，例如：

```
scanf("%d",&num);
printf("%d",num);
```

而在赋值语句中或运算中，逗号是作为逗号运算符使用的。例如：

```
for(a=0,b=a+1;b<10;b++)...;
```

其中 (a=0,b=a+1) 就是逗号运算符。

4.5.2 逗号表达式

在C语言程序中，使用逗号表达式的一般格式如下所示。

```
表达式1，表达式2，表达式3，...，表达式n
```

例如下面就是一个逗号表达式：

```
a=2*6,a-4,a+15;
```

当逗号作为运算符使用时，是一个双目运算符，其运算优先级是所有运算符中最低的。逗号运算符的运算顺序是自左向右的，因此上述赋值语句的求值顺序为：先计算 2*6 并赋予 *a*（结果是 a=12），再计算 *a*-4（只计算，不赋值），最后计算 *a*+15（只计算，不赋值），最终以 27 作为整个逗号表达式的值。但是需要注意的是，后面两个表达式的值仅作了计算，而并没有赋给 *a*，所以 *a* 的值仍然为 12。

有时候使用逗号表达式的目的仅仅是为了得到各个表达式的值，而并非要得到整个逗号表达式的值。例如在下面的代码中，逗号表达式的目的是实现变量 *a*、*b* 值互换，而不是使用整个表达式的值。

```
t=a,a=b,b=t;
```

再例如在下面的代码中，赋值语句的执行顺序为：先对 *a* 变量赋值 6，再计算 *a*+2 得 8，再计算 *a*+3 得 9，最后将 9 作为整个逗号表达式的值付给变量 *a*，使 *a* 重新赋值为 9。如果将一对括号去掉，*a* 的值为 6。

```
int j=5;
a=(a=j+1,a+2,a+3);
```

再例如在下面的代码中，赋值语句的执行顺序为：*x* 被赋值为 1，*x* 自增 1 得 2，再计算 *x*+2 得 4，4 作为整个逗号表达式的值付给变量 *y*，因此 *y* 被赋值为 4。

```
int x ,y;
y=(x=1,++x,x+2);
```

实例 4-5：使用逗号运算符实现数学运算

源码路径：下载包 \daima\4\4-5

本实例的实现文件为“douhao.c”，具体实现代码如下所示。

```
#include <stdio.h>
int main(){
    printf("请问等多少天才能下雨？\n");                    //输出文字
    printf("-------- ----------------\n");                //输出虚线
    int a=6,b=7,c=8,x,y;                                  //声明变量  (1)
    x=a+b,b+c;                                            //定义逗号表达式   (2)
    y=(a+b,b+c);                                          //定义逗号表达式   (3)
    printf("答案是：%d 天，或 %d 天",x,y);                 //输出结果  (4)
}
```

上述代码的具体实现流程如下。

（1）定义了 5 个 int 型变量：*a*、*b*、*c*、*x*、*y*。并为 *a*、*b*、*c* 赋初值，但没有赋值给 *x* 和 *y*。

（2）定义逗号表达式“*x*=*a*+*b*,*b*+*c*”，因为赋值运算符的优先级大于逗号运算符，所以应先执行 *x*=*a*+*b* 得到 13，再执行此逗号表达式。

（3）定义逗号表达式“*y*=(*a*+*b*,*b*+*c*)”，因为有圆括号，所以先执行“*a*+*b*,*b*+*c*”这个逗号表达式，再将结果 15 赋给变量 *y*。

（4）最后通过 printf 输出结果。

运行程序的效果如图 4-5 所示。

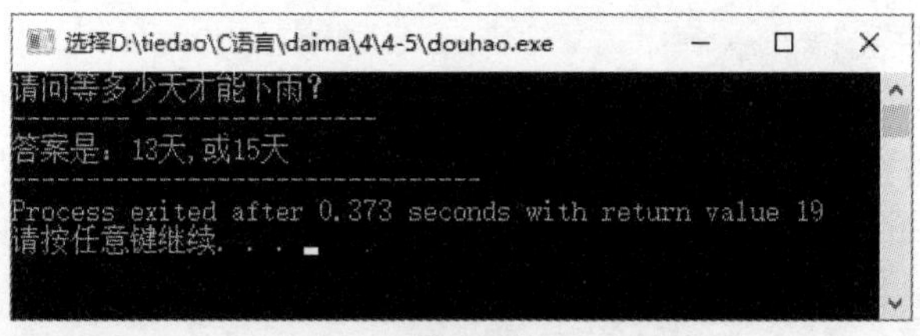

图 4-5

注意：在进行逗号运算处理时，其具体运算结果和变量的类型有关，所以在具体运算时一定要注意定义变量的类型。例如，假设 *x*、*y* 为 double 型，则表达式“*x*=1, *y*=*x*+3/2”的值是 2.0000000。这是因为 3/2 是取整的，与 *x* 相加后，赋予 double 型的 *y*，逗号表示去又变得表达式的值，以方便并列使用一些表达式。例如：“for(*i*=0; *i*<5; *i*++, *x*++);”这样可以使 *i* 与 *x* 一起变化，如果没有逗号，就无法达到这样的效果。

4.6 逻辑运算符和逻辑表达式

在 C 语言中，逻辑运算就是将关系表达式用逻辑运算符连接起来，并对其求值的一个运算过程。在本节的内容中，将详细讲解逻辑运算符和逻辑表达式的知识，为读者步入本书后面知识的学习打下基础。

↑扫码看视频（本节视频课程时间：14 分 08 秒）

4.6.1 逻辑运算符

在 C 语言程序中，提供了 3 种逻辑运算符，见表 4-6。

表 4-6

逻辑运算符	具体说明
&&	逻辑与
||	逻辑或
!	逻辑非

其中，“逻辑与”和“逻辑或”是双目运算符，要求有两个运算量，例如：

```
(A>B) && (X>Y)
```

“逻辑非”是单目运算符，只要求有一个运算量，例如：

```
!(A>B)
```

- “逻辑与”：和“而且”是一个意思，能够判断 && 两侧的表达式是否都为真，只有当两个条件都成立的情况下“逻辑与”的运算结果才为“真”。
- “逻辑或”：和“或者”是一个意思，表示当两个条件中有任一个条件满足，“逻辑或”的运算结果就为“真”。
- “逻辑非”：和“取反”是一个意思，表示当条件为真时，“逻辑非”的运算结果为“假”。

● 逻辑运算的结果也分为“真”和“假”两种，同样用“1”和“0”来表示。其求值规则如下：

（1）与运算（&&）

参与运算的两个量都为真时，结果才为真，否则为假。例如：

```
5>0 && 4>2
```

由于 5>0 为真，4>2 也为真，相与的结果也为真。

（2）或运算（||）

参与运算的两个量只要有一个为真，结果就为真。 两个量都为假时，结果为假。例如：

```
5>0||5>8
```

由于 5>0 为真，相或的结果也就为真。

（3）非运算（!）

参与运算量为真时，结果为假；参与运算量为假时，结果为真。例如，“!(5>0)”的结果为假。

注意：“&”和“|”、“&&”和“||”的差别

“&”和“|”是位运算符，而“&&”和“||”是逻辑运算符，这一点和很多其他语言是不同的。例如在 Pascal 语言中，位运算符是 and 和 or。很多读者会因为学过别的语言而造成误解，要特别注意。

4.6.2　逻辑表达式

在 C 语言程序中，使用逻辑表达式的一般形式如下所示。

```
表达式 逻辑运算符 表达式
```

其中的“表达式”可以又是逻辑表达式，从而组成了嵌套的情形。例如：

```
(a&&b)&&c
```

根据逻辑运算符的向左结合性，上式也可写为 a&&b&&c，逻辑表达式的值是式中各种逻辑运算的最后值，以“1”和“0”分别代表“真”和“假”。

表 4-7 为 *a* 和 *b* 之间的逻辑运算，在此假设 *a*=5，*b*=2。

表 4-7

表达式	结果	表达式	结果
!a	0	!a&&!b	0
!b	0	a||b	1
a&&b	1	!a||b	1
!a&&b	0	a||!b	1
a&&!b	0	!a||!b	0

从表 4-2 中的运算结果可以得出如下规律：

（1）进行与运算时，只要参与运算中的两个对象有一个是假，则结果就为假。

（2）进行或运算时，只要参与运算中的两个对象有一个是真，则结果就为真。

实例 4-6：对变量进行逻辑运算处理，并输出运算后的结果

源码路径：下载包 \daima\4\4-6

本实例的实现文件为“luoji.c”，具体实现代码如下所示。

```
#include <stdio.h>
int main(){
    //声明变量并定义初值
    int a=10,b=15,c=20;                                      //(1)
    float x=12.345,y=0.1234;                                 //(2)
    char ch='x';                                             //(3)
    //将各变量进行逻辑运算，并将结果输出
    printf("%d,%d\n",x*!y,!!!x);                             //(4)
    printf("%d,%d\n",x||a&&b<c,a+3>b&&x<y);                  //(5)
    printf("%d,%d\n",a==4&&!ch&&(b=9),x+y||a+b||c);          //(6)
}
```

上述代码的具体实现流程如下。

（1）定义了 3 个 int 型变量 *a*、*b*、*c*，并赋了初始值。

（2）定义了 2 个 float 型变量 *x*、*y*，并赋了初始值。

（3）设置 char 类型变量 ch 值为 *x* 的值。

（4）计算表达式 *x**!*y* 和 !!!*x*，并输出结果。

（5）计算表达式 *x*||*a*&&*b*<*c*,*a*+3>*b*&&*x*<*y*，并输出结果。

（6）计算表达式 *a*==4&&!*ch*&&(*b*=9),*x*+*y*||*a*+*b*||*c*，并输出结果。

运行程序后会分别输出各个关系表达式的运算结果，执行效果如图 4-6 所示。

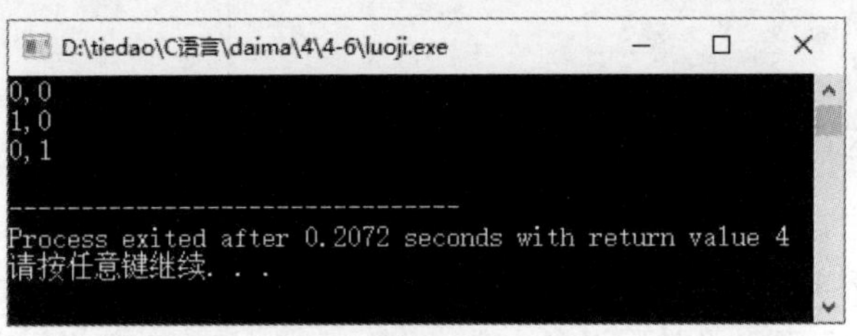

图 4-6

4.7 求字节数运算符 sizeof

在 C 语言中，通过求字节数运算符 sizeof 可以处理数据类型，获取以字节形式返回被操作对象的存储单元。在使用求字节运算符 sizeof 时，被操作对象可以是一个表达式或括在括号内的类型名。

↑扫码看视频（本节视频课程时间：3 分 21 秒）

在 C 语言程序中，使用 sizeof 运算符的格式如下所示。

```
sizeof(type)
```

其中，“type”是数据类型，它必须被包含在括号内。sizeof 也可以用于变量，其使用格式可以是下面的一种：

```
sizeof  (var_name)
sizeof  var_name
```

在 C 语言中，求字节数运算符 sizeof 主要有如下两个用途。

（1）和存储分配或 I/O 系统等例程进行通信。例如下面的代码：

```
void * malloc (size_t size),
```

```
size_t fread(void * ptr,size_t size,size_t nmemb,FILE * stream)
```

（2）计算数组中的元素个数。例如下面的代码：

```
void * memset (void * s,int c,sizeof(s))
```

注意：sizeof 操作符不能用于函数类型、不完全类型或位字段。不完全类型指具有未知存储大小的数据类型，如未知存储大小的数组类型、未知内容的结构或联合类型、void 类型等。因为 sizeof 可以用于数据类型，所以可以通过“sizeof (type)”来获取各个类型在内存中占用的存储单元。

实例 4-7：使用 sizeof 运算符计算不同类型数据的字节大小

源码路径：下载包 \daima\4\4-7

本实例的实现文件为“sizeof.c”，具体实现代码如下所示。

```
#include <stdio.h>
int main(){//显示整型数据所在内存的字节数
    printf("int是: %d\n",sizeof(int));
    printf("short是: %d\n",sizeof(short));
    printf("long是: %d\n",sizeof(long));
    printf("unsigned int是: %d\n",sizeof(unsigned int));
    printf("unsigned short是: %d\n",sizeof(unsigned short));
    printf("An unsigned long is %d bytes\n\n",sizeof(unsigned long));
    //显示实型数据所在内存的字节数
    printf("A float is %d bytes\n",sizeof(float));
    printf("A double is %d bytes\n\n",sizeof(double));
    //显示字符型数据所在内存的字节数
    printf("A char is %d bytes\n",sizeof(char));
    printf("An unsigned char is %d bytes\n",sizeof(unsigned char));
}
```

sizeof 操作符的结果类型是 size_t，它在头文档 <stddef.h> 中 typedef 为 unsigned int 类型。该类型确保能容纳实现所建立的最大对象的字节大小。在 C 语言程序中，sizeof 的处理规则如下。

（1）若操作数具备类型 char、unsigned char 或 signed char，其结果等于 1，ANSI C 正式规定字符类型为 1 字节。

（2）int、unsigned int、short int、unsigned short、long int、unsigned long、float、double、long double 类型的 sizeof 在 ANSI C 中没有具体规定，大小依赖于实现，一般可能分别为 2、2、2、2、4、4、4、8、10。

（3）当操作数是指针时，sizeof 依赖于编译器。例如在 Microsoft C/C++7.0 中，near 类指针字节数为 2，far、huge 类指针字节数为 4。一般 Unix 的指针字节数为 4。

（4）当操作数具备数组类型时，其结果是数组的总字节数。

（5）联合类型操作数的 sizeof 是其最大字节成员的字节数。结构类型操作数的 sizeof 是这种类型对象的总字节数，包括任何垫补在内。

遵循上述处理规则，本实例运行后将分别执行效果，执行效果如图 4-7 所示。

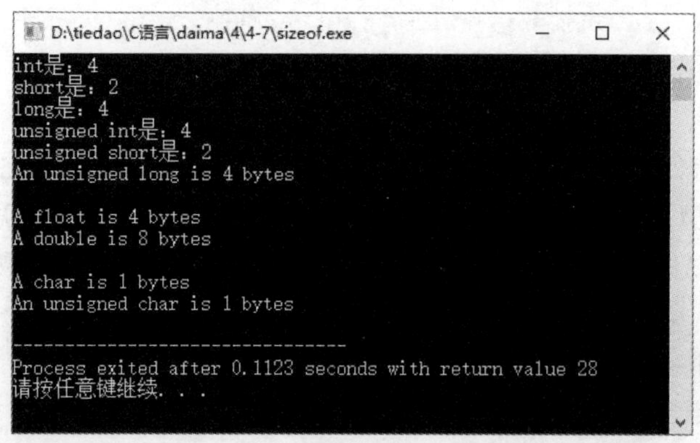

图 4-7

4.8 运算符的优先级

运算符的优先级，就是运算处理的先后顺序。在日常生活中，无论是排队买票还是超市结账，我们都要遵循先来后到的顺序。在 C 语言的运算中，也要遵循某种运算秩序。例如加减乘除，是先计算乘除后计算加减。

↑扫码看视频（本节视频课程时间：3 分 58 秒）

C 语言运算符的运算优先级共分为 15 级，1 级最高，15 级最低。在表达式中，优先级较高的先于优先级较低的进行运算。当一个运算符号两侧的运算符优先级相同时，则按运算符的结合性所规定的结合方向处理。如果属于同级运算符，则按照运算符的结合性方向来处理。C 语言中各运算符的结合性可以分为如下两种：

（1）左结合性：自左至右进行运算。

（2）右结合性：自右至左进行运算。

例如，算术运算符的结合性是自左至右，即先左后右。如有表达式 *x*-*y*+*z* 则 *y* 应先与“-”号结合，执行 *x*-*y* 运算，然后再执行 +*z* 的运算。这种自左至右的结合方向就称为“左结合性”。而自右至左的结合方向称为“右结合性”。最典型的右结合性运算符是赋值运算符。如 *x*=*y*=*z*, 由于“=”的右结合性，应先执行 *y*=*z*，再执行 *x*=(*y*=*z*) 运算。

注意：在 C 语言运算符中有不少为右结合性，应注意区别，以避免理解错误。

C 语言运算符优先级的具体说明见表 4-8。

表 4-8

优先级	运算符	解释	结合方式
1	() [] -> .	括号（函数等），数组，两种结构成员访问	由左向右
2	! ~ ++ -- + - * & (类型) sizeof	否定，按位否定，增量，减量，正负号，间接，取地址，类型转换，求大小	由右向左
3	* / %	乘，除，取模	由左向右
4	+ -	加，减	由左向右
5	<< >>	左移，右移	由左向右

续表

优先级	运算符	解释	结合方式
6	< <= >= >	小于，小于等于，大于等于，大于	由左向右
7	== !=	等于，不等于	由左向右
8	&	按位与	由左向右
9	^	按位异或	由左向右
10	|	按位或	由左向右
11	&&	逻辑与	由左向右
12	||	逻辑或	由左向右
13	? :	条件	由右向左
14	= += -= *= /= &= ^= |= <<= >>=	各种赋值	由右向左
15	,	逗号（顺序）	由左向右

注意：有少数运算符额外规定了表达式求值的顺序。

（1）“&&”“||”的求值顺序：从左到右求值，且在能确定整个表达式值时停止，即常说的短路。

（2）条件表达式“test ? exp1 : exp2;”的求值顺序规定如下：条件测试部分 test 非零，表达式 exp1 被求值，否则表达式 exp2 被求值，且 exp1 和 exp2 两者之中只有一个被求值。

（3）逗号运算符的求值顺序：从左到右顺序求值，且整个表达式的值等于最后一个表达式的值。注意，当逗号作为分隔符使用时，表达式的求值顺序是没有规定的。

在判断表达式计算顺序时，优先级高的先计算，优先级低的后计算，当优先级相同时再按结合进行，或从左至右顺序计算，或从右至左顺序计算。

第 5 章

数据的输入和输出

（视频讲解：44 分钟）

在本书前几章的内容中，已经多次使用了 printf 函数和 scanf 函数，这两个函数是 C 语言中最为常用的输入和输出函数。C 语言程序的最主要目的是实现数据的输入和输出，从而最终实现某个软件的具体功能。例如在现实中最常见的应用场景是：用户输入某个数据，软件分析处理后输出结果。输入和输出犹如任督二脉，一旦打通后将更上一层楼。在本章的内容中，将详细讲解在 C 语言中实现输入和输出的基本知识，为读者步入本书后面知识的学习打下基础。

5.1 语句介绍

在 C 语言程序中，语句是一条完整的指令，能够命令计算机执行特定的任务。C 语句通常是以分还结束的，#define 和 #include 语句除外。在本节的内容中，将对 C 语句的基本知识进行详细介绍。

↑扫码看视频（本节视频课程时间：5 分 39 秒）

5.1.1 C 语句简介

C 语言程序的组成比较复杂，不但有变量和常量等简单元素，而且还有函数、数组和语句等较大的个体。但是从整体方面上看，C 语言程序的结构比较清晰。具体组成结构如图 5-1 所示。

C 语言程序的执行部分是由语句组成的，程序的功能也是由执行语句实现的。可以将 C 语言中的程序语句分为如下 5 类。

1. 表达式语句

在 C 语言程序中，表达式语句由表达式加上分号“;”组成，其一般格式如下所示。

```
表达式;
```

经常所说的执行表达式语句就是计算表达式的值，例如下面是一个赋值表达式。

```
x=3
```

而下面的代码都是合法的语句，由此可以看出，语句的最显著特点是分号“;”。

```
x=y+z;                    //赋值语句;
y+z;                      //加法运算语句，但计算结果不能保留，无实际意义;
i++;                      //自增 1 语句，i 值增 1。
```

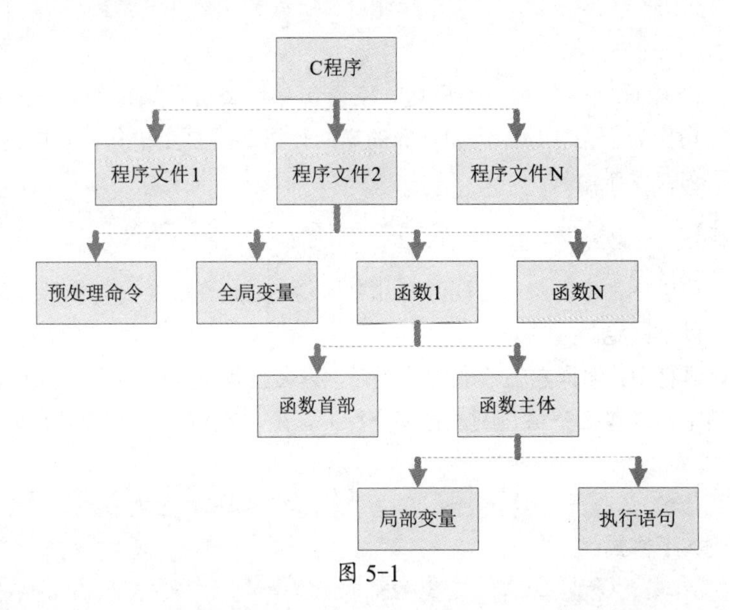

图 5-1

2. 函数调用语句

在C语言程序中，函数调用语句由函数名、实际参数和分号“;”组成，其语法格式如下所示。

```
函数名（实际参数表）;
```

在 C 语言程序中，经常所说的执行函数语句，就是调用函数体并把实际参数赋予函数定义中的形式参数，然后执行被调用函数体中的语句来求取函数值。例如下面的函数语句用于调用库函数，输出字符串文本“C Program”。

```
printf("C Program");
```

注意：实际上函数语句也属于表达式语句，因为函数调用也属于表达式的一种。只是为了便于理解和使用，才提倡把函数调用语句和表达式语句分开来讲。

3. 控制语句

C 语言中的控制语句用于控制程序的流程，以实现程序的各种结构方式。它们由特定的语句定义符组成。在 C 语言中有 9 种控制语句，具体可以分为以下 3 类。

（1）条件判断语句：if 语句、switch 语句；

（2）循环执行语句：do while 语句、while 语句、for 语句；

（3）转向语句：break 语句、goto 语句、continue 语句、return 语句。

上述语句的基本语法知识和具体用法，都将在本书后面的内容中进行详细介绍。

4. 复合语句

复合语句就是把多个语句用大括号 {} 括起来组成的语句，复合语句又通常被称为分程序。在程序中应该把复合语句看成单条语句，而不是多条语句，例如下面的语句就是一条复合语句：

```
x=m+n;
a=b+c;
printf("%d%d"x,a) ;
```

复合语句内的各条语句都必须以分号“;”结尾，但在括号“}”外不能加分号。

5．空语句

只有分号“;”组成的语句称为空语句。空语句是什么也不执行的语句，在C语言程序中可以使用空语句作为空循环体，例如下面的第两行语句就是空语句，功能是只要从键盘输入的字符不是回车就重新输入。

```
while(getchar()!='\n')
;
```

在C语言程序中中，允许在一行同时写几个语句，也允许一个语句被拆开后写在几行上，并且书写格式可以不固定。

注意：在C语言中，编译器在读取源代码时，只会查找语句中的字符和末尾的番号“;”，而会忽略里面的空白（包括空格、制表符和空行）。所以在编写C程序代码时，既可以写成如下格式：

```
a=b+c;
```

也可以写成如下格式：

```
a=b+      c;
```

甚至可以写成如下格式：

```
a=
b+

c;
```

虽然空白可以忽略，但是并不代表C程序中的所有空白都将被忽略。字符串中的空白和制表符就不能被忽略，它们会被认为是字符串的组成部分。字符串常量会用引号将一系列的字符括起来，在编译时会逐字的进行解释，而不会忽略其中的空格。例如下面的两段字符串是不相同的：

```
"My name is lao zhang"
"My  name is  lao  zhang"
```

执行后，后者的间隔会大于前者的间隔，具体间隔大小和代码中的间隔大小一致。

5.1.2 赋值语句

在C语言程序中，赋值语句是由赋值表达式加上分号构成的表达式语句，其语法格式如下所示。

```
变量=表达式;
```

由此可见，赋值语句的功能和特点都与赋值表达式相同，赋值语句是程序中使用最多的语句之一。读者在具体使用赋值语句时，需要注意以下4点：

（1）因为在赋值符“=”右边的表达式也可以又是一个赋值表达式，所以下面的形式是正确的：

```
变量=(变量=表达式);
```

上述做法就形成了嵌套格式，将其展开之后的一般格式如下所示。

```
变量=变量=…=表达式;
```

例如下面的代码语句：

```
a=b=c=d=e=10;
```

按照赋值运算符的右接合性，上述语句实际上等效于下面的语句：

```
e=10;
d=e;
c=d;
b=c;
a=b;
```

（2）注意在变量说明中给变量赋初值和赋值语句的区别。

给变量赋初值是变量说明的一部分，赋初值后的变量与其后的其他同类变量之间仍必须用逗号间隔，而赋值语句则必须用分号“;”结尾。例如下面的语句：

```
int a=100,b,c;
```

（3）在声明变量中时不允许连续给多个变量赋初值，例如下面的代码是错误的：

```
int a=b=c=10
```

必须修改为如下格式：

```
int a=10,b=10,c=10;
```

而赋值语句允许连续赋值。

（4）注意赋值表达式和赋值语句的区别。

赋值表达式是一种表达式，它可以出现在任何允许表达式出现的地方，而赋值语句则不能，例如下面的代码是合法的：

```
if((x=y+10)>0) z=x;
```

上述代码的功能是，如果表达式 *x*=*y*+100 大于 0，则 *z*=*x*。而下面的代码是非法的：

```
if((x=y+10;)>0) z=x;
```

因为“*x*=*y*+10;”是语句，所以不能出现在表达式中。

5.2　C 语言内置的数据输入和输出函数

在 C 语言程序中，所有的数据输入和输出操作都是由库函数完成的。在 C 语言的标准函数库中，提供了实现输入和输出功能的专用函数，这些函数都以标准的输入输出设备为输入输出对象。

↑扫码看视频（本节视频课程时间：38 分 06 秒）

注意：这里讲的输入、输出是以计算机为主体而言的，即计算机的输入和输出，从计算机向外部设备输出数据称为“输出”，例如显示器、打印机和磁盘；而从外部设备向计算机输入数据则被称为“输入”，例如键盘、扫描仪、磁盘和光盘等。

在使用 C 语言库函数时，用预编译命令“#include”将有关“头文件”包括到源文件中即可，开发者无须个人开发和输入输出功能相关的代码。因为在使用标准输入输出库函数时需要用到“stdio.h”文件，所以在源文件开头应有如下所示的预编译命令：

```
#include<stdio.h>
```

或如下所示的编译命令：

```
#include "stdio.h"
```

在上述格式中，“stdio”是 standard input & outupt 的意思。但是因为函数 printf 和函数

scanf的使用比较频繁，所以系统允许在使用这两个函数时可以不用加上面的编译命令。

在C语言中还有其他的输入输出函数，其中最为常用的函数有putchar、puts、getchar、printf、scanf、puts、gets等。下面将详细介绍上述输入输出函数的基本知识和使用方法。

5.2.1 使用字符输出函数putchar

在C语言程序中，函数putchar是一个字符输出函数，功能是在显示器上输出显示单个字符。使用函数putchar的语法格式如下所示。

```
putchar(字符参数)
```

其中，字符参数可以是实际的参数，也可以是字符变量。

在使用函数putchar前，必须使用如下所示的文件包含命令。

```
#include<stdio.h>
```

或：

```
#include "stdio.h"
```

函数putchar的作用等同于“printf(“%c”, 字符参数);”，函数putchar也可以输出整型变量，也可以输出控制字符，并且执行控制字符时执行的控制功能，而不是在屏幕上显示某个字符。例如：

```
putchar('A');                                        //输出大写字母A
putchar(x);                                          //输出字符变量x的值
putchar('\101');                                     //也是输出字符A
putchar('\n');                                       //换行
```

实例5-1：使用函数putchar输出指定的字符

源码路径：下载包\daima\5\5-1

本实例的实现文件为“putchar.c”，具体实现代码如下所示。

```
 #include<stdio.h>
int main(){
① char a='c',b='d',c='e'; //定义三个字符变量
② printf("永远切记：要要好好学习！");
//输出字符
③ putchar('\n');
④ putchar(a);putchar(b);putchar(b);putchar(c);putchar('\t');
⑤ putchar(a);putchar(b);
⑥ putchar('\n');
⑦ putchar(b);putchar(c);
}
```

上述代码的具体实现流程如下。

①分别定义3个char型变量*a*、*b*和*c*。

②使用函数printf输出指定的文本。永远切记：要好好学习！

③使用函数putchar输出换行符。

④通过“putchar(a)”在屏幕中输出字符“c”，通过第一个“putchar(b)”在屏幕中输出字符“d”，通过第二个“putchar(b)”在屏幕中输出字符“d”，通过“putchar(c)”在屏幕中输出字符“e”，通过“putchar(‘\t’)”来跳到下一个制表符。

⑤通过“putchar(a);putchar(b);”分别输出字符“c”和“d”。

⑥通过“putchar(‘\n’)”进行换行处理。

⑦通过“putchar(b);putchar(c)”分别输出字符“d”和“e”。

编译运行后将分别在界面中输出指定的字符，执行效果如图 5-2 所示。

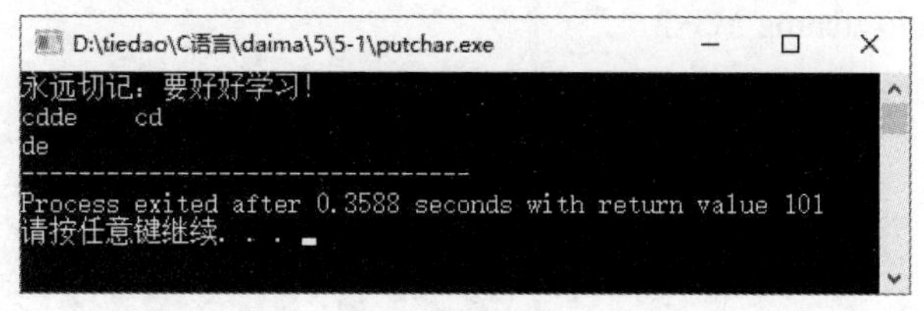

图 5-2

在上述实例代码中，通过使用 putchar 函数来输出指定的字符。并且在使用 putchar 函数时，可以直接将 ASCII 作为参数。例如在下面的代码中，“‘\102’”表示为 8 进制数 102，8 进制数 102 转换成 10 进制是 66，66 在 ASCII 中对应的是 b，所以上述代码执行后将会输出“boy”。

```
#include "stdio.h"
main() {
char c1,c2;
c1='o';c2='y';
putchar('\102');putchar(c1);putchar(c2);
}
```

5.2.2　使用字符输入函数 getchar

在 C 语言程序中，函数 getchar() 的功能是从键盘上输入一个字符并读取字符的值，其具体使用格式如下所示。

```
getchar();
```

在日常应用中，通常把输入的字符赋予一个字符变量，构成赋值语句，例如下面的代码：

```
char char1;
char1=getchar();                          //输入字符并把输入的字符赋予一个字符变量
putchar(char1);                           //输出字符
```

在使用函数 getchar() 时需要注意如下 3 点。

（1）getchar() 函数只能接受单个字符，输入的数字也按字符来处理。当输入多于一个字符时，只接收第一个字符。

（2）使用 getchar() 函数前必须包含文件“stdio.h”。

（3）程序的最后两行可以用下面其中的任意一行来代替：

```
putchar(getchar());
printf("%c",getchar());
```

函数 getchar 有一个 int 型的返回值。当程序调用 getchar 时，程序会一直等候用户按键。当用户输入的字符被存放在键盘缓冲区中，直到用户按回车键为止 (回车字符也放在缓冲区中)。当用户键入回车之后，getchar 才开始从 stdin 流中每次读入一个字符。getchar 函数的返回值是用户输入的第一个字符的 ASCII 码，如果出错则返回 -1，并且将用户输入的字符回显到屏幕。如用户在按回车之前输入了不止一个字符，其他字符会保留在键盘缓存区中，等待后续 getchar 调用读取。也就是说，后续的 getchar 调用不会等待用户按回车键，而直接读取缓冲区中的字符，直到缓冲区中的字符读完为后才等待用户按回车键。

请看下面的例子，功能是使用函数 getchar 让用户从键盘输入一个字符，按下回车键后输出显示用户输入的字符。

实例 5-2：使用 getchar 函数获取在键盘中输入的内容

源码路径：下载包 \daima\5\5-2

本实例的实现文件为“getchar.c”，具体实现代码如下所示。

```
    int main(){
    ①  char char1;                                    //声明变量
    ②  printf("你好这位同学，我是小鸟，我给你变个魔术吧，请输入一个字符：\n");
//提示输入一个字符
    ③  char1=getchar();                               //接收字符
    ④  putchar(char1);                                //输出字符
    ⑤  putchar('\n');                                 //使用换行符
    //提示文本
       printf("不好意思，这个帅哥，你的游戏不好玩！ \n");
```

①定义 1 个 char 型变量 char1。

②通过 printf() 输出提示，提示用户输入一个字符。

③通过“getchar()”获取用户输入的字符。

④通过“putchar(c)”输出用户输入的字符。

⑤使用函数 putchar 输出换行符。

编译并运行上述实例代码，运行后将在屏幕中将提示用户输入一个字符，假如在此输入字符 m，按下【Enter】键后将在命令行界面中输出显示输入的字符 m，执行效果如图 5-3 所示。

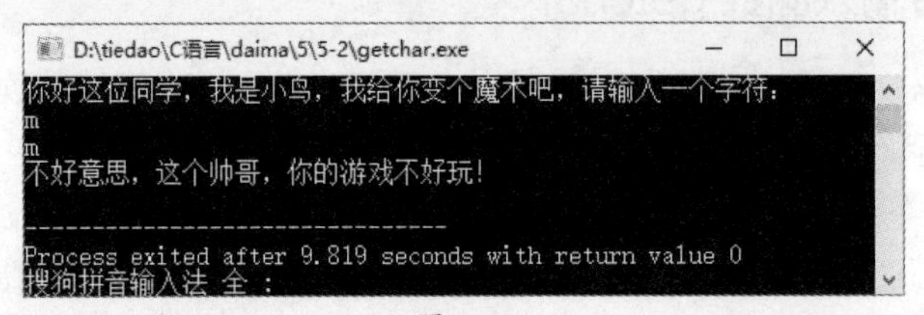

图 5-3

在上述实例代码中，通过使用 getchar 函数让用户从键盘输入一个字符，然后将输入的字符输出。实际上 getch 与 getchar 基本功能相同，唯一差别是 getch 直接从键盘获取键值，不等待用户按回车键，只要用户按任意一个键 getch 就立刻返回。getch 返回值是用户输入的 ASCII 码，出错返回 -1，输入的字符不会回显在屏幕上。getch 函数常用于程序调试中，在调试时，在关键位置显示有关的结果以待查看，然后用 getch 函数暂停程序运行，当按任意键后程序继续运行。

5.2.3 使用格式输出函数 printf

在 C 语言程序中，函数 printf 又被称为格式输出函数，其中关键字中的最后一个字母“f”有“格式”(format) 之意。函数 printf 的功能是按用户指定的格式，把指定的数据显示到显示器屏幕上。在前面的实例中，已多次使用过这个函数。

1. printf 函数调用的一般形式

在 C 语言中，函数 printf 是一个标准库函数，它的函数原型在头文件“stdio.h”中。但作为一个特例，不要求在使用 printf 函数之前必须包含 stdio.h 文件。调用函数 printf 的语法格式如下。

```
printf("格式控制字符串", 输出表列)
```

（1）“格式控制字符串”用于指定输出格式。格式控制串可以由格式字符串和非格式字符串两种组成。格式字符串是以 % 开头的字符串，在 % 后面跟有各种格式字符，目的是说明输出数据的类型、形式、长度、小数位数等。例如下面的格式：

- “%d”表示按十进制整型输出；
- “%ld”表示按十进制长整型输出；
- “%c”表示按字符型输出等。

非格式字符串在输出时原样输出，在显示中起到提示作用。

（2）“输出表列”给出了各个输出项，要求格式字符串和各输出项在数量和类型上应该一一对应。

实例 5-3：使用 printf 函数输出不同格式变量 *a* 和 *b* 的数据

源码路径：下载包 \daima\5\5-3

本实例的实现文件为“printf.c”，具体实现代码如下所示。

```
int main() {
    int a=50,b=55;                    //声明两个变量
    //按不同的格式输出各变量
    printf("%d %d\n",a,b);
    printf("%d,%d\n",a,b);
    printf("%c,%c\n",a,b);
    printf("a=%d,b=%d",a,b);
}
```

通过上述代码，4 次输出了变量 *a* 和 *b* 的值。因为格式控制串不同，所以输出的结果也不相同。其中第 4 行的输出语句格式控制串中，两格式串 %d 之间加了一个空格（非格式字符），所以在输出的 *a* 和 *b* 的值之间有一个空格。第 5 行的 printf 语句格式控制串中加入的是非格式字符逗号，因此在输出的 *a* 和 *b* 的值之间加了一个逗号。第 6 行的格式串要求按字符型输出 *a* 和 *b* 值。第 7 行中为了提示输出结果又增加了非格式字符串。执行后将分别在界面中输不同格式的 *a* 和 *b* 的值，执行效果如图 5-4 所示。

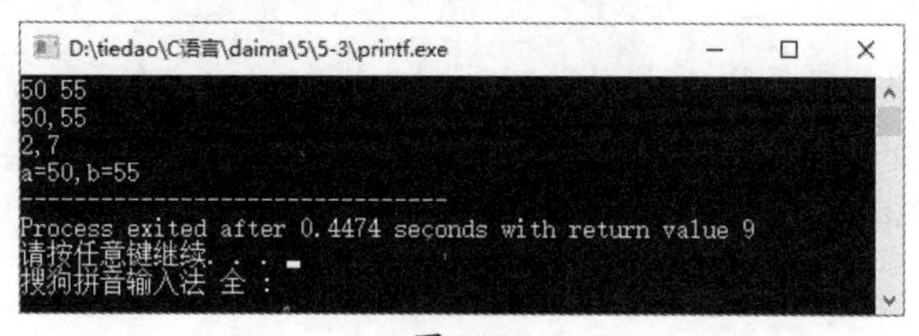

图 5-4

注意：在上述实例代码中，使用 printf 函数输出不同格式变量 *a* 和 *b* 的数据。printf 函数只能输出字符串，并且只能是一个字符串。

2. 格式字符串

在 C 语言程序中，使用格式字符串的语法格式如下所示。

```
%[标志][输出最小宽度][.精度][长度]格式字符
```

其中，方括号“[]”中的项为可选项，上述格式中各选项的具体说明如下。

（1）格式字符

在 C 语言中，格式字符用于标识输出数据的类型，各个格式字符的具体说明见表 5-1。

表 5-1

格式字符	说明
d	以十进制形式输出带符号整数(正数不输出符号)
o	以八进制形式输出无符号整数(不输出前缀 0)
x 或 X	以十六进制形式输出无符号整数(不输出前缀 Ox)
u	以十进制形式输出无符号整数
f	以小数形式输出单、双精度实数
e 或 E	以指数形式输出单、双精度实数
g 或 G	以 %f 或 %e 中较短的输出宽度输出单、双精度实数
c	输出单个字符
s	输出字符串

（2）标志字符

在 C 语言中，标志字符有 -、+、# 和空格 4 种，具体说明见表 5-2。

表 5-2

标 志	说明
-	结果左对齐，右边填空格
+	输出符号(正号或负号)
空格	输出值为正时冠以空格，为负时冠以负号
#	对 c,s,d,u 类无影响；对 o 类，在输出时加前缀 o；对 x 类，在输出时加前缀 0x；对 e、和 f 类，当结果有小数时才给出小数点

（3）输出最小宽度

在 C 语言中，用十进制整数来表示输出的最少位数。若实际位数多于定义的宽度，则按实际位数输出，若实际位数少于定义的宽度则补以空格或 0。

（4）精度

在 C 语言中，精度格式符以“.”开头，后跟十进制整数。本项的意义是如果输出数字，则表示小数的位数；如果输出的是字符，则表示输出字符的个数；若实际位数大于所定义的精度数，则截去超过的部分。

（5）长度

在 C 语言中，长度格式符有字母表示的 h 和 l 两种，其中 h 表示按短整型量输出，l 表示按长整型量输出，可以加在字母 d、o、x 和 u 的前面。

实例 5-4：使用 printf 格式字符输出指定格式的数据

源码路径：下载包 \daima\5\5-4

本实例的实现文件为“printf.c”，具体实现代码如下所示。

```
int main(){
    int a=15;                                //声明 int 类型变量 a 并赋初始值
    float b=123.4567890;                     //声明 float 类型变量 b 并赋初始值
    double c=12345678.1234567;               //声明 double 类型变量 c 并赋初始值
    char d='p';                              //声明 char 类型变量 d 并赋初始值
    //按各种格式输出
```

```
①    printf("a=%d,%5d,%o,%x\n",a,a,a,a);
②   printf("b=%f,%lf,%5.4lf,%e\n",b,b,b,b);
③   printf("c=%lf,%f,%8.4lf\n",c,c,c);
④   printf("d=%c,%8c\n",d,d);
}
```

①以 4 种格式输出整型变量 a 的值，其中“%5d ”要求输出宽度为 5，而 a 值为 15 只有两位故补三个空格。

②以 4 种格式输出实型变量 b 的值。其中“%f”和“%lf ”格式的输出相同，这说明“l”符号对“f”类型无影响。“%5.4lf”指定输出宽度为 5，精度为 4。由于实际长度超过 5，所以应该按实际位数输出，小数位数超过 4 位部分被截去。

③输出双精度实数，“%8.4lf ”由于指定精度为 4 位故截去了超过 4 位的部分。

④输出字符量 d，其中“%8c ”指定输出宽度为 8 故在输出字符 p 之前补加 7 个空格。

执行后将分别在界面中输出不同格式的 *a* 和 *b* 的值，执行效果如图 5-5 所示。

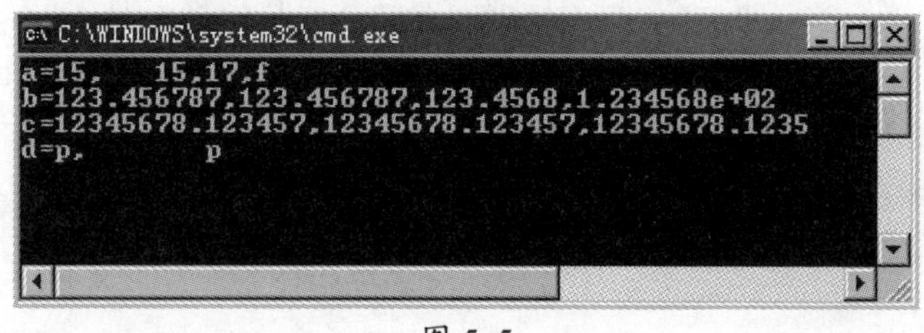

图 5-5

注意：在 C 语言程序中，使用函数 printf 时需要注意如下所示的 4 点。

（1）除了 X、E、G 外，其他格式字符必须有小写字母，例如 %c 不能写成 %C。

（2）d、o、x、u、c、s、f、e、g 等字符用在“%”后面就作为格式符号。一个格式字符串以“%”开头，以上述格式字符之一结束，而紧跟在该格式字符串“%”前和格式字符后的字符不会被误认为是该格式字符串的内容。

（3）如果想输出字符“%”，则应该在“格式控制”字符串中用连续两个 % 表示，例如：

```
printf(“%f%%”,1.0/3);
```

（4）在使用 printf 函数时还要注意一个问题，那就是输出表列中的求值顺序。不同的编译系统不一定相同，可以从左到右，也可从右到左。Turbo C 是按从右到左进行的。请看下的两段代码：

第一段：

```
int main(){
  int i=8;
  printf("%d\n%d\n%d\n%d\n%d\n%d\n",++i,--i,i++,i--,-i++,-i--);
}
```

第二段：

```
int main(){
  int i=8;
  printf("%d\n",++i);
  printf("%d\n",--i);
  printf("%d\n",i++);
  printf("%d\n",i--);
  printf("%d\n",-i++);
  printf("%d\n",-i--);
}
```

上述两段程序的区别是：第一个用一个printf语句输出，第二个用多个printf语句输出，从结果可以看出是不同的。这是因为printf函数对输出表中各个量的求值顺序是自右至左进行的。在第一个中，先对最后一项“-*i*--”求值，结果为-8，然后*i*自减1后为7。再对“-*i*++”项求值得-7，然后*i*自增1后为8。再对“*i*--”项求值得8，然后*i*再自减1后为7。再求“*i*++”项得7，然后*i*再自增1后为8。再求“--*i*”项，*i*先自减1后输出，输出值为7。最后才计算输出表列中的第一项“++*i*”，此时*i*自增1后输出8。

5.2.4 使用格式输入函数scanf

在C语言程序中，函数scanf又被称为格式输入函数，功能是按用户指定的格式从键盘上把数据输入到指定的变量之中。

1. 函数scanf的一般形式

在C语言程序中，函数scanf是一个标准的库函数，其函数原型在头文件“stdio.h”中。和函数printf相同，C语言也允许在使用函数scanf之前不必包含stdio.h文件。使用函数scanf的语法格式如下所示。

```
scanf("格式控制字符串", 地址表列);
```

格式控制字符串：作用与函数printf相同，但是不能显示非格式字符串，即不能显示提示字符串。

地址表列：给出各变量的地址。地址是由地址运算符“&”后跟变量名组成的。例如在下面的代码中，分别表示变量*a*和变量*b*的地址，就是编译系统在内存中给变量*a*、*b*分配的地址。

```
&a, &b
```

例如在赋值表达式“*a*=123”中给变量赋值，则“*a*”为变量名，“123”是变量的值，“&*a*”是变量a的地址。但在赋值号左边是变量名，不能写地址。而函数scanf在本质上也是给变量赋值，但要求写变量的地址，例如&*a*。这两者在形式上是不同的，&*a*是一个取地址运算符，&是一个表达式，其功能是求变量的地址。

注意：在C语言程序中，地址这一概念与其他语言是不同的，应该把变量的值和变量的地址这两个不同的概念区别开来。变量的地址是C编译系统分配的，用户不必关心具体的地址是多少。

再看下面的代码，读者朋友们知道是什么含义吗？

```
int main(){
  int a,b,c;
  printf("input a,b,c\n");
  scanf("%d%d%d",&a,&b,&c);
  printf("a=%d,b=%d,c=%d",a,b,c);
}
```

在上述代码中，因为函数scanf本身不能显示提示串，所以先用函数printf在屏幕中提示用户输入*a*、*b*、*c*的值。当执行*scanf*函数语句后，命令行界面等待用户的输入信息。假如用户分别输入7、8、9后按下回车键，在命令行界面重新显示*a*、*b*、*c*的值。在scanf语句的格式串中，因为没有非格式字符在“%d%d%d”之间作输入时的间隔，所以在输入时要用一个以上的空格或回车键作为每两个输入数之间的间隔。

2. 格式字符串

在 C 语言程序中，函数 scanf 的格式字符串和函数 pritf 的类似，以 % 开头，以一个格式字符结束，中间可以插入附加的字符。使用函数 scanf 的语法格式如下所示。

```
%[*][ 输入数据宽度 ][ 长度 ] 格式字符
```

方括号“[]”中的项为可选项，上述格式中各选项的具体说明如下。

（1）格式字符

在 C 语言程序中，格式字符用于标识输出数据的类型，各个格式字符的具体说明如表 5-3 所示。

表 5-3

格式	字符意义
d	输入十进制整数
o	输入八进制整数
x	输入十六进制整数
u	输入无符号十进制整数
f 或 e	输入实型数 (用小数形式或指数形式)
c	输入单个字符
s	输入字符串

（2）“*”符

在 C 语言程序中，“*”用以表示该输入项，读入后不赋予相应的变量，即跳过该输入值。例如在下面的代码中，当输入 1、2、3 时，会把 1 赋予 *a*，2 被跳过，将 3 赋予 *b*。

```
scanf("%d %*d %d",&a,&b);
```

（3）宽度

在 C 语言程序中，用十进制整数指定输入的宽度 (即字符数)，例如请看下面的代码：

```
scanf("%5d",&a);
```

如果输入“12345678”，则会把 12345 赋予变量 *a*，其余部分被截去。例如在下面的代码中，如果输入“12345678”，将会把 1234 赋予 *a*，而把 5678 赋予 *b*。

```
scanf("%4d%4d",&a,&b);
```

（4）长度

在 C 语言程序中，长度格式符是字母 l 和 h，l 表示输入长整型数据 (如 %ld) 和双精度浮点数 (如 %lf)；而 h 则表示输入短整型数据。

注意：在使用函数 scanf 时必须注意以下 6 点。

（1）在函数 scanf 中没有精度控制，例如“scanf(“%5.2f”,&a);”是非法的。不能企图用此语句输入小数为两位的实数。

（2）scanf 中要求给出变量地址，如给出变量名则会出错。例如 scanf(“%d”,a); 是非法的，应改为 scnaf(“%d”,&a); 才是合法的。

（3）在输入多个数值数据时，若格式控制串中没有非格式字符作输入数据之间的间隔则可用空格，Tab 键或回车键作间隔。C 编译时如果遇到空格、Tab 键、回车键或非法数据 (如

对“%d”输入“12A”时，A 即为非法数据) 时，即可认为该数据结束。

（4）在输入字符数据时，若格式控制串中无非格式字符，则认为所有输入的字符均为有效字符。例如：

```
scanf("%c%c%c",&a,&b,&c);
```

如果输入“d、e、f”，则会把 d 赋予 a，f 赋予 b，e 赋予 c。只有当输入为 def 时，才能把 d 赋于 a，e 赋予 b，f 赋予 c。如果在格式控制中加入空格作为间隔，例如：

```
scanf ("%c %c %c",&a,&b,&c);
```

则输入时在各数据之间可以加空格。

看下面的一段演示代码：

```
int main(){
  char a,b;
  printf("input character a,b\n");
  scanf("%c%c",&a,&b);
  printf("%c%c\n",a,b);
}
```

在上述代码中，因为 scanf 函数”%c%c”中没有空格，所以输入“M、N”后，结果输出只有 M。而输入改为 MN 时才可以输出 MN 两个字符。

（5）如果格式控制串中有非格式字符则输入时也要输入该非格式字符，例如：

```
scanf("%d,%d,%d",&a,&b,&c);
```

其中用非格式符“,”作间隔符，所以输入时应为 5、6、7，例如：

```
scanf("a=%d,b=%d,c=%d",&a,&b,&c);
```

此时应该输入为 a=5，b=6，c=7。

（6）如输入的数据与输出的类型不一致时，虽然编译能够通过，但结果将不正确。

看下面的一段演示代码：

```
int main(){
    long a;
    printf("input a long integer\n");
    scanf("%ld",&a);
    printf("%ld",a);
}
```

当输入一个长整型 123456789 后，输出的数据也是 123456789，即输入与输出数据完全相等，具体如图 5-6 所示。

```
input a long integer
123456789
123456789
```

图 5-6

请看下面的例子，功能是使用函数 scanf 输出用户输入字符的 ASCII 码和对应的大写字母。

实例 5-5：输出显示用户输入字符的 ASCII 码和对应的大写字母

源码路径：下载包 \daima\5\5-5

本实例的实现文件为“scanf.c”，具体实现代码如下所示。

```
int main(){
①  char a,b,c;                              //声明三个字符变量
②  printf("请输入三个小写字母\n");
③  scanf("%c,%c,%c",&a,&b,&c); //输入三个字母
```

```
    //输出三个字符以及它们的大写字母
④  printf("%d,%d,%d\n%c,%c,%c\n",a,b,c,a-32,b-32,c-32);
}
```

①定义 3 个 char 类型的变量 *a*、*b* 和 *c*。

②通过 printf 输出提示语句，提示用户输入 3 个小写字母。

③使用函数 scanf 将用户输入的数据存储到指定变量中。

④输出对应的 3 个大写字母和 ASCII 码。

执行后会在界面窗口中提示用户输入 3 个小写字母，假如输入 3 个小写字母 m、n、z 后，按下回车键，将输出字母 m、n、z 对应的 ASCII 码和对应的大写字母，执行效果如图 5-7 所示。

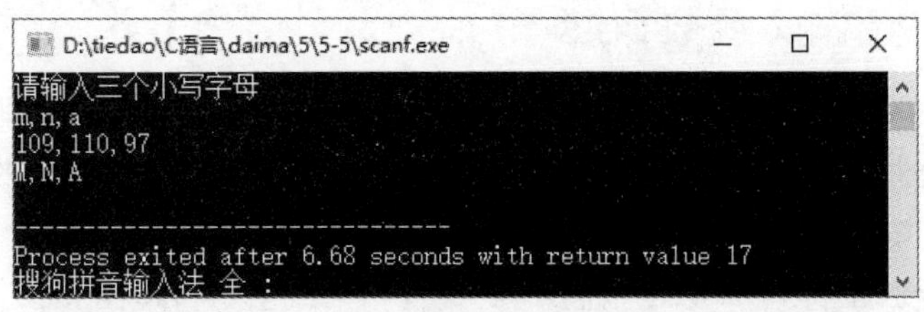

图 5-7

5.2.5　使用字符串输出函数 puts

在 C 语言中，函数 puts 的头文件是 stdio.h，其功能是向标准输出设备输出字符串并自动换行，直至接受到换行符或 EOF 时停止，并将读取的结果存放在 str 指针所指向的字符数组中。换行符不作为读取串的内容，读取的换行符被转换为 null 值，并由此来结束字符串。

在 C 语言程序中，使用函数 puts 的语法格式如下所示。

```
puts(字符串参数)
```

其中，“字符串参数”可以是字符串数组名或字符串指针，也可以是字面字符串，并且该字符串参数可以包含转义字符，但是不能包含格式字符串。具体说明如下所示。

- 函数 puts 只能输出字符串，而不能输出数值或进行格式变换；
- 可以将字符串直接写入函数 puts 中；
- 函数 puts 可以无限读取，不会判断上限，所以程序员应该确保 str 的空间足够大，以便在执行读操作时不发生溢出。

实例 5-6：使用函数 puts 输出指定的字符串

源码路径：下载包 \daima\5\5-6

本实例的实现文件为“puts.c”，具体实现代码如下所示。

```
#include <stdio.h>
int main(){
    //输出输字符串
    puts("My Name is Bird.\nI love you girl.");
    puts("Can you marry me?");                    //输出显示的字符串
}
```

通过上述代码，分别输出了函数 main 中的字符语句。执行后将在界面中输出指定的字符语句，如图 5-8 所示。

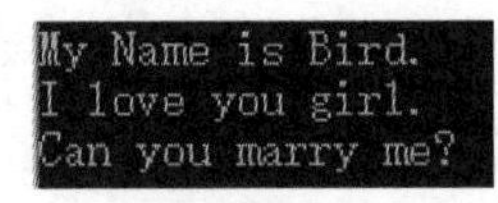

图 5-8

从执行效果可以看出：函数 puts 能够把字符数组中所存放的字符串，输出到标准输出设备中去，并用‘\n’取代字符串的结束标志‘\0’。所以用 puts() 函数输出字符串时，不要求另加换行符。字符串中允许包含转义字符，输出时产生一个控制操作。该函数一次只能输出一个字符串，而 printf() 函数也能用来输出字符串，且一次能输出多个。

5.2.6 使用字符串输入函数 gets

在 C 语言程序中，函数 gets 的功能是从标准输入设备 (stdin) 键盘上读取 1 个字符串（可以包含空格），并将其存储到字符数组中去，并用空字符（\0）代替 s 的换行符。函数 gets 读取的字符串的长度没有限制，开发者要保证字符数组有足够大的空间，存放输入的字符串。如果调用成功则返回字符串参数 s；如果遇到文件结束或出错将返回 null。该函数输入的字符串中允许包含空格，而函数 scanf() 则不允许。

在 C 语言程序中，使用函数 gets 的语法格式如下所示。

```
gets(字符数组)
```

注意：在 Visual Studio 2017 中不支持函数 gets，而是支持 C11 标准中的函数 gets_s，所以当使用 Visual Studio 2017 开发 C 语言程序时，需要用函数 gets_s 来代替函数 gets。

请看下面的实例，功能是先询问用户的姓名和身高，然后通过函数 gets 获取输入的信息，最后通过函数 puts 输出对应的信息。

实例 5-7：输出显示用户的姓名和身高信息

源码路径：下载包 \daima\5\5-7

本实例的实现文件为“gets.c”，具体实现代码如下所示。

```
#include <stdio.h>
int main(){
    char str1[24], str2[2];                    //定义字符串变量 str1 和 str1
    printf("问：你的真名叫什么？\n");
    gets(str1);                                //等待输入字符串直到回车结束
    puts(str1);                                //将输入的字符串输出
    puts("问：你的身高是多少？");
    gets(str2);                                //等待输入字符串直到回车结束
    puts(str2);                                //将输入的字符串输出
}
```

运行后将在窗体内提示输入名字和身高，输入后将在界面中输出指定的字符语句。执行效果如图 5-9 所示。

图 5-9

第 6 章

使用流程控制语句

（视频讲解：60 分钟）

C 语言是一种结构化和模块化通用程序设计语言，结构化程序设计方法可以使程序结构更加清晰，提高程序的设计质量和效率。流程语句控制着整个程序的运作顺序，C 语言的结构化程序由若干个基本结构构成，每个基本结构可以包含一条或若干条语句。程序语句的执行顺序称为程序结构，如果程序语句是按照书写顺序执行的，则称之为顺序结构；如果是按照某个条件来决定是否执行，则称之为选择结构；如果某些语句要反复执行多次，则称之为循环结构。在本节的内容中，将详细讲解使用 C 语言流程控制语句的知识。

6.1 顺序结构

在 C 语言程序中，顺序结构是指程序按照编写的先后顺序按部就班地运行。顺序结构总是按照编码的顺序从前往后地按序进行，而顺序结构程序的特点是按照程序的书写顺序自上而下地顺序执行。每条程序语句都必须执行，并且只能执行一次，具体流程如图 6-1 所示。

↑扫码看视频（本节视频课程时间：5 分 15 秒）

在图 6-1 所示流程中，程序的书写顺序是顺序结构的 ABC，所以程序执行时只能先执行 A，然后执行 B，最后执行 C。

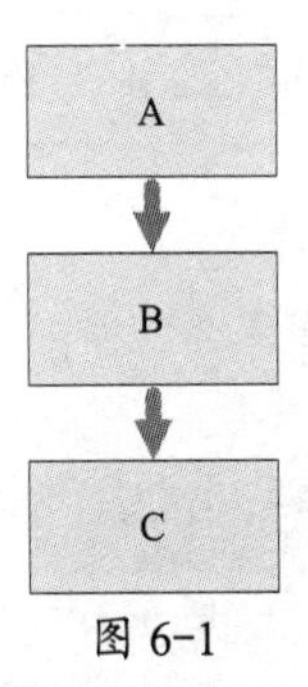

图 6-1

顺序结构是 C 语言程序中最简单的结构方式，在前面的实例中，也已经使用了多次。下面举一个顺序结构实例，功能是通过输入的边长 *a* 和 *b* 以及夹角的大小计算此三角形的面积。

实例 6-1：计算三角形的面积

源码路径：下载包 \daima\6\6-1

本实例的实现文件为“mianji.c”，具体实现代码如下所示。

```
#include <stdio.h>
 #include <stdlib.h>
#include <math.h>
const float pi=3.14159;//定义常量
//c²=a²+b²-2abcosp
//c= √ (a²+b²-2abcosp)
int main(){
    float a,b,c,p;//定义4个变量
    scanf("%f%f%f",&a,&b,&p);                          //获取输入信息
    float temp=(p/180)*pi;                             //转换夹角读数
    c=sqrt(a*a+b*b-2*a*b*cos(temp));                   //计算面积
    printf("%g",c);                                    //输出面积
    return 0;
}
```

（1）定义 int 类型的变量 *m* 和 *n*。

（2）通过“printf”输出变量的结果。

运行后将会输出运行结果，如图 6-2 所示。从运行结果可以看出，顺序结构即按照顺序执行，即首先输出变量 *m* 的值，再输出变量 *n* 的值。

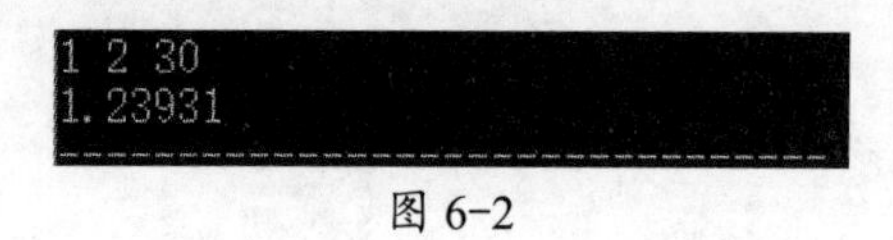

图 6-2

6.2 选择结构

虽然在一个C语言程序中包含了很多条代码语句，但是可以根据需要选择要执行哪些代码语句。在C语言程序中，可以根据需要选择要执行的语句。大多数稍微复杂的程序都会使用选择结构，其功能是根据所指定的条件，决定从预设的操作中选择一条操作语句。

↑扫码看视频（本节视频课程时间：31 分 55 秒）

选择结构的具体执行流程如图 6-3 所示。

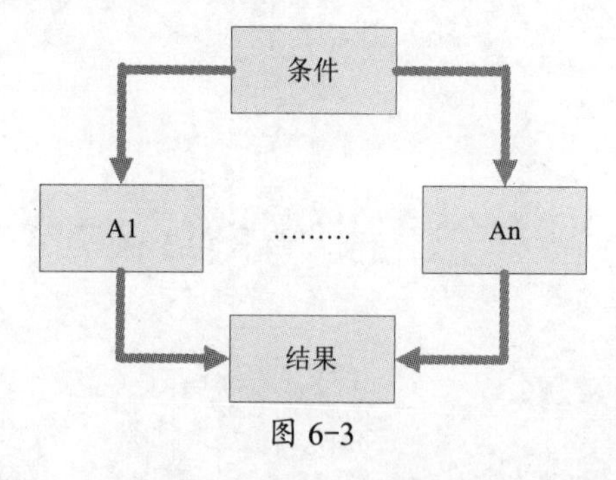

图 6-3

在图 6-3 所示的流程中，只能根据满足的条件执行 A1 到 An 之间的任意一条程序。C 语言中的选择结构是通过 if 语句实现的，根据 if 语句的使用格式可以将选择结构分为单分支

结构、双分支结构和多分支结构三种。在下面的内容中，将详细讲解这三种选择结构的基本知识。

6.2.1　单分支结构语句

在 C 语言程序中，单分支结构 if 语句的功能是计算一个表达式，并根据计算的结果决定是否执行后面的语句。使用单分支 if 语句的格式如下所示。

```
if(表达式)
语句
```

或：

```
if(表达式) {
语句
}
```

上述格式的含义是：如果表达式的值为真，则执行其后的语句，否则不执行该语句。其执行过程可表示为图 6-4 所示。

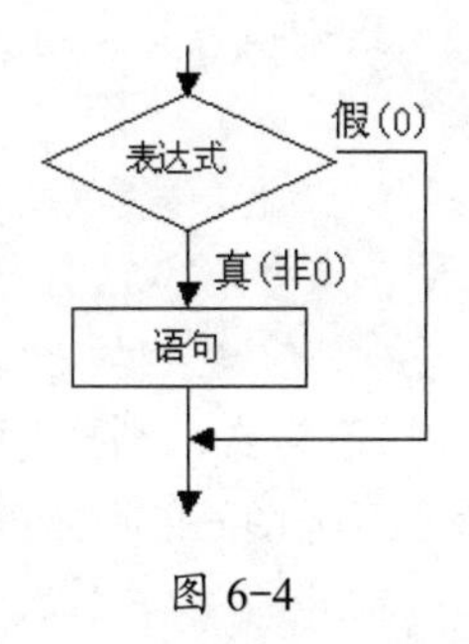

图 6-4

请看下面的实例，功能是获取在命令行中输入的 3 个数字，并按从大到小的顺序进行排列。

实例 6-2：从大到小排列 3 个数字

源码路径：下载包 \daima\6\6-2

本实例的实现文件为“123.c”，具体实现代码如下所示。

```
① #include <stdio.h>
int main( ){
②  int a,b,c,t;                                        //声明四个变量
    printf("请输入 3 个整数试试 :\n");
③  scanf("%d,%d,%d",&a,&b,&c);                         //输入数据
④  if(a<b)                                             //判断 a 和 b 的大小
    {t=a;a=b;b=t;}
⑤  if(a<c)                                             //判断 a 和 c 的大小
    {t=a;a=c;c=t;}
⑥  if(b<c)                                             //判断 b 和 c 的大小
    {t=b;b=c;c=t;}
    printf("你输入的 3 个整数从大到小的排列是 :\n");
    printf("%6d,%6d,%6d",a,b,c);                        //输出结果
}
```

①引用头文件 stdio.h。

②分别定义 int 类型的变量 *a*、*b*、*c* 和 *t*。

③通过“scanf”在屏幕中输出输入提示。

④对 *a* 和 *b* 进行大小判断，将小值放在后面。

⑤对 *a* 和 *c* 进行大小判断，将小值放在后面。

⑥对 b 和 c 进行大小判断，将小值放在后面。

⑦通过“printf”语句输出从大到小排序后的结果。

执行后会提示用户在界面中输入 3 个整数，输入 3 个整数后按下【Enter】键，将分别在界面中按照从大到小的顺序排列输入的 3 个值，执行效果如图 6-5 所示。

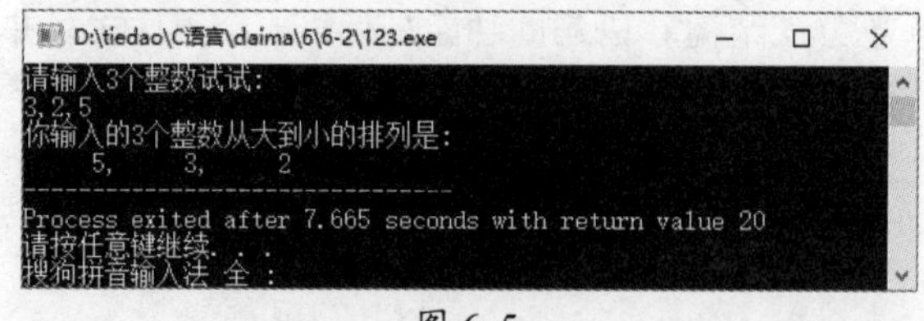

图 6-5

6.2.2 双分支结构语句

在 C 语言程序中，可以使用 if-else 语句实现双分支结构。双分支结构语句的功能是对一个表达式进行计算，并根据得出的结果来执行其中的操作语句。使用双分支 if 语句的语法格式如下所示。

```
if(表达式)
  语句 1;
else
  语句 2;
```

上述格式的含义是：如果表达式的值为真，则执行语句 1，否则将执行语句 2，语句 1 和语句 2 只能被执行一个。其过程可表示为图 6-6 所示的流程。

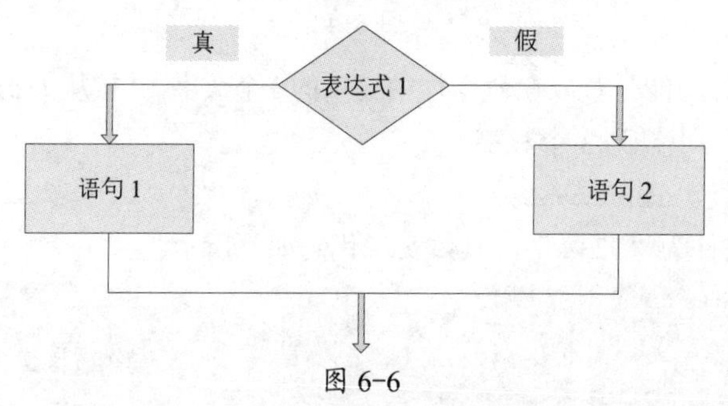

图 6-6

为了助读者更加深入地理解双分支结构语句，下面通过一个具体实例来说明使用单分支 if 语句的方法。

实例 6-3：判断用户输入内容的格式

源码路径：下载包 \daima\6\6-3

本实例的实现文件为“shuang.c”，具体实现代码如下所示。

```
int main(){
    char c; //定义变量c
    printf("      一道智力题       \n");
    printf("------------------------\n");
    printf("请输入一个字符:\n");                              //提示输入一个字符
    scanf("%c",&c);                                           //显示输入的字符
    printf("回答说:\n");
    if('0'<=c&&c<='9')
           //如果是数字，则输出字符串Number
```

```
            printf("%c is Number\n",c);
    else if('A'<=c&&c<='Z')
            // 如果不是数字，而是大写字母，则输出字符串 Majuscule
            printf("%c is Majuscule\n",c);
    else if('a'<=c&&c<='z')
            // 如果不是数字和大写字母，而是小写字母，则输出字符串 Lowercase
            printf("%c is Lowercase\n",c);
    else if(c==' ')
            // 如果不是数字和大小写字母，而是空格，则输出字符串 Blank
            printf("%c is Blank\n",c);
    else if(c=='\n')
          // 如果不是数字、大小写字母和空格，而是回车换行符，则输出字符 '\n'
            printf("%c is '\n'\n",c);
    else
            // 如果不是数字、大小写字母、空格和回车换行符，则输出字符串 Other
            printf("%c is Other\n",c);
}
```

上述代码的执行过程如图 6-7 所示。

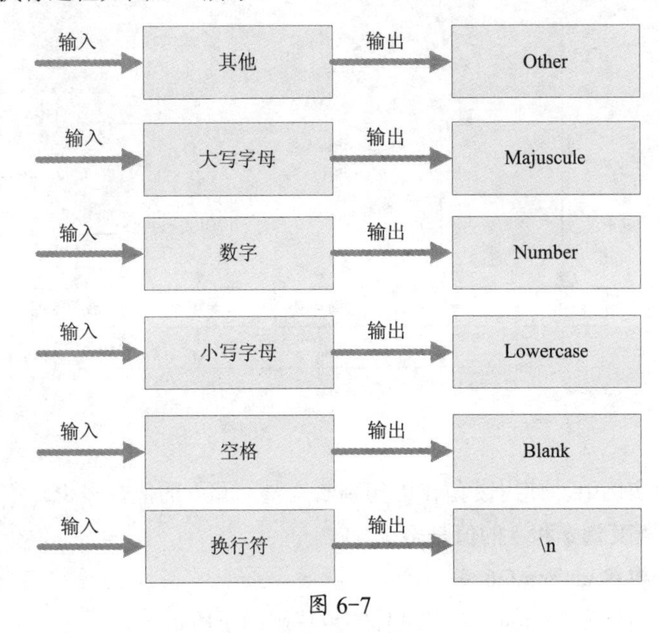

图 6-7

在上述代码中，通过双分支 if 语句对用户输入的字符进行了判断，判断输入的是数字、大写字母、小写字母、空格（回车键）或其他格式，并输出判断结果，执行效果如图 6-8 所示。

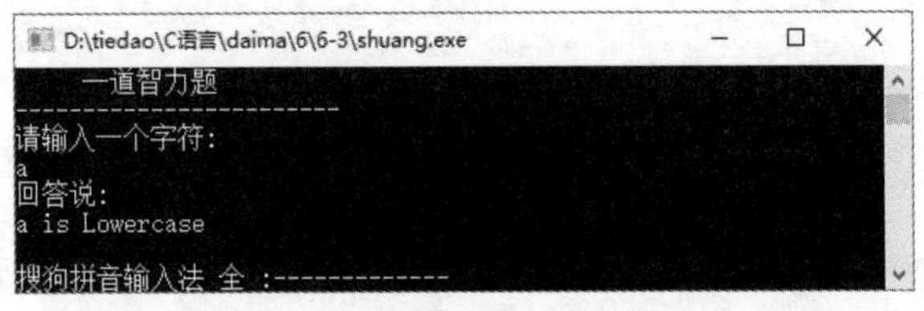

图 6-8

在 C 语言程序中，为了解决比较复杂的问题，可以嵌套使用 if 语句。并且嵌套的位置可以固定在 else 分支下面，在每一层的 else 分支下嵌套另外一个 if-else 语句。使用嵌套 if 语句的具体格式如下所示。

```
if(表达式 1)
        语句 1;
```

```
    else  if(表达式2)
        语句2;
    else  if(表达式3)
        语句3;
        …
    else  if(表达式m)
        语句m;
    else
        语句n;
```

上述格式能够依次判断表达式的值，当出现某个值为真时，则执行后面对应的语句，然后跳到整个if语句之外继续执行程序。如果所有的表达式均为假，则执行语句n，然后继续执行后续程序。其过程可表示为图6-9所示的流程。

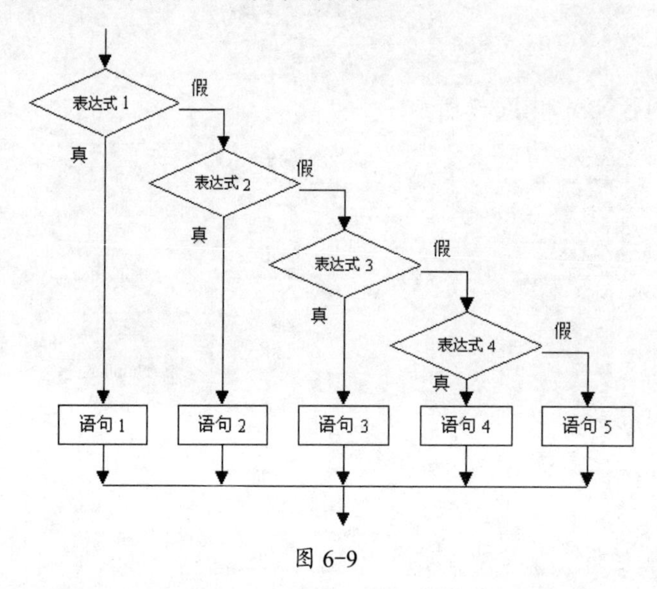

图 6-9

例如在下面的实例中，使用嵌套if语句判断变量*a*和*b*的值是多少。

实例6-4：判断变量*a*和*b*的值是多少

源码路径：下载包\daima\6\6-4

本实例的实现文件为“leibie.c”，具体实现代码如下所示。

```
#include"stdio.h"
int main(){
char c;//定义char类型变量
printf("请输入一个字符，你知道是大写、小写还是数字吗？ \n ");
 c=getchar();//获取用户输入的信息
if(c<32)   //如果c的ASCII值小于32则表示是控制字符
  printf("This is a control character\n");
else if(c>='0'&&c<='9') //如果'0'<=c<='9'则表示是数字
  printf("This is a capital letter\n");
else if(c>='a'&&c<='z') //如果'a'<=c<='z'则表示是小写字母
  printf("This is a small letter\n");
else                               //如果c是其他值则为其他字符
  printf("This is an other character\n");
}
```

运行后的执行效果如图6-10所示。

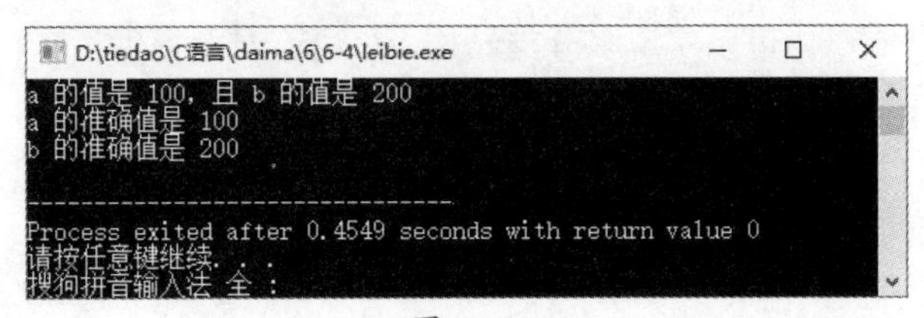

图 6-10

在 C 语言程序中，除了上述介绍的固定嵌套外，还可以根据需要进行随机嵌套，其一般使用格式如下所示。

```
if(表达式)
  if语句;
或者为:
if(表达式)
if语句;
else
if语句;
```

注意: 在嵌套内的 if 语句可能又是 if-else 型的，这将会出现多个 if 和多个 else 重叠的情况，这时要特别注意 if 和 else 的配对问题。例如在下面的代码中使用了 if 语句的嵌套结构，采用嵌套结构实质是为了进行多分支选择。实际上有三种选择，分别是 A>B、A<B 或 A=B。

```
int main(){
    int a,b;                                          //定义 int 类型变量 a 和 b
    printf("please input A,B:    ");                  //提示输入信息
    scanf("%d%d",&a,&b);                              //显示输入的信息
    if(a!=b)                                          //如果 a 不等于 b
    if(a>b)  printf("A>B\n");                         //如果 a 大于 b
    else     printf("A<B\n");                         //如果 a 小于 b
    else     printf("A=B\n");                         //如果 a 等于 b
}
```

上述代码的功能用 if-else-if 语句也可以完成，而且程序更加清晰。因此，在一般情况下应该尽量少使用 if 语句的嵌套结构。再看下面的代码，可以让用户随便输入一个数字，并根据输入的数字大小来确定级别。

```
#include <stdio.h>
int main(){
   float grade;
   printf("Please input student's result:\n");   //输入一个成绩
   scanf("%f", &grade);                           //输入成绩
   if(grade>=90){                                 //如果成绩大于等于 90
          printf(" A\n");
   }
   else if ((grade>=80) && (grade<90)){           //如果成绩大于小于 90、大于等于 80
          printf(" B\n");
   }
   else if ((grade>=60) && (grade<80)){           //如果成绩大于小于 80、大于等于 60
          printf("C\n");
   }
   else {                                         //如果成绩是其他值，也就是小于 60
          printf("D\n");
   }
}
```

6.2.3　使用多分支结构语句

在 C 语言程序中经常会选择执行多个分支，多分支选择结构可以有多个操作，实际上

前面介绍的嵌套双分支语句可以实现多分支结构。C 语言专门提供了一种实现多分支结构的 switch 语句，使用 switch 语句的语法格式如下所示。

```
switch(表达式){
        case 常量表达式 1:  语句 1;
        case 常量表达式 2:  语句 2;
        …
        case 常量表达式 n:  语句 n;
        default         :  语句 n+1;
        }
```

上述格式首先计算表达式的值，并逐个与其后的常量表达式值相比较，当表达式的值与某个常量表达式的值相等时，即执行其后的语句，然后不再进行判断，继续执行后面所有 case 后的语句。例如表达式的值与所有 case 后的常量表达式均不相同时，则执行 default 后的语句。看下面的一段代码：

```
int main(){
    int a;                                             //定义 int 类型变量 a
    printf("输入数字 : ");                              //提示输入数字
    scanf("%d",&a);                                    //获取输入的值
    switch (a){                                        //开始判断 a 的值
    case 1:printf("星期 1\n");                          //a 值为 1 则打印输出星期 1
    case 2:printf("星期 2\n");                          //a 值为 2 则打印输出星期 2
    case 3:printf("星期 3\n");                          //a 值为 3 则打印输出星期 3
    case 4:printf("星期 4\n");                          //a 值为 4 则打印输出星期 4
    case 5:printf("星期 5\n");                          //a 值为 5 则打印输出星期 5
    case 6:printf("星期 6\n");                          //a 值为 6 则打印输出星期 6
    case 7:printf("星期日 \n");                         //a 值为 7 则打印输出星期日
    default:printf("error\n");                         //a 值为其他则打印输出 "error"
    }
}
```

上述代码要求输入一个数字，输出一个英语单词。但是当输入整数 3 之后，却执行了 case3 以及以后的所有语句，会输出“星期 3”及以后的所有单词，这当然不是我们所希望的，如图 6-11 所示。

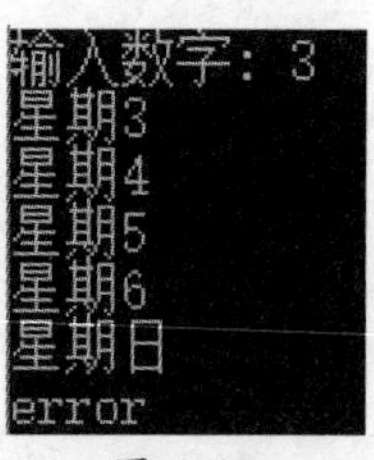

图 6-11

为什么会出现这种情况呢？这恰恰反映了 switch 语句的一个特点。在 switch 语句中，“case 常量表达式”只相当于一个语句标号，表达式的值和某标号相等则转向该标号执行，但不能在执行完该标号的语句后自动跳出整个 switch 语句，所以出现了继续执行所有后面 case 语句的情况。这是与前面介绍的 if 语句完全不同的，应特别注意。为了避免上述情况，C 语言还提供了一种 break 语句，专用于跳出 switch 语句，break 语句只有关键字 break，没有参数，这在本书后面的内容中进行详细介绍。修改上面的代码程序，在每一 case 语句之后增加 break 语句，使每一次执行之后均可跳出 switch 语句，从而避免输出不应有的结果。例如下面的演示代码可以判断今天是星期几：

```
int main(){
```

```
    int a;
    printf("输入数字 : ");                            //定义 int 类型变量 a
    scanf("%d",&a);
    switch (a){                                      //开始判断 a 的值
    case 1:printf("星期1\n"); break;                  //a 值为 1 则打印输出星期 1
    case 2:printf("星期2\n"); break;                  //a 值为 2 则打印输出星期 2
    case 3:printf("星期3\n"); break;                  //a 值为 3 则打印输出星期 3
    case 4:printf("星期4\n"); break;                  //a 值为 4 则打印输出星期 4
    case 5:printf("星期5\n"); break;                  //a 值为 5 则打印输出星期 5
    case 6:printf("星期6\n"); break;                  //a 值为 6 则打印输出星期 6
    case 7:printf("星期日 \n"); break;                //a 值为 7 则打印输出星期日
    default:printf("error\n");                        //a 值为其他则打印输出 "error"
    }
}
```

再例如在下面的实例中，首先提示用户输入数字，然后将用户输入的数字输出显示出来。

实例 6-5：提示用户输入数字，然后将用户输入的数字输出。

源码路径：下载包 \daima\6\6-5

本实例的实现文件为“switch.c”，具体实现代码如下所示。

```
#include "stdio.h"
int main() {
int i;                                    //定义 int 类型变量 a
printf("输入一个数（1-5）: ");             //提示输入信息
scanf("%d",&i);
switch (i){                               //开始判断 i 的值，根据输入的 i 值显示提示信息
case 1:printf("输入的是"1"\n");break;
 case 2:printf("输入的是"2"\n");break;
case 3:printf("输入的是"3"\n");break;
case 4:printf("输入的是"4"\n");break;
case 5:printf("输入的是"5"\n");break;
default:printf("输入的数不在范围内 \n");
}
}
```

在上述代码中，首先建议用户输入一个 1 ～ 5 的数字，然后通过 switch 语句根据用户输入的数字，来输出对应的提示。运行后首先在界面中提示用户输入 1 个数字。输入 1 个数字后按下【Enter】按键，将在界面中输出显示用户输入值的类别，如图 6-12 所示。

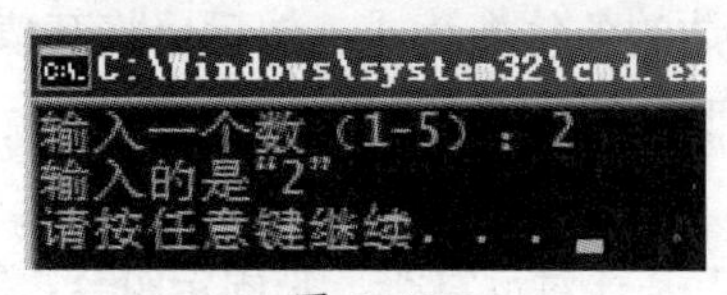

图 6-12

注意：在使用 switch 语句时应该注意如下所示的 4 点。

（1）在 case 后的各常量表达式的值不能相同，否则会出现错误。

（2）在 case 后，允许有多个语句，可以不用 {} 括起来。

（3）各 case 和 default 子句的先后顺序可以变动，而不会影响程序执行效果。

（4）default 子句可以省略不用。

6.2.4　条件运算符和条件表达式

在 C 语言程序中，如果在条件语句中只执行单个的赋值语句，此时可以使用条件表达式来实现。这样不但使程序变得简洁，并且也提高了运行效率。

在C语言中，条件运算符是问号“?”和冒号“:”，它是一个三目运算符，有三个参与运算的量。使用条件运算符的语法格式如下。

```
表达式1? 表达式2: 表达式3
```

上述语法格式的规则是：如果表达式1的值为真，则以表达式2的值作为条件表达式的值，否则以表达式2的值作为整个条件表达式的值。条件表达式通常被用于赋值语句之中。上述过程可表示为图6-13所示的流程。

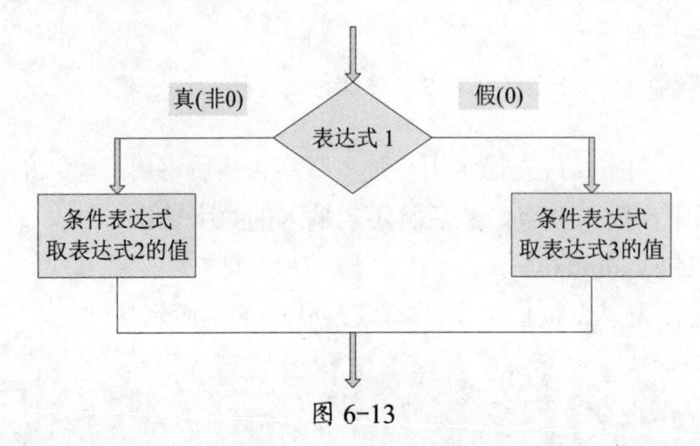

图 6-13

请读者考虑一个问题，如何用条件表达式来代替下面代码中的条件语句？

```
if(a>b)  max=a;
  else max=b;
```

我们可以用如下条件表达式代替，执行该语句的语义是：如 *a*>*b* 为真，则把 *a* 赋予 max，否则把 *b* 赋予 max。

```
max=(a>b)?a:b;
```

注意：在使用条件表达式时，应注意如下4点。

① 条件运算符的运算优先级低于关系运算符和算术运算符，但高于赋值符。例如下面的代码：

```
max=(a>b)?a:b
```

上述代码中，将先执行右边的条件表达式，然后再将其值赋给左边的 *c*。所以可以去掉上述代码中的括号，而写为如下所示的格式。

```
max=a>b?a:b
```

② 条件运算符“?”和“:”是一对运算符，是固定组合，不能分开单独使用。

③ 条件运算符的结合方向是从右向左，例如下面的表达式：

```
a>b?a:c>d?c:d
```

可以理解为如下所示的格式：

```
a>b?a:(c>d?c:d)
```

④ 在条件表达式中，表达式1的类型可以和表达式2、表达式3的类型不同。例如在下面的代码中，*x* 是整型变量，如果 *x*=0，则条件表达式的值为字符b，否则为字符a。表达式2和表达式3的类型也不同，此时表达式的值类型为两者中较高的类型。

```
x>?'a':'b';
```

例如：

```
a>b?9:7.5
```

如果 *a>b* 的值为假，则条件表达式的值为 7.5；如果 *a>b* 的值为真，则条件表达式的值为 9。但是因为 7.5 是实型，比整型高，所以可以将 9 转换成执行 9.0 实型作为该条件表达式的值。

请看下面的实例，功能是提示用户输入两个数字，然后将两者中大的数字输出。

实例 6-6：比较两个数字的大小并输出最大数

源码路径：下载包 \daima\6\6-6

本实例的实现文件为“compare.c”，具体实现代码如下所示。

```
int main(){
    int a,b;                                    //声明两个变量
    printf("\n 输入两个整数 :");
    scanf("%d,%d",&a,&b);                       //输入两个数据
    printf("max=%d",a>b?a:b);                   //输出两个数中的最大数
}
```

执行后将在界面中提示用户输入两个数字，可以通过键盘输入两个数字，按下“Enter”键后将在界面中输出显示输入数字中较大的数字，例如分别输入 1 和 2 的执行效果如图 6-14 所示。

```
输入两个整数:1,2
max=2
```

图 6-14

6.3　循环结构

在 C 语言中，循环结构是一种很重要的结构。其特点是，在给定条件成立时，反复执行某程序段，直到条件不成立为止。给定的条件称为循环条件，反复执行的程序段称为循环体。C 语言提供了多种循环语句，可以组成各种不同形式的循环结构。

↑扫码看视频（本节视频课程时间：22 分 59 秒）

6.3.1　使用 for 语句

在 C 语言程序中，for 语句的用法最为灵活，功能是将一个由多条语句组成的代码块执行特定的次数。for 语句通常也被称为 for 循环，因为程序通常会多次执行这个语句。使用 for 语句的语法格式如下所示。

```
for(表达式 1；表达式 2；表达式 3)
语句
```

执行 for 语句的基本步骤如下。

（1）先求解表达式 1。

（2）求解表达式 2，若其值为真（非 0），则执行 for 语句中指定的内嵌语句，然后执行下面第 3 步；若其值为假（0），则结束循环，转到第 5 步。

（3）求解表达式 3。

（4）转回上面第 2 步继续执行。

（5）循环结束，执行 for 语句下面的一个语句。

上述步骤的具体流程如图 6-15 所示。

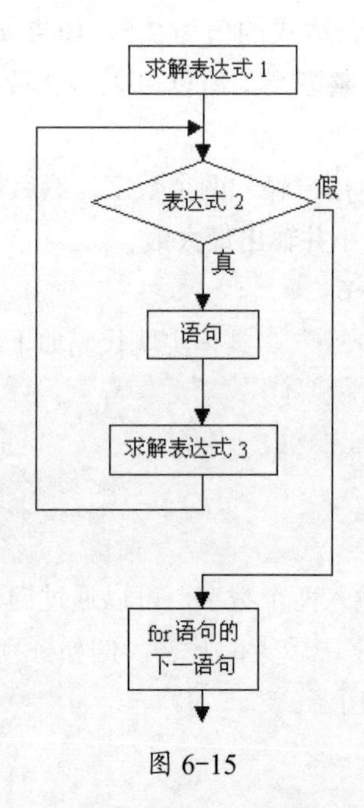

图 6-15

除了上面介绍的格式外，在C语言程序中，还有如下两种使用for循环语句的格式。

（1）第一种：下面的格式是for语句中最简单的应用形式，也是最容易理解的形式。

```
for(循环变量赋初值；循环条件；循环变量增量) 语句；
```

- 循环变量赋初值：总是一个赋值语句，它用来给循环控制变量赋初值；
- 循环条件：是一个关系表达式，它决定什么时候退出循环；
- 循环变量增量：定义循环控制变量每循环一次后按什么方式变化。

上述三个部分之间用分号“;”分开。例如在下面的代码中，先给 *i* 赋初值为 1，然后判断 *i* 是否小于等于 10，若为 true 则执行语句，之后的值增加 1。再重新判断，直到条件为 false，即 *i*>10 时才结束循环。

```
for(i=1; i<=10; i++)sum=sum+i;
```

上述代码功能相当于下面的代码：

```
i=1;
while (i<=10) {
sum=sum+i;
     i++;
}
```

（2）第二种：使用for循环中语句的一般形式，就是如下使用while循环的形式：

```
表达式 1;
while (表达式 2) {
语句
    表达式 3;
}
```

请看下面的例子，首先提示用户输入一个整数，然后输出这个整数的阶乘。

实例 6-7：计算某个整数的阶乘

源码路径：下载包 \daima\6\6-7

本实例的实现文件为“for.c”，具体实现代码如下所示。

```
int main(){
    int number,count,factorial=1;                        //定义 3 个 int 类型的变量
    printf("输入一个整数，计算阶乘是多少！ \n");
    scanf("%d",&number);                                 //显示输入的数据
    for(count = 1; count <=number; count++)              //使用 for 循环计算阶乘
      factorial=factorial*count;
    printf("\n说：%d 的阶乘是 = %d\n",number,factorial); //输出计算结果
}
```

执行后先在界面中提示用户输入一个正整数数字，输入后按下“Enter”键，将在界面中输出显示输入数字的阶乘值，例如输入整数 3 后的执行效果如图 6-16 所示。

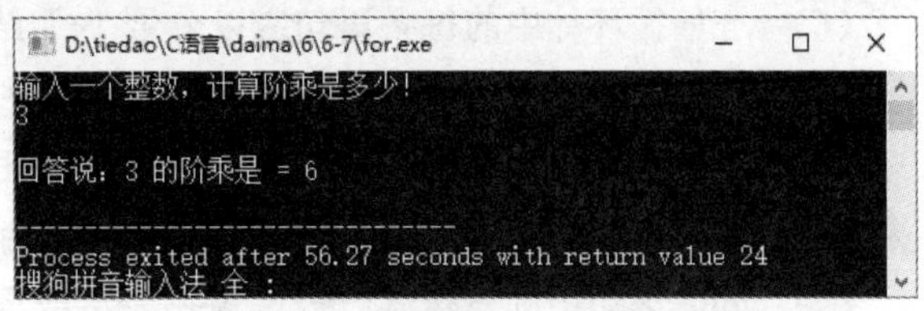

图 6-16

6.3.2　使用 while 循环语句

在 C 语言程序中，while 循环语句能够不断地执行一个语句块，直到条件为假时中止。使用 while 语句的语法格式如下所示。

```
while(表达式)
语句
```

其中“表达式”是循环条件，“语句”是循环体。上述格式的功能是计算表达式的值，当值为真 (非 0) 时执行循环体语句。其执行过程如图 6-17 所示。

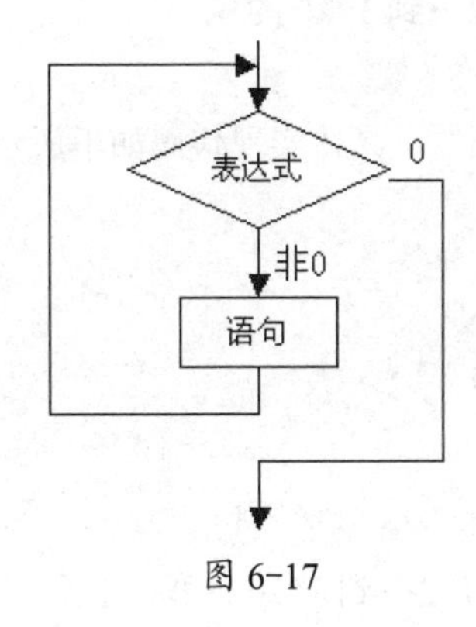

图 6-17

下面举一个简单的例子，可以通过如下代码计算从 1 到 100 所有整数的和。

```
int main(){
   int i,sum=0;                        //定义 int 类型变量 i 和 sum
   i=1;                                //i 初始值为 1
   while(i<=100){                      //i 小于等于 100 则循环
sum=sum+i;                             //计算和
          i++;                         //i 值递增加 1，只要小于等于 100 则继续循环
   }
   printf("%d\n",sum);
}
```

注意：在 C 语言中使用 while 循环语句时，应该注意以下 9 点。

（1）在使用过程中，指定的条件和返回的值应为逻辑值（真或假）。

（2）应该先检查条件，后执行循环体语句，也就是说循环体中的语句只能在条件为真的时候才执行，如果第一次检查条件的结果为假，则循环中的语句根本不会执行。

（3）因为 while 循环取决于条件的值，所以可用在循环次数不固定或者循环次数未知的情况下。

（4）一旦循环执行完毕（当条件的结果为假时），程序就从循环最后一条语句之后的代码行继续执行。

（5）如果循环中包含多条语句，需要用大括号 {} 括起来。

（6）while 循环体中的每条语句应以分号“;”结束。

（7）while 循环条件中使用的变量必须先声明并初始化，才能用于 while 循环条件中。

（8）while 循环体中的语句必须以某种方式改变条件变量的值，这样循环才可能结束。如果条件表达式中变量保持不变，则循环将永远不会结束，从而成为死循环。

（9）while 语句中的表达式一般是关系表达或逻辑表达式，只要表达式的值为真 (非 0) 即可继续循环。例如下面的代码将执行 *n* 次循环，每执行一次，*n* 值减 1。循环体输出表达式 *a*++*2 的值。该表达式等效于 (*a**2；*a*++)。

```
int main(){
    int a=0,n;                              //定义 int 类型变量 a 和 n
    printf("\n input n:    ");              //提示输入信息
    scanf("%d",&n);                         //显示输出的值
    while (n--)                             //n 值递减 1
      printf("%d",a++*2);
}
```

请看下面的实例，功能是依次输出 1*1、1*2…到 1*20 的积。

实例 6-8：依次输出 1*1、1*2…到 1*20 的积

源码路径：下载包 \daima\6\6-8

本实例的实现文件为“while.c”，具体实现代码如下所示。

```
#include<stdio.h>
int main (){
    int num=1,result;                       //定义 int 类型变量 num 和 result
    while (num<=20) {                       //使用 while 循环，如果 num 小于等于 20 则循环
       result=num*20;                       //给 result 赋值
       printf("%d*10:%d\n",num,result);
       num++;                               //循环一次，num 值递增 1
     }
}
```

执行后将在界面中输出 1*1、1*2…到 1*20 的积，执行效果如图 6-18 所示。

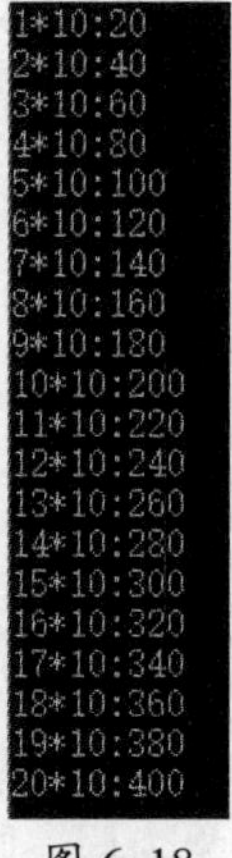

图 6-18

在 C 语言程序中，也可以使用嵌套的 while 循环语句。使用嵌套 while 循环语句的语法格式如下所示。

```
while(i <= 10){
    …
    while (i <= j) {
        …
        …
    }
    …
}
```

注意：在嵌套使用时，只有在内循环完全结束后，外循环才会进行下一次。请读者课后仔细品味下面代码的含义：

```
#include <stdio.h>
int main(){
     int nstars=1,stars;
     while(nstars <= 10) {
             stars=1;
             while (stars <= nstars){
                 printf("*");
                  stars++;
             }
       printf("\n");
       nstars++;
     }
}
```

6.3.3　使用 do-while 语句

在 C 语言程序，do-while 语句可以在指定条件为真时不断执行一个语句块。do-while 会在每次循环结束后检测条件，而不像 for 语句或 while 语句那样在开始前进行检测。使用 do-while 语句的语法格式如下所示。

```
do
语句
while(表达式);
```

上述使用 do-while 语句的语法格式跟使用 while 循环十分相似，两者有什么具体区别呢？do-while 语句与 while 语句的不同点在于，do-while 先执行循环中的语句，然后再判断表达式是否为真，如果为真则继续循环；如果为假，则终止循环。所以 do-while 循环至少要执行一次循环语句。其执行过程如图 6-19 所示。

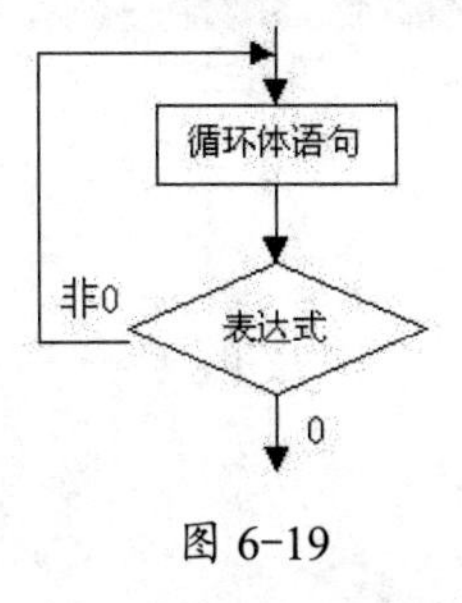

图 6-19

下面举一个简单的例子，通过如下代码也可以计算从 1 到 100 整数的和。

```
int main(){
```

```
    int i,sum=0;    //定义int类型变量num和result
    i=1;                       //变量i初始赋值为1
    do{                        //do while循环开始
 sum=sum+i; //sum求和
         i++;
     }
 while(i<=100)       //只要i小于等于100就一直循环
     printf("%d\n",sum);
 }
```

注意：在使用do-while时，除了和while循环相同的注意事项之外，还需要注意如下两点。

（1）do-while先执行循环体中的语句，然后再判断条件是否为真，如果为真则继续循环；如果为假，则终止循环。

（2）while语句后面必须有一个分号。

请看下面的实例，要求预先设置一个数字，然后提示用户去猜，并根据用户猜的数据输出对应的提示。

实例6-9：猜数游戏

源码路径：下载包 \daima\6\6-9

本实例的实现文件为“dowhile.c”，具体实现代码如下所示。

```
int main (){
int number=5,guess;                                    //设置正确的数字是5
  printf ("猜数游戏1 - 10 ! \n");
 do{
       printf("num: ");
       scanf("%d",&guess);
       if (guess > number)                              //如果大于5
           printf("太大! \n");                          //提示小一点
       else if (guess < number)                         //如果大于5
           printf("太小 \n");                           //提示大一点
    } while (guess != number);
    printf("猜对了! 就是%d \n",number);
}
```

执行后先在界面中提示用户输入一个1到10之间的整数，输入一个数字，按下“Enter”键后将在界面中输出显示是否猜对的提示。执行效果如图6-20所示。

图6-20

6.3.4 正确对待goto语句

在C语言程序中，goto语句也被称为无条件转移语句。goto语句可以被放在程序的任何位置，实现如下3个功能：

（1）程序的无条件任意转移；

（2）跳出当前操作；

（3）来到程序中的其他语句处继续执行。

使用 goto 语句的语法格式如下所示。

```
goto 语句标号;
```

在上述格式中，“语句标号”是按标识符规定书写的符号，放在某一语句行的前面，标号后加冒号“:”。语句标号起标识语句的作用，通常与 goto 语句配合使用。

在 C 语言程序中，不限制程序中使用 goto 的次数，但是在使用时各个标号不能重名。goto 语句的语义是改变程序流向，转去执行语句标号所标识的语句。goto 语句通常与条件语句配合使用。可以用来实现条件转移，构成循环，跳出循环体等功能，例如通过下面的实例代码，可以统计从键盘输入一行字符的个数。

实例 6-10：统计从键盘输入一行字符的个数

源码路径：下载包 \daima\6\6-10

实例文件 tongji.c 的具体实现代码如下所示。

```
#include"stdio.h"
int main(void){
int n=0;                                    //定义 int 类型变量 n
  printf("input a string : \n");  //输入字符串
   loop: if(getchar()!='\n'){               //开始统计
     n++;                                   //统计个数 n 递增
     goto loop;             //来到 loop 标记处继续统计
   }
 printf("%d",n);
}
```

上述代码非常简单，通过使用 if 语句和 goto 语句构成循环结构。当输入字符不为’\n’时即执行 n++ 进行计数，然后转移至 if 语句循环执行。直至输入字符为’\n’才停止循环。例如输入“abcdefghijklmnoprstu”

按下回车键后的执行效果如图 6-21 所示。

```
input a string :
abcdefghijklmnoprstu
20
```

图 6-21

你再看下面的代码，如果 i 值为 10，则可以使用 goto 语句设置程序跳转到空白语句。

```
#include <stdio.h>
int main(void){
    int i = 0;
    for (;;) {
        i++;
        printf("%d\n", i);
        if (i == 10) goto AAA;     //如果 i 值为 10，则使用 goto 语句设置程序来到空白语句
    }
    AAA:;                          /* 这是一个空语句 */
    getchar();
    return 0;
}
```

注意：在日常程序设计应用中，建议读者尽量不要使用 goto 语句，以免造成程序流程的混乱，使理解和调试程序都产生困难。

6.3.5　使用 break 语句

在 C 语言程序中，break 语句通常用在循环语句和 switch 语句中。当 break 用于开关语句 switch 中时，可以使程序跳出 switch 而执行 switch 以后的语句；如果没有使用 break 语句，则将成为一个死循环而无法退出。具体来说，break 语句的功能有下面 5 条。

（1）改变程序的控制流。

（2）用于 do-while、while、for 循环中时，可使程序终止循环而执行循环后面的语句。

（3）通常在循环中与条件语句一起使用，若条件值为真则跳出循环，控制流转向循环后面的语句。

（4）如果已执行 break 语句，就不会执行循环体中位于 break 语句后的语句。

（5）在多层循环中，一个 break 语句只向外跳一层。

在 C 语言程序中，使用 break 语句的语法格式如下所示。

```
break;
```

例如在下面的实例代码中，能够分别输 r=1 到 r=10 时圆的面积，直到面积大于 100 为止。

实例 6-11：计算圆的面积

源码路径：下载包 \daima\6\6-11

实例文件 br.c 的具体实现代码如下所示。

```
int main(){
    int r = 1;
    //计算 r=1 到 r=10 时圆的面积，直到面积大于 100 为止
    for(r=0;r<=10;r++) {
        double area = 3.14 * r * r;
        if (area > 100) {
            break; //面积大于 100 结束循环
        }
        printf("area = %.2f\n", area);
    }
}
```

在上述代码中，设置圆的面积 area = 3.14 * r * r，执行后的效果如图 6-22 所示。

```
area = 0.00
area = 3.14
area = 12.56
area = 28.26
area = 50.24
area = 78.50
```

图 6-22

注意：break 语句对 if-else 的条件语句不起作用，另外还需要注意 VS 版代码和上述代码的不同。

6.3.6 使用 continue 语句

在 C 语言程序中，continue 语句的功能是跳过循环体中剩余的语句而强行执行下一次循环，只被用在 for、while、do-while 等循环体中，常与 if 条件语句一起使用，用来加速循环。continue 语句的基本特点如下。

- continue 语句只能用在循环中。
- continue 语句的作用是跳过循环体中剩余的语句而执行下一次循环。
- 对于 while 和 do-while 循环来说，执行 continue 语句之后的动作是条件判断；对于 for 循环来说，随后的动作是变量更新。

在 C 语言程序中，使用 continue 语句的语法格式如下所示。

```
continue;
```

例如在下面的实例代码中，能够输出显示 100 到 200 之间的不能被 3 整除的整数。

实例 6-12：输出显示 100 到 200 之间的不能被 3 整除的整数

源码路径：下载包 \daima\6\6-12

实例文件 continue.c 的具体实现代码如下所示。

```
int main(){
    int i = 100;
    printf(" 列出 100 到 200 之间的不能被 3 整除的整数 ");
    int i = 100; // 把 100-200 之间不能被 3 整除的数输出
     for(i=0;i<=200;i++) {
         if (i % 3 == 0) {
             continue; // 整除则跳出本次循环
         }
         printf("i = %d\n", i);
     }
}
```

在上述代码中，被 3 整除时结束本次循环进入下一次循环。执行后的效果如图 6-23 所示。

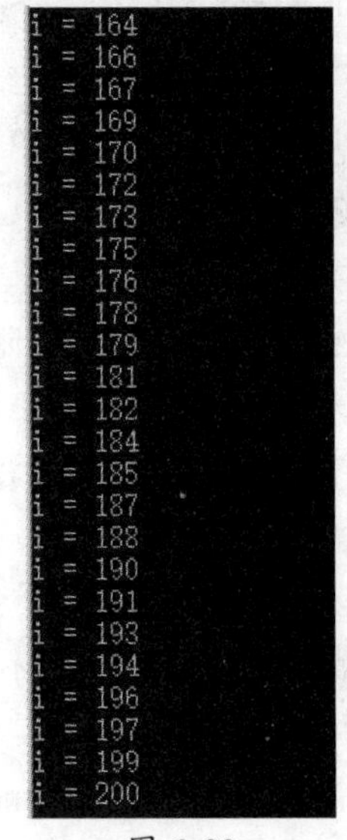

图 6-23

注意：在 C 语言程序中，break 跳出循环后循环就结束了，而 continue 跳出循环后还继续下一次循环，这就是 break 和 continue 最大的区别。

6.3.7　死循环 / 退出程序

在本章前面已经讲解了 C 语言中的常用循环语句，在讲解过程中提到了死循环。在下面的内容中，将简要介绍 C 语言中死循环的基本知识，以及退出函数 exit 的基本用法。

1．死循环

死循环是指没有外来条件的干扰，这个循环语句将永远执行下去。例如下面就是一个死循环：

```
while(1){
    循环体
}
```

上述循环表达式是 1，值总是为真，并且程序无法改变条件。因为 1 不会改变自身值，所以永远是 true 值，所以永远不会停止。

在实际应用中，死循环没有任何意义。但是如果使用前面讲解的 break 语句，可以在需要时随时终止。这样就可以利用死循环，来实现需要某些重复出现的某些功能，在完成后即可使用 break 终止。看下面的代码：

```
#include <stdio.h>
int main(){
    int n;
    while(1){
        // 下面显示输出菜单
            puts("\n 1 for is A.");
            puts("Enter 2 is B.");
            puts("Enter 3 is C.");
            puts("Enter 4 is D.");
```

```
            puts("Enter 5 to is program.");
            scanf("%d",&n);                          //接收用户输入的数
            if(n==1)                                 //若该数为 1 则输出执行任务 A 的消息
                    puts("is A.");
            else if(n==2)                            //若该数为 2 则输出执行任务 B 的消息
                    puts("is B.");
            else if(n==3)                            //若该数为 3 则输出执行任务 C 的消息
                    puts("is C.");
            else if(n==4)                            //若该数为 4 则输出执行任务 D 的消息
                    puts("is D.");
            else if(n==5)                            //若该数为 5 则退出循环
                    {puts("Exit!");break;}
            else                                     //若其他数则输出错误消息
                    puts("Error!");
    }
}
```

在上述代码中，通过死循环创建了一个列表选项供用户选择 1、2、3、4 等数字，选择后输出不同的提示，并继续进行死循环；当用户输入 5 后，则输出“exit”的提示，并使用 break 终止循环，退出系统。

从上述代码可以得出一个结论：合理利用死循环也可以方便地解决我们的现实项目问题。

2. 退出程序

在 C 语言项目中，程序执行到 main 函数右边的花括号“}”后，程序将结束。实际上，在 main 函数结束时，会隐式地调用退出函数 exit。

函数 exit 的功能是退出当前的执行程序，并将控制权返还给操作系统。函数 exit 会接受一个 int 类型的参数，并将其返回给操作系统，提示程序是正常还是异常终止。使用函数 exit 的格式如下所示。

```
void exit(int status);
```

其中，“status”表示退出状态，一般用 0 表示正常退出，如果是非 0 则表示不退出。

函数 exit 中的参数是程序退出时返回给操作系统的退出码，在自己的程序中很少用到。但如果把函数 exit 用在 main 内的时候，无论 main 是否定义成 void，返回的值都是有效的，并且 exit 不需要考虑类型，exit(1) 等价于 return。看下面的代码：

```
#include <iostream>
#include <string>
using namespace std;
int main() {
exit (1);                                   //等价于 return (1);
}
```

第 7 章

数组存储数据

（视频讲解：82 分钟）

在编写 C 语言程序的过程中，通常把具有相同类型的若干变量按有序的形式组织起来，这些按序排列的同类数据元素的集合称为数组。在 C 语言中，数组属于构造数据类型。可以将一个数组分解为多个数组元素，这些数组元素可以是基本数据类型或构造类型。在本章的内容中，将详细讲解数组的基本知识和使用方法。

7.1 使用一维数组

在 C 语言程序中，数组的作用是将不同类型的数据分成一组，这样可以便于快速处理同一类型的数据。一组数据称为一维数据，一维数组只有一个下标，它是 C 语言中最简单的数组。

↑扫码看视频（本节视频课程时间：18 分 08 秒）

7.1.1 定义一维数组

在 C 语言程序中，在使用一维数组之前必须先进行定义，定义一维数组的语法格式如下：

```
类型说明符 数组名 [常量表达式];
```

- 类型说明符：是任一种基本数据类型或构造数据类型；
- 数组名：是用户定义的数组标识符，数组名的书写规则应符合标识符的书写规定；
- 方括号中的常量表达式：表示数据元素的个数，也称为数组的长度。这里所说的数组的类型是指数组元素的取值类型。既然定义了一个数组，就说明数组里面所有元素的数据类型都是相同的。例如下面是定义一维数组的代码：

```
int a[7];                          //整型数组 a 有 7 个元素。
float b[6],c[18];                  //实型数组 b 有 6 个元素，实型数组 c，有 18 个元素。
char ch[8];                        //字符数组 ch 有 8 个元素。
```

注意：初学者很难理解为什么一定要定义数组后才能使用数组，后来经过高手的点拨之后我明白了。高手告诉我可以将其理解为 QQ 名，当在申请 QQ 号时，在申请表单中需要填写昵称，即网名。这个昵称是必须填写的，只有填写了才能注册并使用。

在定义一维数组时需要注意如下 4 点：

（1）既然是单一的，数组名当然不能与其他变量名相同。例如下面代码中的数组 a[2] 是错误的：

```
int main(){
        int a;
        float a[2];
        ……
}
```

（2）方括号中常量表达式表示数组元素的个数，如 a[5] 表示数组 a 有 5 个元素。但是其下标从 0 开始计算。所以数组内的 5 个元素分别为 a[0]、a[1]、a[2]、a[3]、a[4]。

（3）不能在方括号中用变量来表示元素的个数，但是可以是符号常数或常量表达式。例如下面的代码是合法的：

```
#define FD 5
int main(){
  int a[4+1],b[7+FD];
  ……
}
```

（4）在一个数组定义中，可以只定义一个数组，也可以同时定义多个数组，并且还可以同时定义数组和变量。例如下面的格式是正确的：

```
int a,b,c,d,k1[10],k2[20];
```

7.1.2 引用即使用

作为 C 语言中的数组，需要在引用之后才能使用，数组元素是组成数组的基本部分。其实数组元素也是一种变量，其标识方法为在数组名后跟一个下标。下标表示了元素在数组中的顺序号。当数组被定义后，就可以通过这个下标来引用数组内的任意一个元素。引用数组的语法格式如下所示：

```
数组名 [ 下标 ]
```

- “数组名”：是表示要引用哪一个数组中的元素，在引用时必须确保已经定义这个数组。
- “下标”：只能为整型常量或整型表达式，当为小数时，在编译时将自动取整；

注意：引用一维数组元素即使用数组内的某个元素，这个很容易理解。为了加深理解，可以将数组比喻成西甲联赛，数组元素比喻成西甲中的球队。

在接下来的内容中，将详细讲解这两者的具体含义。

（1）下标

在 C 语言程序中，下标的取值范围是 [0, 元素个数减 1]。假设我们定义了一个数组，里面含有 N 个元素（N 为一个整型常量），那么下标的取值范围为 [0,N-1]。例如下面都是合法的数组元素：

```
a[4]
a[i+j]
a[i++]
```

（2）数组元素

数组元素通常也被称为下标变量。必须先定义数组，才能使用下标变量。在 C 语言中只能逐个地使用下标变量，而不能一次引用整个数组。例如在输出有 10 个元素的数组时，必须使用如下循环语句逐个输出各个下标变量：

```
for(i=0; i<10; i++)
printf("%d",a[i]);
```

而不能用一个语句输出整个数组，例如下面的格式是错误的：

```
printf("%d",a);
```

请看下面的实例，首先定义了一个数组并分别赋值，然后输出数组内的各元素值的过程。

实例 7-1：输出数组内的各个元素值

源码路径：下载包 \daima\7\7-1

本实例的功能是定义一个数组并分别赋值，最后输出数组内各元素的值。实例文件 one.c 的具体实现代码如下所示。

```
#include <stdio.h>

int main ()
{
printf("数组内的元素：\n");
   int n[ 10 ]; /* n 是一个包含 10 个整数的数组 */
   int i,j,m;
   /* 初始化数组元素 */
   for ( i = 0; i < 10; i++ )
   {
      n[ i ] = i + 100; /* 设置元素 i 为 i + 100 */
   }
   /* 输出数组中每个元素的值 */
   for (j = 1; j < 10; j++ )
   {
      printf("第 %d 个：%d\n", j, n[j] );
   }
   return 0;
}
```

执行效果如图 7-1 所示。

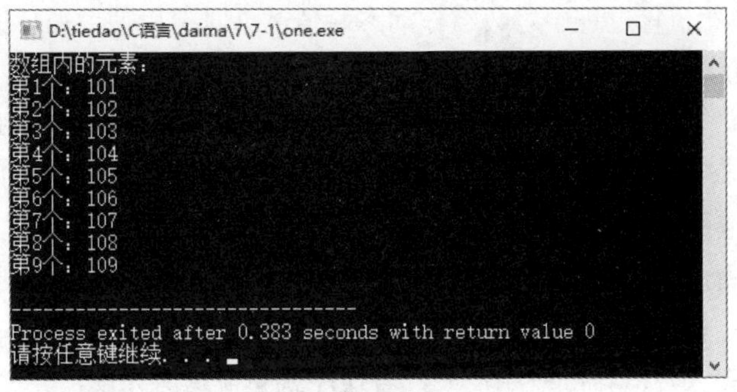

图 7-1

7.1.3　数组需要初始化

作为 C 语言的数组元素，可以在定义时进行初始赋值，即初始化处理。数组初始化是指直接给数组设置一个值，这是在编译阶段进行的，这样做的好处是减少程序的运行时间，提高开发效率。在 C 语言程序中，数组初始化赋值的一般格式如下：

```
类型说明符 数组名 [ 常量表达式 ]={ 值，值……值 };
```

其中，在大括号 {} 中的各数据值即为各元素的初值，各个值之间用逗号隔开。例如下面两种格式的代码是相同的：

```
int a[3]={1,2,3};
a[0]=1;a[1]=2;a[3]=3;
```

注意：“初始化”这 3 个字很好理解，例如当在申请 QQ 号时，在申请表单中需要填

写昵称，即网名，填写昵称的过程是定义数组的过程，而我的 QQ 名“茳杺”就是网名初始化之后的结果。

在 C 语言程序中，对一维数组进行初始化赋值时需要注意如下 5 点：

（1）当大括号 {} 中值的个数少于元素个数时，可以只给前面部分元素赋值。例如下面的赋值代码：

```
int a[10]={0,1,2,3,5};
```

上述代码表示只给 a[0] ～ a[4] 一共 5 个元素赋值，而后面的 5 个元素自动赋值为 0。

（2）只能给元素逐个赋值，而不能给数组整体赋值。例如给 3 个元素全部赋值为“林依晨”，只能写为如下格式：

```
int a[3]={1,2,3};
```

而不能使用下面的格式：

```
int a[3]=1;
```

（3）如给全部元素赋值，在数组说明中可以不给出数组元素的个数，例如下面的代码：

```
int a[5]={1,2,3,4,5};
```

上述代码也可以写为：

```
int a[]={1,2,3,4,5};
```

（4）关键字“static”表示定义了一个静态变量。在 C 语言中规定，只有静态变量和外部变量可以初始化（将在后面介绍）。但在 C 语言标准中，不加关键字 static 也可对变量进行初始化。

（5）可以在程序执行过程中对数组作动态赋值，这时可以使用循环语句配合 scanf 函数逐个对数组元素赋值。

在 C 语言项目中，最常见的数组应用是数字处理。其实数字处理一直是编程语言的乐园，就像偶像明星们一直是我们 90 后所热衷谈论的话题一样。据证实经典的数组应用实例都和数字有关，例如冒泡程序、和选择排序等。下面的实例实现了一个由小到大排列的冒泡程序。

注意：所谓的冒泡程序，就是指按要求将一组数据从大到小或从小到大进行排序。其基本思路很容易理解：假如你面前有一堆杂乱无序的数字，要将各元素从头到尾依次比较相邻的两个元素是否逆序（与欲排顺序相反），若逆序就交换这两元素，经过第一轮比较排序后便可把最大（或最小）的元素排好，然后再用同样的方法把剩下的元素逐个进行比较，就得到了你所要的有序的数字。上述整个过程就是冒泡排序。

实例 7-2：实现一个由小到大排列的冒泡程序

源码路径：下载包 \daima\7\7-2

本实例的实现文件为“mao.c”，具体实现代码如下所示。

```
#include"stdio.h"
int main(){
    int n,i,j,x,a[50];                                  //声明变量和数组
    printf("n(<50)=");scanf("%d",&n);                   //输入要排序的整数的个数
    printf("input %d integers:\n",n);
    for(i=0;i<n;i++)                                    //接收这些数存储在数组中
          scanf("%d",&a[i]);
    for(i=1;i<n;i++)                  //用冒泡排序法将数组中的各元素按从小到大顺序排列
          for(j=n-1;j>=i;j--)
                if(a[j]<a[j-1])
```

```
                {x=a[j];a[j]=a[j-1];a[j-1]=x;}
    printf("The result is:\n");
    for(i=0;i<n;i++)                                    //输出排列好的个数组元素
            printf("%d", a[i]);
    printf("\n");
    getch();
}
```

（1）分别声明 int 类型的 4 个变量 n、i、j、x 和数组 a[50]。

（2）通过“printf”输出提示，确定待排序数字的个数。

（3）通过“printf”提示用户输入数字，并通过 for 语句接收每个数字存储在数组的相应位置。

（4）通过两个 for 循环嵌套语句，实现冒泡程序。

（5）通过“printf”和 for 循环依次输出排列后的各数组元素。

（6）通过 getch 函数接收一个字符，防止程序迅速结束。

运行后将在界面中提示用户输入要排序的数字个数，假如输入指定个数数字是 4，单击【Enter】键后将提示输入 4 个整数。依次输入小于 60 的 4 个整数，单击【Enter】键后将在界面中对输入的 4 个整数进行从小到大的排列处理。执行效果如图 7-2 所示。

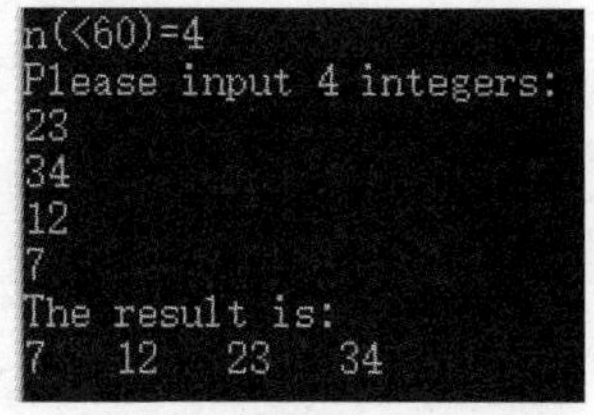

图 7-2

7.2　多维数组

在 C 语言中，多维数组是指数组元素的下标是 2 个或 2 个以上的数组。在实际项目应用中，最为常用的是有 2 个和 3 个下标的数组，即二维数组和三维数组。在本节的内容中，将详细讲解 C 语言多维数组的知识。

↑扫码看视频（本节视频课程时间：24 分 30 秒）

7.2.1　二维数组

1. 定义二维数组

在 C 语言程序中，二维数组的元素下标是两个，其定义格式如下：

```
类型说明符 数组名[常量表达式1][常量表达式2]
```

其中“常量表达式 1”表示第一维下标的长度，“常量表达式 2 ”表示第二维下标的长度。例如在下面的代码定义了一个 int 类型的 3 行 4 列数组，数组名为 a，其下标变量的类型为整型。

```
int a[3][4];
上述数组的下标变量共有 3×4 个，分别是：
a[0][0],a[0][1],a[0][2],a[0][3]
a[1][0],a[1][1],a[1][2],a[1][3]
a[2][0],a[2][1],a[2][2],a[2][3]
```

是的，二维数组在概念上是二维的，也就是说其下标在两个方向上变化，而不像一维数组那样只在一个方向上变化。但是，实际的硬件存储器却是连续编址的，也就是说存储器单元是按一维线性排列的。在一维存储器中存放二维数组，可以有两种方式：一种是按行排列，即放完一行之后顺次放入第二行。另一种是按列进行排列，即放完一列之后再顺次放入第二列。在C语言程序中，二维数组是按行排列的。也就是：先存放a[0]行，再存放a[1]行，最后存放a[2]行。每行中有四个元素也是依次存放。由于数组a说明为int类型，该类型占两个字节的内存空间，所以每个元素均占有两个字节。一个二维数组可以作是若干个一维数组，例如上面的数组a[3][4]可以看为是3个长度为4的一维数组，这3个一维数组的名字分别是a[0]、a[1]和a[2]。

2．引用二维数组

在C语言程序中，引用二维数组的语法格式如下所示：

```
数组名[下标][下标]
```

其中“下标”为整型常量或整型表达式，例如下面就引用了一个二维数组元素：

```
a[3][4]
```

请看下面的一个例子：假设一个学习小组有5个人，每个人有三门课的考试成绩，编程求小组各科的平均成绩和全部总平均成绩。5个人各课的具体成绩见表7-1。

表7-1

说明	林依晨	江语晨	吴尊	东方神起	飞轮海
语文	80	61	59	85	76
数学	75	65	63	87	77
英语	92	71	70	90	85

这个问题可以使用二维数组编程来实现，首先设一个二维数组a[5][3]，用于存放5个人三门课的成绩。然后设一个一维数组v[3]存放所求得各分科平均成绩，设变量average为全组各科总平均成绩。具体编程如下：

```
int main(){
  int i,j,s=0,average,v[3],a[5][3];
  printf("请输入成绩\n");
  for(i=0;i<3;i++){
      for(j=0;j<5;j++)
      { scanf("%d",&a[j][i]);
        s=s+a[j][i];}
      v[i]=s/5;
      s=0;
  }
  average =(v[0]+v[1]+v[2])/3;
  printf("语文:%d\n数学:%d\n英语:%d\n",v[0],v[1],v[2]);
  printf("全体平均:%d\n", average );
}
```

在上述代码中首先用了一个双重循环，在内循环中依次读入某一门课程的各个学生的成绩。然后把这些成绩累加起来，退出内循环后再把该累加成绩除以5送入v[i]之中，这就是该门课程的平均成绩。外循环共循环三次，分别求出三门课各自的平均成绩并存放在v数组之中。退出外循环之后，把v[0]，v[1]，v[2]相加除以3即得到各科总平均成绩，最后按要求输出各个成绩。执行后的效果如图7-3所示。

图7-3

3. 初始化二维数组

二维数组初始化是指在类型说明时，给各个下标变量赋以初始值。C 语言中的二维数组可按行分段赋值，也可按行连续赋值。例如对数组 a[4][2] 进行初始化赋值，可以使用如下两种方式实现。

（1）按行分段赋值，演示代码如下所示。

```
int a[4][2]={ {80,75},{91,95},{59,93},{85,87} };
```

（2）按行连续赋值，演示代码如下所示。

```
int a[4][2]={ 80,75,91,95, 59,93,85,87};
```

注意：在对二维数组进行赋值时，应该注意如下 3 点。

（1）可以只对部分元素赋初值，未赋初值的元素自动取 0 值。例如下面代码是对每一行的第一列元素进行赋值，未赋值的元素取 0 值。

```
int a[3][3]={{1},{2},{3}};
```

经过上述赋值后，各个元素的值如下所示。

```
1 0 0
2 0 0
3 0 0
```

（2）如果对全部元素赋初值，则可以不给出第一维的长度。例如下面的两种格式是相同的。

```
int a[3][3]={1,2,3,4,5,6,7,8,9};
int a[][3]={1,2,3,4,5,6,7,8,9};
```

（3）数组是一种构造类型的数据，可以将二维数组看作是由一维数组的嵌套而构成的。

请看下面的实例，在屏幕中输出显示了 10 行杨辉三角的值。

实例 7-3：输出显示 10 行杨辉三角

源码路径：下载包 \daima\7\7-3

杨辉三角是两个未知数和的幂次方运算后的系数问题，比如 (x+y) 2=x2 +2xy+y2，这样系数就分别是 1、2、1，这就是杨辉三角的其中一行、立方、四次方，运算的结果看看各项的系数。

杨辉三角是一个由数字排列成的三角形数表，一般形式如下所示。

```
1                                                    n=0
1  1                                                 n=1
1  2、 1                                             n=2
1  3  3  1                                           n=3
1  4  6  4  1                                        n=4
1  5  10 10  5  1                                    n=5
1  6  15 20  15 6  1                                 n=9
```

杨辉三角的特点如下所示。

- 与二项式定理的关系：杨辉三角的第 n 行就是二项式 展开式的系数列。
- 对称性：杨辉三角中的数字左、右对称，对称轴是杨辉三角形底边上的“高”。
- 结构特征：杨辉三角除斜边上 1 以外的各数，都等于它“肩上”的两数之和。
- 这些数排列的形状像等腰三角形，两腰上的数都是 1。
- 从右往左斜着看，从左往右斜着看，和前面的看法一样，这个数列是左右对称的。
- 上面两个数之和就是下面的一行的数。

● 这行数是第几行，就是第二个数加一。

本实例的实现文件为“yang.c”，具体实现代码如下所示。

```
#define N 11
main(){
printf("请你们列出10行杨辉三角的数字是多少？ \n");
    int i,j,a[N][N];                          //定义两个整型变量和一个二维数组
    for(i=1;i<N;i++){                         //存储杨辉三角中两条斜边的数字1
            a[i][i]=1;
            a[i][1]=1;
    }
    for(i=3;i<N;i++)                          //打印出杨辉三角中每一行中间的数
            for(j=2;j<i;j++)
                    a[i][j]=a[i-1][j-1]+a[i-1][j];
    for(i=1;i<N;i++){                         //输出杨辉三角
            for(j=1;j<=i;j++)
            printf("%4d",a[i][j]);
            printf("\n");
    }
}
```

（1）通过“N 11”设置下面的循环执行10次，即输出10行杨辉三角。

（2）分别声明int类型的2个变量*i*、*j*和数组a[N][N]。

（3）循环执行10次。

（4）for嵌套循环“for(*i*=3;*i*<*N*;*i*++)”，用于打印出杨辉三角中每一行中间的数。

（5）for嵌套循环“for(*i*=1;*i*<*N*;*i*++)”，用于输出杨辉三角。

执行后将在界面中输出10行杨辉三角，执行效果如图7-4所示。

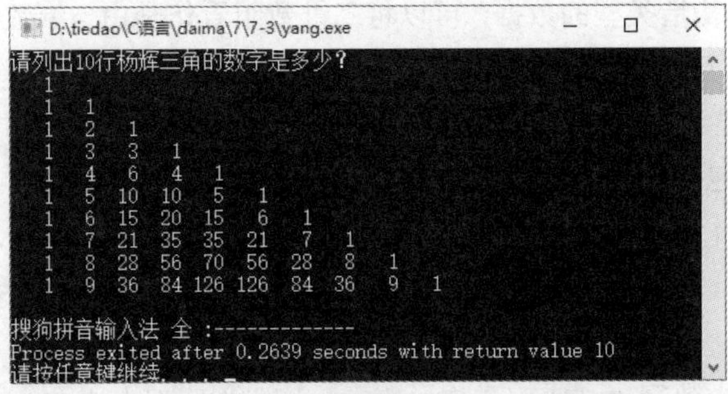

图7-4

7.2.2 使用多维数组

1. 定义多维数组

在C语言程序中，定义多维数组的语法格式如下所示。

```
存储类型 数据类型 数组名[长度1][长度2]...[长度k]
```

其中数组内元素的表示格式如下所示。

```
数组名[下标1][下标2]...[下标k]
```

（1）存储类型、数据类型、数组名、长度的选取同一维数组。

（2）在一个数组定义语句中可以只定义一个多维数组，也可以定义多个多维数组，可以在一个定义语句中同时定义一维和多维数组，还可以同时定义数组和变量。

（3）一个二维数组可以看成若干个一维数组。例如定义了二维数组a[2][3]，可以看成

两个长度为 3 的一维数组，这两个一维数组的名字分别为 a[0]、a[1]。其中名为 a[0] 的一维数组元素是 a[0][0]、a[0][1]、a[0][2]；名为 a[1] 的一维数组元素是 a[1][0]、a[1][1]、a[1][2]。同样，定义一个三维数组，可以看成若干个二维数组。

（4）二维数组的元素在内存中是先按行、后按列的顺序进行排列的。例如，定义一个二维数组 a[2][3]，里面的 9 个元素在内存中的排列如下所示。

```
a[0][0] a[0][1] a[0][2] a[1][0] a[1][1] a[1][2]
```

2. 初始化多维数组

在 C 语言程序中，多维数组的初始化 (即给数组元素赋予初值) 和一维数组初始化方法相同，也是在定义数组时给出数组元素的初值。多维数组的初始化可以分为下列 5 种方式。

（1）分行给多维数组所有元素赋初始值，例如下面的代码格式：

```
int a [a][3]={{1,2,3},{4,5,9}};
```

其中，{1,2,3} 是给第一行 3 个数组元素的，可以看成是赋予一维数组 a[0] 的；{4,5,9} 是给第二行 3 个数组元素的，可以看成是赋予一维数组 a[1] 的。

（2）不分行给多维数组所有元素赋初值。例如在下面的代码中，各元素获得的初值和第 1 种方式的结果完全相同。C 语言规定，用这种方式给二维数组赋初值时，是先按行、后按列的顺序进行的，即前 3 个初值是第 1 行的，后 3 个初值是第 2 行的。

```
int a [2][3]={1,2,3,4,5,9};
```

（3）只对每行的前若干个元素赋初值，例如下面的代码：

```
int a[2][3]={{1},{4,5}};
```

经过上述赋值后，数组 a 的各个元素值如下所示。

- a[0][0] 值为 1
- a[0][1] 值为 0
- a[0][2] 值为 0
- a[1][0] 值为 4
- a[1][1] 值为 5
- a[1][2] 值为 0

（4）只对前若干行的前若干个元素赋初值，例如下面的代码：

```
static int a[2][3]={{1,2}};
```

经过上述赋值后，数组 a 中的各个元素值如下所示。

- a[0][0] 值为 1
- a[0][2] 值为 2
- a[0][2] 值为 0；
- a[1][0] 值为 0
- a[1][1] 值为 0
- a[1][2] 值为 0

（5）如果给所有元素赋初值，则第一维的长度可以省略。例如下面的代码：

```
int a[][3]={{1,2,3},{4,5,9}};
```

或：

```
int a[][3]={1,2,3,4,5,9};
```

经上述赋值后，表示数组 a[][3] 的第一维长度是 2。

注意：使用上述第 5 种方式赋初值，必须给出所有数组元素的初值，如果初值的个数不正确，系统会作为错误处理。

3. 引用多维数组

例如在定义了 k 维数组之后，就可以引用这个 k 维数组中的任何元素。具体引用方法如下所示。

```
数组名 [ 下标 1][ 下标 2]...[ 下标 k]
```

其中“下标 1”是第 1 维的下标，“下标 2”是第 2 维的下标，“下标 k”是第 k 维的下标。这种引用多维数组元素的方法也被称为“下标法”。同样也需要注意的是，下标越界会造成执行效果不可预料的问题。例如定义数组为“a[3][2]”，能合法使用的数组元素是 a[0][0]、a[0][1]、a[1][0]、a[1][1]、a[2][0]、a[2][1]。

在多维数组元素中，也允许使用“指针方式”来引用数组元素，这称为“指针法”。和一维数组元素的引用相同，任何多维数组元素的引用都可以看成一个变量使用，可以被赋值，可以参与组成表达式。

例如在下面的实例中，首先提示用户分别输入用户编号和三课目的成绩，并在窗体界面中输出总分最高用户的编号和总分成绩。

实例 7-4：获取成绩最高分的球员编号

源码路径：下载包 \daima\7\7-4

本实例的功能是提示用户分别输入三名球星的编号和三项技术得分成绩，并在窗体界面中输出总分最高用户的编号和总分成绩。实例文件 duowei.c 的具体实现代码如下所示。

```
int main(){
 printf(" 实况足球球员评分，1 代表 C 罗，2 代表梅西，3 代表内马尔 \n");
printf("s1 表示技术，s2 表示身体，s3 表示射门 \n");
int s[3][5],i,max,max_i;
  for(i=0;i<3;i++)
    { printf(" 下面分别输入球员编号 %d,s1,s2,s3:\n",i+1);
      scanf("%d,%d,%d,%d",&s[i][0],&s[i][1],&s[i][2],&s[i][3]);
      s[i][4]=s[i][1]+s[i][2]+s[i][3];
    }                                          /* 输入用户的编号和 3 科成绩，并计算总分 */
  max=s[0][4],max_i=0;                         /* 设第 1 个用户为当前总分最高的用户 */
  for (i=1;i<3;i++)                            /* 循环求总分最高的用户 */
    if(max<s[i][4])
      max=s[i][4],max_i=i;
  printf(" 编号为 %d 的球星综合得分最高，得分：%d\ 分 ",s[max_i][0],s[max_i][4]);
}
```

其中，数组 s[3][5] 是存入 3 名球星的编号和 3 项技术得分的成绩、总分。其中 s[i][0] 用于存放编号，s[i][1]、s[i][2]、s[i][3] 是存放技术得分成绩，s[i][4] 存放总总分成绩。

执行后先提示用户输入球星编号和三项成绩，按下【Enter】键后将继续输入。输入完毕按下【Enter】键后，将在界面中显示总分最高的用户编号和总分成绩，执行效果如图 7-5 所示。

```
实况足球球员评分，1代表C罗，2代表梅西，3代表内马尔
s1表示技术，s2表示身体，s3表示射门
下面分别输入球员编号1,s1,s2,s3:
1,99,99,99
下面分别输入球员编号2,s1,s2,s3:
2,100,99,99
下面分别输入球员编号3,s1,s2,s3:
3,99,98,98
编号为2的球星综合得分最高，得分：298分
```

图 7-5

7.3　使用字符数组与字符串

在 C 语言中，字符数组是存放字符型数据的，其中每个数组元素存放的值都是单个字符。字符串是 C 语言的一种数据类型，它是由若干个字符组成的，其最后一个字符是结束标记（'\0'）。字符型变量只能存放单个字符，不能存放字符串。而字符型数组可以存放若干个字符，所以可以用来存放字符串。若干个字符串可以用若干个一维字符数组存放，也可以用一个二维字符数组来存放，即每行存放一个字符串。

↑扫码看视频（本节视频课程时间：13 分 49 秒）

7.3.1　侃侃字符数组

在 C 语言程序中，无论在字符数组中存放的是字符串，还是若干个字符，每个字符数组的元素都可以作为一个字符型变量来使用，处理方法和前面介绍的处理普通一维数组相同。但是，存放字符串的字符数组还有一些特殊的用法。字符数组是存放字符型数据的，应定义成“字符型”。由于整型数组元素可以存放字符，所以整型数组也可以用来存放字符型数据。

在 C 语言程序中，定义字符数组的语法格式如下所示。

```
存储类型 char 数组名 [ 长度 1] [ 长度 2] ... [ 长度 k]={{ 初值表 }, ...}
```

上述格式的功能是定义一个字符型的 k 维数组，并且给其赋初值。字符型数组赋初值的方法和前面介绍的一般数组赋初值的方法完全相同。“初值表”中是用逗号分隔的字符常量，请看下面的例子。

```
char s1[3]={'1','2','3'};                          /* 逐个元素赋初值 */
```

经过上述定义后的结果是：s1[0]='1'，s1[1]='2'，s1[2]='3'

再请看下面的例子。

```
char s2[]={'1','2','3'}; /* 所有元素赋初值可省略数组长度 */
```

经过上述定义后的结果是：s2[0]='1'，s2[1]='2'，s2[2]='3'

再请看下面的例子。

```
char s3[3]={'1','2'};                     /* 自动型，不赋初值的元素值为空字符 */
```

经过上述定义后的结果是：s3[0]='1'，s3[1]='2'，s3[2] 值为空字符

在此需要注意，由于空字符的值是 0，等于字符串的结束标记 '\0'，所以字符数组 s3 中实际存放的是一个字符串。

再请看下面的例子。

```
static char s4[3]={'1','2'};              /* 静态型，不赋初值的元素值为空字符 */
```

经过上述定义后的结果是：s4[0] 值为 '1'，s4[1] 值为 '2'，s4[2] 值为空字符。

由于空字符的值是 0，等于字符串的结束标记’\0’，所以字符数组 s4 中实际存放的是一个字符串。

再请看下面的例子。

```
char s5[3]=['1','2','\0'};
```

经过上述定义后的结果是：s5[0] 值为 '1'，s5[1] 值为 '2'，s5[2] 值为 '\0'。

由于最后一个字符是字符串的结束标记符号 '\0'，所以字符数组 s5 中实际存放的是一个字符串。字符数组处理和其他类型数组处理方法类似，需要注意的是其元素相当于字符型变量。

7.3.2 字符串与字符数组

在 C 语言中没有专门的字符串变量，通常用一个字符数组来存放一个字符串。在前面介绍字符串常量时，已说明字符串总是以 '\0' 作为串的结束符。因此当把一个字符串存入一个数组时，也把结束符 '\0' 存入数组，并以此作为该字符串是否结束的标志。有了 '\0' 标志后，就不必再用字符数组的长度来判断字符串的长度了。C 语言允许用字符串的方式对数组作初始化赋值，例如下面的格式：

```
char c[]={'c', ' ','p','r','o','g','r','a','m'};
```

上述格式也可写为下面的格式：

```
char c[]={"C program"};
```

也可以去掉大括号 {}，写为如下所示的格式：

```
char c[]="C program";
```

在 C 语言程序中，用来存放字符串的字符数组的定义方法和普通的字符数组的定义方法相同，而赋初值的方式有如下两种：

（1）按单个字符的方式赋值，例如前面的“char s5[3]=['1','2','\0'};”，要注意其中必须有一个字符是字符串的结束标记。

（2）直接在初值表中写一个字符串常量。

请看下面的几个例子。

例子一：

```
char s1[3]={"12"};
```

结果是: s1[0] 值为 '1', s1[1] 值为 '2', s1[2] 值为 '\0'。在字符数组 s2 中存放的是一个字符串，数组长度为 3。

例子二：

```
char s2[]={"12"} /* 全部元素赋初值，可以省略数组长度 */
```

结果 s2[0] 值为 '1'，s2[1] 值为 '2'，s2[2] 值为 '\0'。字符数组 s2 中存放的是一个字符串，数组长度为 3。

例子三：

```
char s3[5]={"12"}; /* 默认自动型，不赋初值元素值为空字符 */
```

结果 s3[0] 值为 '1'，s3[1] 值为 '2'，s3[2] 值为 '\0'，s3[3] 和 s3[4] 值均为 '\0'。

例子四：

```
static char s4[5]={"12"}; /* 静态型，不赋初值元素值为空字符 */
```

结果 s4[0] 值为 '1'，s4[1] 值为 '2'，s4[2] 值为 '\0'，s4[3] 和 s4[4] 值均为 '\0'。

例子五：

```
char s5[3][5]={"123","ab","x"}; /* 用二维数组存放多个字符串 */
```

结果 s5[0][0] 值为 '1'，s5[0][1] 值为 '2'，s5[0][2] 值为 '3'，s5[0][3] 值为 '\0'。

例子六：

```
s5[1][0] 值为 'a',s5[1][1] 值为 'b',s5[1][2] 值为 '\0';
s5[2][0] 值为 'x',s5[2][1] 值为 '\0';
```

因为省略了存储类型，默认为自动型，所以其他所有元素值均为空字符。

注意：关于格式化输入 / 输出函数中字符串的输入和输出，在 C 语言有如下规定：使用“%s”格式，从键盘上向字符数组中输入字符串时，回车换行符或空格符均作为字符串的结束标记。

7.3.3　字符数组的输入输出

在使用字符串方式后，字符数组的输入和输出工作将变得更加简单方便。在 C 语言程序中，有如下两种字符数组的输入、输出方法。

1．使用“%c”逐个输出

除了前面介绍的使用字符串赋初值的办法外，还可用 printf 函数和 scanf 函数一次性输出、输入一个字符数组中的字符串，而不必使用循环语句逐个地输入输出每个字符。例如下面代码：

```
char str [9];
sacnf("%c,&str[0]");
```

使用函数 printf 可以输出一个或几个数组元素，例如下面代码输出了一个数组元素。

```
printf ("%c",str[0]);
```

2．使用“%s”逐串输出

例如使用如下格式可以依次输入一个字符串。

```
scanf ("%s",str);
```

再例如下面的代码。

```
char s1[25];
scanf("%s",s1); /* 用字符数组接受字符串必须写字符数组名 */
```

如果从键盘上输入为：

```
12345  97890
```

然后按下回车键换行，则 s1 中的字符串为：

```
12345
```

如果从键盘上输入为：

```
1234597890
```

然后回车换行，则 s1 中的字符串为：

```
1234597890
```

再例如下面的代码。

```
char s2[25]={"12345"};
printf("%s",s2); /* 输出字符数组中字符串也应写成字符数组名 */
```

输出结果为：

```
12345
```

再例如下面的代码。

```
char s3[25]={'1','2','\0','3','4','5'};
printf("%s",s3);
```

输出结果为：

```
12
```

虽然 s3 中在 '\0' 后还有字符，但是用“%s”格式只能输出到字符串结束标记。

请看下面的实例，首先提示用户输入两个字符串，然后输出其中的较大者。

实例 7-5：比较两个字符串的大小

源码路径：下载包 \daima\7\7-5

字符串大小比较的规则是：把字符串从前向后逐个字符比较，字符大的字符串就大，例如 abc 小于 cbc。如果长度不相同，但是前面字符相同，则长的字符串大，例如 abc 小于 abce。本实例的实现文件为“bijiao.c”，具体实现代码如下所示。

```
#include"stdio.h"
int main(){
    char a[80],b[80],jibie=' ';            /* 置标记 jibie 为空格符 */
    int i=0;                               /* 置开始的下标为 0*/
    printf("string1:"); scanf("%s",a);     /* 输入第一个字符串存入数组 a*/
    printf("string2:"); scanf("%s",b);     /* 输入第二个字符串存入数组 b*/
    while((a[i]!='\0')||(b[i]!='\0'))      /* 当前字符有一个为 '\0' 退出循环 */
    {
    if(a[i]<b[i]) {
    jibie='b';
                break;
            }                              /*b 字符串大则设标记 'b' 退出循环 */
            else if(b[i]<a[i]){    jibie='a';
                break;
            }                              /*a 字符串大则设标记 'a' 退出循环 */
            else i++;                      /* 当前字符相等则修改下标后继续循环 */
    }
    if(jibie==' ')                  /* 因为当前字符为 '\0' 而退出循环的，则短字符串为小 */
            if(a=='\0')
                jibie ='b';                /*a 串短，b 串大，设置标记为 'b'*/
            else
                jibie='a';                 /*b 串短，a 串大，设置标记为 'a'*/
    if(jibie=='a')
            printf("big-string: %s\n",a);
    else
            printf("big-string: %s\n",b);
    getch();
}
```

执行后先提示用户输入两个字符串， 输入完毕并按下【Enter】键后将比较这两个字符串的大小，并输出较大的字符串。执行效果如图 7-6 所示。

```
string1:asdfg
string2:asdfgh
big-string: asdfgh
```

图 7-6

7.4　使用字符处理函数和字符串处理函数

在编写 C 语言程序的过程中，如果需要输入单个字符，就需要使用字符处理函数。另外，为了简化用户的程序设计，C 语言提供了大量关于字符串处理的函数。用户在程序设计中需要时，可以直接调用这些函数，以减少编程的工作量。

↑扫码看视频（本节视频课程时间：27 分 57 秒）

7.4.1　使用测试字符串长度函数 strlen

在 C 语言程序中，函数 strlen 的功能是测试字符串长度，即除字符串结束标记外的所有字符的个数。使用函数 strlen 的格式如下所示。

```
strlen(字符串)
```

其中，“字符串”是字符串常量或已存放字符串的字符数组名。例如在下面的实例中，使用函数 strlen 输出了程序中数组字符串的长度。

实例 7-6：使用函数 strlen 输出程序中数组字符串的长度

源码路径：下载包 \daima\7\7-6

```
本实例的实现文件为 "chang.c"，具体实现代码如下所示。
#include"string.h"
int main(){
 int k;
  static char st[]="My name is C罗";
  k=strlen(st);
  printf("一个汉字占据两个字节，字符串的长度是：%d\n",k);
}
```

执行后将输出数组字符串 st[] 的长度，执行效果如图 7-7 所示。

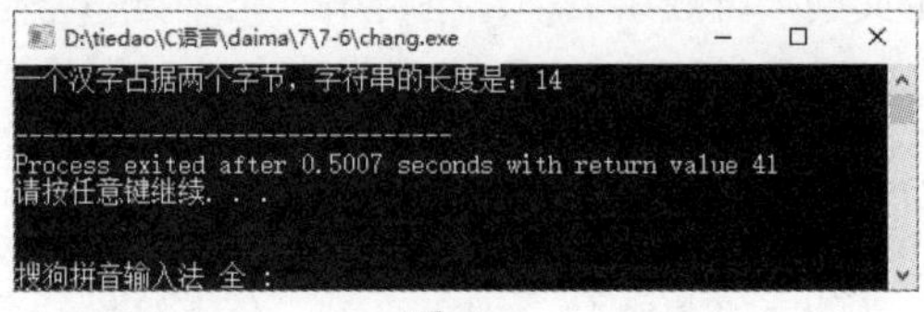

图 7-7

7.4.2　使用字符串大小写转换函数 strupr 和 strlwr

在 C 语言程序中，函数 strupr 能够将字符串中的小写字母修改为大写字母，函数 strlwr 能够将字符串中的大写字母修改小写字母。其中，使用函数 strupr 的语法格式如下所示。

```
strupr(字符串)
```

使用函数 strlwr 的语法格式如下所示。

```
strlwr (字符串)
```

其中，“字符串”是字符串常量或已存放字符串的字符数组名。例如在下面的实例中，首先提示用户输入字符串，然后分别输出输入字符串的小写形式和大写形式。

实例 7-7：分别输出输入字符串的小写形式和大写形式

源码路径：下载包 \daima\7\7-7

本实例演示了函数 strupr 和函数 strlwr 的具体使用方法，实现文件为“tranfer.c”，具体实现代码如下所示。

```
#include"string.h"
#include"stdio.h"
int main(){
    char str[80];                                          //声明一个字符数组
    puts("Please input the character string:");
    gets(str);                                             //接收字符串
    printf("\n xiao xie=%s",strlwr(str));                  //输出结果
    printf("\nda xie=%s",strupr(str));
    getch();
}
```

执行后先提示用户输入字符串，输入完毕并按下【Enter】键将后输出显示输入的字符串，并分别输出转换为小写字符和大写字符后的结果。执行效果如图 7-8 所示。

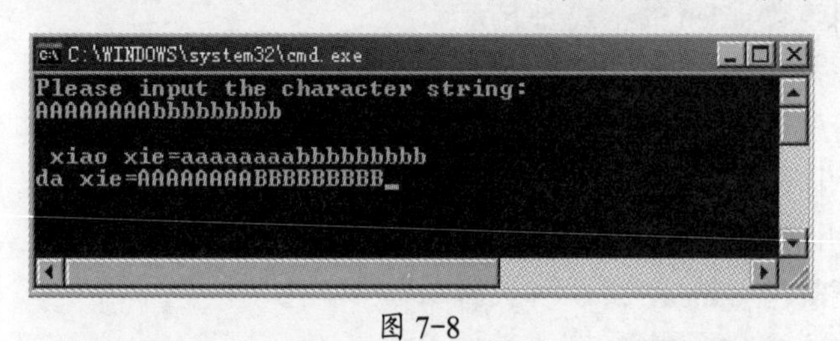

图 7-8

7.4.3 使用字符串复制函数 strcpy 和 strncpy

在 C 语言中有两个复制函数，分别是 strcpy 和 strncpy。其中使用函数 strcpy 的语法格式如下所示。

```
strcpy(字符数组名，字符串，整型表达式)
```

“字符数组”是已定义的字符数组名；“字符串”是字符串常量或已存放字符串的字符数组名；“整型表达式”可以是任何整型表达式，此参数可以省略。

在 C 语言程序中，使用函数 strncpy 的语法格式如下所示。

```
strncpy (字符数组名，字符串，整型表达式)
```

“字符数组”是已定义的字符数组名；“字符串”是字符串常量或已存放字符串的字符数组名；“整型表达式”可以是任何整型表达式，此参数可以省略。

上述两个函数使用格式的功能是：将“字符串”的前“整型表达式”个组成字符串存入到“字符数组”中。如果省略“整型表达式”，则将整个“字符串”存入字符数组中。例如下面实例的功能是，使用函数 strcpy 和函数 strncpy 复制用户输入的字符串。

实例 7-8：复制用户输入的字符串

源码路径：下载包 \daima\7\7-8

本实例的实现文件为“fu.c”，具体实现代码如下所示。

```
#include"string.h"
#include"stdio.h"
int main(){
//声明一个字符数组
    char str1[80],str2[80],str3[80];
    puts("Please input the character string:");
    gets(str1);                                            //接收字符串
```

```
    strcpy(str2,str1);                                  //复制字符串
    strncpy(str3,str1,4);
    printf("\nAfter strcpy destination=%s",str2);       //输出结果
    printf("\nAfter strcnpy destination=%s",str3);
    getch();
}
```

执行后先提示用户输入一个字符串，输入完毕并按下【Enter】键后，会把输入的字符串分别通过 strcpy 函数和 strncpy 函数进行复制，并输出显示两个函数复制后的结果。执行效果如图 7-9 所示。

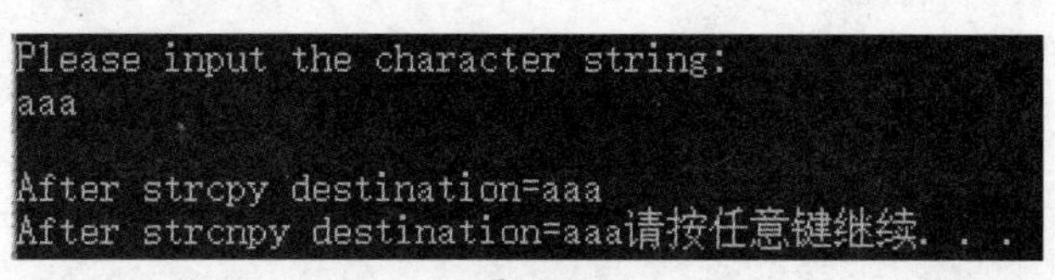

图 7-9

注意：在上述实例代码中，通过 strcpy 函数和 strncpy 函数对用户输入的字符串进行复制处理。但是读者在具体使用时，应该注意如下两点。

（1）对于 strcpy 函数来说，如果省略“整型表达式”，则会将整个“字符串”存入字符数组中。这时需要字符数组足够长，并且在复制时连同字符串后的“\0”一起复制到字符数组中。

（2）对于 strncpy 函数来说，如果“字符串”中包含的字符少于“整型表达式”个字符，则需要在后面加上足够数量的空字符，使复制到“字符数组名”中的总字符数为“整型表达式”个字符；如果“字符串”中包含的字符多于“整型表达式”个字符，则不需要在“字符数组名”的末尾加上空字符。

7.4.4　使用字符串比较函数 strcmp 和 strncmp

在 C 语言程序中，函数 strcmp 和函数 strncmp 专门用于对字符串进行大小比较处理。使用函数 strcmp 的语法格式如下所示。

```
strcmp(字符串1,字符串2)
```

使用函数 strncmp 的语法格式如下所示。

```
strcmp(字符串1,字符串2,整型表达式)
```

其中，“字符串 1”“字符串 2 ”表示字符串常量或已存放字符串的字符数组名。

在 C 语言程序中，函数 strcmp 的功能如下所示。

- 如果“字符串 1”<“字符串 2”，函数值为小于 0 的整数。
- 如果“字符串 1”＝“字符串 2”，函数值为 0。
- 如果“字符串 1”＞“字符串 2”，函数值为大于 0 的整数。

函数 strncmp 的功能是比较字符串 1 和字符串 2 的前“整型表达式”个字符。具体比较方式如下。

- 如果“字符串 1”<“字符串 2”，函数值为小于 0 的整数。
- 如果“字符串 1”＝“字符串 2”，函数值为 0。
- 如果“字符串 1”＞“字符串 2”，函数值为大于 0 的整数。

例如下面实例的功能是，使用函数 strcmp 和函数 strncmp 比较用户输入的字符串。

实例 7-9：比较用户输入的字符串

源码路径：下载包 \daima\7\7-9

本实例的实现文件为“compare.c”，具体实现代码如下所示。

```
#include"string.h"
#include"stdio.h"
main(){
    int m;                                                  //声明整型变量
    char mmm1[80],mmm2[80];                                 //声明两个字符数组
    puts("请A输入一个字符串:");
    gets(mmm1);                                             //接收字符串1
    puts("请B输入一个字符串:");
    gets(mmm2);                                             //接收字符串2
    m=strcmp(mmm1,mmm2);                                    //比较两个字符串
    printf("\nstrcmp(%s,%s) returns %d",mmm1,mmm2,m);      //输出结果
    m=strncmp(mmm1,mmm2,3);                         //比较两个字符串的前3个字符
    printf("\n比较字符串,strncmp(%s,%s) returns %d",mmm1,mmm2,m);  //输出结果
    getch();
}
```

执行后先提示用户分别输入两个字符串，输入完毕并按下【Enter】键后，通过函数 strcmp 和函数 strncmp 比较两个字符串，并输出显示比较结果。执行效果如图 7-10 所示。

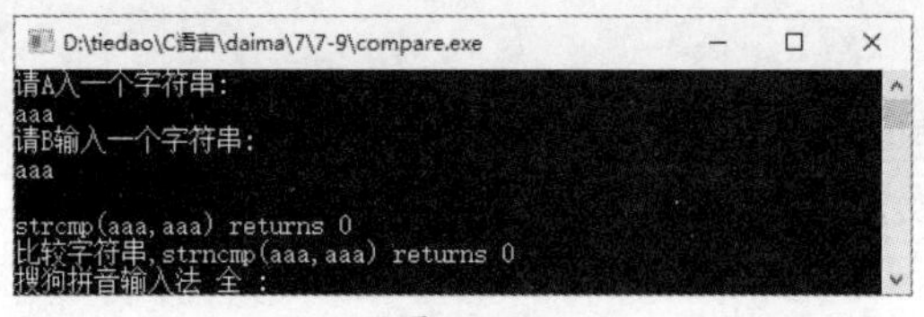

图 7-10

注意：在上述实例代码中，通过函数 strcmp 和函数 strncmp 比较用户输入的字符串。读者在具体使用时，应该注意如下两点。

（1）函数 strcpy 和函数 strncpy 在比较处理时，要区分字母的大小写。

（2）在 C 语言中所有的字符串比较函数是 ASCII 码的，对于相同的字母来说，大写字母要小于小写字母。因为 A-Z 的 ASCII 码是 95-90，而 a-z 的 ASCII 码是 97-122。

例如下面的代码中，把输入的字符串和数组 st2 中的串比较，比较结果返回到 k 中，根据 k 值再输出结果提示串。当输入为 ddddd 时，由 ASCII 码可知“ddddd”大于“C Language”，所以 k>0，所以输出结果“st1>st2”。

```
#include"string.h"
int main(){
 int k;                                                //定义变量k
  static char st1[15],st2[]="C Language";              //赋值
  printf("input a string:\n");                         //提示输入信息
  gets(st1);                                           //获取输入的住
  k=strcmp(st1,st2);                                   //将比较结果返回到k中
  if(k==0) printf("st1=st2\n");                        //如果k定于0
  if(k>0) printf("st1>st2\n");                         //如果k大于0
  if(k<0) printf("st1<st2\n");                         //如果k小于0
}
```

7.4.5 使用字符串连接函数 strcat 和 strncat

在 C 语言程序中，函数 strcat 和函数 strncat 的功能是连接两个字符串。使用函数 strcat

的语法格式如下所示。

```
strcat(字符数组名，字符串)
```

- 字符数组名：是已定义的字符数组；
- 字符串：表示字符串常量或已存放字符串的字符数组名。

上述格式的功能是取消“字符数组”中字符串的结束标记，然后把“字符串”连接到它的后面，组成新的字符串存回“字符数组”中。其返回值是字符数组的首地址，要求字符数组的长度要足够大。

在 C 语言程序中，使用函数 strncat 的语法格式如下所示。

```
strncat (字符数组，字符串，整型表达式)
```

- 字符数组：是已定义的字符数组名；
- 字符串：是字符串常量或已存放字符串的字符数组名；
- 整型表达式：可以是任何整型表达式。

上述格式的功能是：将“字符串”中的“整型表达式”个字符加到“字符数组”的后面。如果“字符串”中的字符大于“整型表达式”个字符，则前面“整型表达式”个字符被加到“字符数组”的后面；如果“字符串”中的字符少于“整型表达式”个字符，则“字符串”中的所有字符都将被加到“字符数组”的后面。但是无论上述哪种情况，都将在连续得到字符串的后面加上空字符。在此也要求字符数组的长度足够大，这样才能存储连接在其后面的字符串，其返回值为字符数组。

例如在下面的例子中，演示了使用 strcat 函数和 strncat 函数连接用户输入的字符串的过程。

实例 7-10：连接用户输入的字符串

源码路径：下载包 \daima\7\7-10

本实例的实现文件为“connect.c”，具体实现代码如下所示。

```
#include"string.h"
#include"stdio.h"
int main(void){
   char string[80];                                         //赋值
    strcpy(string,"我是");
    strcat(string,"梅西！ ");
    strcat(string,"我是");
    strcat(string,"C罗！");
    printf("string = %s \n",string);
    getch();
    return 0;
}
```

执行后的效果如图 7-11 所示。

```
string = 我是梅西！ 我是C罗！
```

图 7-11

注意：还有其他的字符串函数。

在 C 语言中，还有很多其他的常用字符串函数。笔者经过收集处理，并借鉴前人的收集经验，将各函数的具体说明、使用格式和应用实例保存在本书光盘中，欢迎广大读者翻阅。具体参阅“光盘 :\ daima\7\C 语言字符串函数大全 .txt”。

7.4.6 将字符串转换成数值的函数

在C语言编程处理过程中，有时需要将字符串表示的数字转换成数值变量，例如，将字符串“123”转换为一个值为“123”的数字。应该如何将字符串转换成数值的函数呢？可以通过如下3个函数将字符串转换成数值。

1．函数 atoi

在C语言程序中，函数atoi的功能是将字符串转换为int类型值，具体语法格式如下所示。

```
atoi （字符串）
```

其中，“字符串”是字符串常量或已存放字符串的字符数组名。函数atoi会扫描字符串，跳过前面的空格字符，直到遇上数字或正负符号才开始做转换，而再遇到非数字或字符串结束时“\0”才结束转换，并将结果返回。其返回值是返回转换后的整型数。

2．函数 atol

在C语言程序中，函数atol的功能是将字符串转换为long类型值，具体语法格式如下所示。

```
atol （字符串）
```

其中，“字符串”是字符串常量或已存放字符串的字符数组名。函数atol会扫描参数“字符串”，跳过前面的空格字符，直到遇上数字或正负符号才开始做转换，而再遇到非数字或字符串结束时才结束转换，并将结果返回。例如下面代码中的x的值为1024L。

```
x = atol( "1024.0001" );
```

3．函数 atof

在C语言程序中，函数atof的功能是将字符串转换为double类型值，具体语法格式如下所示。

```
atof(字符串)
```

其中，“字符串”的开头可以包含空白、符号（+、-）、数学数字（0～9）、小数和指示符（E或e）。如果第一个字符是不可转换的，则atof返回0。

实例 7-11：将用户输入的字符串转换为数值类型的值

源码路径：下载包 \daima\7\7-11

本实例的实现文件为“transefer.c”，具体实现代码如下所示。

```
#include<stdlib.h>
#include<string.h>
 int main(){
    char str[80];                                               //定义一个字符数组
    while(1){
           printf("请你输入一个字符串 ：  ");
           gets(str);      //输入字符串
           if(strlen(str)==0)break;                             //当遇到空字符串时退出循环
           //将字符串转换为 int 值
printf("atoi(%s) returns %d\n",str,atoi(str));
           printf("atol(%s) returns %ld\n",str,atol(str));// 将字符串转换为 long 值
    printf("atof(%s) returns %f\n",str,atof(str));          //将字符串转换为浮点数
    }
}
```

执行后先提示用户输入字符串，输入完毕并按下【Enter】键后，会把输入的字符串分别转换成对应类型的数字，并输出转换后的结果，如图7-12所示。

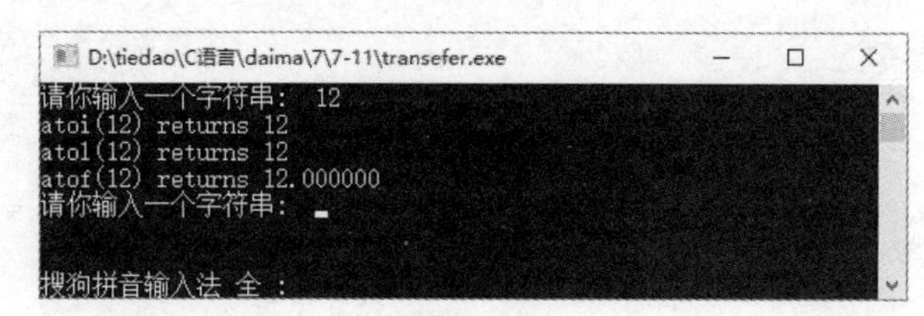

图 7-12

注意：实际上，函数 atof、atol、atrtod、strtol 和 strtoul 的功能都是类似的，具体使用方法都相同。读者可以参阅光盘中赠送的“C 语言字符串函数大全 .txt”资料，学习 C 语言中各字符串函数的使用方法，并通过具体实例来加深对知识的理解和掌握。

7.4.7　使用字符检测函数

在 C 语言程序中，字符检测函数用于对程序中的字符进行检测处理，这些函数根据字符是否满足特定的条件，返回 true 或 false。在 C 语言程序中，字符检测函数通过头文件“ctype.h”来引用，常用的字符检测函数见表 7-2。

表 7-2

函数原型	函数描述
int isdigit(int c)	如果 c 是一个数字，返回 true，否则返回 false
int isalpha(int c)	如果 c 是一个字母，返回 true，否则返回 false
int isalnum(int c)	如果 c 是一个字母或数字，返回 true，否则返回 false
int isxdigit(int c)	如果 c 是一个十六进制字符，返回 true，否则返回 false
int islower(int c)	如果 c 是一个小写字母，返回 true，否则返回 false
int isupper(int c)	如果 c 是一个大写字母，返回 true，否则返回 false
int isspace(int c)	如果 c 是一个空白符，返回 true，否则返回 false 空白符包括：’ \n’ , 空格，’ \t’ ，‘\r’ , 进纸符（’ \f’ ）, 垂直制表符 (‘\v’)
int iscntrl(int c)	如果 c 是一个控制符，返回 true ，否则返回 false
int ispunct(int c)	如果 c 是一个除空格、数字和字母外的可打印字符，返回 true, 否则返回 false
int isprint(int c)	如果 c 是一个可打印符（包括空格），返回 true，否则返回 false
int isgraph(int c)	如果 c 是除空格之外的可打印字符，返回 true，否则返回 false

例如在下面的实例中，首先提示用户输入一段字符串，然后使用字符检测函数来判断字符串中各字符所占用的个数。

实例 7-12：判断字符串中各字符所占用的个数

源码路径：下载包 \daima\7\7-12

本实例的实现文件为“num.c”，具体实现代码如下所示。

```
#include <stdio.h>
#include <ctype.h>
int main(){
    char num1[80];                                    //定义一个字符数组
    int i,d=0,l=0,p=0,c=0,o=0,b=0,u=0;                //定义整型变量
    printf("Please input the string:\n");
    gets(num1);                                       //输入字符串
    for(i=0;i<strlen(num1);i++){                      //循环检测字符串的每个字符
```

```
            if(isprint(num1[i])) {                        //判断当前字符是否为可打印字符
            if(isalnum(num1[i])){                         //判断当前字符是否为字母或数字
            if(isdigit(num1[i]))                          //判断当前字符是否为数字
                                        d++;
                                //判断当前字符是否为小写字母
                                else if(islower(num1[i]))
                                        l++;
                                //判断当前字符是否为大写字母
                                else if(isupper(num1[i]))
                                        u++;
                        }
            else if(isspace(num1[i]))                     //判断当前字符是否为空格
                        b++;
            else if(ispunct(num1[i]))                     //判断当前字符是否为标点字符
                        p++;
                else
                        o++;
            }
            else if(iscntrl(num1[i]))                     ////判断当前字符是否为控制字符
                c++;
            else //以上类型都不是
                o++;
    }
    //输出字符串中各种类型字符的个数
    printf("数字:%d\n",d);
    printf("小写字母:%d\n",l);
    printf("大写字母:%d\n",u);
    printf("空白:%d\n",b);
    printf("标点符号:%d\n",p);
    printf("控制键:%d\n",c);
    printf("其他:%d\n",o);
}
```

执行后先提示用户输入字符串，输入完毕并按下回车键后会输出显示字符检测函数的处理结果。执行效果如图 7-13 所示。

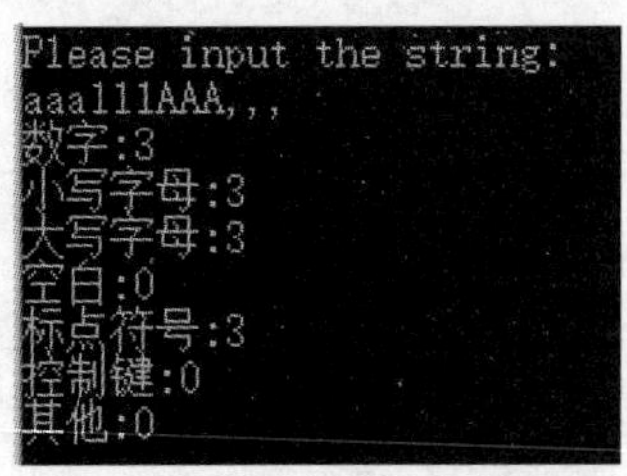

图 7-13

7.4.8 使用字符大小写转换函数 tolower 和 toupper

在前面的内容中，讲解了 strlwr 函数和 stupr 函数的基本使用方法，它们能够将字符串转换小写和大写形式。在 C 语言 ANSI 标准中定义了两个将字符进行大小写转换的函数，分别是 tolower 和 toupper，它们也都包含在头文件“ctype.h”中，具体信息见表 7-3。

表 7-3

函数原型	函数描述
int tolower(int c)	如果 c 为大写字母，返回其小写字母，否则返回原参数
int toupper(int c)	如果 c 为小写字母， 返回其大写字母，否则返回原参数

请看下面的实例，首先提示用户输入需要大小写转换字符串，然后分别输出转换为大写的形式和小写的形式。

实例 7-13：将字符串分别输出转换为大写形式和小写形式

源码路径：下载包 \daima\7\7-13

实例的实现文件为“bijiao.c”，具体实现代码如下所示。

```
#include<stdlib.h>
#include<string.h>
int main() {
    char mm[80];                                    //定义一个字符数组
    int i;                                          //定义变量 i
    while(1){
    printf("input the string to convert:\n");
            gets(mm);                               //输入字符串
            if(strlen(mm)==0)break;                 //当遇到空字符串时退出循环
            for(i=0;i<strlen(mm);i++)               //改变字符串中每个字符为大写字母
                    printf("%c",toupper(mm[i]));
            printf("\n");                           //换行
            for(i=0;i<strlen(mm);i++)               //改变字符串中每个字符为小写字母
                    printf("%c",tolower(mm[i]));
            printf("\n");
    }
}
```

执行后先提示用户输入一个字符串，输入完毕并按下回车键后，将分别输出显示输入字符的大写和小写形式。执行效果如图 7-14 所示。

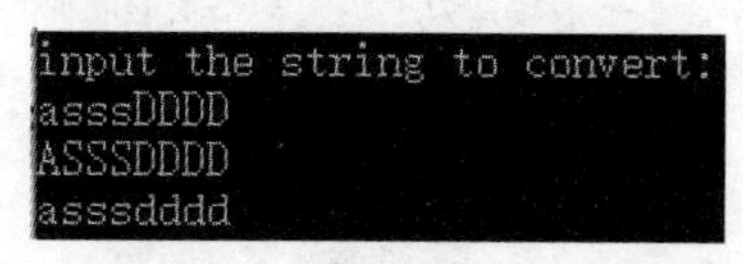

图 7-14

第 8 章

函　数

（视频讲解：95 分钟）

函数是 C 语言程序的最重要构成部分之一，通过对函数的调用可以实现软件项目的指定功能。C 语言中的函数相当于其他高级语言的子程序，C 软件项目中的绝大多数功能是通过函数实现的。在本章的内容中，将对详细介绍 C 语言中函数的基本知识，为读者步入本书后面的学习打下坚实的基础。

8.1　函数基础知识介绍

在 C 语言程序中，一个函数是为了实现某个功能而编写的，实现不同的功能就需要编写不同的函数。在本节的内容中，将详细讲解 C 语言函数的知识，为读者步入本书后面知识的学习打下基础。

↑扫码看视频（本节视频课程时间：19 分 06 秒）

8.1.1　函数的分类

C 语言不仅提供了极为丰富的库函数，而且还允许用户建立自己定义的函数。用户可把自己的算法编成一个个相对独立的函数模块，然后用调用的方法来使用函数。在本节的内容中，先了解 C 语言函数的基础知识。在 C 语言中可从不同的角度对函数进行分类，具体说明如下。

1．从函数定义的角度划分

从函数定义的角度看，可以将函数分为库函数和用户定义函数两种。

（1）库函数：由 C 系统提供，用户无须定义，也不必在程序中作类型说明，只需在程序前包含有该函数原型的头文件即可在程序中直接调用。在前面各章的实例中反复用到 printf、scanf、getchar、putchar、gets、puts、strcat 等函数均属此类。

（2）用户定义函数：由用户按需要写的函数。对于用户自定义函数，不仅要在程序中定义函数本身，而且在主调函数模块中还必须对该被调函数进行类型说明，然后才能使用。

2．从是否有返回值角度划分

从是否有返回值的角度划分，可以把函数分为有返回值函数和无返回值函数两种。

（1）有返回值函数：此类函数被调用执行完后将向调用者返回一个执行结果，称为函数返回值，例如数学函数通常属于此类函数。由用户定义的这种需要返回函数值的函数，必须在函数定义和函数说明中明确返回值的类型。

（2）无返回值函数：此类函数用于完成某项特定的处理任务，执行完成后不向调用者返回函数值。这类函数类似于其他语言的过程，由于函数无须返回值，因此用户在定义此类函数时可以指定它的返回为“空类型”，空类型的说明符为“void”。

3．从是否有参数角度划分

从是否有参数角度来划分，可以将函数分为无参函数和有参函数两种。

（1）无参函数：在函数定义、函数说明及函数调用中均不带参数。主调函数和被调函数之间不进行参数传送。此类函数通常用来完成一组指定的功能，可以返回或不返回函数值。

（2）有参函数：也称为带参函数。在函数定义及函数说明时都有参数，称为形式参数（简称为形参）。在函数调用时也必须给出参数，称为实际参数（简称为实参）。进行函数调用时，主调函数将把实参的值传送给形参，供被调函数使用。

4．库函数

C 语言提供了极为丰富的库函数，这些库函数可以从具体的功能角度进行分类，见表 8-1。

表 8-1

库函数	具体说明
字符类型分类函数	对字符按 ASCII 码进行分类，例如分为字母，数字，控制字符，分隔符，大小写字母等
转换函数	对字符或字符串的转换，例如，在字符量和各类数字量（整型，实型等）之间进行转换，在大、小写之间进行转换
目录路径函数	对文件目录和路径操作
诊断函数	用于内部错误检测
图形函数	用于屏幕管理和各种图形功能
输入输出函数	用于完成输入输出功能
接口函数	用于与 DOS，BIOS 和硬件的接口
字符串函数	用于字符串操作和处理
内存管理函数	用于实现内存管理功能
数学函数	用于数学函数计算
日期和时间函数	用于日期，时间转换操作
进程控制函数	用于进程管理和控制
其他函数	用于其他各种功能

注意：在 C 语言程序中，所有的函数定义，包括主函数 main 在内，都是平行的。也就是说，在一个函数的函数体内，不能再定义另一个函数，即不能嵌套定义。但是函数之间允许相互调用，也允许嵌套调用，习惯上把调用者称为主调函数。函数还可以自己调用自己，这被称为递归调用。其中函数 main 是主函数，它可以调用所有其他函数，而不允许被其他函数调用。因此，C 程序的执行总是从主函数 main 开始，完成对其他函数的调用后再返回到函数 main，最后由函数 main 结束整个程序。一个 C 语言程序必须有主函数 main，也只能有一个主函数 main。

8.1.2 函数的定义

在C语言程序中对函数进行定义时，必须按照其规定的格式来进行。

1. 定义无参函数

在C语言程序中，定义无参函数的语法格式如下所示。

```
类型标识符函数名 (){
数据定义语句序列;
执行语句序列;
}
```

2. 有参函数的定义

在C语言程序中，定义有参函数的语法格式如下所示。

```
类型标识符函数名 ( 形参列表 ){
数据定义语句序列;
执行语句序列;
}
```

在上述格式中，各个参数的具体说明如下所示。

（1）类型标识符：即数据类型说明符，规定了当前函数的返回值类型，它可以是各种的数据类型，也可以是指针型，如果是void，则表示没有返回值。

（2）函数名：是当前函数的名称，在同一编译单元中不能有重复的函数名。

（3）形式参数列表：是用逗号来分割若干个形式参数的声明语句，具体格式如下所示。每个形式参数可以是一个变量、数组、指针变量、指针数组等。

```
数据类型形式参数 1, ……数据类型形式参数 n
```

（4）数据定义语句序列：由当前函数中使用的变量、数组、指针变量等语句组成。

（5）执行语句序列：由当前函数中完成函数功能的程序段组成，如果当前函数有返回值，则此序列中会有会有返回语句“return(表达式);”，其中表达式的值就是当前函数的返回值；如果当前函数没有返回值，则返回语句是“return;”，也可以省略返回语句。

例如在下面的代码中，定义了一个无参函数Hello，用于输出字符串“Hello,world”。

```
void Hello(){
printf ("Hello,world \n");
}
```

例如在下面的代码中，第一行说明max函数是一个整型函数，其返回的函数值是一个整数。形式参数*a*和*b*均为整型量。*a*和*b*的具体值是由主调函数在调用时传送过来的。在{}中的函数体内，除形式参数外没有使用其他变量，因此只有语句而没有声明部分。在max函数体中的return语句是把*a*(或*b*) 的值作为函数的值返回给主调函数。有返回值函数中至少应有一个return语句。

```
int max(int a, int b){
if (a>b) return a;
else return b;
}
```

请看下面的实例，功能是提示用户输入两个数字，然后输出较大的数字。

实例 8-1：比较两个数字的大小

源码路径：下载包 \daima\8\8-1

本实例的实现文件为“hanshu.c”，具体实现代码如下所示。

```
//定义函数返回值的类型、函数名、形式参数
① int max(int a,int b){
② if(a>b)return a;
③  else return b;
}
int main(){
④  int max(int a,int b);                    //声明函数
    int x,y,z;                                //函数体中变量的定义
    printf("输入两个整数:\n");
    scanf("%d,%d",&x,&y);                     //输入两个数
    z=max(x,y);                               //调用函数，比较两个数的大小
    printf("maxmum=%d",z);                    //输出较大值
}
```

①～③：为函数 max 的具体定义实现部分。

④：声明函数 max，进入主函数后，因为准备调用 max 函数，所以先对 max 函数进行声明。函数定义和函数声明并不是一个概念，函数声明与函数定义中的函数头部分相同，但是需要在末尾加分号。

⑤：调用函数 max，并把 *x* 和 *y* 中的值传送给 max 的形参 *a* 和 *b*。函数 max 执行的结果 (*a* 或 *b*) 将返回给变量 *z*，最后由主函数输出 *z* 的值。

执行后先提示输入两个整数，输入完毕并按下【Enter】键后，将对输入的数字进行大小比较，然后将较大的数字输出。执行效果如图 8-1 所示。

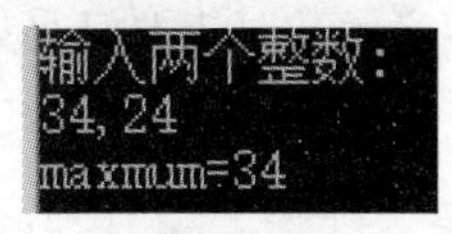

图 8-1

8.2　函数声明和函数原型

在本书前面内容中，曾经多次提到了声明和定义，例如声明变量和定义变量。在大多数情况下，开发人员和读者会对上述两词混为一谈。实际上它们的意义也基本相同，但是从严格意义上讲，两者是完全不同的概念。

↑扫码看视频（本节视频课程时间：9 分 49 秒）

注意：定义和声明的区别。

"定义"是指对函数功能的确立，包括指定函数名、函数值类型、形参类型、函数体等，它是一个完整的、独立的函数单位。而"声明"的作用则是把函数的名字、函数类型以及形参类型、个数和顺序通知编译系统，以便在调用该函数时系统按此进行对照检查（例如函数名是否正确，实参与形参的类型和个数是否一致）。从程序中可以看到对函数的声明与函数定义中的函数首部基本上是相同的。因此可以简单地照写已定义的函数的首部，再加一个分号，就成为了对函数的"声明"。在函数声明中也可以不写形参名，而只写形参的类型。

8.2.1　函数声明

在 C 语言程序中，函数声明称为函数原型 (function prototype)。使用函数原型是 ANSI C

（标准 C 语言）的一个重要特点，其作用主要是利用它在程序的编译阶段对调用函数的合法性进行全面检查。以前的 C 版本的函数声明方式不是采用函数原型，而只是声明函数名和函数类型。例如“float add();”不包括参数类型和参数个数，系统不检查参数类型和参数个数。新版本也兼容这种用法，但不提倡这种用法，因为它未进行全面的检查。

如果在函数调用前，没有对函数进行声明，那么编译系统会把第一次遇到的该函数形式（函数定义或函数调用）作为函数的声明，并将函数类型默认为 int 型。例如有一个名为“max”的函数，如果在调用之前没有进行函数声明，则在编译时首先遇到的函数形式是函数调用“max(a, b)”，由于对原型的处理是不考虑参数名的，因此系统将 max() 加上 int 作为函数声明，即“int max();”因此不少教材说，如果函数类型为整型，可以在函数调用前不必做函数声明。但是使用这种方法时，系统无法对参数的类型做检查。或调用函数时参数使用不当，在编译时也不会报错。因此，为了程序清晰和安全，建议养成声明函数的习惯。

有的读者可能会问：提前对函数进行声明和不对函数进行声明有什么区别吗？如果被调用函数的定义出现在主调函数之前，则可以不必加以声明。因为编译系统已经先知道了已定义的函数类型，会根据函数首部提供的信息对函数的调用作正确性检查。如果已在所有函数定义之前，在函数的外部已做了函数声明，则在各个主调用函数中不必对所调用的函数再做声明。

在 C 语言程序中，调用用户自定义函数时需要满足如下两个条件。

（1）被调用函数必须已经定义。

（2）如果被调用函数与调用它的函数在同一个源文件中，一般在主调函数中对被调用的函数做声明。函数声明的语法格式如下所示。

```
函数类型函数名（形参类型 1 形参名 1，形参类型 2 形参名 2，…）
```

在下列三种情况下可以省略函数声明。

（1）函数定义的位置在主调函数之前。

（2）当函数的返回值为整型或字符型，且实参和形参的数据类型都为整型或字符型。

（3）如果已在所有函数定义之前，在函数的外部已做了函数的声明，则在各个主调函数中不必对所调用的函数再做声明。

请看下面的实例，功能是计算 s=(1+2+3+…+n)/(1+2+3+…+m) 的值，其中 n 和 m 为整数。

实例 8-2：求 s=(1+2+3+…+n)/(1+2+3+…+m) 的值

源码路径：下载包 \daima\8\8-2

本实例的实现文件为“sheng.c”，具体实现代码如下所示。

```
#include <stdio.h>
float sum(int k) {                          /* 定义 sum 函数。sum 函数定义在前，调用在后 */
float q=0.0;                                // float 变量 q 赋初始值
int a;                                      //int 变量 a
 for(a=1;a<=k;a++) //for 循环求和
        q+=a;
return(q);
}
/* 虽然 sum 函数为 float，但由于 sum 的定义在调用之前 */
/* 所以 main 中调用 sum 函数时不需再进行函数声明 */
main(){
int n,m;                                    //int 变量 n 和 m
float s;                                    // float 变量 s
```

```
    printf("如何计算 s=(1+2+3+…+n)/(1+2+3+…+m) 的值? \n");
    printf("输入整数 n 和 m 的值: \n");
scanf("%d,%d",&n,&m);
    s=sum(n)/sum(m);
printf("非常简单, s=%.2f\n",s);
}
```

编译执行后的效果如图 8-2 所示。

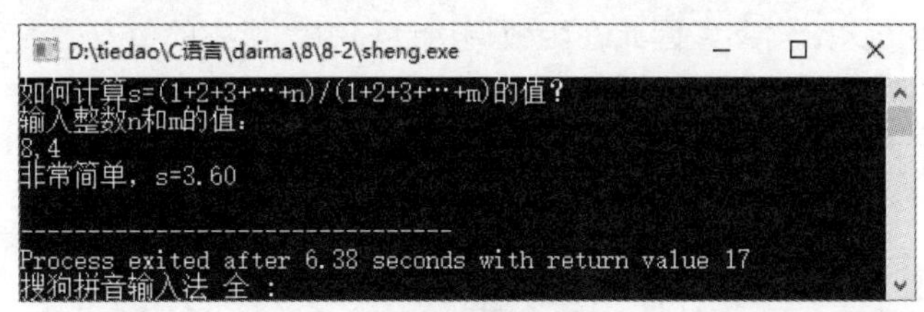

图 8-2

8.2.2 函数原型

在 C 语言程序中，当声明被调用函数时，编译系统需知道被调用函数有几个参数，各自是什么类型。因为参数的名字是无关紧要的，所以对被调用函数的声明可以简化成以下形式：

```
函数类型函数名 (形参类型 1, 形参类型 2, ……);
```

在 C 语言程序中，上面的函数声明称为函数原型。在程序中使用函数原型的主要作用是，便于在编译源程序时对调用函数的合法性进行全面检查。当编译系统发现函数原型不匹配的函数调用（如函数类型不匹配，参数个数不一致，参数类型不匹配等）时，就会在屏幕上显示出错信息，用户可以根据提示的出错信息发现并改正函数调用中的错误。

8.3 函数的参数

在 C 语言中，可以将函数的参数分为形参和实参两种。在本节的内容中，将详细讲解 C 语言函数的形参和实参的特点和用法，为读者步入本书后面知识的学习打下基础。

↑扫码看视频（本节视频课程时间：14 分 55 秒）

8.3.1 形参和实参详解

在 C 语言程序中，形参在函数定义中出现，在整个函数体内都可以使用，离开当前函数则不能使用。实参在主调函数中出现，当进入被调函数后，实参变量也不能使用。形参和实参的功能是进行数据传送，当发生函数调用时，主调函数把实参的值传送给被调函数的形参，从而实现主调函数向被调函数的数据传送。

在 C 语言中，函数的形参和实参具有以下特点：

- 形参变量只有在被调用时才分配内存单元，在调用结束时，即刻释放所分配的内存单元。因此，形参只有在函数内部有效。函数调用结束返回主调函数后则不能再使用该形参变量。

● 实参可以是常量、变量、表达式、函数等，无论实参是何种类型的量，在进行函数调用时，它们都必须具有确定的值，以便把这些值传送给形参。因此应预先用赋值、输入等办法使实参获得确定值。

● 实参和形参在数量上，类型上，顺序上应严格一致，否则会发生类型不匹配”的错误。

● 函数调用中发生的数据传送是单向的。即只能把实参的值传送给形参，而不能把形参的值反向地传送给实参。因此在函数调用过程中，形参的值发生改变，而实参中的值不会变化。

请看下面的例子，首先提示用户输入 1 个数字，然后计算从 1 到此数字值的和，并输出结果。

实例 8-3：计算从 1 到某个数字值的和

源码路径：下载包 \daima\8\8-3

本实例的实现文件为“xing.c”，具体实现代码如下所示。

```
int main(){
    int n;                                          //声明变量
    printf("输入一个整数，知道 1 到此整数的和是多少吗？ \n");
    scanf("%d",&n);                                 //输入一个数
    s(n);//此处 n 为实参
    printf("你输入的是：%d\n",n);                   //输出 n 的值
}
void s(int n) {                                     //此处 n 为形参
    int i;
    for(i=n-1;i>=1;i--)
            n=n+i;
    printf("和是：%d\n",n);                         //输出 1 到 n 的和
}
```

在上述代码中，定义了一个函数 s，该函数的功能是求∑ni=1i 的值。在主函数中输入 *n* 值，并作为实参，在调用时传送给 s 函数的形参量 *n*（注意，本例的形参变量和实参变量的标识符都为 *n*，但这是两个不同的量，各自的作用域不同）。在主函数中用 printf 语句输出一次 *n* 值，这个 *n* 值是实参 *n* 的值。在函数 s 中也用 printf 语句输出了一次 *n* 值，这个 *n* 值是形参最后取得的 *n* 值 0。从运行情况看，输入 *n* 值为 3，即实参 *n* 的值为 3。当把此值传给函数 s 时，形参 *n* 的初值也为 3，在执行函数过程中，形参 *n* 的值变为 6。返回主函数之后，输出实参 *n* 的值仍为 3。可见实参的值不随形参的变化而变化。

执行后将先提示用户输入一个整数，输入完毕并按下【Enter】键后将会进行∑ni=1i 运算，并输出计算结果，例如输入整数 3 后的执行效果如图 8-3 所示。

图 8-3

8.3.2 将数组作为函数参数

在 C 语言程序中，数组可以作为函数的参数进行数据传递，有如下两种数组作为函数参数形式。

（1）数据元素作为实参，具体用法和变量相同。

（2）多维数组名作为函数的形参和实参。

在下面的内容中，将分别介绍上述方式的使用方法。

1. 数据元素作为实参

数组元素是下标变量，和普通变量没有任何区别。当数组元素作为函数参数来使用时，和普通的变量是完全相同的。在进行函数调用操作时，会把作为实参的数组元素值传给形参，实现传送单向值功能。例如在下面实例中，能够对一个整数数组内的元素值进行判断，如果大于 0 则输出 1，小于 0 则输出 0。

实例 8-4：判断一个整数是否大于 0

源码路径：下载包 \daima\8\8-4

本实例的实现文件为“shuzu.c”，具体实现代码如下所示。

```
void nzp(int m) {                                    //声明一个函数
    //判断参数是否大于 0，若是则输出 1，若不是则输出 0
    if(m>0)
            printf("%d ",1);
    else
            printf("%d ",0);
}
int main()
{
    int a[5],i;                                      //声明数组和变量
    printf("input 5 numbers:\n");
    for(i=0;i<5;i++)
    {
            scanf("%d",&a[i]);                       //输入一个数存到数组相应元素中
            nzp(a[i]);                               //调用函数 nzp，判断当前数组元素的值
    }
}
```

执行后将先提示用户输入 5 个数字，输入 5 个数字并按下【Enter】键后将会对输入的数字进行判断，并将判断结果输出，如图 8-4 所示。注意在 DEV C++ 版本比 VS 版本代码多了一行 getch() 函数。

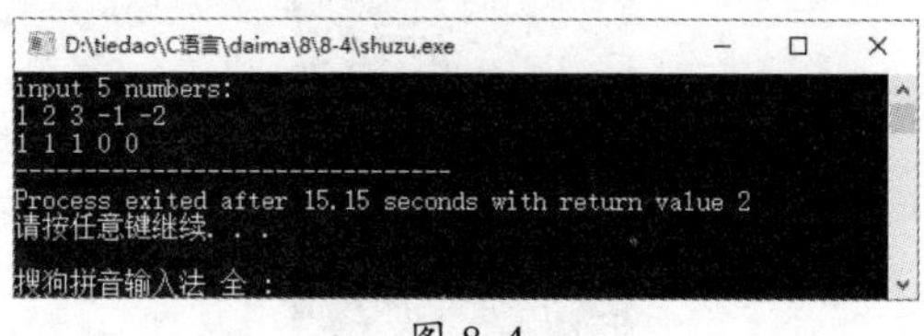

图 8-4

2. 多维数组名作为参数

在 C 语言程序中，多维数组名也可以作为函数的参数，并且既可以作为实参，也可以作为形参。在定义函数时，对形参数组可以指定每一维的长度，也可以省去第一维的长度。所以下面的两种书写格式都是正确的：

```
int mm(int a[3][10]);
int mm(int a[][10]);
```

但是不能将第二维和其他更高维的大小说明省略，例如下面的格式是错误的：

```
int mm(int a[][]);
```

例如在下面的实例中，首先定义了一个二维数组，然后对数组元素进行行列互换处理。

实例 8-5：互换二维数组中行和列的元素

源码路径：下载包 \daima\8\8-5

本实例的实现文件为“duo.c”，具体实现代码如下所示。

```
#define N 3                                              //定义字符常量
int mm[N][N];                                            //声明二维整型数组
void convert(int mm[3][3]) {                             //定义函数
    int i,j,t;                                           //声明变量
    for(i=0;i<N;i++)                                     //交互数组的行列
            for(j=i+1;j<N;j++){
                    t=mm[i][j];

                    mm[i][j]=mm[j][i];
                    mm[j][i]=t;
            }
}
int main(){
    int i,j;                                             //声明变量
    for(i=0;i<N;i++)                                     //输入数组各元素
            for(j=0;j<N;j++)
                    scanf("%d",&mm[i][j]);
    printf("mm :\n");
    for(i=0;i<N;i++){                                    //输入数组
            for(j=0;j<N;j++)
                    printf("%5d",mm[i][j]);
            printf("\n");
    }
    convert(mm);                                         //转置数组
    printf("mm T:\n");
    for(i=0;i<N;i++){                                    //输出转置后数组元素
            printf("\n");
            for(j=0;j<N;j++)
            printf("%5d",mm[i][j]);
    }
}
```

执行后先输入 9 个数字，按下【Enter】键后将会对输入的数字进行重新排序处理，分别输出行列互换处理后的效果。执行效果如图 8-5 所示。

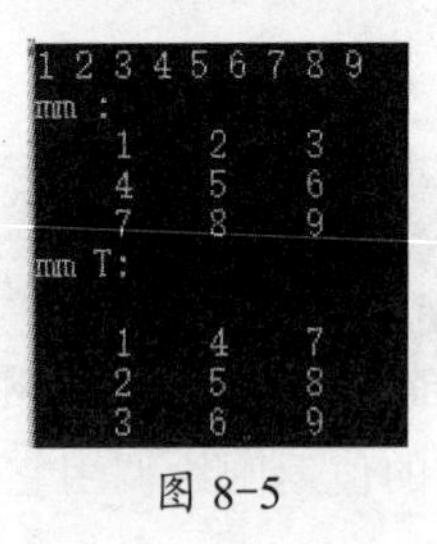

图 8-5

8.4 函数的返回值

在 C 语言程序中，函数的返回值是指函数被调用之后，执行函数体中的程序段所取得的并返回给主调函数的值。例如调用正弦函数取得正弦值，调用前面实例中 max 函数取得的最大数等。

↑扫码看视频（本节视频课程时间：4 分 04 秒）

在使用函数返回值时，应该注意如下两个问题：

（1）函数的值只能通过 return 语句返回主调函数

在 C 语言程序中，可以用 return 语句从函数中返回一个值，有如下两种使用 return 语句的格式：

```
return 表达式;
return (表达式);
```

上述格式的功能是计算表达式的值，并返回给主调函数。在函数中允许有多个 return 语句，但每次调用只能有一个 return 语句被执行，因此只能返回一个函数值。

（2）函数值的类型和函数定义中函数的类型应保持一致。如果两者不一致，则以函数类型为准，自动进行类型转换。如果函数值为整型，在定义函数时可以省去类型说明。不返回函数值的函数，可以明确定义为“空类型”，类型说明符为“void”。例如实例 8-3 中函数 s 并不向主函数返函数值，所以可以定义为如下所示的格式：

```
void s(int n){
……
}
```

当函数被定义为空类型后，就不能在主调函数中使用被调函数的函数值了，例如，在定义 s 为空类型后，在主函数中使用如下代码语句是错误的。

```
sum=s(n);
```

注意：为了使程序有良好的可读性并减少出错，只要不要求返回值的函数都应该定义为空类型。

实例 8-6：计算两个整数 3 和 4 的和

源码路径：下载包 \daima\8\8-6

本实例的实现文件为“fanhui.c”，具体实现代码如下所示。

```
 int add(int a,int b){                          //定义函数 add 求和
  return (a+b);                                 //返回 a 和 b 的和
}
int main(){
  int res;
  printf("你知道 3 加 4 等于几吗? \n");
  res=add(3,4);                                 //调用函数 add 计算参数 3 和 4 的和
  printf("也许是: %d",res);
  return 0;
}
```

在主函数 main 中调用子函数 add, 并传递参数 3 和 4 过去，函数 add 经过加法运算后得到结果 7，通过 return 语句将得到的值返回给调用它的 main 函数供其使用。而在主函数 main 中，返回值被用于给 res 赋值。由此可见，函数返回值就可以理解为解决一个问题以后所得到的结论，并把这个结论交给别人。本实例执行效果如图 8-6 所示。

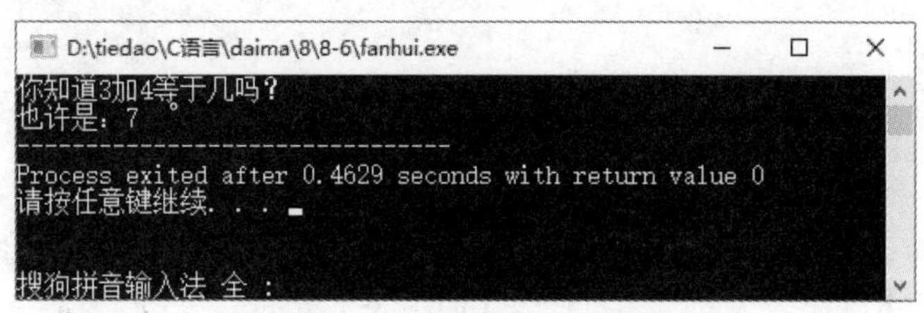

图 8-6

注意：在上述实例代码中，同函数返回值对输入的数据进行位置互换处理。C 语言中的所有函数，除了空值类型外，都返回一个返回值（切记，空值是 ANSI 建议标准所做的扩展，也许并不适合读者手头的 C 编译程序）。当前返回值由返回语句确定，无返回语句时，返回值是 0 。这就意味着，只要函数没有被说明为空值，它就可以用在任何有效的 C 语言表达式中作为操作数。

8.5 实现函数的调用

在 C 语言程序中定义一个函数后，需要通过对函数的调用来执行函数体，调用函数的过程与其他语言中的子程序调用相似。在本节下面的内容中，将详细介绍 C 语言中函数调用的基本知识。

↑扫码看视频（本节视频课程时间：15 分 23 秒）

8.5.1 调用函数的格式

在 C 语言程序中，调用函数的语法格式如下所示。

```
函数名 ( 实际参数表 )
```

注意：当调用无参函数时，则就不需要实际参数表。实际参数表中的参数可以是常数，变量，或其他构造类型数据及表达式。各实参之间用逗号分隔。

请看下面的实例，首先提示用户输入 3 个数字，然后进行大小比较处理，最后输出较大的数。

实例 8-7：比较 3 个数字的大小

源码路径：下载包 \daima\8\8-7

本实例的实现文件为“diaoyong.c”，具体实现代码如下所示。

```
/* 定义求三个整型参数 x1、x2、x3 中最大值的用户函数 */
/* 定义函数返回值的类型、函数名、形式参数 */
 int max(int x1,int x2,int x3)
 {
    int max;                                         /* 函数体中变量定义 */
    if(x1>x2) max=x1;                                /* 函数体中执行运算序列 */
    else max=x2;
    if(max<x3) max=x3;
    return(max);                                     /* 函数的返回 */
}
int main(){
    int x,y,z,w,m;                                   /* 定义主函数中使用的变量 */
    printf("输入 3 个数，你能找出最大数吗？ \n");
    int max(int x1,int x2,int x3);
    scanf("%d,%d,%d",&x,&y,&z);                      /* 输入 3 个整数 */
    getch();
    m=max(x,y,z);                                    /* 调用求三个整数中最大数的函数 */
    printf("最大数是：%d",m);                        /* 输出结果 */
}
```

执行后先输入 3 个数字，输入 3 个数字完毕后按下【Enter】键后，将会对输入数字中进行大小比较处理，并输出较大的值。执行效果如图 8-7 所示。

图 8-7

8.5.2 函数调用的方式

在C语言程序中，可以使用如下3种方式来调用函数。

1. 函数表达式

函数作为表达式中的一项出现在表达式中，以函数返回值参与表达式的运算。这种方式要求函数是有返回值的，例如 z=max(x, y) 是一个赋值表达式，表示把max的返回值赋予变量 z。

2. 函数语句

在C语言程序中，函数调用的一般形式加上分号即可构成函数语句，例如在下面的代码中，都是以函数语句的方式调用函数的。

```
printf ("%d",a);
scanf ("%d",&b);
```

3. 函数实参

函数作为另一个函数调用的实际参数出现，这种情况是把该函数的返回值作为实参进行传送，因此要求该函数必须是有返回值的，例如在下面的代码中，把函数max调用的返回值又作为函数printf的实参来使用。

```
printf("%d",max(x,y));
```

请看下面的实例，首先提示输入两个数字，然后对输入的数字进行最大公约数和最小公倍数运算，并输出运算结果。

实例 8-8：计算最大公约数和最小公倍数

源码路径：下载包 \daima\8\8-8

本实例的实现文件为“yunsuan.c”，具体实现代码如下所示。

```
hcf(int u,int v) {                              //定义求最大公约数的函数
    int a,b,t,r;                                //声明变量
    if(u>v){t=u;u=v;v=t;}                       //比较两参数大小
    a=u;b=v;
    while((r=b%a)!=0)                           //求两个数的最大公约数
    {b=a;a=r;}
    return(a);                                  //返回最大公约数
}
int main(){
    int u,v,l;                                  //声明变量
    int lcd(int u,int v,int h);                 //声明函数
    scanf("%d,%d",&u,&v);                       //输入两个数
    printf("H.C.F=%d\n",hcf(u,v));              //输出两个数的最大公约数
    l=lcd(u,v,hcf(u,v));                        //获得两个数的最小公倍数
    printf("L.C.D=%d\n",l);                     //s输出两个数的最小公倍数
}
lcd(int u,int v,int h) {                        //求两个数的最小公倍数函数
    return(u*v/h);                              //返回最小公倍数
}
```

在上述实例中，通过调用定义的函数，计算了输入数字的最大公约数和最小公倍数。在函数调用过程中，还应该注意的一个问题是求值顺序的问题。所谓求值顺序，是指对实参表中各量是自左至右使用还是自右至左使用。对此，各系统的规定有所不同。执行后先输入两个数字，按下【Enter】键后将对输入数字分别进行最大公约数和最小公倍数运算，并输出运算结果。执行效果如图 8-8 所示。

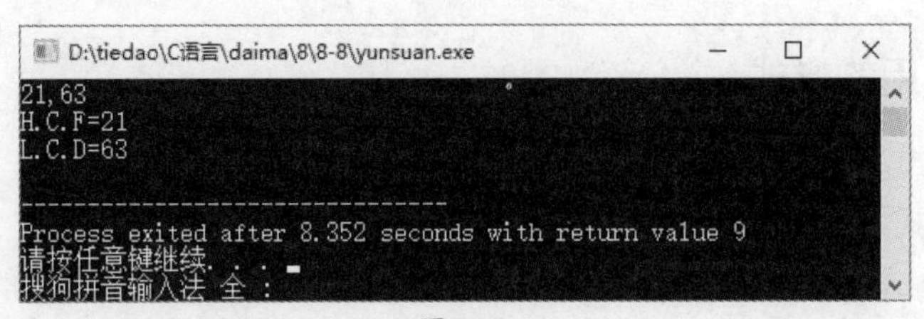

图 8-8

注意：在C语言程序中，调用函数的具体过程如下所示。

（1）调用一个函数的过程；

（2）参数压栈；

（3）跳转到调用的函数地址，同时将返回地址压栈；

（4）将堆栈框架指针寄存器压栈；

（5）设置堆栈框架指针(可选)；

（6）保存全局寄存器(如果被覆盖的话)；

（7）在栈中分配局部变量所需的内存；

（8）执行；

（9）释放在栈中分配的局部变量的内存；

（10）恢复全局寄存器；

（11）恢复堆栈框架指针；

（12）返回，由函数本身或者调用者平衡堆栈，取决于函数调用协定。

8.6 函数的嵌套调用和递归调用

在C语言程序中，允许对函数进行嵌套调用和递归调用。嵌套调用是指在某个函数内调用另外一个函数，而递归调用是指函数自己调用自己。

↑扫码看视频（本节视频课程时间：9分16秒）

8.6.1 函数嵌套调用详解

在C语言程序中，各个函数的地位是完全平等的，不存在上一级函数和下一级函数。但是可以在一个函数内对另外一个函数进行调用，这和其他语言中的子程序嵌套的原理是类似的。其具体关系如图 8-9 所示。

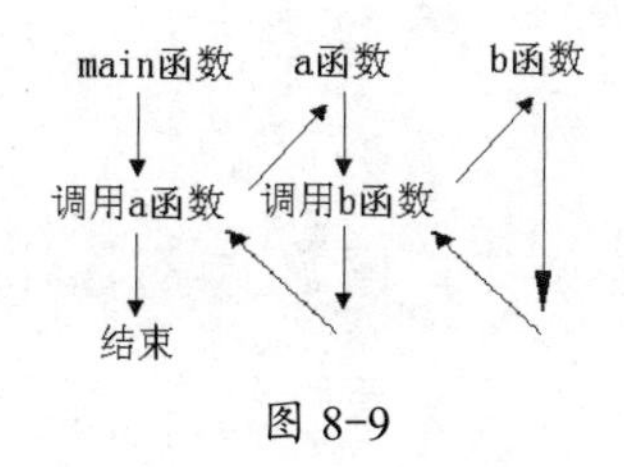

图 8-9

图 8-9 所示的执行过程是：执行主函数 main，在主函数中调用函数 a 的语句时，转去执行 a 函数，在 a 函数中调用 b 函数时，又转去执行 b 函数，b 函数执行完毕返回 a 函数的断点继续执行，a 函数执行完毕返回 main 函数的断点继续执行。例如存在函数 fun1 和函数 fun2，下面的格式就是嵌套调用：

```
void   fun1()
{
if(...)
       {
fun2();
       }
}
void   fun2()
{
if(...)
       {
fun1();
       }
}
```

在例如下面的实例中，首先提示用户输入一段字符，然后输出段中最长的单词。

实例 8-9：输出字符串中最长的单词

源码路径：下载包 \daima\8\8-9

本实例的实现文件为“123.c”，具体实现代码如下所示。

```
 #include <stdio.h>
#include <string.h>
#define OUT 0
#define IN 1
 int alpha(char c){                         //定义函数 alpha
//如果变量 a 介于 a-z 之间，或者介于 A-Z 之间，则返回 1
if(c>='a'&&c<='z'||c>='A'&&c<='Z')
 return 1;
else                                       //否则返回 0
return 0;
}
void longest(char str[]){
int pointer,state,len,i,tmppoint,length,place;
pointer=state=len=tmppoint=length=place=0;
state=OUT;
    for(i=0;i<=strlen(str);i++)    //注意这里的 i 的判断语句只能用 i<=strlen(str),而不能用 str[i]!='\0'
    {
if(!alpha(str[i]))                         //先判断字符类型，如果不是字母
        {
            if(len>length)         //看得到的单词长度是否大于先前的最大长度，如果是，则
            {
                length=len;        //将此单词长度赋给最大长度 length
       place=tmppoint;             //将最长单词起始地址设为 tmppoint 值
            }
            state=OUT;             //不是字母，设状态为单词外
```

```
            len=0;                  // 已在单词外，设单词长度为 0
        }
        else                        // 是字母
        {
            if(state==OUT)          // 如果最近一个状态为单词外，也即此为单词的第一个字母
                tmppoint=pointer; // 将此地址设为单词起始地址
            len++;                  // 单词长度加 1
            state=IN;               // 设状态为单词内
        }
        pointer++;                  // 不管是不是字母，指针，也即位置向后移动一位
    }
for(i=0;i<length;i++)
        str[i]=str[i+place];        // 将最长单词的起始处设为字符串的起始处
    str[i]='\0';                    // 最长单词结束后添加一个字符串结束标志
}
main(){
    char str[100];
    printf("请你输入一个字符串，能找出里面的最长单词吗？ \n");
    scanf("%[^\n]",str);
    longest(str);
    printf("最长的单词为 :%s.\n",str);
}
```

执行后先提示用户输入一段字符，按下【Enter】键后将会输出输入文字中的最长字符。执行效果如图 8-10 所示。

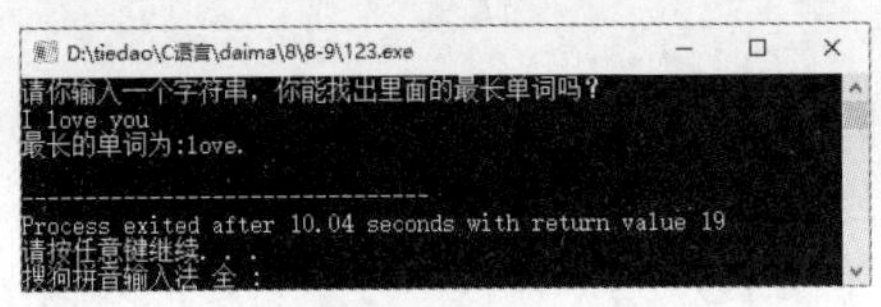

图 8-10

8.6.2 函数递归调用

在 C 语言程序中，一个函数在它的函数体内调用它自身称为递归调用，这种函数被称为递归函数。C 语言允许函数的递归调用，也就是说允许一个函数在它的函数体内调用它自身。在递归调用过程中，主调函数又是被调函数。执行递归函数将反复调用其自身，每调用一次就进入新的一层。例如在下面的代码中，函数 m 就是一个递归函数。但是运行该函数将无休止地调用其自身，这当然是不正确的。为了防止递归调用无休止地进行，必须在函数内有终止递归调用的手段。常用的办法是加条件判断，满足某种条件后就不再作递归调用，然后逐层返回。

```
intm(int x){
int y;
z=m(y);
return z;
}
```

在 C 语言程序中，函数递归调用方法有如下两个要素：

- 递归调用公式：即问题的解决能写成递归调用的形式。
- 结束条件：确定何时结束递归。

例如，用递归法计算 n!，可以用下面公式表示。

```
n!=1        (n=0,1)
n×(n-1)!     (n>1)
```

按上述公式可以用如下所示的 C 语言代码实现。

```
long ff(int n){
long f;
if(n<0)
printf("n<0,input error");
else
if(n==0||n==1) f=1;
else f=ff(n-1)*n;
return(f);
}
int main(){
int n;
long y;
printf("\ninput a inteager number:\n");
scanf("%d",&n);
    y=ff(n);
printf("%d!=%ld",n,y);
}
```

在上述程序中，函数 ff 就是一个递归函数。主函数调用 ff 后即进入函数 ff 执行，如果 *n*<0，*n*==0 或 *n*=1 时都将结束函数的执行，否则就递归调用 ff 函数自身。由于每次递归调用的实参为 *n*-1，即把 *n*-1 的值赋予形参 *n*，最后当 *n*-1 的值为 1 时再作递归调用，形参 *n* 的值也为 1，将使递归终止。然后可逐层退回。

如果设执行本程序时输入为 5，即求 5！。在主函数中的调用语句即为 y=ff(5)，进入 ff 函数后，由于 *n*=5，不等于 0 或 1，所以应执行 f=ff(*n*−1)**n*, 即 f=ff(5−1)*5。该语句对 ff 作递归调用即 ff(4)。

进行四次递归调用后，ff 函数形参取得的值变为 1，故不再继续递归调用而开始逐层返回主调函数。ff(1) 的函数返回值为 1，ff(2) 的返回值为 1*2=2，ff(3) 的返回值为 2*3=6，ff(4) 的返回值为 6*4=24，最后返回值 ff(5) 为 24*5=120。

请看下面的例子，这是一个经典的 Hanoi 塔例子。

一块板上有三根针，A、B、C。A 针上套有 64 个大小不等的圆盘，大的在下，小的在上。要把这 64 个圆盘从 A 针移动 C 针上，每次只能移动一个圆盘，移动可以借助 B 针进行。但在任何时候，任何针上的圆盘都必须保持大盘在下，小盘在上。求移动的步骤。

实例 8-10：实现数学中 Hanoi 塔问题的解决方案

源码路径：下载包 \daima\8\8-10

上述问题的算法分析如下。

（1）设 A 上有 *n* 个盘子。如果 *n*=1，则将圆盘从 A 直接移动到 C。

（2）如果 *n*=2，则进行如下操作：

① A 上的 *n*-1(等于 1) 个圆盘移到 B 上；

② 再将 A 上的一个圆盘移到 C 上；

③ 最后将 B 上的 *n*-1(等于 1) 个圆盘移到 C 上。

（3）如果 *n*=3，则进行如下操作：

① 将 A 上的 *n*-1(等于 2，令其为 *n*`) 个圆盘移到 B(借助于 C)，具体步骤如下所示。

第一步：将 A 上的 *n*`-1(等于 1) 个圆盘移到 C 上；

第二步：将 A 上的一个圆盘移到 B；

第三步：将 C 上的 *n*`-1(等于 1) 个圆盘移到 B。

② 将 A 上的一个圆盘移到 C。

③ 将 B 上的 *n*-1(等于 2，令其为 *n*`) 个圆盘移到 C(借助 A)，步骤如下所示。

第一步：将 B 上的 *n*`-1(等于 1) 个圆盘移到 A;

第二步：将 B 上的一个盘子移到 C;

第三步：将 A 上的 *n*`-1(等于 1) 个圆盘移到 C。

至此，完成了三个圆盘的移动过程。

从上面的算法分析中可以看出，当 *n* 大于等于 2 时，移动的过程可分解为 3 个步骤：

第一步：把 A 上的 *n*-1 个圆盘移到 B 上;

第二步：把 A 上的一个圆盘移到 C 上;

第三步：把 B 上的 *n*-1 个圆盘移到 C 上；其中第一步和第三步是类同的。

当 *n*=3 时，第一步和第三步又分解为类同的三步，即把 *n*`-1 个圆盘从一个针移到另一个针上，此处的 *n*`=*n*-1 显然这是一个递归过程。

本实例的实现文件为“digui.c”，具体实现代码如下所示。

```
#include <string.h>
#define OUT 0
#define IN 1
 move(int n,int x,int y,int z){                    //定义函数 move
    if(n==1)                                        //当 n==1 时，直接把 x 上的圆盘移至 z 上
      printf("%c-->%c\n",x,z);
    else{                                           //如果 n!=1
      move(n-1,x,z,y);                              //调用 move，把 n-1 个圆盘从 x 移到 y
      printf("%c-->%c\n",x,z);                      //输出 x → z
      move(n-1,y,x,z);                              //调用 move 函数，把 n-1 个圆盘从 y 移到 z
    }
}
int main(){
    int h;
    printf("\n 请你输入圆盘的个数！ :\n");
    scanf("%d",&h);
    printf(" 当有 %2d 个圆盘时的移动步骤是 :\n",h);
    move(h,'a','b','c');
}
```

在上述代码中，函数 move 是一个递归函数，它有四个形参 *n*、*x*、*y*、*z*，其中 *n* 表示圆盘数，*x*、*y*、*z* 分别表示三根针。函数 move 的功能是把 *x* 上的 *n* 个圆盘移动到 *z* 上。当 *n*==1 时，直接把 *x* 上的圆盘移至 *z* 上，输出 *x* → *z*。如果 *n*!=1 则分为三步：递归调用 move 函数，把 *n*-1 个圆盘从 *x* 移到 *y*；输出 *x* → *z*；递归调用 move 函数，把 *n*-1 个圆盘从 *y* 移到 *z*。因为在递归调用过程中 *n*=*n*-1，所以 *n* 的值逐次递减，最后 *n*=1 时，终止递归，逐层返回。

执行后先提示用户输入一个数字，按下回车键后将输出求解后的步骤，例如输入 3 后的执行效果如图 8-11 所示。

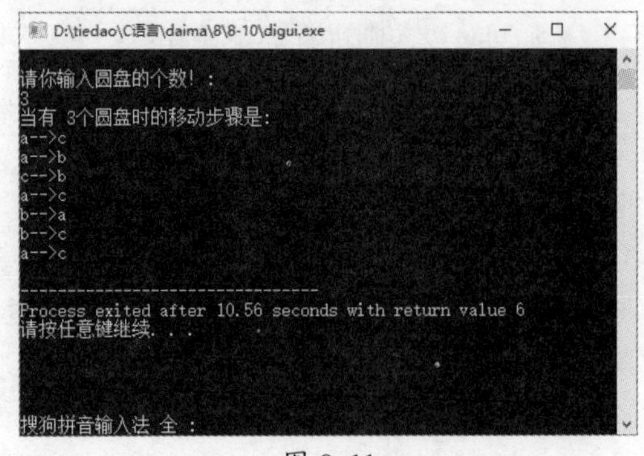

图 8-11

8.7　变量的作用域

在本书前面讲解形参变量时曾经提到，形参变量只在被调用期间才分配内存单元，调用结束立即释放。这一点表明形参变量只有在函数内才是有效的，离开该函数就不能再使用了。这种变量有效性的范围称变量的作用域。不仅对于形参变量，C 语言中所有的量都有自己的作用域。变量说明的方式不同，其作用域也不同。

↑扫码看视频（本节视频课程时间：9 分 49 秒）

8.7.1　局部变量作用域

如果按照作用域范围进行划分，C 语言中的变量可以分为两种，分别是局部变量和全局变量。在 C 语言程序中，局部变量也称为内部变量，是在函数内作定义说明的，其作用域仅限于函数内，如果离开定义函数后使用则是非法的。

在面对局部变量作用域的问题时，需要注意如下 4 点：

（1）主函数中定义的变量也只能在主函数中使用，不能在其他函数中使用。同时，主函数中也不能使用其他函数中定义的变量。因为主函数也是一个函数，它与其他函数是平行关系。这一点与其他语言不同，应予以注意。

（2）形参变量是属于被调函数的局部变量，实参变量是属于主调函数的局部变量。

（3）允许在不同的函数中使用相同的变量名，它们代表不同的对象，分配不同的单元，互不干扰，也不会发生混淆。如在前例中，形参和实参的变量名都为 *n*，是完全允许的。

（4）在复合语句中也可定义变量，其作用域只在复合语句范围内。

例如在下面的代码中，首先提示输入长方体的长宽高 *l*、*w*、*h*，然后计算出对应的体积和三个面 *x**y*、*x**z*、*y**z* 的面积。

实例 8-11：计算长方体的体积和三个面的面积

源码路径：下载包 \daima\8\8-11

本实例的实现文件为“quanju.c”，具体实现代码如下所示。

```
int s1,s2,s3;                          //定义三个全局变量
int vs( int a,int b,int c) {           //定义一个函数，求长方体的体积和三个面的面积
    int v;
    v=a*b*c;                           //面积
    s1=a*b;                            //三个面的面积
    s2=b*c;
    s3=a*c;
    return v;                          //返回长方体的体积
}
int main(){
    int v,l,w,h;                       //声明变量
    printf("输入长方体的长宽高 l、w、h，知道这个长方体的体积和三个面的面积吗？\n");
    scanf("%d,%d,%d",&l,&w,&h);
    v=vs(l,w,h);                       //调用函数 vs
    printf("体积 v=%d 面积 s1=%d 面积 s2=%d 面积 s3=%d ",v,s1,s2,s3);//输出结果
}
```

从上述代码中定义了三个外部变量 s1、s2、s3，用来存放三个面积，其作用域为整个程序。函数 vs 用来求长方体体积和三个面积，函数的返回值为体积 v。由主函数完成长宽高的输入及结果输出。

执行后将首先提示用户分别输入长、宽、高，按下【Enter】键后将分别输出对应的体积和各个面的面积，执行效果如图 8-12 所示。

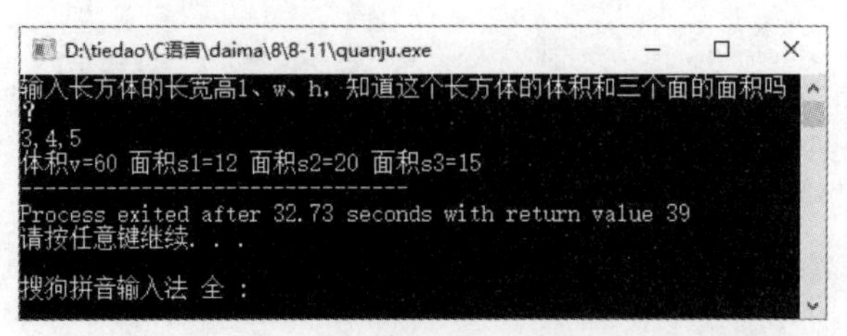

图 8-12

8.7.2 全局变量作用域

在C语言程序中，全局变量也称为外部变量，说明符为extern，是在函数外部定义的变量。全局变量不属于具体哪一个函数，只是属于一个源程序文件，其作用域是整个源程序。当在函数中使用全局变量时，一般应进行全局变量说明。只有在函数内经过说明的全局变量才能使用。但在一个函数之前定义的全局变量，在该函数内使用时可不用再次加以说明。

对于C语言中的全局变量来说，开发者需要注意如下3点。

（1）对于局部变量的定义和说明，可以不加区分。而对于外部变量则不然，外部变量的定义和外部变量的说明并不是一回事。外部变量定义必须在所有的函数之外，且只能定义一次。其一般形式如下所示。

```
[extern] 类型说明符变量名，变量名…
```

其中，方括号内的 extern 可以省去不写，例如下面两种格式是相同的。

```
int a,b;
extern int a,b;
```

而外部变量说明出现在要使用该外部变量的各个函数内，在整个程序内，可能出现多次，外部变量说明的一般格式如下所示。

```
extern 类型说明符变量名，变量名，…;
```

外部变量在定义时就已分配了内存单元，外部变量定义可作初始赋值，外部变量说明不能再赋初始值，只是表明在函数内要使用某外部变量。

（2）外部变量可加强函数模块之间的数据联系，但是又使函数要依靠这些变量，因而使得函数的独立性降低。从模块化程序设计的观点来看这是不利的，因此在不必要时尽量不要使用全局变量。

（3）在同一源文件中，允许全局变量和局部变量同名。在局部变量的作用域内，全局变量不起任何作用。

实例 8-12：超市价格调整

源码路径：下载包 \daima\8\8-12

本实例的实现文件为“global.c”，具体代码如下所示。

```
int iGlobalPrice=100;                        /* 设定商店的初始价格 */
void Store1Price();                          /* 声明函数，代表第一个连锁店 */
void Store2Price();                          /* 代表第二个连锁店 */
void Store3Price();                          /* 代表第三个连锁店 */
void ChangePrice();                          /* 进行更改连锁店的统一价格 */
```

```
int main()
{
    /* 先显示价格改变之前所有连锁店的价格 */
    printf("the chain store's original price is : %d\n",iGlobalPrice);
    Store1Price();                                          /* 显示 1 号连锁店的价格 */
    Store2Price();                                          /* 显示 2 号连锁店的价格 */
    Store3Price();                                          /* 显示 3 号连锁店的价格 */
    /* 调用函数，改变连锁店的价格 */
    ChangePrice();
    /* 显示提示，显示修改后的价格 */
    printf("the chain store's  present price is : %d\n",iGlobalPrice);
    Store1Price();                                          /* 显示 1 号连锁店的现在价格 */
    Store2Price();                                          /* 显示 2 号连锁店的现在价格 */
    Store3Price();                                          /* 显示 3 号连锁店的现在价格 */
    return 0;
}
/* 定义 1 号连锁店的价格函数 */
void Store1Price()
{
    printf("store1's price is : %d\n",iGlobalPrice);
}
/* 定义 2 号连锁店的价格函数 */
void Store2Price()
{
    printf("store2's price is : %d\n",iGlobalPrice);
}
/* 定义 3 号连锁店的价格函数 */
void Store3Price()
{
    printf("store3's price is : %d\n",iGlobalPrice);
}
/* 定义更改连锁店价格函数 */
void ChangePrice()
{
    printf("What price do you want to change?  the price is: ");
    scanf("%d",&iGlobalPrice);
}
```

编写代码完毕后，执行的效果如图 8-13 所示。

```
C:\Windows\system32\cmd.exe
the chain store's original price is : 100
store1's price is : 100
store2's price is : 100
store3's price is : 100
What price do you want to change?  the price is: _
```

图 8-13

8.8　静态存储变量和动态存储变量

如果从存储方式角度分析，可以将 C 语言中的变量分为静态存储和动态存储两种。在本节的内容中，将详细讲解 C 语言静态存储变量和动态存储变量的知识，为读者步入本书后面知识的学习打下基础。

↑扫码看视频（本节视频课程时间：13 分 55 秒）

8.8.1 静态存储和动态存储的区别

C 语言中，静态存储和动态存储的具体说明如下。

- 静态存储：静态存储变量通常是在变量定义时就分定存储单元并一直保持不变，直至整个程序结束。
- 动态存储：动态存储变量是在程序执行过程中，使用它时才分配存储单元，使用完毕立即释放。典型的例子是函数的形式参数，在函数定义时并不给形参分配存储单元，只是在函数被调用时才予以分配，调用函数完毕后立即释放。假如一个函数被多次调用，则反复地分配、释放形参变量的存储单元。

静态存储和动态存储有什么区别呢？静态存储变量是一直存在的，而动态存储变量则时而存在时而消失。我们又把这种由于变量存储方式不同而产生的特性称为变量的生存期。生存期表示了变量存在的时间。生存期和作用域是从时间和空间这两个不同的角度来描述变量的特性，这两者既有联系又有区别。一个变量究竟属于哪一种存储方式，并不能仅从其作用域来判定，还应有明确的存储类型说明。

8.8.2 四种变量存储类型

在 C 语言程序中，有 4 种变量存储类型，见下表 8-2。

表 8-2

变量存储类型	具体说明
auto	自动变量，属于动态存储方式
register	寄存器变量，属于动态存储方式
extern	外部变量
static	静态变量

在介绍了变量的存储类型之后，可以知道对一个变量的说明不仅应说明其数据类型，还应说明其存储类型。因此变量说明的完整形式如下所示。

```
存储类型说明符 数据类型说明符 变量名，变量名…;
```

例如下面的格式：

```
static int a,b;                              //说明 a,b 为静态类型变量
auto char c1,c2;                             //说明 c1,c2 为自动字符变量
static int a[5]={1,2,3,4,5};                 //说明 a 为静整型数组
extern int x,y;                              //说明 x,y 为外部整型变量
```

在下面的内容中，将分别介绍上述四种变量存储类型的基本知识。

8.8.3 自动变量

自动变量存储类型是 C 语言程序中使用最广泛的一种类型，将变量的存储属性定义为自动变量的具体格式如下所示。

```
auto 类型说明符变量名；
```

在 C 语言中规定，函数内只要是未加存储类型说明的变量均视为自动变量，也就是说自动变量可省去说明符 auto。在本书前面各章的程序中所定义的变量中，只要是未加存储类型

说明符的都是自动变量。例如下面的代码：

```
int i,j,k;
char c;
……
等价于下面的代码：
auto int i,j,k;
auto char c;
……
实例 8-13：使用 auto 变量
源码路径：下载包 \daima\8\8-13
本实例的实现文件为 "Auto.c"，具体代码如下所示。
#include<stdio.h>
void AddOne(){
    auto int iInt=1;                        /* 定义整型变量 */
    iInt=iInt+1;                            /* 变量加 1*/
    printf("%d\n",iInt);                    /* 显示结果 */
}
int main(){
    printf(" 第一次调用：");                 /* 显示结果 */
    AddOne();                               /* 调用 Show 函数 */
    printf(" 第二次调用：");                 /* 显示结果 */
    AddOne();                               /* 调用 Show 函数 */
    return 0;                               /* 程序结束 */
}
```

编写代码完毕后，执行效果如图 4-14 所示。

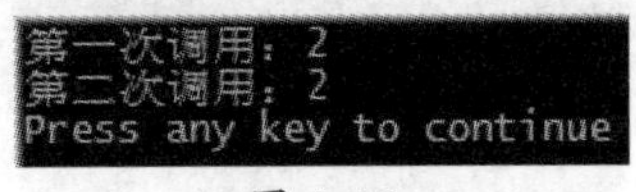

图 4-14

注意：在新版 C++ 11 标准中，auto 不能和任何类型进行组合，所以本实例不能在 Visual Studio 2017 中运行。

8.8.4　外部变量

在 C 语言程序中，定义外部变量的语法格式如下所示。

```
extern 类型说明符变量名 ;
```

C 语言函数默认为外部的，由于 C 语言不允许在一个函数中定义其他函数，所以函数本身是外部的。一般情况下，也可以说函数是全局函数。在缺省情况下，外部变量与函数具有如下性质：所有通过名字对外部变量与函数的引用（即使这种引用来自独立编译的函数）都是引用的同一对象（标准中把这一性质称为外部连接）。

注意：外部变量和内部变量的区别和作用。

在 C 语言程序中，外部变量比内部变量有更大的作用域和更长的生存期。内部自动变量只能在函数内部使用，当其所在函数被调用时开始存在，当函数退出时消失。而外部变量是永久存在的，它们的值在从一次函数调用到下一次函数调用之间保持不变。因此如果两个函数必须共享某些数据，而这两个函数都互不调用对方，那么最为方便的是，把这些共享数据作为外部变量，而不是作为普通变量来传递。

例如在下面的实例中，首先分别定义了一个外部变量和两个函数，然后在实现函数之间通过外部函数来直接传递数据。

实例 8-13：在函数间通过外部函数直接传递数据

源码路径：下载包 \daima\8\8-14

本实例的实现文件为“wai.c”，具体实现代码如下所示。

```
#include <stdio.h>
int x;                                          /* 说明外部变量 x */
int main(){
    void addone(), subone();
    x=1;                                        /* 为外部变量 x 赋值 */
    printf ("x begins is %d\n", x);
    addone (); subone (); subone ();
    addone (); addone ();
    printf ("x winds up as %d\n", x);
}
void addone(){
    x++;                                        /* 使用外部变量 x */
    printf ("add 1 to make %d\n", x);
}
void subone(){
    x--;                                        /* 使用外部变量 x */
    printf ("substract 1 to make %d\n", x);
}
```

执行后的效果如图 8-15 所示。

```
x begins is 1
add 1 to make 2
substract 1 to make 1
substract 1 to make 0
add 1 to make 1
add 1 to make 2
x winds up as 2
```

图 8-15

注意：在 C 语言程序中使用外部变量时，应该注意如下两点。

（1）外部变量和全局变量是对同一类变量的两种不同角度的提法。全局变是是从它的作用域提出的，外部变量是从它的存储方式提出的，表示了它的生存期。

（2）当一个源程序由若干个源文件组成时，在一个源文件中定义的外部变量在其他的源文件中也有效。

8.8.5 静态变量

在开发 C 语言程序的过程中，有时希望函数中局部变量的值在函数调用结束后不要消失，而是保留原值，这时就应该指定局部变量为“静态局部变量”，用关键字 static 进行声明。静态变量存放在内存中的静态存储区，编译系统为其分配固定的存储空间。

在 C 语言程序中，有如下两点使用静态函数的好处。

（1）静态函数会被自动分配在一个一直使用的存储区，直到退出应用程序实例，避免了调用函数时压栈出栈，速度快很多。

（2）关键字“static”，译成中文就是“静态的”，所以内部函数又称静态函数。但此处“static”的含义不是指存储方式，而是指对函数的作用域仅局限于本文件。使用内部函数的好处是：不同的人编写不同的函数时，不用担心自己定义的函数是否会与其他文件中的函数同名，因为同名也没有关系。

在 C 语言程序中，定义静态变量的语法格式如下所示。

```
static 类型标识符变量名;
```

在C语言程序中有4种静态变量，具体说明如下。

（1）外部静态变量

如果希望在一个文件中定义的外部变量的作用域仅局限于此文件中，而不能被其他文件所访问，则可以在定义此外部变量的类型说明符的前面使用static关键字。例如：

```
static float f;
```

此时， f被称为静态外部变量（或称为外部静态变量），只能在本文件中使用，在其他文件中，即使使用了extern说明，也无法使用该变量。

例如，通过两个文件代码实现两个变量值交换。第一个文件代码的代码如下所示。

```
/*file1.c*/
static int x, y;                                    /*x与y只是适用于本文件的全局变量*/
#include <stdio.h>
main(){
scanf("%d%d",&x,&y);
swap();
printf("x=%d, y=%d\n",x,y);
}
第二个文件代码的代码如下所示。
/*file2.c*/
extern int x, y;                                    /*实际上x, y没有定义*/
swap(){
int t;
    t=x; x=y; y=t;
return;
}
```

上述演示代码是错误的。因为在主函数所在的文件file1.c中定义的全局变量x、y只适用于本文件，而在函数swap( )所在文件file2.c中试图将它们说明为外部变量而使用它们，这是不可能的。因此，上述程序在编译连接时会指出x、y没有定义的错误。

（2）内部静态变量

在C语言程序中，如果希望在函数调用结束后仍然保留函数中定义的局部变量的值，则可以将该局部变量的类型说明符前加一个“static”关键字，说明为内部静态变量。

（3）静态局部变量

在C语言程序中，静态局部变量属于静态存储方式，具有如下3个特点。

- 静态局部变量在函数内定义它的生存期为整个源程序，但是其作用域仍与自动变量相同，只能在定义该变量的函数内使用该变量。退出该函数后，尽管该变量还继续存在，但不能使用它。
- 允许对构造类静态局部量赋初值例如数组，若未赋以初值，则由系统自动赋以0值。
- 对基本类型的静态局部变量若在说明时未赋以初值，则系统自动赋予0值。而对自动变量不赋初值，则其值是不定的。根据静态局部变量的特点，可以看出它是一种生存期为整个源程序的量。虽然离开定义它的函数后不能使用，但如再次调用定义它的函数时，它又可继续使用，而且保存了前次被调用后留下的值。因此，当多次调用一个函数且要求在调用之间保留某些变量的值时，可考虑采用静态局部变量。虽然用全局变量也可以达到上述目的，但全局变量有时会造成意外的副作用，因此仍以采用局部静态变量为宜。

请看下面的实例，设置每调用一次函数，都会显示一静态局部变量中内容，并且为其值加2。

实例8-14：使用静态变量设置初始值

源码路径：下载包 \daima\8\8-15

本实例的实现文件为“neijing.c”，具体实现代码如下所示。

```
#include <stdio.h>
 void test_static(){
static int sv=0;                                        //定义静态变量sv
printf("static=%d\n",sv);                               //使用静态变量
sv=sv+2;                                                //变量sv值加2
}
int main(){
int i;                                                  //定义int类型变量
for(i=0;i<4;i++)                                        //只要i小于4就执行循环
        test_static();
}
```

执行后会分别输出对应的结果，执行效果如图8-16所示。

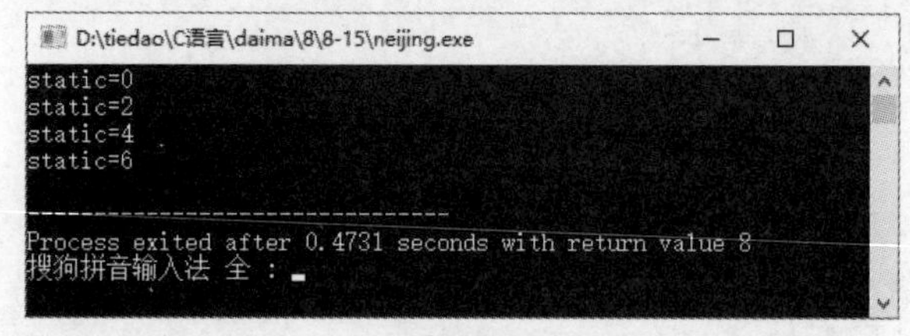

图8-16

（4）静态全局变量

在C语言程序中，在全局变量(外部变量)的说明之前再冠以static就构成了静态的全局变量。全局变量本身就是静态存储方式，静态全局变量当然也是静态存储方式。这两者在存储方式上并无不同。这两者的区别虽在于非静态全局变量的作用域是整个源程序，当一个源程序由多个源文件组成时，非静态的全局变量在各个源文件中都是有效的。

注意：在C语言程序中，静态全局变量限制了其作用域，即只在定义该变量的源文件内有效，在同一源程序的其他源文件中不能使用它。由于静态全局变量的作用域局限于一个源文件内，只能为该源文件内的函数公用，因此可以避免在其他源文件中引起错误。从以上分析可以看出，把局部变量改变为静态变量后是改变了它的存储方式即改变了它的生存期。把全局变量改变为静态变量后是改变了它的作用域，限制了它的使用范围。因此static这个说明符在不同的地方所起的作用是不同的。

8.8.6 寄存器变量

本章前面介绍的各类变量都是被存放在存储器内的，所以当对一个变量频繁读写时，必须要反复访问内存储器，从而花费大量的存取时间。为此C语言提供了另一种变量：寄存器变量。这种变量存放在CPU的寄存器中，在使用时不需要访问内存，而直接从寄存器中读写，这样可提高执行效率。寄存器变量的说明符是“register”。对于循环次数较多的循环控制变量，及循环体内反复使用的变量均可定义为寄存器变量。

例如在下面的例子中，演示了使用register变量的过程。

实例8-15：使用register变量提升效率

源码路径：下载包 \daima\8\8-16

本实例的实现文件为“Register.c”，具体实现代码如下所示。

```
#include<stdio.h>
```

```
int main(){
    register int iInt;              /* 定义寄存器整型变量 */
    iInt = 100;
/* 显示结果 */
    printf("百晓生说，小李飞刀接近完美，%d分！！！\n",iInt);
    return 0;                       /* 程序结束 */
}
```

编写代码完毕后，执行效果如图 8-17 所示。

```
百晓生说，小李飞刀接近完美，100分！！！
```

图 8-17

注意：对于 C 语言程序中的寄存器变量，读者在使用时还要注意如下两点。

（1）只有局部自动变量和形式参数才可以定义为寄存器变量。因为寄存器变量属于动态存储方式。凡需要采用静态存储方式的量不能定义为寄存器变量。

（2）在 Turbo C、MS C 等 C 语言中，实际上是把寄存器变量当成自动变量处理的。因此速度并不能提高。而在程序中允许使用寄存器变量只是为了与 C 语言标准保持一致。

（3）即使能真正使用寄存器变量的机器，由于 CPU 中寄存器的个数是有限的，因此使用寄存器变量的个数也是有限的。

8.9　内部函数和外部函数

在 C 语言中，每个函数都有它的返回值类型（整型、实型、void 型等）。但除了这个特性，根据函数是否能被其他源文件调用，又将函数分为内部函数与外部函数。

↑扫码看视频（本节视频课程时间：4 分 57 秒）

8.9.1　内部函数详解

在 C 语言程序中，如果函数只能被本源文件的函数调用，则称此函数为内部函数。在定义内部函数时，要给函数定义前面加上关键字“static”，例如在下面的代码中，函数 max 只能在本源文件中使用。

```
static int max(a,b);
```

在定义一个内部函数时，只需在函数类型前再加一个“static”关键字即可，具体格式如下所示。

```
static  函数类型函数名 ( 函数参数表 )
{……}
```

在上述格式中，关键字“static”被译成中文就是“静态的”的意思，所以内部函数又称静态函数。但此处“static”的含义不是指存储方式，而是指对函数的作用域仅局限于本文件。

注意：使用内部函数的好处。

当使用内部函数后，不同的人编写不同的函数时，不用担心自己定义的函数是否会与其

他文件中的函数同名，因为同名也没有关系。有了内部函数的概念后，在不同的源文件中可以有相同的函数名而不会发生冲突。

例如在下面的例子中，演示了在不同的文件内使用同一个名称的函数的过程。

实例 8-16：在不同的文件内使用同一个名称的函数

源码路径：下载包 \daima\8\8-17

本实例的实现文件为 f1.c 和 f2.c，其中 f1.c 的具体实现代码如下所示。

```
static void fun(){
    printf ("This is the program\n");              //输出一个则消息
 }
func(){
    printf("This is the first program\n");
}
实例文件 f2.c 的具体实现代码如下所示。
void fun(){
    func();                                        //调用第一个文件中的函数
    printf ("This is the second program \n");      //输出一个则消息
}
int main(){
    fun();                                         //调用函数
}
```

执行实例文件 f2.c 后的效果如图 8-18 所示。

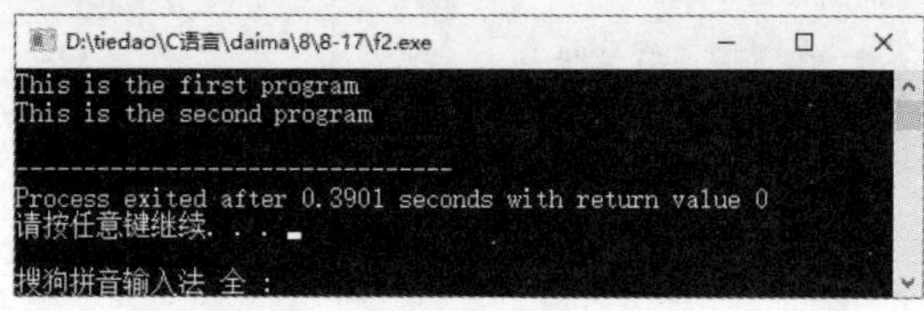

图 8-18

8.9.2 使用外部函数

在 C 语言程序中，如果函数不仅能被本源文件的函数调用，还可以被其他源文件中的函数调用，则称此函数为外部函数。在定义外部函数时，给函数定义前面加上关键字“extern”。例如在下面的代码中，max 函数只能在本工程文件中的所有源文件中使用。

```
extern int max(a,b);
```

可能有的读者会问：如果在源文件 A 中调用另一个源文件 B 中的函数，需要在源文件 A 中对要调用的函数进行说明吗？确实如此，此时必须在源文件 A 中对要调用的函数进行说明，具体语法格式如下所示。

```
extern int max();
```

注意：在定义外部函数的时候，extern 关键字可以省略。

例如在下面的例子中，演示了在一个 C 语言程序文件中调用另一个外部函数的过程。

实例 8-17：在一个文件内调用另一个外部函数

源码路径：下载包 \daima\8\8-18

本实例的实现文件为 file1.c 和 file2.c，其中实例文件 file1.c 的具体实现代码如下所示。

```
/* 文件一 */
int x = 10;                          /* 定义外部变量 x 和 y */
int y = 10;
```

```
void add (void){
    y=10+x; x*=2;
}
/* 在调用函数中说明函数 sub 是 void 型的外部函数 */
main (){
    extern void sub();
    x += 5;
    add(); sub();                    /* 分别调用函数 */
    printf ("x=%d; y=%d\n", x, y);
}
实例文件 file2.c 的具体实现代码如下所示。
* 文件二 */
void sub (void) {                    /* 函数 sub 定义在另一个文件中 */
    extern int x;                    /* 说明定义在另一个文件中的外部变量 x */
    x -= 5;
}
```

执行后会分别输出对应的结果，如图 8-19 所示。

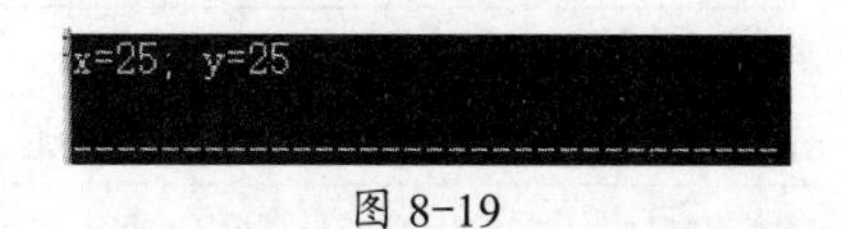

图 8-19

8.10 库函数

所谓库函数，顾名思义是把函数放到库里，就是把一些常用的函数编完放到一个文件库里，用的时候把它的文件名用“#include<>”加上就可以了。例如本书前面多次用到的函数 printf 就是一个库函数。

↑扫码看视频（本节视频课程时间：1 分 26 秒）

8.10.1 库函数介绍

在 C 语言程序中，函数一般是指编译器提供的可在 C 语言程序中调用的函数。可分为两类，一类是 C 语言标准规定的库函数，一类是编译器特定的库函数。由于版权原因，库函数的源代码一般是不可见的，但在头文件中你可以看到它对外的接口。库函数是别人写的程序，你可以拿来用在你的程序里。学习 C 语言（或任意其他语言），首先是学习它的基本语法，然后就是研究类库，别人写好的东西直接拿来用就行了。

8.10.2 库函数的分类

在 C 语言程序中，可以将库函数分为如下几类：

（1）分类函数：所在函数库为 ctype.h，主要函数的功能分别如下表 8-3 所示。

表 8-3

分类函数	具体说明
int isalpha(int ch)	若 ch 是字母 ('A'-'Z','a'-'z') 返回非 0 值，否则返回 0
int isalnum(int ch)	若 ch 是字母 ('A'-'Z','a'-'z') 或数字 ('0'-'9') 返回非 0 值，否则返回 0

续表

分类函数	具体说明
int isascii(int ch)	若 ch 是字符 (ASCII 码中的 0-1210) 返回非 0 值，否则返回 0
int iscntrl(int ch)	若 ch 是作废字符 (0x10F) 或普通控制字符 (0x00-0x1F) 返回非 0 值，否则返回 0
int isdigit(int ch)	若 ch 是数字 ('0'-'9') 返回非 0 值，否则返回 0
int isgraph(int ch)	若 ch 是可打印字符 (不含空格)(0x21-0x10E) 返回非 0 值，否则返回 0
int islower(int ch)	若 ch 是小写字母 ('a'-'z') 返回非 0 值 , 否则返回 0
int isprint(int ch)	若 ch 是可打印字符 (含空格)(0x20-0x10E) 返回非 0 值，否则返回 0
int ispunct(int ch)	若 ch 是标点字符 (0x00-0x1F) 返回非 0 值，否则返回 0
int isspace(int ch)	若ch是空格 (' '), 水平制表符 ('\t'), 回车符 ('\r'), 走纸换行 ('\f'), 垂直制表符 ('\v'), 换行符 ('\n'), 返回非 0 值，否则返回 0
int isupper(int ch)	若 ch 是大写字母 ('A'-'Z') 返回非 0 值，否则返回 0
int isxdigit(int ch)	若 ch 是 16 进制数 ('0'-'9','A'-'F','a'-'f') 返回非 0 值，否则返回 0
int tolower(int ch)	若 ch 是大写字母 ('A'-'Z') 返回相应的小写字母 ('a'-'z')
int toupper(int ch)	若 ch 是小写字母 ('a'-'z') 返回相应的大写字母 ('A'-'Z')

（2）数学函数：所在函数库为 math.h、stdlib.h、string.h 和 float.h。

（3）目录函数：所在函数库为 dir.h、dos.h。

（4）进程函数：所在函数库为 stdlib.h、process.h。

（5）接口子函数：所在函数库为 :dos.h、bios.h。

（6）时间日期函数：函数库为 time.h、dos.h。

有关各种 C 语言库函数的的详细功能和使用方法，在网络上比比皆是，并且有详细的使用实例。读者可以从百度中检索获取相关的资料，其中最为常见的“C 库函数功能查询器”和“C 库函数浏览电子书”。

第9章 使用指针

（视频讲解：82分钟）

在C语言程序中，指针是一种重要的数据类型，运用指针编程是C语言最主要的风格之一。通过指针变量可以表示各种数据结构，可以很方便地使用数组和字符串，并能像汇编语言一样处理内存地址，从而编写出精练而高效的程序。指针极大地丰富了C语言的功能，学习指针是学习C语言中最重要的一环。在本章的内容中，将详细讲解C语言指针的基本知识

9.1 指针和内存地址

在学习C语言开发的过程中，能正确理解和使用指针是我们是否掌握C语言的一个标志。但是指针的概念十分难以理解，其使用技巧也十分难以掌握，所以指针就成为学习C语言的最大障碍。

↑扫码看视频（本节视频课程时间：6分30秒）

在计算机中，所有的数据都是存放在存储器中的。一般把存储器中的一个字节称为一个内存单元，不同的数据类型所占用的内存单元数不等，如整型量占两个单元，字符量占一个单元等，在前面已有详细的介绍。为了正确地访问这些内存单元，必须为每个内存单元编上号。根据一个内存单元的编号即可准确地找到该内存单元，内存单元的编号也叫地址。既然根据内存单元的编号或地址就可以找到所需的内存单元，所以通常也把这个地址称为指针。

内存单元的指针和内存单元的内容是两个不同的概念。可以用一个通俗的例子来说明它们之间的关系。例如我们到银行去存取款时，银行工作人员将根据我们的帐号去找我们的存款单，找到之后在存单上写入存款、取款的金额。在这里，帐号就是存单的指针，存款数是存单的内容。对于一个内存单元来说，单元的地址即为指针，其中存放的数据才是该单元的内容。在C语言中，允许用一个变量来存放指针，这种变量称为指针变量。因此，一个指针变量的值就是某个内存单元的地址或称为某内存单元的指针。如图9-1所示，设有字符变量C，其内容为“K”(ASCII码为十进制数75)，C占用了011A号单元(地址用十六进数表示)。设有指针变量P，内容为011A，这种情况我们称为P指向变量C，或说P是指向变量C的指针。

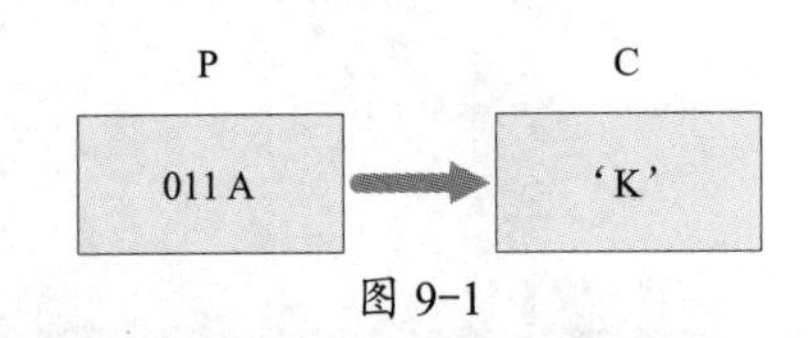

图 9-1

一个指针是一个地址，是一个常量。而一个指针变量却可以被赋予不同的指针值，是变量。但常把指针变量简称为指针。为了避免混淆，我们约定：“指针”是指地址，是常量，“指针变量”是指取值为地址的变量。定义指针的目的是为了通过指针去访问内存单元。既然指针变量的值是一个地址，那么这个地址不仅可以是变量的地址，也可以是其他数据结构的地址。在一个指针变量中存放一个数组或一个函数的首地址有何意义呢？

因为数组或函数都是连续存放的，通过访问指针变量取得了数组或函数的首地址，也就找到了该数组或函数。这样一来，凡是出现数组和函数的地方都可以用一个指针变量来表示，只要对该指针变量赋予数组或函数的首地址即可。这样做，将会使程序的概念十分清楚，程序本身也精练，高效。在 C 语言中，一种数据类型或数据结构往往都占有一组连续的内存单元。用“地址”这个概念并不能很好地描述一种数据类型或数据结构，而“指针”虽然实际上也是一个地址，但它却是一个数据结构的首地址，它是“指向”一个数据结构的，因而概念更为清楚，表示更为明确。这也是引入“指针”概念的一个重要原因。

9.2 变量的指针和指向变量的指针变量

在C语言中，变量的指针就是变量的地址。存放变量地址的变量是指针变量。在C语言程序中，允许用一个变量来存放指针，这种变量称为指针变量。因此，一个指针变量的值就是某个变量的地址或称为某变量的指针。

↑ 扫码看视频（本节视频课程时间：27 分 10 秒）

为了表示指针变量和它所指向的变量之间的关系，在程序中用“*”符号表示“指向”，例如，i_pointer 代表指针变量，而 *i_pointer 是 i_pointer 所指向的变量，如图 9-2 所示。

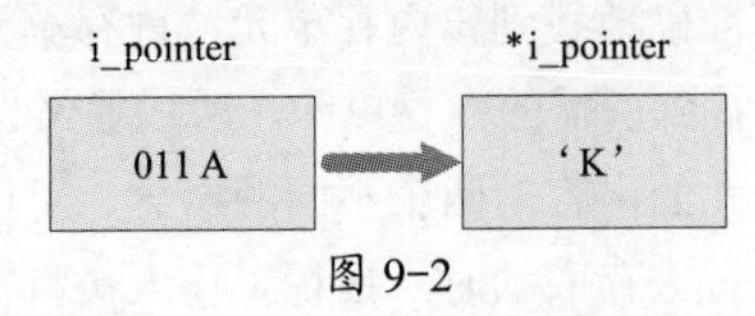

图 9-2

例如下面两行代码的作用相同的，其中，第 2 行代码的含义是将值“3”赋给指针变量 i_pointer 所指向的变量。

```
i=3;
*i_pointer=3;
```

9.2.1 声明指针变量

在 C 语言程序中，指针变量是一个数值变量，和其他变量一样，在使用前必须先进行声明。对指针变量的声明包括如下 3 个内容：

（1）指针类型说明，即定义变量为一个指针变量；

（2）指针变量名；

（3）变量值 (指针) 所指向的变量的数据类型。

在 C 语言程序中，声明指针变量的语法格式如下所示。

```
类型说明符  * 变量名;
```

- 类型说明符：表示本指针变量所指向的变量的数据类型。
- *：表示这是一个指针变量；
- 变量名：定义的指针变量名；

例如在下面的代码中，表示 m1 是一个指针变量，它的值是某个整型变量的地址。或者说 m1 指向一个整型变量。至于 m1 究竟指向哪一个整型变量，应由向 m1 赋予的地址来决定。

```
int *m1;
```

再例如在下面的代码中，在此应该注意的是，一个指针变量只能指向同类型的变量，如 p3 只能指向浮点变量，不能时而指向一个浮点变量，时而又指向一个字符变量。

```
int *p2;                          /*p2 是指向整型变量的指针变量 */
float *p3;                        /*p3 是指向浮点变量的指针变量 */
char *p4;                         /*p4 是指向字符变量的指针变量 */
```

9.2.2　初始化指针变量

在 C 语言程序中，指针变量和普通变量一样，在使用之前不仅要定义说明，而且必须赋予具体的值。未经赋值的指针变量是不能使用的，否则将造成系统混乱，甚至死机。指针变量的赋值只能赋予地址，绝不能赋予任何其他数据，否则将引起错误。在 C 语言中，变量的地址是由编译系统分配的，对用户完全透明，用户不知道变量的具体地址。在 C 语言中有如下两个和指针变量有关的元素。

（1）&：取地址运算符。

（2）*：指针运算符（或称“间接访问”运算符）。

其中，地址运算符“&”表示变量的地址，一般格式如下所示。

```
& 变量名;
```

例如，&a 表示变量 *a* 的地址，&b 表示变量 *b* 的地址。

在 C 语言中，定义指针变量的语句和定义其他变量或数组的语句格式基本相同，具体语法格式如下所示。

```
存储类型数据类型 * 指针变量名 1[= 初值 1], 。。。;
```

上述格式的功能是定义指向“数据类型”变量或数组的若干个指针变量，同时给这些指针变量赋初值。这些指针变量具有确定的“存储类型”。在使用上述格式时需要注意如下 6 点。

（1）指针变量名气构成原则是标识符，前面必须有“*”号。

（2）在一个定义语句中，可以同时定义普通变量、数组、指针变量。

（3）定义指针变量时的“数据类型”可以选取任何基本数据类型，也可以选取以后介绍的其他数据类型。需要注意的是，这个数据类型不是指针型变量中存放的数据类型，而是它将要指向的变量或数组的数据类型。也就是说定义成某种数据类型的其他变量或数组。

（4）省略“存储类型”，默认为自动型 (AUTO)。

（5）其中的“初值”通常是“普通变量名”“数组元素”或“数组名”，这个普通变量或数组必须在前面已定义。即这个普通变量或数组可以是在本语句的前面出现的定义语句中定义的，也可以是在本定义语句中出现的，但必须是在对应指针变量前出现。

当初值选用“普通变量名”时，则表示该指针变量已指向以应的普通变量；当初值选用“数组元素”，则表示该指针变量已指向对应的数组元素；若选用“数组名”，则表示该指针变量已指向数组的首地址。

（6）在一个定义语句中，可以只给部分指针变量赋初值。例如在下面的代码中，先定义整型变量 *a*，然后定义一个指向整型变量的自动型指针变量 *p*，并赋初值为事先定义的变量 *a* 的地址，即整型的指针变量 *p* 指向整型变量。

```
int a;
int *P=&a;
```

再看下面的演示代码，在同一个定义语句中，先定义单精度型的变量 f1 和数组 f，后定义 2 个指向单精度型的指针变量 *p*1、*p* 通过赋值使指针变量 *p*1、*p* 分别指向变量 *f*1 和数组 *f*。

```
float f1, f[10], *p1=&f1, *p2=f;
```

9.2.3 引用指针变量

在 C 语言程序中，变量的地址是由编译系统分配的。在 C 语言中有多种引用指针型变量的方式，其中有如下 3 种最为常见的方式。

（1）给指针变量赋值

在 C 语言程序中，给指针变量赋值的格式如下所示。

```
指针变量 = 表达式。
```

此处的表达式必须是地址型表达式，例如下面的演示代码：

```
int i,*p_i;
p_i=&i;
```

（2）直接引用指针变量名

当需要用到地址时可以直接引用指针变量名。例如当数据输入语句的输入变量列表中可以引用指针变量名时，可以用来接受输入的数据，并存入它指向的变量。例如将指针变量 *a* 中存放的地址赋值到另一个指针变量 *b* 中。注意这种引用方式要求指针变量 *a* 必须有值，例如下面的演示代码：

```
int i,j,*p=&i,*q;
q=p;                              /* 由于 P 的值（i 的地址）赋予指针变量 q*/
scanf("%d,%d",q,&j);              /* 使用指针变量接受输入数据 */
```

（3）通过指针变量来引用它所指向的变量

在 C 语言程序中，通过指针变量来引用它所指向的变量的格式如下所示。

```
* 指针变量名
```

在上述格式中，“* 指针变量名”代表它所指向的变量。注意这种引用方式要求指针变量必须有值。例如：

```
int=1,j=2,k,*p=&i;
k=*p+j;                           /* 由于 P 指向 i，所以 *P 就是 i，结果 K 等于 3*/
```

指针变量不但可以指向变量，也可以指向数组，字符串等数据。请看下面的实例，功能是将两个指针变量分别指向两个变量。

实例 9-1：将两个指针变量分别指向两个变量

源码路径：下载包 \daima\9\9-1

本实例的实现文件为“zhi.c”，具体实现代码如下所示。

```
int main(){
    int a,b;                                              //声明两个变量
    int *pointer_1, *pointer_2;                           //声明两个指针变量
    a=10;b=100;                                           //为两个变量赋初值
    pointer_1=&a;                                         //为两个指针变量赋值
    pointer_2=&b;
    printf("%d,%d\n",a,b);                                //输出两个变量的值
    //输出两个指针变量所指向的变量的值
    printf("%d,%d\n",*pointer_1, *pointer_2);
}
```

执行后的效果如图 9-3 所示。

图 9-3

注意：在 C 语言程序中使用指针变量时，应该注意如下 4 点。

（1）指针变量可以有空值，即该指针变量不指向任何变量。例如：

```
int *p;
p = NULL;                              // NULL 在头文件 stdio.h 中有定义)
```

（2）通常不允许直接把一个数值赋给指针变量。因此，下面的赋值是错误的：

```
int *p;
p = 1000; （错误）
```

（3）被赋值的指针变量前不能再加“*”说明符。例如下面的用法也是错误的：

```
int a;
int *p;
*p = &a; （错误）
```

（4）一个指针变量只能指向同类型的变量。例如上例中的指针变量 p 只能指向整型类型的变量，而不能指向其他类型的变量，因此下面的用法也是错误的。

```
float b;
int *p;
p = &b; //错误
```

9.2.4 指针运算符

在 C 语言中有两种指针运算符，分别是取地址运算符 (&) 和取内容运算符 (*)，接下来将分别讲解这两种指针运算符的基本知识。

1. 取地址运算符 (&)

在 C 语言程序中，取地址运算符 (&) 是单目运算符，其结合性为自右至左，功能是取变量的地址。在 scanf 函数及前面介绍指针变量赋值中，我们已经了解并使用了 & 运算符。

2. 取内容运算符 (*)

在 C 语言程序中，取内容运算符 (*) 也是单目运算符，其结合性为自右至左，用来表示指针变量所指的变量的内容。在 (*) 运算符之后跟的变量必须是指针变量。

请看下面的实例，功能是对输入的数字进行排序处理。

实例 9-2：对输入的数字进行排序处理

源码路径：下载包 \daima\9\9-2

本实例的实现文件为“yun.c”，具体实现代码如下所示。

```
int main(void){
int *p1,*p2,*p,a,b;
printf("输入两个数字，你能分出哪个大哪个小吗？\n");
scanf("%d,%d",&a,&b);
 p1=&a;
 p2=&b;
if(a<b){
  p=p1; p1=p2; p2=p; }        /* 交换指针值 */
printf("a=%d,b=%d\n",a,b);
printf("Max=%d,Min=%d\n",*p1,*p2);
}
```

上述程序的运行流程如下所示：

当输入 *a*=56，*b*=34 时，由于 *a*<*b*，将指针变量 *p*1 和 *p*2 的值交换。此时，*a* 和 *b* 并未交换，它们仍保持原值，但 p1 和 *p*2 的值改变了。p1 的值原为 &a，后来变成 &b；*p*2 的值原为 &b，后来变成 &a。这样在输出 *p1 和 *p2 时，实际上是输出变量 *b* 和 *a* 的值，所以先输出 56，然后输出 34。

执行后先输入两个数字，按下回车键后将分别输出对应的最大值和最小值，例如分别输入 12 个 13 后的执行效果如图 9-4 所示。

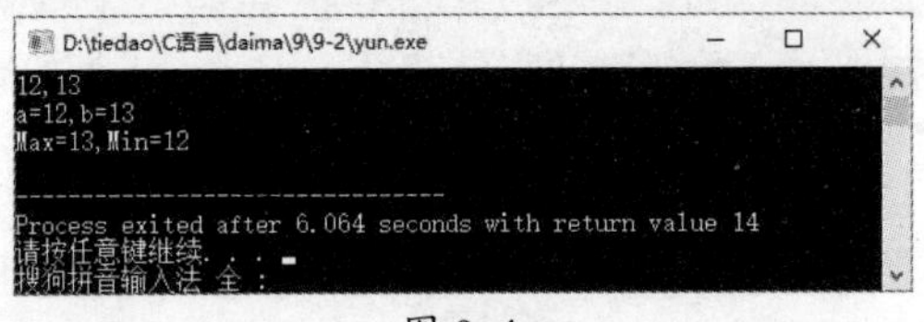

图 9-4

在 C 语言程序中进行指针运算处理时，应该注意如下 5 点。

（1）指针类型可以强制转换，有特殊应用，例如在下面的代码中，用 pm 读的是整型数字，用 *p*1、*p*2 读的是整型数字的第一个字节。

```
int m, *pm=&m;
char *p1=(char*)&m, *p2=(char*)pm;
```

（2）同类型的指针可以相互赋值，例如在下面的代码中，当执行“p_val1=p_val2;”后，则 p_val1 也指向 val2，而没有指针指向 val1 了。

```
int val1=111, val2=20, *p_val1=&val1, *p_val2=&val2;
// p_val1 指向 val1,p_val2 指向 val2
```

（3）必须谨慎使用指针，一旦使用不当就会产生灾难性的后果。例如，局部指针变量在定义时其中的值为随机数，即指针指向了一个无意义的地址，也可能偶然指向了一个非常重要数据的地址。如果对所指的内存进行不当操作，其中的数据就丢失了。

再例如全局指针变量，原来指向一个局部变量，后来该内存又重新分配了，我们再对该指针所指地址进行操作，同样会发生不可预知的错误。

（4）对指针变量决不可以任意赋一个内存地址，这样做的结果甚至是灾难性的。例如在下面的代码证，把指针变量 *P* 的初始置为 0xaf110，我们并不知道那个内存单元存放的是什么数据，这在一般程序中是非常危险的。

```
int *P=(int *)0xaf110;
```

（5）常量指针是指向“常量”的指针，即指针本身可以改指向别的对象，但不能通过该指针修改对象。该对象可以通过其他方式修改，常用于函数的参数，以避免误改了实参。类似于在“运算符重载”一节中引用参数前加 const，例如下面的演示代码：

```
char ch='a',ch1='x';
const char * ptr1=&ch;                    //ptr1 是常量指针
*ptr1='b';                                //错误，只能做 ch='b'
ptr1=&ch1;                                //正确
```

9.2.5　指针变量的运算

在 C 语言程序中，有如下 3 种指针变量的运算形式。

1．赋值运算

对于 C 语言的指针变量的赋值运算来说，具体可以分为如下 5 种情况。

（1）把一个指针变量的值赋予指向相同类型变量的另一个指针变量。例如：

```
int a, *pa = &a, *pb;
pb = pa;
```

（2）把数组的首地址赋予同类型的指针变量。例如：

```
int a[5], *pa;
pa = a;
```

也可写为如下格式：

```
pa = &a[0];
```

（3）把字符串的首地址赋予指向字符类型的指针变量。例如：

```
char *pc;
pc = "I am a student!";
```

也可以用初始化赋值的方法写为如下格式：

```
char *pc = " I am a student!";
```

（4）指针变量初始化赋值。

（5）把函数的入口地址赋予指向函数的指针变量。例如：

```
int (*pf)();pf=f;                         /*f 为函数名*/
```

2. 加减算术运算

对于指向数组的指针变量，可以加上（或减去）一个整数 *n*。设 pa 是指向数组 a 的指针变量，则 pa+n、pa-n、pa++、++pa、pa--、--pa 运算都是合法的。例如：

```
int a[10], *pa;
pa = a;                                   /* pa 指向数组 a ，也是指向 a[0] */
pa = pa + 2;                              /* pa 指向 a[2] */
```

3．两个指针变量之间的运算

在 C 语言程序中，只有指向同一数组的两个指针变量之间才能进行运算，否则运算则毫无意义。

（1）两指针变量相减：如果两指针变量指向同一个数组的元素时，则两指针变量相减所得之差是两个指针所指数组元素之间相差的元素个数。

（2）两指针变量进行关系运算：指向同一数组的两指针变量进行关系运算可表示它们所指数组元素之间的关系。

请看下面的实例，功能是首先顺序显示数组内的元素，然后逆向输出数组内的元素。

实例 9-3：顺序显示数组内的元素并分别逆向输出

源码路径：下载包 \daima\9\9-3

本实例的实现文件为“yunsuan.c”，具体实现代码如下所示。

```
#include <stdio.h>
int main(){
    //声明变量和数组
    int i, *p, *q, t, a[10]={1,3,5,7,9,11,13,15,17,19};
    printf("顺序显示数组内的元素并分别逆向输出！ \n");
for( p=a,i=0; i<10; i++ )                         //输出数组各个元素
        printf("%4d",*(p+i));
    printf("\n");
    q=a+9;
    while ( p<q )                                  //将数组元素反向
        {t=*p; *p = *q; *q = t; p++; q--; }
    for( p=a; p-a<10; p++ )                        //反向输出数组各元素
        printf("%4d",*p);
    printf("\n");
}
```

执行后会分别正向和逆向输出数组内各元素的值，执行效果如图 9-5 所示。

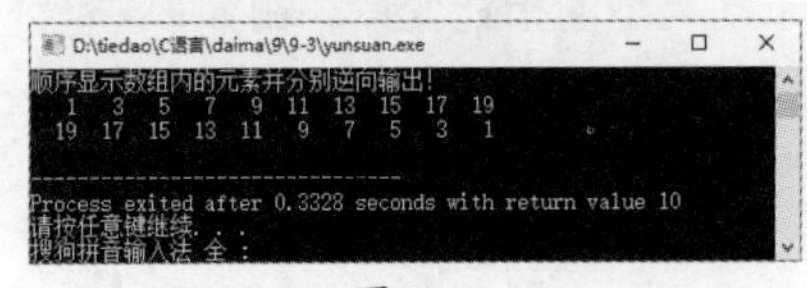

图 9-5

9.2.6 指针变量作为函数参数

在 C 语言程序中，函数的参数不仅可以是整型、实型、字符型等数据，还可以是指针类型，其作用是将一个变量的地址传送到另一个函数中。例如在下面的代码中，函数 swap 是用户定义的函数，功能是交换两个变量（*a* 和 *b*）的值。函数 swap 的形参 p1、p2 是指针变量。

```
swap(int *p1,int *p2){
int temp;
temp=*p1;
 *p1=*p2;
 *p2=temp;
}
int main(){
int a,b;
int *pointer_1,*pointer_2;
scanf("%d,%d",&a,&b);
  pointer_1=&a;pointer_2=&b;
if(a<b)
 swap(pointer_1,pointer_2);
printf("\n%d,%d\n",a,b);
  }
```

上述代码的具体运行流程如下。

（1）先执行 main 函数，输入 *a* 和 *b* 的值。然后将 *a* 和 *b* 的地址分别赋给指针变量 pointer_1 和 pointer_2，使 pointer_1 指向 *a*，pointer_2 指向 *b*。

（2）接着执行 if 语句，由于 *a*<*b*，因此执行 swap 函数。注意实参 pointer_1 和 pointer_2 是指针变量，在函数调用时，将实参变量的值传递给形参变量。采取的依然是“值传递”方式。

因此虚实结合后形参 p1 的值为 &a，p2 的值为 &b。这时 p1 和 pointer_1 指向变量 *a*，p2 和 pointer_2 指向变量 *b*。

（3）然后，执行执行 swap 函数的函数体使 *p1 和 *p2 的值互换，也就是使 *a* 和 *b* 的值互换。函数调用结束后，p1 和 p2 将不复存在。

（4）最后，在函数 main 中输出的 *a* 和 *b* 的值是已经过交换的值。

请注意交换 *p1 和 *p2 的值是如何实现的，如果是下面的代码就会发生错误。

```
swap(int *p1,int *p2){
int *temp;
 *temp=*p1;        /* 此语句有问题 */
 *p1=*p2;
 *p2=temp;
}
```

在上述代码中，因为 *p1 就是 a，是整型变量，而 *temp 是指针变量 temp 所指向的变量。但 temp 中并无确定的地址值，它的值是不可预见的。*temp 所指向的单元也是不可预见的。因此，对 *temp 赋值可能会破坏系统的正常工作状况。应该将 *p1 的值赋给一个整型变量，如程序所示那样，用整型变量 temp 作为临时辅助变量实现 *p1 和 *p2 的交换。

上述代码采取的方法是：交换 *a* 和 *b* 的值，而 p1 和 p2 的值不变。请读者考虑一下，能否通过下面的函数 swap 实现 *a* 和 *b* 的互换。

```
swap(int x, int y){
int temp;
temp=x;
x=y;
y=temp;
}
```

在上述代码中，如果在 main 函数中用“swap(a，b);”调用函数 swap，会有什么结果呢？

在函数调用时，*a* 的值传送给 *x*，*b* 的值传送给 *y*。执行完 swap 函数后，*x* 和 *y* 的值是互换了，但 main 函数中的 *a* 和 *b* 并未互换。也就是说由于“单向传送”的“值传递”方式，形参值的改变无法传给实参。

为了使在函数中改变了的变量值能被 main 函数所用，不能采取上述把要改变值的变量作为参数的办法，而应该用指针变量作为函数参数。在函数执行过程中可使指针变量所指向的变量值发生变化，函数调用结束后，这些变量值的变化依然保留下来，这样就实现了“通过调用函数使变量的值发生变化，在主调函数(如 main 函数)中使用这些改变了的值”的目的。

有读者可能会问：能不能通过改变指针形参的值而使指针实参的值改变？当然不能，请看下面的代码，功能是交换 pointer_1 和 pointer_2 的值，使 pointer_1 指向值大的那一个变量。

```
swap(int *p1,int *p2){
int *p;
p=p1;
p1=p2;
  p2=p;
}
int main(){
int a,b;
int *pointer_1,*pointer_2;
scanf("%d,%d",&a,&b);
pointer_1=&a;pointer_2=&b;
if(a<b) swap(pointer_1,pointer_2);
printf("\n%d,%d\n",*pointer_1,*pointer_2);
```

```
}
```

上述代码非常简单，具体执行过程如下。

（1）先使 pointer_1 指向 a，pointer_2 指向 b。

（2）调用 swap 函数，将 pointer_1 的值传给 p1，pointer_2 传给 p2。

（3）在 swap 函数中使 p1 与 p2 的值交换。

（4）形参 p1、p2 将地址传回实参 pointer_1 和 pointer_2，使 pointer_1 指向 b，pointer_2 指向 a。然后输出 *pointer_1 和 *pointer_2，想得到输出“9，5”。

但是这是无法实现的，问题出在第（4）步。C 语言中实参变量和形参变量之间的数据传递是单向的“值传递”方式，指针变量作函数参数也要遵循这一规则。调用函数不能改变实参指针变量的值，但是可以改变实参指针变量所指变量的值。众所周知，通过函数的调用可以 (而且只可以) 得到一个返回值 (即函数值)，而运用指针变量作参数，可以得到多个变化了的值。如果不用指针变量是难以做到这一点的。

例如下面实例的功能是，首先提示输入 *a*、*b*、*c* 三个整数，然后按照从小到大的顺序排序输出这 3 个整数。

实例 9-4：按照从小到大的顺序排序输出三个整数

源码路径：下载包 \daima\9\9-4

本实例的实现文件为“can.c”，具体实现代码如下所示。

```
int main(){
    int n1,n2,n3;                              //声明三个变量
    int *p1,*p2,*p3;                           //声明三个指针变量
    printf("输入a、b、c 三个整数，然后按大小顺序输出。\n");
    scanf("%d,%d,%d",&n1,&n2,&n3);             //输入三个数
    p1=&n1;                                    //将p1指向第一个数
    p2=&n2;                                    //将p2指向第二个数
    p3=&n3;                                    //将p3指向第三个数
    if(n1>n2)swap(p1,p2);                      //若第一个数大于第二个数则交换它们
    if(n1>n3)swap(p1,p3);                      //若第一个数大于第三个数则交换它们
    if(n2>n3)swap(p2,p3);                      //若第二个数大于第三个数则交换它们
    printf("%d,%d,%d\n",n1,n2,n3);             //输出结果
}
swap(int *p1,int *p2) {                        //交换p1和p2所指向的变量的值
    int t;
    t=*p1;*p1=*p2;*p2=t;
}
```

执行后先输入 3 个整数，按下【Enter】键后将会按大小顺序输出输入的整数。执行效果如图 9-6 所示。

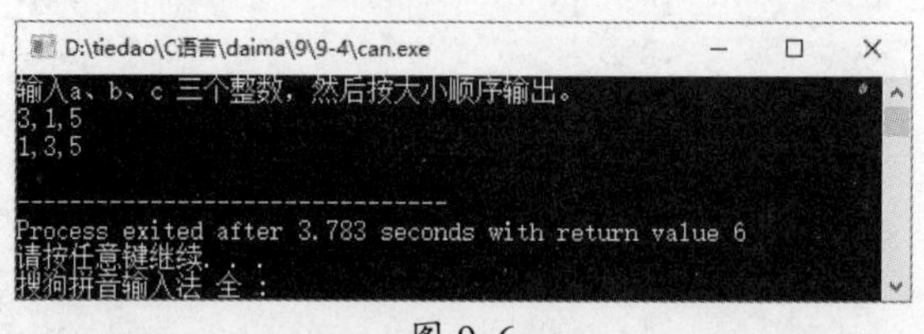

图 9-6

注意：在上述实例代码中，按大小顺序输出了输入的 3 个整数值。如果想通过函数调用得到 *n* 个要改变的值，可以进行如下操作：

（1）在主调函数中设 *n* 个变量，用 *n* 个指针变量指向它们；

（2）然后将指针变量作实参，将这 *n* 个变量的地址传给所调用的函数的形参；

（3）通过形参指针变量，改变该 *n* 个变量的值；

（4）主调函数中就可以使用这些改变了值的变量。

9.2.7　void 类型的指针

在 C 语言程序中，关键字 void 表示函数不接受任何参数或不返回任何值，同时还可以在创建通用指针时使用，通用指针是指一个可指向任何类型的数据对象的指针。例如下面的代码将 ptr 声明为一个通用指针，但没有指定它指向的东西：

```
void *ptr;
```

在 C 语言程序中，void 指针最常见的用途是用于声明函数的参数。当希望一个函数能够处理不同的类型的参数时，可以将 int 变量传递给它，也可以将 float 变量传给它。在这样的情况下，可以将函数声明为接受 void 指针作为参数，则它可以接受任何类型的数据，可以将指向任何东西的指针传递给该函数。例如下面的代码：

```
void half(void *val);{
 ……
}
```

例如在下面的代码中，可以利用指针的强制转换，使用 void 类型的指针。

```
int main(){
float f=1.6, *pf;
void *p;
p=(void*)&f;
pf=(float*)p;
printf("\n&f=%X, p=%X, pf=%X", &f, p, pf);
printf("\n*pf=%f", *pf);
}
```

在上述代码中，变量 f 的指针被强制转换为 void* 类型，赋值给了 void 类型的指针 p。p 又被强制转换为 float* 类型，赋值给 pf。实际上在程序中，&f、p 和 pf 的内存地址值都是相同的，只是是指向的类型有所不同。

例如在下面的实例中定义了 4 个类型的变量，然后分别输出转换后的结果。

实例 9-5：定义 4 个类型的变量，然后分别输出转换后的结果

源码路径：下载包 \daima\9\9-5

本实例的实现文件为“void.c”，具体实现代码如下所示。

```
include<stdio.h>
void half( void  * pval, char  type);
 int main( void ){
int i = 20 ;                                  //int 类型变量 i
long l = 100000 ;                             //long 类型变量 l
float f = 12.456 ;                            //float 类型变量 f
double d = 123.044444 ;                       //double 类型变量 d
printf( " \n%d " ,i);                         // 输出 i 的值
printf( " \n%ld " ,l);                        // 输出 l 的值
printf( " \n%f " ,f);                         // 输出 f 的值
printf( " \n%lf\n\n " ,d);                    // 输出 d 的值
half(& i, 'i' );                              // 调用函数 half
half(& l, 'l' );                              // 调用函数 half
half(& d, 'd' );                              // 调用函数 half

half(& f, 'f' );                              // 调用函数 half
```

```
printf( "\n%d " ,i);
printf( "\n%ld" ,l);
printf( "\n%f" ,f);
printf( "\n%lf\n\n" ,d);
return   0 ;
}
void half( void * pval, char  type){
switch (type){
case 'i' :{
    * (( int * )pval) /= 2 ;      // 强制转换类型，存取指针pval指向的int变量
break ;
  }
case'l' :{
    * (( long * )pval) /= 2 ;     // 强制转换类型，存取指针pval指向的long变量
break ;
  }
case 'f' :  {
    * (( float   * )pval) /= 2 ;  // 强制转换类型，存取指针pval指向的float变量
break ;
  }
case 'd' :{
    * (( double * )pval) /= 2 ;   // 强制转换类型，存取指针pval指向的double变量
break ;
  }
}
}
```

执行后将会输出变量转换后的数据，执行效果如图 9-7 所示。

图 9-7

9.3 指针和数组

在C语言程序中，一个变量有一个地址，一个数组可以包含若干个元素，每个数组元素都在内存中占用存储单元，他们都有相应的存储地址。数组指针是指数组的起始地址，数组元素的指针是数组元素的地址。

↑扫码看视频（本节视频课程时间：17 分 28 秒）

注意：指针和数组是不同的，数组是用来存放某一类型的值的，当然这个值可以为指针变量；而数组的每一个元素都有一个确切的内存地址，即它的指针。在引用数组时可以用下标法引用，例如“a[5]”。另外也可以用指针法，即通过指向数组元素的指针找到所需要的元素。也就是说任何能由数组下标完成的操作，都可以用指针来实现，并且程序中使用指针后将使代码更加紧凑和灵活。

9.3.1　数组元素的指针

由前面的内容了解到，数组元素就相当于一个变量。所以，& 操作符和 * 操作符同样适用于数组的元素。例如，在下面的代码中，利用指针变量存取了数组中的一个元素，指针变量 p 存放的是数组元素 a[2] 的地址，所以当用 * 操作符取其对应的内存内容时，得到整数 3。

```
int main(){
int a[3]={1,2,3},*p;
p=&a[2];                                    //存放数组元素 a[2] 的地址
printf("*p=%d", *p);
}
```

上述代码的执行效果为：

```
*p=3
```

在 C 语言程序中，数组是一种数据单元序列，数组中的各个元素类型都是相同的，每个数组元素所占用的内存单元字节数也相同。并且，数组元素所占用的内存单元都是连续的。例如执行下面的代码后，会输出一个数组的内存地址。

```
int main(){
float f[5]={1,2,3,4,5};                     //定义数组 f
int i;
for(i=0;i<5;i++)                            //for 循环输出数各个组元素的内存地址
printf("\nDS: %X, f[%d]=%f", &f[i], i, f[i]); /*%X: 以 16 进制输出 */
}
```

执行上述程序后会输出：

```
DS: FFC2, f[0]=1.000000
DS: FFC6, f[1]=2.000000
DS: FFCA, f[2]=3.000000
DS: FFCE, f[3]=4.000000
DS: FFD2, f[4]=5.000000
```

注意：如果在不同环境下运行上述代码，f 的内存地址可能会不同。

其实上述程序输出了每个数组元素的指针（即该数组元素的内存地址），以及每个数组元素的值（即该数组元素内存单元的内容）。从输出结果我们可以看到，每个数组元素都是 float 型的，占用 4 个字节。例如，f[0] 占用从 FFC2 开始的四个字节，即 FFC2，FFC3，FFC4 和 FFC5。数组元素指针的偏移量也是 4 个字节，如 FFC6-FFC2=4，FFCA- FFC6=4，等等。数组 f 共 5 个元素，共占用 4*5=20 个字节，这些内存单元从 FFC2 开始，到 FFD6 结束。这也说明了数组在内存中是连续存放的单元序列，如图 9-8 所示。

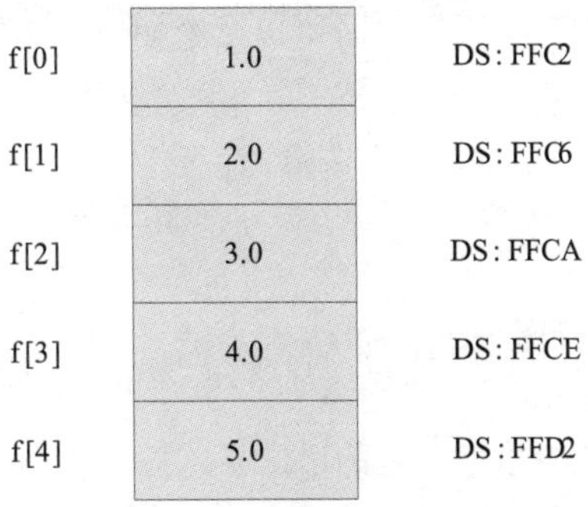

f[0]	1.0	DS : FFC2
f[1]	2.0	DS : FFC6
f[2]	3.0	DS : FFCA
f[3]	4.0	DS : FFCE
f[4]	5.0	DS : FFD2

图 9-8

注意：在此需要指出的是，数组 f 是一个局部变量。程序运行到 main 函数后，系统会

动态为f分配内存，上述程序在不同环境下运行时，输出的数组元素地址可能有所不同。但是，数组元素内存地址的偏移量一定是相同的，相邻元素间地址的差值都是4。

C语言的语法规定，数组的名称是一个常量，代表数组第一个元素（下标为0）的指针。例如在下面的代码中，第1个printf语句输出了数组第一个元素a[0]的指针、*a*的值和指针变量*p*的值，这3个指针值是完全相同的。第2个printf语句输出了*a和*p的值。因为*a*和*p*所指的地址完全相同，所以*a和*p的值对应同一块内存单元的内容，也是完全相同的。

```
int main(){
int a[3]={1,2,3},*p;
p=a;
printf("\na[0]=%X, a=%X, p=%X ", &a[0],a, p);
printf("\n*a=%d, *p=%d",*a, *p);
}
```

运行上述程序后的结果如下所示。

```
a[0]=FFD0, a=FFD0, p=FFD0
*a=1, *p=1
```

9.3.2 指向一维数组元素的指针变量

在C语言中，一个数组是由连续的一块内存单元组成的，数组名就是这块连续内存单元的首地址。一个数组也是由各个数组元素(下标变量)组成的，每个数组元素按其类型不同占有几个连续的内存单元。一个数组元素的首地址也是指它所占有的几个内存单元的首地址。

在C语言程序中，定义一个指向数组元素的指针变量的方法，与以前介绍的指针变量相同。例如下面的演示代码：

```
int a[10];                          /*定义a为包含10个整型数据的数组*/
int *p;                             /*定义p为指向整型变量的指针*/
```

读者应当注意，因为上面的数组是int类型的，所以指针变量也应该是指向int类型的指针变量。例如在下面的代码中对指针变量进行赋值，把a[0]元素的地址赋给指针变量p，也就是说p指向a数组的第0号元素。

```
p=&a[0];
```

C语言规定数组名代表数组的首地址，也就是第0号元素的地址。正是因为有这个规定，所以下面两行代码语句的功能等价的。

```
p=&a[0];
p=a;
```

另外，在C语言程序中定义指针变量时可以赋给初值，例如：

```
int *p=&a[0];
```

上述代码等效于下面的代码：

```
int *p;
p=&a[0];
```

当然在定义时也可以写为如下所示的格式：

```
int *p=a;
```

在C语言程序中，声明数组指针变量的语法格式如下所示。

```
类型说明符  *指针变量名;
```

其中，“类型说明符”表示所指数组的类型。从上述格式可以看出，指向数组的指针变量和指向普通变量的指针变量的声明是相同的。

9.3.3　通过指针引用数组元素

C 语言规定，如果指针变量 *p* 已指向数组中的一个元素，则 *p*+1 指向同一数组中的下一个元素。当引入指针变量后，就可以用两种方法来访问数组元素了。例如，如果 *p* 的初值为 &a[0]，则：

（1）*p*+*i* 和 *a*+*i* 就是 a[i] 的地址，或者说它们指向 a 数组的第 *i* 个元素。

（2）*(p+i) 或 *(a+i) 就是 *p*+*i* 或 *a*+*i* 所指向的数组元素，即 a[i]。例如，*(p+5) 或 *(a+5) 就是 a[5]。

（3）指向数组的指针变量也可以带下标，如 p[i] 与 *(p+i) 等价。

在接下来的内容中，将详细讲解通过指针引用数组元素的几种方式。

1. 通过指针引用数组元素

在 C 语言程序中，可以使用如下两种方法引用一个数组元素。

（1）下标法：即用 a[i] 形式访问数组元素，例如在前面介绍数组时都是采用这种方法。

（2）指针法：即采用 *(a+i) 或 *(p+i) 形式，用间接访问的形式访问数组元素，其中 a 是数组名，*p* 是指向数组的指针变量，其初值 *p*=*a*。

例如在下面的代码中，定义了指针变量 *pf*，并使 *pf* 指向数组 a 的首地址，那么根据指针加法规则，*pf*+*i* 正好是数组元素 fArray[i] 的首地址，*(pf+i) 的值就是数组元素 fArray[i] 的值。

```
int main(){
float fArray[3]={1.0,2.0,3.0},*pf;
int i;
pf =fArray;
for(i=0;i<3;i++)
printf("%f ",*(pf +i));
}
```

上述代码运行后输出：

```
1.000000 2.000000 3.000000
```

在上述引用数组元素的过程中，指针变量 *pf* 的值没有发生变化，始终是数组首地址。我们也可以用递增 *pf* 的方法遍历数组元素。

```
int main(){
float fArray[3]={1.0,2.0,3.0},*pf=fArray;
int i;
for(i=0;i<3;i++,pf++)
printf("%f ",*pf );
}
```

在循环过程中，指针变量 *pf* 的值发生了变化：每次循环都自增 1，pf 指向下一个数组元素的首地址，*pf 指向下一个数组元素的内容。

在使用数组的指针时，一定要注意指针当前所在的位置。例如下面是一个错误的例子：

```
int main(){
float fArray[3],*pf=fArray;
int i;
for(i=0;i<3;i++,pf++)              /* 执行完这个循环后，pf 已经指向了 fArray 以外 */
scanf("%f",pf );
for(i=0;i<3;i++,pf++)
printf("%f ",*pf );
```

```
}
```

在上述代码中，第 1 个循环没有错误，它利用了指针变量依次输入 fArray 的元素。在循环过程中，*pf* 在变化，每次执行 scanf 后 pf 都指向 fArray 的下一个元素。当循环结束后，pf 已经指向了 fArray 范围之外，所以第 2 个循环里 pf 指向了错误的内存。可以对上述程序进行如下所示的修改：

```
int main(){
float fArray[3],*pf=fArray;
int i;
for(i=0;i<3;i++,pf++)
scanf("%f",pf );
pf=fArray; /* 重新将 pf 指向数组首地址（指针复位）*/
for(i=0;i<3;i++,pf++)
printf("%f ",*pf );
}
```

数组名称是数组首地址值，是一个指针常量。这样也可以利用 *(数组名称 +i) 的方式引用数组元素，例如下面的代码：

```
int main(){
int i;
float fArray[3]={1.0,2.0,3.0};
for(i=0;i<3;i++)
printf("%f ",*( fArray +i));
}
```

上述这几种引用数组元素的方法都是通过指针实现的，这通常被称为指针法。而以前直接用数组下标的方式引用数组元素的方法，例如（如 a[0]），则称为下标法。

实际上，数组元素的下标 [] 也是一种运算符，程序中用下标法引用数组元素的代码，最终都被编译器自动转换为指针法进行。例如下面的代码是合法的：

```
int main(){
float fArray[3]={1.0,2.0,3.0},*pf=fArray;
int i;
for(i=0;i<3;i++)
printf("%f ",pf[i]); /* 等效于 *( pf +i)*/
}
```

在上述代码中定义了 *pf* 为指针变量，并使其指向数组 fArray 的首地址，然后使用表达式 pf[i] 取数组的元素。虽然 *pf* 没有定义为数组类型，但也可以使用数组下标。数组下标是一种运算符，是一种计算地址和引用内存单元的方法，pf[i] 和 *(pf +i) 是完全等价的。

在通过指针引用数组元素时，一定要注意不要越界引用。如果发生了越界的情况，编译器并不能发现错误，程序将继续存取数组以外的内存单元，可能会导致异常出现。

实例 9-6：分别通过指向数组的指针引用数组、利用数组名和下标引用数组

源码路径：下载包 \daima\9\9-6

本实例的实现文件为“123.c”，具体实现代码如下所示。

```
int main(){
   int a[5],i,*p;
   for(i=0;i<5;i++) scanf("%d",&a[i]);
   for(i=0;i<5;i++)                                        /* 下标法 */
     printf("a[%d]\t=%d\t",i,a[i]);
     printf("\n");
   for(i=0;i<5;i++)                                        /* 指针变量表示法 */
          printf("*(a+%d)\t=%d\t",i,*(a+i));
   printf("\n");
```

```
    for(p=a;p<a+5;p++)                                  /* 指针法 */
        printf("*p\t=%d\t",*p);
    printf("\n");
    for(p=a,i=0;i<5;i++)                            /* 指针变量表示法 */
        printf("*(p+%d)\t=%d\t",i,*(p+i));
    printf("\n");
    for(i=0;i<5;i++)                                    /* 指针变量表示法 */
        printf("p[%d]\t=%d\t",i,p[i]);
    getch();
}
```

执行后先换行输入 5 个数字，按下【Enter】键后将会输出对应的结果。执行效果如图 9-9 所示。

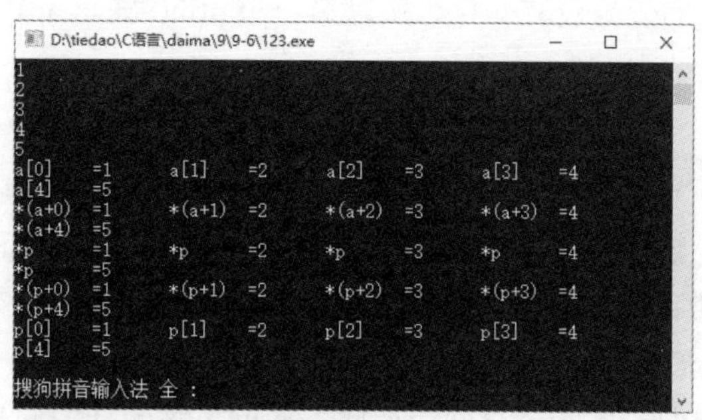

图 9-9

2．自增、自减运算符和指针运算符

在 C 语言程序中，当指针变量结合自增、自减和指针运算符时，整个代码不太容易理解。自增、自减运算符和指针运算符的优先级相同，结合方向是自右向左。看下面的一段代码：

```
int main(){
int a[5]={10,20,30,40,50}, *p;
p=a;
printf("\n%d", *(p++));                                /* 代码段 1*/
printf("\n%d", *p);
p=a;
printf("\n%d", *(++p));                                /* 代码段 2*/
printf("\n%d", *p);
p=a;
printf("\n%d", *p++);                                  /* 代码段 3*/
printf("\n%d", *p);
p=a;
printf("\n%d", ++*p);                                  /* 代码段 4*/
printf("\n%d", *p);
p=a;
printf("\n%d", (*p)++);                                /* 代码段 5*/
printf("\n%d", *p);
}
```

在上述 5 个代码段中，每个代码段前都使用了“p=a;”语句，目的是将指针变量复位，指向数组首地址。各代码段的具体说明如下。

（1）在代码段 1 中，*(p++) 表达式的值就是 *p; 然后指针 p 自加 1，指向下一个数组元素。所以第一个 printf 输出 a[0] 的值 10，第二个 printf 输出 a[1] 的值 20。

（2）在代码段 2 中，*(++p) 表达式首先完成指针 p 自加 1，p 指向了数组的下一个元素；然后表达式的值是 p 所指的内存单元的值，即 20。所以第一个 printf 输出 a[1] 的值 20，第二个 printf 中 p 没有变化，仍然输出 a[1] 的值 20。

（3）在代码段3中，根据右结合的规则，表达式 *p++ 等价于 *(p++)，所以第一个 printf 输出 a[0] 的值10，第二个 printf 输出 a[1] 的值20。

（4）在代码段4中，根据右结合的规则，表达式 ++*p 等价于 ++(*p)，自增运算符作用于 *p 对应的内存单元，，而不是指针变量 p，因此表达式的值为 *p+1，即11；同时，*p 对应的内存单元（即 a[0]）因为自增运算符的作用，它的值也变成了11。但指针变量 p 本身的值没有任何变化。结果两个 printf 均输出11。

（5）在代码段5中，(*p)++ 表达式的值就是 *p，即 a[0]。由于上一个代码段中已经将 a[0] 变成11，因此这里表达式的值为11；然后 *p（即 a[0]）自加1，*p 的值由11变成12。这个过程中指针变量 p 的值也没有变化。所以第一个 printf 输出 a[0] 的值11，第二个 printf 输出变化后的 a[0] 值12。

9.3.4 数组名作函数参数

在C语言程序中，数组名可以作函数的实参和形参。例如在下面的代码中，array 为实参数组名，arr 为形参数组名。在学习指针变量之后就更容易理解这个问题了。数组名就是数组的首地址，实参向形参传送数组名实际上就是传送数组的地址，形参得到该地址后也指向同一数组。这就好像同一件物品有两个彼此不同的名称一样。同样，指针变量的值也是地址，数组指针变量的值即为数组的首地址，当然也可作为函数的参数使用。

```
int main(){
int array[10];
    ……
f(array,10);
    ……
}
f(int arr[],int n);{
……
}
```

例如在下面的实例中，将数组 a 中的 n 个整数按相反的顺序进行存放。

实例 9-7：将数组中的元素按相反顺序存放

源码路径：下载包 \daima\9\9-7

本实例的具体算法是：将 a[0] 与 a[n−1] 对换，再 a[1] 与 a[n−2] 对换……，直到将 a[(n−1/2)] 与 a[n−int((n−1)/2)] 对换。此处用循环处理此问题，设两个“位置指示变量”i 和 j，i 的初值为0，j 的初值为 n−1。将 a[i] 与 a[j] 交换，然后使 i 的值加1，j 的值减1，再将 a[i] 与 a[j] 交换，直到 i=(n−1)/2 为止。

本实例的实现文件为“shucan.c”，具体实现代码如下所示。

```
void inv(int x[],int n)    /* 形参 x 是数组名 */
{
int temp,i,j,m=(n-1)/2;
for(i=0;i<=m;i++){
j=n-1-i;
temp=x[i];x[i]=x[j];x[j]=temp;}
return;
}
main(){
int i,a[10]={3,7,9,11,0,6,7,5,4,2};
printf("看下面的数组，你能将里面的整数按相反顺序排列吗？ \n");
```

```
    for(i=0;i<10;i++)
      printf("%d,",a[i]);
    printf("\n");
    inv(a,10);
    printf("这也太简单了：\n");
  for(i=0;i<10;i++)
  printf("%d,",a[i]);
  printf("\n");
  }
```

执行效果如图 9-10 所示。

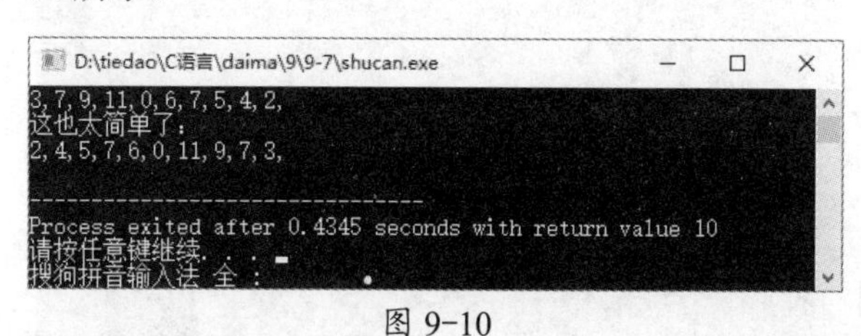

图 9-10

请看下面的实例，首先提示输入 10 个数字存入数组，然后输出里面的最大值和最小值。

实例 9-8：输出数组元素中的最大值和最小值

源码路径：下载包 \daima\9\9-8

本实例的实现文件为“zuida.c”，具体实现代码如下所示。

```
int max,min;       /* 全局变量 */
void max_min_value(int array[],int n)
{
int *p,*array_end;
 array_end=array+n;
 max=min=*array;
for(p=array+1;p<array_end;p++)
 if(*p>max)max=*p;
else if (*p<min)min=*p;
return;
}

int main(){
int i,number[10];
printf("随便输入 10 个整数，你能找出里面的最大数和最小数吗？ \n");
 for(i=0;i<10;i++)
   scanf("%d",&number[i]);
 max_min_value(number,10);
 printf("\n 最大数是 %d, 最小数是 %d\n",max,min);}
```

上述代码的具体说明如下所示。

（1）在函数 max_min_value 中求出的最大值和最小值放在 max 和 min 中。由于它们是全局的，因此可以在主函数中直接使用。

（2）在函数 max_min_value 中的语句“max=min=*array;”其中 array 是数组名，它接收从实参传来的数组 numuber 的首地址；*array 相当于 *（&array[0]）。上述语句和“max=min=array[0];”等价。

（3）在执行 for 循环时，p 的初值为 array+1, 也就是使 p 指向 array[1]。以后每次执行 p++，使 p 指向下一个元素。每次将 *p 和 max 与 min 比较。将大者放入 max，小者放 min。

（4）函数 max_min_value 的形参 array 可以改为指针变量类型。实参也可以不用数组名，而用指针变量传递地址。

执行后先提示用户输入 10 个整数，然后按下【Enter】键后将会分别输出 10 个整数中的最大值和最小值。执行效果如图 9-12 所示。

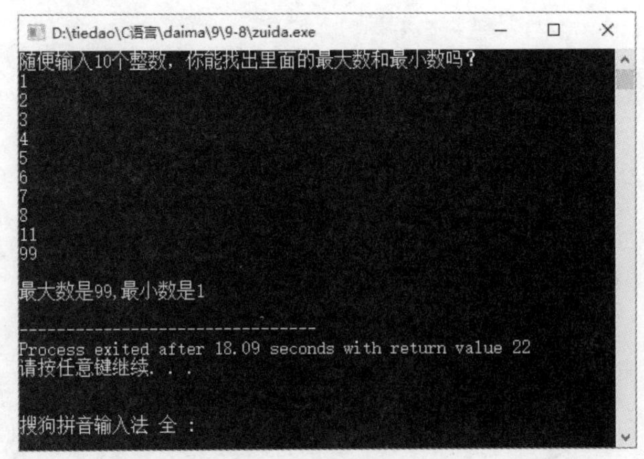

图 9-11

9.4 指针和多维数组

在本章前面的内容中，介绍的指针和数组间的关系都是针对一维数组的，而指针是可以指向多维数组的。在具体使用方法上，多维数组要变得更加复杂。在下面的内容中，将详细介绍 C 语言中指针和多维数组之间的具体应用知识。

↑扫码看视频（本节视频课程时间：11 分 21 秒）

9.4.1 多维数组的地址

为了深入理解多维数组指针的知识，先回顾一下多维数组的性质。现在以二维数组为例，假设有一个二维数组 a，它有 3 行 4 列，则可以定义为如下所示的代码。

```
static int a[3][4]={{1,3,5,7},{9,11,13,15},{17,19,21,23}};
```

对于上述代码，我们可以从如下几个方面进行理解。

（1）a 是一个数组名，a 数组包含三个元素：a[0]、a[1]、a[2]。而每个元素又是一个一维数组，它包含 4 个元素 (即 4 个列元素)，例如，a[0] 所代表的一维数组又包含 4 个元素：a[0][0]、a[0][1]、a[0][2]、a[0][3]；a[1] 所代表的一维数组又包含 4 个元素：a[1][0]、a[1][1]、a[1][2]、a[1][3]；a[3] 所代表的一维数组又包含 4 个元素：a[2][0]、a[2][1]、a[2][2]、a[2][3]。

（2）从二维数组的角度来看，a 代表整个二维数组的首地址，即第 0 行的首地址。a+1 代表第 1 行的首地址，a+2 代表第 2 行的首地址。若 a 的地址为 2000，则 a+1 为 2008，a+2 为 2016。

（3）a[0]、a[1]、a[2] 既然是一维数组名，而 C 语言又规定了数组名代表数组的首地址，因此 a[0] 代表第 0 行中第 0 列元素的地址，即 &a[0][0]。a[1] 是 &a[1][0]，a[2] 是 &a[2][0]。

（4）究竟怎么表示 a[0][1] 的地址呢？可以用 a[0]+1 来表示，具体如图 9-12 所示。此时”a[0]+1”中的 1 是代表 1 个列元素的字节数，即 2 个字节。今 a[0] 的值是 2000,a[0]+1 的值是 2002。a[0]+0、a[0]+1、a[0]+2、a[0]+3 分别是 &a[0][0]、&a[0][1]、&a[0][2]、&a[0][3]，如图 9-12 所示。

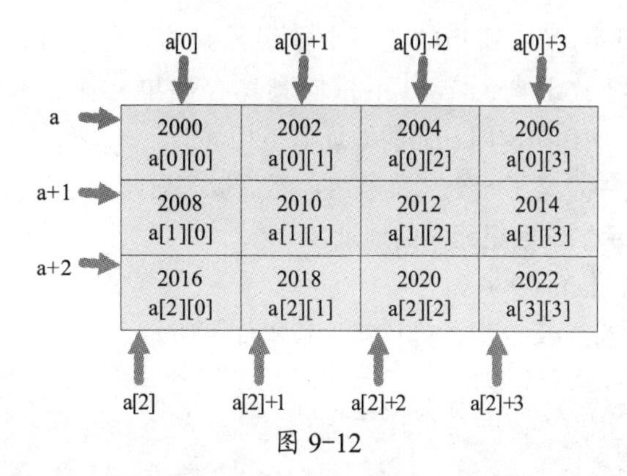

图 9-12

（5）因为 a[0] 和 *(a+0) 等价，a[1] 和 *(a+1) 等价。因此，a[0]+1 和 *(a+0)+1 等价，值是 &a[0][1](2002)。a[1]+2 和 *(a+1)+2 等价，值是 &a[1][2](2012)。

（6）如何表示 a[0][1] 的值？既然 a[0]+1 是 a[0][1] 的地址，那么，*(a[0]+1) 就是 a[0][1] 的值。同理，*(*(a+0)+1) 或 *(*a+1) 也是 a[0][1] 的值，*(a[I]+j) 或 *(*(a+I)+j) 是 a[I][j] 的值。在此的重点是：*(a+I) 和 a[I] 是等价的。

（7）在此有必要对 a[I] 的性质作进一步说明：a[I] 从形式上看是 a 数组中第 I 个元素，如果 a 是一维数组名，则 a[I] 代表 a 数组第 I 个元素所占的内存单元。a[I] 是有物理地址的，是占内存单元的。但如果 a 是二维数组，则 a[I] 是代表一维数组名。a[I] 本身并不占实际的内存单元，它也不存放 a 数组中各个元素的值。它只是一个地址，如同一个一维数组名 x 并不占内存单元而只代表地址一样。

（8）a、a+I、a[I]、*(a+I)、*(a+I)+j、a[I]+j 都是地址，*(a[I]+j)、*(*(a+I)+j 是二维数组元素 a[I][j] 的值，具体见表 9-1。

表 9-1

表示形式	含义	地址
a	二维数组名，数组首地址。	2000
a[0],*(a+0),*a	第 0 行第 0 列元素地址	2000
a+1	第 1 行首地址 2008	2008
a[1],*(a+1)	第 1 行第 0 列元素地址 2008	2008
a[1]+2,*(a+1)+2,&a[1][2]	第 1 行第 2 列元素地址 2012	2012
(a[1]+2),(*(a+1)+2),a[1][2]	第 1 行第 2 列元素地址	元素值为 13

（9）为什么 a+1 和 *(a+1) 都是 2008 呢？确切地说，a+1 是指向 a[1] 的首地址。又 *(a+1) 与 a[1] 等价，而 a[1] 是数组名，它可代表 a[1] 的首地址。

（10）不要把 &a[I] 理解为 a[I] 单元的物理地址，因为并不存在 a[I] 这样一个变量。它只是一种地址的计算方法，能得到第 I 行的首地址，&a[I] 和 a[I] 的值是一样的，但是它们的含义是不同的。

（11）&a[I] 或 a+I 指向行，而 a[I] 或 *(a+I) 指向列。当列下标 j 为 0 时，&a[I] 和 a[I](即

a[I]+j) 值相等，即指向同一位置。*(a+I) 只是 a[I] 的另一种表示形式，不要简单地认为是 a+I 所指单元中的内容。

（12）在一维数组中，a+I 所指的是一个数组元素的存储单元，它有具体值，上述说法是正确的。而对二维数组来说，a+I 不指向具体存储单元而指向行。在二维数组中，a+I=&a[I]=a[I]=*(a+I)=&a[I][0]，即它们的地址值是相等的。

例如在下面的实例中定义了一个二维数组，然后以各种形式取得数组的地址并输出。

实例 9-9：输出显示二维数组元素的地址

源码路径：下载包 \daima\9\9-9

本实例的实现文件为“duo.c”，具体实现代码如下所示。

```
int main(){
    int a[3][4]={0,1,2,3,4,5,6,7,11,9,10,11};
    //输出二维数组 a 的第 0 行首地址
    printf("a=%d\t",a);
printf("*a=%d\t\t",*a);
printf("a[0]=%d\t",a[0]);
    printf("&a[0]=%d\t",&a[0]);
printf("&a[0][0]=%d\n",&a[0][0]);
    //输出二维数组 a 的第 1 行首地址
    printf("a+1=%d\t",a+1); printf("*(a+1)=%d\t",*(a+1));
    printf("a[1]=%d\t",a[1]);printf("&a[1]=%d\t",&a[1]);
    printf("&a[1][0]=%d\n",&a[1][0]);
    //输出二维数组 a 的第 2 行首地址
    printf("a+2=%d\t",a+2);printf("*(a+2)=%d\t",*(a+2));
    printf("a[2]=%d\t",a[2]);printf("&a[2]=%d\t",&a[2]);
    printf("&a[2][0]=%d\n\n",&a[2][0]);
    //输出数组元素 a[0][1] 的地址和值
    printf("a[0]+1=%d\t",a[0]+1); printf("*a+1=%d\t",*a+1);
    printf("&a[0][1]=%d\n",&a[0][1]);
    printf("*(a[0]+1)=%d,*(*a+1)=%d,a[0][1]=%d\n\n",*(a[0]+1),*(*a+1),a[0][1]);
    //输出数组元素 a[1][1] 的地址和值
    printf("a[1]+1=%d\t",a[1]+1); printf("*(a+1)+1=%d\t",*(a+1)+1);
    printf("&a[1][1]=%d\n",&a[1][1]);
    printf("*(a[1]+1)=%d,*(*(a+1)+1)=%d,a[1][1]=%d\n\
n",*(a[1]+1),*(*(a+1)+1),a[1][1]);
    }
```

执行后会分别输出数组内元素的地址，执行效果如图 9-13 所示。

图 9-13

9.4.2 指向多维数组的指针变量

在 C 语言程序中，可以定义指针变量指向多维数组及其元素，接下来仍以二维数组为例进行说明。二维数组在内存中是连续的内存单元，我们可以定义一个指向内存单元起始地址的指针变量，然后依次拨动指针，这样就可以遍历二维数组的所有元素。例如在下面的代码中，定义了一个指向 float 型变量的指针变量。语句 p=*a 将数组第 1 行，第 1 列元素的地址赋给了 p，p 指向了二维数组第一个元素 a[0][0] 的地址。根据 p 的定义，指针 p 的加法运算单位正好是二维数组一个元素的长度，因此语句 p++ 使得 p 每次指向了二维数组的下一个元素，*p 对应该元素的值。

```
int main(){
float a[2][3]={1.0,2.0,3.0,4.0,5.0,6.0},*p;
int i;
for(p=*a;p<*a+2*3;p++)
printf("\n%f ",*p);
}
```

上述代码运行后会输出：

```
1.000000
2.000000
3.000000
4.000000
5.000000
6.000000
```

根据二维数组在内存中的存放规律，我们也可以用下面的程序找到二维数组元素的值。输入下标 i 和 j 的值后，程序就会输出 a[i][j] 的值。这里我们利用了公式 p+i*3+j 计算出了 a[i][j] 的首地址。

```
int main(){
float a[2][3]={1.0,2.0,3.0,4.0,5.0,6.0},*p;
int i,j;
printf("Please input i =");
scanf("%d", &i);
printf("Please input j =");
scanf("%d", &j);
p=a[0];
printf("\na[%d][%d]=%f ",i,j,*(p+i*3+j));
}
```

在 C 语言程序中，计算二维数组中任何一个元素地址的语法格式如下所示。

```
二维数组首地址 +i* 二维数组列数 +j
```

在上述格式中，指针变量指向的是数组具体的某个元素，因此指针加法的单位是数组元素的长度。我们也可以定义指向一维数组的指针变量，使它的加法单位是若干个数组元素。在 C 语言程序中，定义这种指针变量的格式如下所示。

```
数据类型 (* 变量名称)[ 一维数组长度 ];
```

上述格式的具体说明如下。

（1）括号一定不能少，否则 [] 的运算级别高，变量名称和 [] 先结合，结果就变成了指针数组；

（2）指针加法的内存偏移量单位为：数据类型的字节数 * 一维数组长度。

例如在下面的代码中，定义了一个指向 long 型一维、5 个元素数组的指针变量 p。指针变量 p 的特点在于，加法的单位是 4*5 个字节，p+1 跳过了数组的 5 个元素。

```
long (*p)[5];
```

上述指针变量的特点正好和二维数组的行指针相同，可以利用指针变量进行整行的跳动，具体代码如下所示。

```
int main(){
float a[2][3]={1.0,2.0,3.0,4.0,5.0,6.0};
float (*p)[3];
int i,j;
```

```
printf("Please input i =");
scanf("%d", &i);
printf("Please input j =");
scanf("%d", &j);
p=a;
printf("\na[%d][%d]=%f ",i,j,*(*(p+i)+j));
}
```

上述代码的具体说明如下。

（1）p 定义为一个指向 float 型、一维、3 个元素数组的指针变量 p。

（2）语句 p=a 将二维数组 a 的首地址赋给了 p。根据 p 的定义，p 加法的单位是 3 个 float 型单元，因此 p+i 等价于 a+i，*(p+i) 等价于 *(a+i)，即 a[i][0] 元素的地址，也就是该元素的指针。

（3）*(p+i)+j 等价于 & a[i][0]+j，即数组元素 a[i][j] 的地址；

（4） *(*(p+i)+j) 等价于 (*(p+i))[j]，即 a[i][j] 的值。

（5）在定义 p 时，对应数组的长度应该和 a 的列长度相同。否则编译器检查不出错误，但指针偏移量计算出错，导致错误结果。

请看下面的实例，编写了一个函数，用指针方式实现 2*3 或 3*4 矩阵相乘运算。

实例 9-10：2*3 或 3*4 矩阵相乘运算

源码路径：下载包 \daima\9\9-10

本实例的算法分析如下。

（1）使用一个 2×3 的二维数组和一个 3×4 的二维数组保存原矩阵的数据；用一个 2×4 的二维数组保存结果矩阵的数据。

（2）结果矩阵的每个元素都需要进行计算，可以用一个嵌套的循环（外层循环 2 次，内层循环 4 次）实现。

（3）根据矩阵的运算规则，内层循环里可以再使用一个循环，累加得到每个元素的值。一共使用三层嵌套的循环。

本实例的实现文件为“123.c”，具体实现代码如下所示。

```
int main(){
int i,j,k, a[2][3],b[3][4],c[2][4];
/* 输入 a[2][3] 的内容 */
printf("\n 输入一个 2×3 的 a[2][3] 格式的二维数组数据吧 :\n");
for(i=0;i<2;i++)
for(j=0;j<3;j++)
scanf("%d", a[i]+j); /* a[i]+j 等价于 &a[i][j]*/
/* 输入 b[3][4] 的内容 */
printf(" 输入一个 3×4 的 a[3][4] 格式的二维数组数据吧 :\n");
printf(" 实现 2*3 或 3*4 矩阵相乘运算，只要回答正确你就可以下山了！ \n");
for(i=0;i<3;i++)
for(j=0;j<4;j++)
scanf("%d", *(b+i)+j); /* *(b+i)+j 等价于 &b[i][j]*/
/* 用矩阵运算的公式计算结果 */
for(i=0;i<2;i++)
 for(j=0;j<4;j++){
*(c[i]+j)=0; /* *(c[i]+j) 等价于 c[i][j]*/
for(k=0;k<3;k++)
*(c[i]+j)+=a[i][k]*b[k][j];
}
/* 输出结果矩阵 c[2][4]*/
printf("\nResults: ");
```

```
for(i=0;i<2;i++){
printf("\n");
for(j=0;j<4;j++)
printf("%d ",*(*(c+i)+j)); /* *(*(c+i)+j) 等价于 c[i][j]*/
}
}
```

执行后将先提示用户输入矩阵数字，输入指定的矩阵数字并按下【Enter】键后，将会分别输出运算后的结果。执行效果如图 9-14 所示。

图 9-14

9.5　指针和字符串

在 C 语言程序中，指针和字符串的关系十分密切，通过两者之间的相互关联可以实现具体的用户需求。在本节的内容中，将详细讲解 C 语言指针和字符串的知识。

↑扫码看视频（本节视频课程时间：7 分 25 秒）

9.5.1　指针访问字符串

在 C 语言程序中，可以用如下两种方法访问一个字符串。

（1）用字符数组存放一个字符串，然后输出该字符串。例如下面的代码：

```
int main(){
  char string[]="I love China!";
printf("%s\n",string);
}
```

这和前面中介绍的数组属性一样，string 是数组名，它代表字符数组的首地址。

（2）用字符串指针指向一个字符串。例如下面的代码：

```
int main(){
  char *string="I love China!";
printf("%s\n",string);
}
```

字符串指针变量的定义说明与指向字符变量的指针变量说明是相同的。只能按对指针变量的赋值不同来区别。对指向字符变量的指针变量应赋予该字符变量的地址。例如在下面的代码中，表示 p 是一个指向字符变量 c 的指针变量。

```
char c,*p=&c;
```

而在下面的代码中，首先定义 ps 是一个字符指针变量，然后把字符串的首地址赋予ps(应写出整个字符串，以便编译系统把该串装入连续的一块内存单元)，并把首地址送入 ps。

```
int main(){
 char *ps;
 ps="C Language";
 printf("%s",ps);
 }
```

在上述代码中，首先定义 string 是一个字符指针变量，然后把字符串的首地址赋予string(此处应写出整个字符串，以便编译系统把该串装入连续的一块内存单元)，并把首地址送入 string。上述代码中的如下代码：

```
char *ps;
ps="C Language";
```

等效于下面的代码：

```
char *ps="C Language";
```

再看下面的一段代码，功能是输出字符串中第n个字符后的所有字符，执行效果为“book”。在程序中对 ps 初始化时，即把字符串首地址赋予 ps，当 ps= ps+10 之后，ps 指向字符“b”，因此输出为“book”。

```
int main(){
char *ps="this is a book";
int n=10;
ps=ps+n;
printf("%s\n",ps);
}
```

例如在下面的实例中，不使用内置库函数 strcpy 而把一个字符串的内容复制到另一个字符串中。

实例 9-11：把一个字符串的内容复制到另一个字符串中

源码路径：下载包 \daima\9\9-11

在 C 语言程序中，函数 cprstr 的形参为两个字符指针变量，pss 指向源字符串，pds 指向目标字符串。在此需要注意表达式 (*pds=*pss)!=`\0’ 的用法。通过使用函数 cprstr，可以实现字符串复制功能。本实例的实现文件为“zifu.c”，具体实现代码如下所示。

```
cpystr(char *pss,char *pds){
 while((*pds=*pss)!='\0'){
pds++;
pss++;
}
}
int main(){
  char *pa="我是松鼠",b[10],*pb;
  pb=b;
  cpystr(pa,pb);
  printf("字符串 a=%s\n 字符串 b=%s\n",pa,pb);
  printf("罗说：恭喜你松鼠！ \n");
}
```

上述代码完成了如下两项工作：

（1）把 pss 指向的源字符串复制到 pds 所指向的目标字符串中。

（2）判断所复制的字符是否为“\0”，若是则表明源字符串结束，不再循环。否则，pds 和 pss 都加 1，指向下一字符。

执行后的效果如图 9-15 所示。

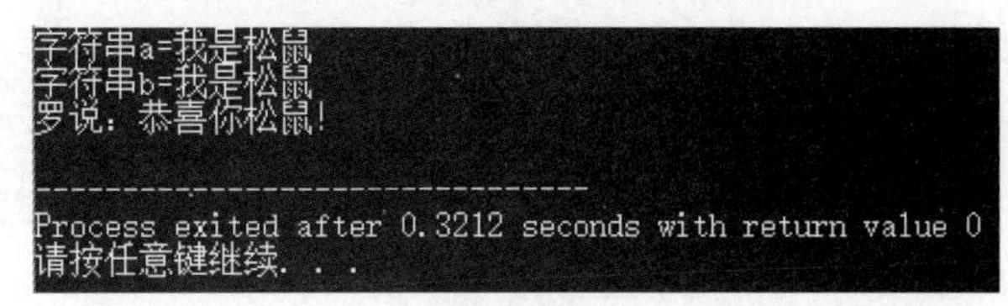

图 9-15

9.5.2　字符串指针作函数参数

在 C 语言程序中，字符串指针作函数的参数，与前面介绍的数组指针作函数参数没有本质的区别。函数间传递的都是地址值，所不同的仅是指针指向对象的类型不同而已。将一个字符串从一个函数传递到另一个函数，可以使用传地址的方式，也就是将字符数组名或字符指针变量作参数。具体来说有如下 4 种情况：

第 1 种：实参是数组名，形参是数组名。

第 2 种：实参是数组名，形参是字符指针变量。

第 3 种：实参是字符指针变量，形参是字符指针变量。

第 4 种：实参是字符指针变量，形参是数组名。

例如下面的实例中，使用函数调用实现了复制字符串的功能。

实例 9-12：使用函数调用复制字符串的内容

源码路径：下载包 \daima\9\9-12

本实例的实现文件为“can.c”，具体实现代码如下所示。

```
void copy_string(char from[], char to[]) {
 int i=0;
  while(from[i] != '\0') {
  to[i] = from[i]; i++;
  }
  to[i] = '\0';
}
int main (){
  char a[] = "我是孙.";
  char b[] = "我是张.";
  printf("字符串_a =%s\n 字符串_b =%s\n", a,b);
  copy_string(a,b);
  printf("字符串_a =%s\n 字符串_b =%s\n", a,b);
  printf("导演说：恭喜张和孙智商升级! \n");
}
```

执行效果如图 9-16 所示。

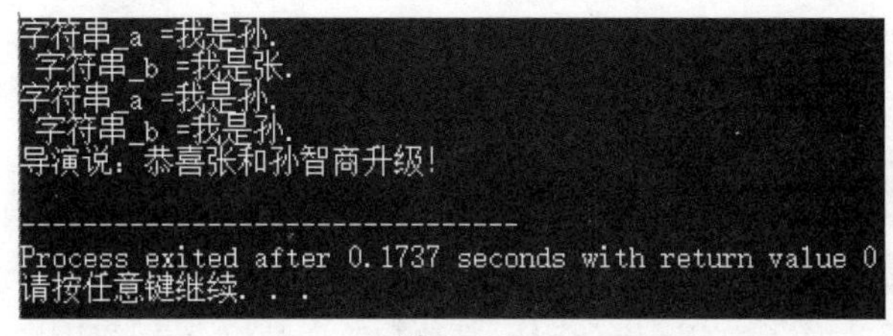

图 9-16

9.6 指针数组和多级指针

在C语言程序中，当某个数组被定义为指针类型时，就称这样的数组为指针数组。指针数组中的每个元素都相当于一个指针型变量，只能存放地址型数据。当定义的某个指针型变量专门用来存放其他指针变量的地址时，这样的指针变量就称为指针的指针，也叫二级指针。以此类推可以定义多级指针。

↑扫码看视频（本节视频课程时间：11分09秒）

注意：本书仅讨论二级指针，至于其他类型，因为使用得很少，所以在本书中不做具体介绍。

9.6.1 指针数组

在C语言程序中，指针数组是一组有序的指针的集合，指针数组的所有元素都必须具有相同存储类型和指向相同数据类型的指针变量。

1．定义指针数组

C语言中的指针数组的定义、赋初值、数组元素的引用与赋值等操作，和一般数组的处理方法基本相同。在此需要注意指针数组是指针类型的，对其元素所赋的值必须是地址值。在C语言程序中，定义指针数组的格式如下所示。

```
[格式] 存储类型数据类型 * 指针数组名 [长度]；
```

上述格式的功能是定义指向“数据类型”变量或数组的指针型数组，同时给指针数组元素赋初值。这些指针变量具有指定的“存储类型”。上述定义格式的具体说明如下。

（1）指针数组名是标识符，前面必须有”*”号。

（2）在一个定义语句中，可以同时定义普通变量、数组、指针变量、指针数组。可以给某些指针数组赋初值，而另一些指针数组不赋初值。

（3）定义指针变量时的“数据类型”可以选取任何基本数据类型，也可以选取以后介绍的其他数据类型。这个数据类型不是指针型数组元素中存放的数据类型，而是它将要指向的变量或数组的数据类型。

（4）如果省略“存储类型”，默认为自动型 (auto)。

（5）其中的”初值”与普通数组赋初值的格式相同，每个初值通常是“& 普通变量名”“& 数组元素”或“数组名”，对应的普通变量或数组必须在前面已定义。

（6）注意语句中指针型数组的书写格式，不能写成“(* 数组名)[长度]”的格式，因为这是定义指向含有“长度”个元素的一维数组的指针变量。

例如在下面的代码中定义了一个名为p的指针型数组，其中的3个元素p[0]、p[1]、p[2]分别指向3个整型变量a、b、c。

```
int
a,b,c,c, *p[3]={&a,&b,&c};
```

2．指针数组元素的引用

在C语言程序中，指针数组元素的引用方法和普通数组元素的引用方法完全相同，可以利用它来引用所指向的普通变量或数组元素，可以对其赋值，也可以参加运算。具体引用格式如下所示。

```
引用所指向的普通变量或数组元素 *指针数组名[下标]
```

对其赋值的语法格式如下所示。

```
指针数组名[下标]=地址表达式
```

在 C 语言程序中，当指针数组参与运算时，根据具体情况的不同会有不同的引用方式。具体说明如下。

（1）在赋值变量时，具体语法格式如下所示。

```
指针变量=指针数组名[下标]
```

（2）在算术运算时，具体语法格式如下所示。

```
指针数组名[下标]+整数
指针数组名[下标]-整数
++指针数组名[下标]
--指针数组名[下标]
指针数组名[下标]++
指针数组名[下标]--
```

（3）在关系运算时，具体格式如下所示。

```
指针数组名[下标] 关系运算符指针数组名[下标]
```

其中，“算术运算”和“关系运算”一般只使用于该指针数组元素指向某个数组时。

例如下面代码的功能是，输入 5 个字符串存入一个二维数组中，然后定义一个指针数组，使其元素分别指向这 5 个字符串并输出。

```
#include "stdio.h"
int main(){
  char s[5][20],*p[5];/* 定义二维数组 s 和同类型的指针数组 p*/
int i;
for (i=0;i<5;i++) p=s;      /* 用一重循环将第 i 行元素首地址 s 赋予第 i 个指针数组元素 p*/
for (i=0;i<5;i++) scanf("%s",p); /* 用一重循环依次输入 5 个字符串存入二维数组 s*/
for (i=0;i<5;i++) printf("%s\n",p);/* 用一重循环输出二维数组 s 中存放的 5 个字符串 */
}
```

9.6.2　多级指针的定义和应用

在 C 语言程序中，由于指针型变量或指针型数组元素的类型是指针型，存放其对应地址的变量就不能是普通的指针变量，但是由于其存放的又是地址，也应该是指针型变量。在 C 语言中，把这种指针型变量称为“指针的指针”，意为这种变量是指向指针变量的指针变量，也称多级指针。在现实中通常用到的多级指针是二级指针，相对来说，前面介绍的指针变量可以称为“一级指针变量”。在 C 语言程序中，二级指针变量的定义和赋初值方法如下所示。

```
存储类型数据类型 ** 指针变量名={初值};
```

上述格式的功能是，定义指向“数据类型”指针变量的二级指针变量，同时给二级指针变量赋初值。这些二级指针变量具有指定的“存储类型”。对上述格式的具体说明如下。

（1）二级指针变量名的构成原则是标识符，前面必须有“**”号。

（2）在一个定义语句中，可以同时定义普通变量、数组、指针变量、指针数组、二级指针变量等。可以给某些二级指针变量赋初值，而另一些二级指针变量不赋初值。

（3）定义时的“数据类型”可以选任何基本数据类型，也可以选取以后介绍的其他数据类型。这个数据类型是它将要指向的指针变量所指向的变量或数组的数据类型。

（4）其中的“初值”必须是某个一级指针变量的地址，通常是“& 一级指针变量名”或“一级指针数组名”，对应的一级指针变量或数组必须在前面已定义。

例如在下面代码中，表示定义了一个名为 p1 的一级指针变量和一个名为 p2 的二级指针变量，并且让二级指针变量 p2 指向一级指针变量 p1。

```
int a,b,c,*p1,**p2=&p1;
```

在 C 语言程序中，二级指针变量还可以通过赋值方式指向某个一级指针变量。具体的赋值格式如下所示。

```
二级指针变量= & 一级指针变量
```

当某个二级指针变量已指向某个一级指针变量，而这个一级指针变量已指向某个普通变量，则下列的引用格式都是正确的。

```
* 二级指针变量
```

上述格式代表所指向的一级指针变量。

```
** 二级指针变量
```

上述格式代表所指向的一级指针变量指向的变量，例如下面的定义语句：

```
inta, *p1=&a, **p2=&p1;
```

则下列引用都是正确的：

```
*p1// 代表变量 a
*p2// 代表指针变量 p1
**p2 // 代表变量 a
```

例如在下面的例子中，首先提示用户输入 5 个字符串，并要求用字符数组存放这 5 个字符。然后用指针数组元素分别指向这 5 个字符，再用一个二级指针变量指向这个指针数组，最后按字符串字母的顺序输出。

实例 9-13：对 5 个字符串进行排序

源码路径：下载包 \daima\9\9-13

本实例的实现文件为“duoji.c”，具体实现代码如下所示。

```
int main(){
    int i;
    char **p,*pstr[5],str[5][10];
    for(i=0;i<5;i++)
           // 将第 i 个字符串的首地址赋予指针数组 pstr 的第 i 个元素
           pstr[i]=str[i];
    printf("Please input the string:\n");
    for(i=0;i<5;i++)                                    // 输入 5 个字符串
           scanf("%s",pstr[i]);
    p=pstr;
    sort(p);
    printf("Sorting result:\n");
    for(i=0;i<5;i++)                                    // 输出排序后的结果
           printf("%s\n",pstr[i]);
}
sort(char **p)                                          // 用冒泡法对 5 个字符串排序
{
    int i,j;
    char *pchange;                                      // 声明指向字符变量的指针
    for(i=0;i<5;i++)
           for(j=i+1;j<5;j++)
    // 将 p 指向的指针数组元素所指向的第 i 个元素和其后面的元素比较，将最小的换到 i 的位置上。
                  if(strcmp(*(p+i),*(p+j))>0) {
```

```
                    pchange=*(p+i);
                    *(p+i)=*(p+j);
                    *(p+j)=pchange;
                }
}
```

执行后先提示用户输入 5 个字符串，输入 5 个字符串按下【Enter】键后会输出显示排序后的结果。执行效果如图 9-17 所示。

```
D:\tiedao\C语言\daima\9\9-13\duoji.exe
Please input the string:
cc
aa
dd
bb
ee
Sorting result:
aa
bb
cc
dd
ee

--------------------------------
搜狗拼音输入法 全 :r 13.24 seconds with return value 0
请按任意键继续. . .
```

图 9-17

9.6.3　指向指针的指针

在 C 语言程序中，如果一个指针变量存放的又是另一个指针变量的地址，则称这个指针变量为指向指针的指针变量。在前面已经介绍过，通过指针访问变量的方式称为间接访问。由于指针变量直接指向变量，所以称为“单级间址”。而如果通过指向指针的指针变量来访问变量则构成“二级间址”。例如在下面的代码中，p 是指向指针的指针变量。

```
int main(){
char *name[]={"Follow me","BASIC","Great Wall","FORTRAN","Computer desighn"};
char **p;
int i;
for(i=0;i<5;i++){
p=name+i;
printf("%s\n",*p);
  }
}
```

9.6.4　main 函数的参数

本书前面介绍的主函数 main 都是不带参数的，所以函数 main 后面的括号都是空括号。而实际上，函数 main 可以带参数，这个参数通常被认为是函数 main 的形式参数。C 语言规定函数 main 的参数只能有两个，习惯上将这两个参数写为“argc”和“argv”。因此在 C 语言程序中，函数 main 的函数头可写为如下格式：

```
main (argc,argv)
```

C 语言还规定 argc(第一个形参) 必须是整型变量，argv(第二个形参) 必须是指向字符串的指针数组。加上形参说明后，函数 main 的函数头应写为下面的格式。

```
main (int argc,char *argv[])
```

由于函数 main 不能被其他函数调用，因此不可能在程序内部取得实际值。那么，在何处把实参值赋予 main 函数的形参呢？实际上，函数 main 的参数值是从操作系统命令行上获得的。当要运行一个可执行文件时，在 DOS 提示符下键入文件名，再输入实际参数即可把这些实参传送到函数 main 的形参中去。在 DOS 提示符下，使用命令行的一般格式如下所示。

```
C:\> 可执行文件名参数参数……;
```

函数 main 的两个形参和命令行中的参数在位置上不是一一对应的，这是因为函数 main 的形参只有两个，而命令行中的参数个数原则上未加限制。参数 argc 表示了命令行中参数的个数 (注意：文件名本身也算一个参数)，argc 的值是在输入命令行时由系统按实际参数的个数自动赋予的。假如有如下所示的命令，因为文件名 E24 本身也算一个参数，所以共有 4 个参数，因此 argc 取得的值为 4。参数 argv 是字符串指针数组，其各元素值为命令行中各字符串 (参数均按字符串处理) 的首地址。指针数组的长度即为参数个数。数组元素初值由系统自动赋予，具体如图 9-18 所示。

```
C:\>E24  BASIC  foxpro  FORTRAN
```

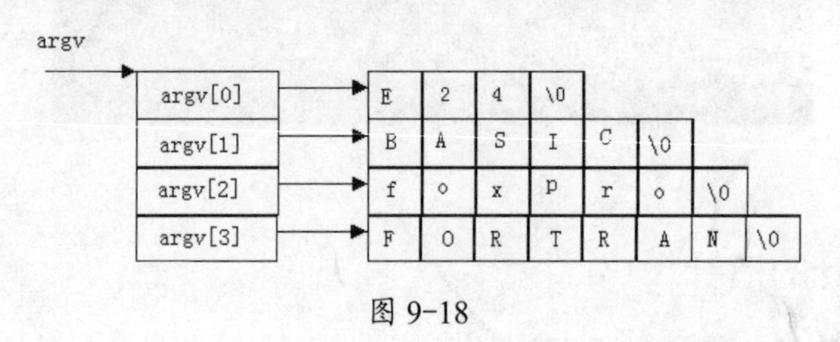

图 9-18

例如在下面的实例中使用了带参数的 main 函数，输出指针数组参数的值。

实例 9-14：使用带参数的 main 函数输出指针数组参数的值

源码路径：下载包 \daima\9\9-14

本实例的实现文件为“main.c”，具体实现代码如下所示。

```
#include <stdio.h>
int main(int argc, char ** argv)
{
    int i;
    for (i=0; i < argc; i++)
    printf("Argument %d is %s.\n", i, argv[i]);
    return 0;
}
```

编写代码完毕后，键编译并链接上述代码后将生成一个名为 MAIN.EXE 的文件，因为要输入 main 函数的实参，所以要从操作系统命令行上获得。

上述代码是显示命令行中输入的参数。如果上述代码的可执行文件名为 main.exe，存放在 A 驱动器的盘内。可以输入的命令行如下所示。

```
C:\>a:main BASIC foxpro FORTRAN
```

则执行效果如下所示。

```
BASIC
foxpro
FORTRAN
```

该行共有 4 个参数，执行 main 时，argc 的初值即为 4。argv 的 4 个元素分为 4 个字符串的首地址。执行 while 语句，每循环一次 argv 值减 1，当 argv 等于 1 时停止循环，共循环三次，因此共可输出三个参数。在 printf 函数中，由于打印项 *++argv 是先加 1 再打印，故第一次打印的是 argv[1] 所指的字符串 BASIC。第二、三次循环分别打印后二个字符串。

9.7　指针函数和函数指针

在 C 语言程序中，指针函数和函数指针是两个十分重要的概念，在下面的内容中，将分别简要介绍指针函数和函数指针的基本知识和具体使用方法，为读者步入本书后面知识的学习打下基础。

↑扫码看视频（本节视频课程时间：1 分 56 秒）

9.7.1　指针函数

在 C 语言程序中，当一个函数声明其返回值为一个指针时，实际上就是返回一个地址给调用对象，以用于需要指针或地址的表达式中。具体格式如下。

```
类型说明符 * 函数名 ( 参数 )
```

因为返回的是一个地址，所以指针函数的类型说明符一般都是 int。例如：

```
int *GetData();
int *Te(int,int);
```

上述函数返回的是一个地址值，经常使用在返回数组的某一元素地址上。

例如在下面的代码中，子函数返回的是数组某元素的地址，输出的是这个地址里的值。

```
int * GetDate(int &t);
int main(){
int i;
do{
printf("Enter week(1-5)day(1-7)\n");
scanf("%d",&i);
}
printf("%c\n",*GetDate(i));
}
int * GetDate(int t){
static string str="tian ya!";
return&string[t];
}
```

9.7.2　函数指针

在 C 语言程序中，指针函数和函数指针十分类似，在前面的声明格式中加一个括号就构成了函数指针。声明函数指针的格式如下所示。

```
类型说明符 (* 函数名 ) ( 参数 )
```

其中指针名和指针运算符外面的括号改变了默认的运算符优先级，这样就成为函数指针，指向函数的指针包含了函数的地址，可以通过它来调用函数。

在 C 语言程序中，指针的声明必须和它指向函数的声明保持一致，例如下面的代码：

```
void (*fptr)();
```

把函数的地址赋值给函数指针，可以采用下面的两种形式实现。

```
fptr=&Function;
=Function;
```

在C语言程序中，将一个函数的地址初始化或赋值给一个指向函数的指针时，无须显式地去函数地址（即采用第二种情况即可），可以采用如下两种方式来通过指针调用函数：

```
x=(*fptr)();
x=fptr();
```

第二种格式看上去和函数调用无异。但是有些程序员倾向于使用第一种格式，因为它明确指出是通过指针而非函数名来调用函数的。看下面的代码：

```
void (*funcp)();
void TianFunc(),YaFunc();
int main(){
funcp=TianFunc;
(*funcp)();
funcp=YaFunc;
(*funcp)();
}
void TianFunc(){
printf("Tian ");
}
void YaFunc(){
printf("Ya!\n");
}
```

上述代码执行后会输出：

```
Tian Ya!
```

在此需要注意的是，void * 可以指向任何类型的数据！而不存在可以指向任何类型函数的通用函数指针。非静态成员函数的地址不是一个指针，因此不可以将一个函数指针指向非静态成员函数。函数指针有一个重载函数的地址也是合法的。一个函数指针指向内联函数是合法的，但是通过函数指针调用内联函数将不会导致内联函数的调用。

在C语言程序中，通常有如下两种指针函数和函数指针的最常见应用。

（1）用函数指针调用函数

在编译C语言程序后，每个函数都有一个首地址（也就是函数第一条指令的地址），这个地址称为函数的指针。可以定义指向函数的指针变量，使用指针变量间接调用函数。看下面的一段代码：

```
float max(float x,float y){
return x>y?x:y;
}
float min(float x,float y){
return x<y?x:y;
}
int main(){
float a=1,b=2, c;
float (*p)(float x, float y);
p=max;
c=(*p)(a,b); /*等效于 max(a,b)*/
printf("\nmax=%f",c);
p=min;
c=(*p)(a,b); /*等效于min(a,b)*/
printf("\nmin=%f",c);
}
```

上述代码的具体说明如下。

- 语句 float (*p)(float x, float y); 定义了一个指向函数的指针变量。函数的返回值为 float 型，形式参数列表是 (float x, float y)。定义 p 后，可以指向任何满足该格式的函数。

- 定义指向函数的指针变量的格式如下所示。

```
数据类型 (* 指针变量名称 ) ( 形式参数列表 );
```

其中，“数据类型”是函数返回值的类型，“形式参数列表“是函数的形式参数列表。在形式参数列表中，参数名称可以省略。例如下面的代码：

```
float (*p)(float x, float y);
```

可以写为：

```
float (*p)(float, float);
```

指针变量名称两边的括号不能省略。

- 语句“p=max;”将 max 函数的首地址值赋给指针变量 p，也就是使 p 指向函数 max。C 语言中，函数名称代表函数的首地址。
- 第一个 c=(*p)(a,b); 语句：由于 p 指向了 max 函数的首地址，所以 (*p)(a,b) 完全等效于 max(a,b)。函数返回 2.0。*p 两边的括号不能省略。
- 语句“p=min;”将 min 函数的首地址值赋给指针变量 p。p 是一个变量，p 的值实际上是一个内存地址值，可以指向 max，也可以指向 min，但指向函数的格式必须与 p 的定义相符合。
- 第二个 c=(*p)(a,b); 语句：由于 p 指向了 min 函数的首地址，(*p)(a,b) 完全等效于 min(a,b)。函数返回 1.0。
- 将函数首地址赋给指针变量时，直接写函数名称即可，不用写括号和函数参数。
- 利用指针变量调用函数时，要写明函数的实际参数。

（2）用函数指针作函数参数

有时候虽然函数的功能不同，但是它们的返回值和形式参数列表都相同。在这种情况下，可以构造一个通用的函数，把函数的指针作为函数参数，这样有利于进行程序的模块化设计。例如在下面的代码中，我们把对两个 float 型函数进行加、减、乘、除操作的 4 个函数归纳成一个数学操作函数 MathFunc。这样，在调用 MathFunc 函数时，只要将具体函数名称作为函数实际参数，MathFunc 就会自动调用相应的加、减、乘、除函数，并计算出结果。具体代码如下所示。

```
float Plus(float f1, float f2);
float Minus(float f1, float f2);
float Multiply(float f1, float f2);
float Divide(float f1, float f2);
float MathFunc(float (*p)(float, float), float para1,float para2);
int main(){
float a=1.5, b=2.5;
printf("\na+b=%f", MathFunc(Plus, a,b));
printf("\na-b=%f", MathFunc(Minus, a,b));
printf("\na*b=%f", MathFunc(Multiply, a,b));
printf("\na/b=%f", MathFunc(Divide, a,b));
}
float Plus(float f1, float f2){
return f1+f2;
}
float Minus(float f1, float f2){
return f1-f2;
}
float Multiply(float f1, float f2){
return f1*f2;
```

```
}
float Divide(float f1, float f2){
return f1/f2;
}
float MathFunc(float (*p)(float, float), float para1,float para2){
return (*p)( para1, para2);
}
```

上述代码运行后会输出：

```
a+b=4.000000
a-b=-1.000000
a*b=3.750000
a/b=0.600000
```

第 10 章

结构体、共用体和枚举

（视频讲解：51 分钟）

在前面的内容中，我们已经学习了一种构造数据的类型——数组，在其中能够存储多个同种类型的数据。但是在实际应用中，有时需要在一组数据中保存多个不同的数据类型。例如，在学生登记表中，姓名应该是字符型；学号可以是整型或字符型；年龄应为整型；性别应为字符型；成绩可以为整型或实型。很显然，我们不能用一个数组来存放学生登记表中的所有信息。因为为了便于编译系统处理，数组中各个元素的类型和长度都必须一致。为了解决能够存储各种数据类型信息的这个问题，在C语言中给出了另外三种数据类型——结构(structure，或叫结构体)、共用体和枚举。在本章的内容中，将详细讲解 C 语言中结构体、共用体和枚举的知识。

10.1 使用结构体

结构体也被称为结构，是 C 语言中另一种常用的构造数据类型，它相当于其他高级语言中的记录。“结构”是一种构造类型，它是由若干“成员”组成的。每一个成员可以是一个基本数据类型或者一个构造类型。

↑扫码看视频（本节视频课程时间：14 分 24 秒）

10.1.1 定义结构体

在 C 语言程序中，定义一个结构的语法格式如下所示。

```
struct 结构名 {
数据类型 成员名 1;
数据类型 成员名 2;
……
数据类型 成员名 n;
};
```

- 关键字 struct：声明结构体的关键字；
- 结构名：结构体的名字；
- 成员 n：结构体中的成员变量。

例如在下面的代码中定义了一个名为 stu 的结构：

```
struct stu{
```

```
        int num;
        char name[20];
        char sex;
        float score;
};
```

上述结构 stu 由如下 4 个成员组成：

- 第一个成员为 num，整型变量；
- 第二个成员为 name，字符数组；
- 第三个成员为 sex，字符变量；
- 第四个成员为 score，实型变量。

在此应该注意，此处大括号后面的分号是不可少的。在定义结构之后，就可以进行变量说明。在上述代码中，结构 stu 中的变量都由上述 4 个成员组成。由此可见，结构是一种复杂的数据类型，是数目固定、类型不同的若干有序变量的集合。

注意：在 C 语言程序中定义结构体时，应该注意如下 3 点。

（1）不要忽略最后的分号，例如在前面的演示代码中，指定了一个新的结构体类型 struct student(struct 是声明结构体类型时所必须使用的关键字，不能省略)，它向编译系统声明这是一个“结构体类型”，它包括 num、name、sex、age、score、addr 等不同类型的数据项。

（2）struct xxx 是一个类型名，它和系统提供的标准类型 (如 int、char、loat、double 等) 一样具有相同的作用，都可以用来定义变量的类型，只不过结构体类型需要由用户自己指定而已。

（3）可以把“成员表列”(member list) 称为“域表”(field list)。每一个成员也称为结构体中的一个域，成员名命名规则与变量名相同。

10.1.2 定义结构体类型变量

前面介绍的定义格式只是指定了一个结构体类型，它相当于一个模型，但其中并无具体数据，系统对之也不分配实际的内存单元。为了能在程序中使用结构体类型的数据，应当定义结构体类型的变量，并在其中存放具体的数据。

在 C 语言程序中，定义基本数据类型变量的语法格式如下所示。

```
数据类型 变量名称;
```

例如定义整型变量 *a*，可以用下面的代码实现。

```
int a;
```

结构体类型变量的定义方法与基本数据类型变量的定义方法十分相似，但是要求完成结构体定义之后才能使用此结构体定义变量。换而言之，只有完成新的数据类型定义之后才可以使用。在 C 语言中，所有数据类型遵循“先定义后使用”的原则。对于基本数据类型（float、int 和 char 等）来说，由于其已由系统预先定义，因在程序设计中可以直接使用，所以无须重新定义。有如下三种定义结构体类型变量的方法。

1. 先定义结构体后定义变量

例如在下面的代码中，定义了 struct student 类型的变量 student1 和 student2，表示这两个变量具有 struct student 类型的结构。

```
struct student student1, student2;
```

在定义了结构体变量后，系统会为之分配内存单元。

2. 定义类型同时定义变量

在 C 语言程序中，在定义结构体类型的同时可以定义结构体类型变量，例如下面的演示代码。

```
struct Point{
double x;
double y;
double z;
}oP1, oP2;
```

这样在定义结构体类型 Point 的同时，定义了 Point 类型变量 oP1 和 oP2。此方法的语法格式如下所示。

```
struct 结构体标识符 {
成员变量列表 ;
……
} 变量 1, 变量 2…, 变量 n;
```

其中，变量 1，变量 2，变量 n 为变量列表，遵循变量定义的语法规则，彼此之间通过逗号分割。

在此需要注意的是，在实际的应用中，定义结构体同时定义结构体变量适合于定义局部使用的结构体类型或结构体类型变量，例如在一个文件内部或函数内部。

3. 直接定义变量

在 C 语言程序中，直接定义变量的方法是在定义结构体的同时定义结构体类型的变量，但是不给出结构体标识符。直接定义变量方法的语法格式如下所示。

```
struct {
成员变量列表 ;
…
} 变量 1, 变量 2…, 变量 n;
```

在实际应用中，此方法适合于临时定义局部变量或结构体成员变量。

在上述三种定义结构体类型变量的方法中，方法 2 和方法 3 十分相似，第三种方法与第二种方法的区别在于第三种方法中省去了结构名，而直接给出结构变量。

注意：

（1）类型与变量是不同的概念，不要混同。变量可以赋值、存取或运算分配内存空间。

（2）对结构体中的成员（即“域”），可以单独使用，它的作用与地位相当于普通变量。

（3）成员也可以是一个结构体变量。

（4）成员名可以与程序中的变量名相同，二者不代表同一对象。

例如下面的演示代码，先声明一个 struct date 类型，它代表“日期”，包括 3 个成员：month（月）、day（日）、year（年），然后将里面的成员 birthday 指定为 struct date 类型。

```
struct date{                                    /* 声明一个结构体类型 */
int month;
int day;
int year;
struct date birthday;
} student1,student2;
```

10.1.3 引用结构体变量

在C语言程序中，定义了结构体类型变量以后，就可以对结构体变量进行引用，包括赋值、存取和运算。结构变量与数组在很多方面都是类似的，例如它们的元素和成员都必须存放在一片连续的存储空间中；通过存取数组元素来访问数组。与此类似，通过存取结构变量的成员来访问结构变量；数组元素有数组元素的表示形式，结构变量的成员了有它的专用表示形式；等等。但是，结构变量与数组在概念上有重要区别：数组名是一组元素存放区域的起始位置，是一个地址量，结构变量名只代表一组成员，它不是地址量而是一种特殊变量；数组中的元素都是有相同的数据类型，而结构中的成员的数据类型可以不相同。

在C语言程序中，通常通过如下两种方式对结构体变量进行引用。

1．结构体变量中成员的引用

在C语言程序中，结构体变量的成员可被作为普通的变量来使用，包括赋值、运算、I/O等操作。引用结构体成员的语法格式如下所示。

```
结构变量名 . 成员名
```

上述格式既是结构变量成员的表示形式，也是它的访问形式。其中的点“.”号称为“结构成员运算符”，它用来连接结构体名与成员名，具有“从属于”的含义，即其后的成员名是前面的结构变量中的一个成员。例如在下面的代码中，结构变量的名字是birthdate，它的三个成员可以分别表示为如下格式：

```
birthdate.day
birthdate.month
birthdate.year
```

在C语言程序中，“.”是一个运算符，“结构变量名 . 成员名”实质上是一个运算表达式，它具有与普通变量完全相同的性质，可以像普通变量那样参于各种运算。既可以出现在赋值号的左边向它赋值，也可以出现在赋值号的右边作为一个运算分量参于表达式的计算。因此，它可以作为“++”、“--”、“&”等之类的运算符的操作数。例如，下面是一些正确的结构变量成员的表示和访问代码。

```
student1.name="C.S.Sun";
student2.Score+=127.5;
scanf("%s", student1. name);
```

例如在下面的实例中定义了结构体stud1，输入名字后会输出对应的年龄和分数。

实例10-1：输出显示对应的年龄和成绩

源码路径：下载包 \daima\10\10-1

本实例的实现文件为“yin.c”，具体实现代码如下所示。

```
int main(){
 struct student{                                  //定义结构体
  char name[20];                                  //结构体成员 name
  char sex;                                       //结构体成员 sex
  int age;                                        //结构体成员 age
  float score;                                    //结构体成员 sex
  };
 struct student stud1={"zhangsan",'m',20,125.5},stud2;
 gets(stud2.name);                                //也可 scanf("%s",stud2.name);
 stud2.sex='f';                                   //使用结构体成员 sex
 stud2.age=stud1.age-2;                           //使用结构体成员 age
 stud2.score=stud1.score;                         //使用结构体成员 score
```

```
    stud2.age++;
    printf("%s is ", stud2.name);
    if(stud2.sex=='f')                          //如果结构体成员 sex 为 'f'
   printf("female");
    else
   printf("male");
    printf(" whose age is %d and score is %6.2f\n",
       stud2.age, stud2.score);
  }
```

执行后先在界面中输入用户名，按下“Enter”键后将会输出最终的结果。执行效果如图 10-1 所示。

```
毛毛
毛毛 is female whose age is 19 and score is  95.50
```

图 10-1

在上述实例代码中，实现了对结构体变量的引用。如果某个成员还是结构体成员，则对此成员再逐个引用其成员，例如 stu1.name、stu1.mybirthday.year 和 stu1.num。在具体引用时，应该注意如下 7 点。

（1）在使用结构体中的各成员时，可以像使用同类型的变量一样使用。

（2）可以引用结构体变量的地址也可以应用各成员的地址，例如下面的演示代码：

```
scanf("%d", &student1.num);                    //输入 student1.num 的值
printf("%o", &student1);                       //输出 student1 的首地址）
```

但是不能用以下语句整体读入结构体变量，例如下面的演示代码：

```
scanf("%d,%s,%c,%d,%f,%s",&student1);
```

结构体变量的地址主要用于作函数参数，传递结构体的地址。

（3）允许一个有值的结构体变量给另一个整体赋值，例如下面的演示代码：

```
stu2=stu1
```

（4）不能将一个结构体变量作为一个整体进行输入和输出。例如，已定义 student1 和 student2 为结构体变量并且它们已有值，不能使用如下格式进行引用：

```
printf("%d, %s, %c,%d,%f,%s\n,", student1);
```

只能对结构体变量中的各个成员分别输出，引用格式如下所示。

```
结构体变量名 . 成员名
```

（5）如果成员本身又属一个结构体类型，则要用若干个成员运算符，一级一级地找到最低的一级的成员。只能对最低级的成员进行赋值或存取以及运算。

（6）对成员变量可以像普通变量一样进行各种运算，根据其类型决定可以进行的运算。

（7）可以对嵌套结构变量进行访问，例如下面的演示代码：

```
student.birthday.Month
```

2. 结构体变量作为整体的引用

在 C 语言程序中，结构体变量作为整体引用，一般仅限用于赋值操作，即将一个结构体变量赋给另一个同类型的结构体变量，以此达到赋值各个成员的目的。例如下面的演示代码：

```
int main(){
 struct date{                                  //定义结构体
  int month;                                   //结构体成员 month
  int day;                                     //结构体成员 day
  int year;                                    //结构体成员 year
```

```
    } olddate={10,25,2017};                              //结构体成员赋值
    struct date newdate;
    newdate=olddate;
    newdate.year+=10;
    printf("The date of ten years later is %d.%d.%d\n",newdate.year,newdate.
month,newdate.day);
}
```

上述代码的执行效果如下所示。

```
The date of ten years later is 2027.10.25
```

10.1.4 初始化结构体变量

在C语言程序中，和其他类型的变量一样，可以在定义结构变量时进行初始化赋值。例如在下面的代码中，boy2和boy1均被定义为外部结构变量，并对boy1做了初始化赋值。在主函数main中，把boy1的值整体赋予boy2，然后用两个printf语句输出boy2各个成员的值。

```
int main(){
    struct stu    /*定义结构*/
    {
      int num;
      char *name;
      char sex;
      float score;
    }boy2,boy1={102,"Zhang ping",'M',78.5};                   //结构体成员赋值
 boy2=boy1;
 printf("Number=%d\nName=%s\n",boy2.num,boy2.name);
 printf("Sex=%c\nScore=%f\n",boy2.sex,boy2.score);
}
```

在C语言程序中，结构体变量的初始化方式与初始化数组的方式类似。在初始化结构体变量时，分别给结构体的成员变量以初始值，而结构体成员变量的初始化遵循简单变量或数组的初始化方法。具体的语法格式如下所示。

```
struct 结构体标识符{
成员变量列表;
…
};
```

struct 结构体标识符变量名={ 初始化值1，初始化值2，…, 初始化值n };

初始化处理是仅仅对其中部分的成员变量进行初始化。C语言要求至少有一个初始化的数据，其他没有初始化的成员变量由系统完成初始化，系统提供了默认的初始化值。各种基本数据类型的成员变量初始化默认值如表10-1所示。

表10-1

数据类型	默认初始化值
Int	0
Char	'\0x0'
float	0.0
double	0.0
char Array[n]	“”
int Array[n]	{0,0…,0}

对于复杂结构体类型变量的初始化来说，也同样需要遵循上述规律，对结构体成员变

量分别赋予初始化值。例如在下面的代码中，常量 0 用于初始化 oLine1 的基本类型成员变量 id；常量列表 {0,0,0} 用于初始化 oLine1 的 struct Point 类型成员变量 StartPoint；常量列表 {100,0,0} 用于初始化 oLine1 的 struct Point 类型成员变量 EndPoint。

```
struct Line{
int id;
struct Point StartPoint;
struct Point EndPoint;
}oLine1={0,                              /* 结构体成员 id 初始化 */
{0,0,0},                                 /* 结构体成员 StartPoint 初始化 */
{100,0,0}                                /* 结构体成员 EndPoint 初始化 */
};
```

10.2　结构体数组

在 C 语言程序中，数组是一组具有相同数据类型变量的有序集合，可以通过下标获得其中的任意元素。结构体类型数组与基本类型数组的定义与引用规则是相同的，区别在于结构体数组中的所有元素均为结构体变量。

↑扫码看视频（本节视频课程时间：10 分 20 秒）

10.2.1　怎样定义结构体数组

因为数组中的元素也可以是结构类型的，所以可以构成结构型数组。在 C 语言程序中，结构数组中的每一个元素都是具有相同结构类型的下标结构变量。在实际应用中，经常用结构数组来表示具有相同数据结构的一个群体。因为有三种定义结构体变量的方法，所以也有三种定义结构体数组的方法，具体说明如下。

1．先定义结构体类型再定义结构体数组

在 C 语言程序中，先定义结构体类型再定义结构体数组的格式如下所示。

```
struct 结构体标识符 {
成员变量列表 ;
…
};
struct 结构体标识符数组名 [ 数组长度 ];
```

其中，“数组名”为数组名称，遵循变量的命名规则；“数组长度”为数组的长度，要求为大于零的整型常量。例如下面的演示代码：

```
struct student{
long num;
char name[20];
char sex;
int age;
float score;
char addr[30];
};
struct student stud[100];
```

2．在定义结构体类型的同时定义结构体数组

在 C 语言程序中，在定义结构体类型的同时定义结构体数组的格式如下所示。

```
struct 结构体标识符 {
```

```
成员变量列表；
…
}数组名[数组长度];
```

其中“数组名”为数组名称，遵循变量的命名规则；“数组长度”为数组的长度，要求为大于零的整型常量。例如下面的演示代码：

```
struct student{
long num; char name[20];
char sex;
int age;
float score;
char addr[30];
}
stud[100];
```

3. 直接定义结构体数组

在C语言程序中，直接定义结构体数组的格式如下所示。

```
struct {
成员变量列表；
…
}数组名[数组长度];
```

其中“数组名”为数组名称，遵循变量的命名规则；“数组长度”为数组的长度，要求为大于0的整型常量。例如下面的演示代码：

```
struct {
long num;
char name[20];
char sex;
int age;
float score;
char addr[30];
}stud[100];
```

实例10-2：计算主流手机的跑分成绩和不及格的数量

源码路径：下载包 \daima\10\10-2

本实例的实现文件为“ding.c”，具体实现代码如下所示。

```
struct stu{
    int num;
    char *mingzi;
    char xinghao;
    float defen;
}boy[5]={
          {101,"iPhone",'M',40000},
          {102,"Samsung Note",'M',67000},
          {103,"华为Mate",'F',87000},
          {104,"google pixel",'F',92000},
          {105,"小米X",'M',58000},
        };
int main(){
    int i,c=0;
    float ave,s=0;
    for(i=0;i<5;i++) {
      s+=boy[i].defen;
      if(boy[i]. defen <60000) c+=1;
    }
    printf("总分：%f\n",s);
    ave=s/5;
    printf("平均得分：%f\n不及格数量：%d\n",ave,c);
}
```

在上述代码中，定义了一个外部结构数组 boy，一共 5 个元素，并做了初始化赋值操作。在主函数 main 中，用 for 语句逐个累加各元素的 score 成员值存于 s 之中，如果跑分 score 的值小于 60000(不及格) 则使计数器 C 加 1，循环完毕后计算平均成绩，并输出所有手机的跑分总成绩，平均分及不及格数量。

执行后的效果如图 10-2 所示。

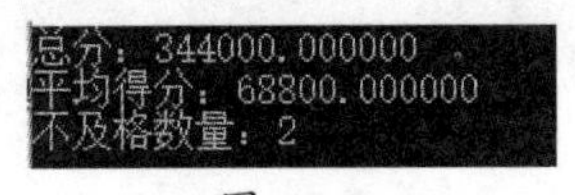

图 10-2

10.2.2　初始化结构体数组

在 C 语言程序中，结构体类型数组的初始化操作遵循基本数据类型数组的初始化规律。在定义数组的同时，需要对其中的每一个元素进行初始化。例如在下面的代码中，在定义结构体 struct Student 的同时，定义了长度为 2 的 struct Student 类型数组 oStus，并分别对每个元素进行了初始化操作，每个元素的初始化规律遵循结构体变量的初始化规律。

```
struct Student{                                    /* 定义结构体 struct Student*/
char Name[20];                                     /* 姓名 */
float Math;                                        /* 数学 */
float English;                                     /* 英语 */
float Physical;                                    /* 物理 */
}oStus[2]={
{"Liming", 78, 812, 125},
{"Majun", 87, 712, 122}
};
```

在 C 语言程序中，在定义数组并同时进行初始化的情况下，可以省略数组的长度，这个时候系统会根据初始化数据的多少来确定数组的长度。例如在下面的代码中，系统自动确认结构体数组 keytab 的长度为 3。

```
struct Key{
char word[20];
int count;
}keytab[]={
{"break", 0},
{"case", 0},
{"void", 0}
};
```

请看下面的实例，功能是首先定义并初始化一个结构体数组，然后输出数组内的元素。

实例 10-3：输出显示数组内的元素

源码路径：下载包 \daima\10\10-3

本实例的实现文件为“chu.c”，具体实现代码如下所示。

```
 int main(){
   struct object{                                  //定义结构体类型
         char name[16];                            //结构体成员 name
         float high;                               //结构体成员 high
         float weight;                             //结构体成员 weight
   };
   //定义结构体数组并初始化
   struct object  box[3]={{"苹果 iPhone",1.7,33.25},{"三星 Note",2.9,56.92},{"华为 Mate",0.32,19.78}};
```

```
    int i;
    for(i=0;i<3;i++)                                        //输出结果
            printf("%-16s%8.2f%8.2f\n",box[i].name, box[i].high, box[i].weight);
}
```

执行效果如图10-3所示。

```
苹果iPhone          1.70   33.25
三星Note            2.90   56.92
华为Mate            0.32   19.78
```

图10-3

10.2.3 引用结构体数组

在C语言程序中，对数组的引用分为对数组元素的引用和对数组本身的引用两种。对于数组元素的引用，其实质为简单变量的引用。对于数组本身的引用，实质是数组首地址的引用。在下面的内容中，将详细讲解引用结构体数组的知识。

1．数组元素的引用

在C语言程序中，引用结构体数组元素的语法格式如下所示。

```
数组名[数组下标];
```

其中，“[]”为下标运算符；“数组下标”的取值范围为（0，1，2，...，n-1），n为数组长度。

实例10-4：手机信息录入系统

源码路径：下载包 \daima\10\10-4

本实例的实现文件为“duo.c”，具体实现代码如下所示。

```
#include <stdio.h>
#define MAX_TITLE_SIZE 30
#define MAX_AUTHOR_SIZE 40
#define MAX_SIZE 2
//构造一个BOOK结构体，用于存放成员title,author,price
struct book
{
   char title[MAX_TITLE_SIZE];
   char author[MAX_AUTHOR_SIZE];
   float price;
};
int main(){
    //设置一个计数器，用来计数输入的次数
    int count=0;
    //设置另外一个计数器，用来遍历显示输入的book
    int index=0;
①  struct book lib[MAX_SIZE];
    printf("手机信息录入系统\n");
    //对相关的参量进行数据输入
    while(count<MAX_SIZE&&
             printf("手机型号是：")&&gets(lib[count].title)!=NULL && lib[count].
title[0]!='\n'){
                printf("制造厂商：\t");
                gets(lib[count].author);
                printf("价格：\t");
                 scanf("%f",&lib[count].price);
                    count++;
                    //如果不为\n，就继续下一次的数据输入
                 while(getchar()!='\n'){
```

```
                    continue;
                }
                if(count<MAX_SIZE){
                    printf("输入下一款手机信息\n");

                }
            }
        if(count>0){
            printf("下面是手机列表\n");
            //遍历结构体数组
            for(index=0;index<count;index++){
    printf("手机型号是 %s 制造厂商是 %s 价格是 %f \n",lib[index].title,lib[index].
                                                author,lib[index].price);
                }
        }
    return 0;
}
```

在上述代码中，使用结构体构造了一个 book 类型的结构体，在里面可以存储多个 book 类型的值，这个称为结构体数组。代码的第①处声明了一个结构数组，顾名思义，结构数组是指能够存放多个结构体类型的一种数组形式。执行效果如图 10-4 所示。

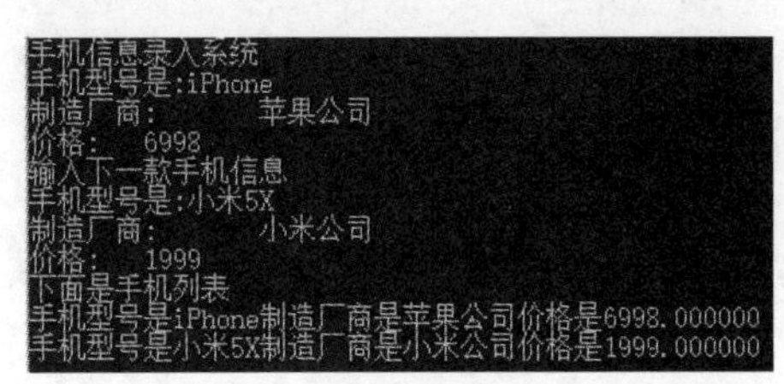

图 10-4

2．数组的引用

在 C 语言程序中，数组作为一个整体的引用，一般表现在如下两个方面。

（1）作为一块连续存储单元的起始地址与结构体指针变量配合使用，此问题在结构体指针部分将作深入的讲解。

（2）作为函数参数：函数 void Mutiline(struct Point oPoints[]) 的形式参数为结构体类型数组，在调用函数时将实际参数 struct Point oPoints[NPOINTS] 作为整体传入，如 Mutiline(oPoints)。

10.3　结构体指针

在计算机系统中的每一个数据，均需要占用一定的内存空间，而每段空间均有唯一的地址与之对应，因此在计算机系统中任意数据均有确定的地址与之对应。在 C 语言中，为了描述数据存放的地址信息，特意引入了指针变量这一概念。在下面的内容中，将详细讲解结构体类型指针变量的基本知识。

↑扫码看视频（本节视频课程时间：7 分 51 秒）

10.3.1　怎样定义结构体指针变量

在 C 语言程序中，有如下 3 种定义结构体指针变量的语法格式形式。

（1）形式 1

```
struct 结构体标识符 {
成员变量列表 ;
…
};
struct 结构体标识符 * 指针变量名 ;
```

（2）形式 2

```
struct 结构体标识符 {
成员变量列表 ;
…
} * 指针变量名 ;
```

（3）形式 3

```
struct {
成员变量列表 ;
…
}* 指针变量名 ;
```

在上述三种形式中，其中“指针变量名”是结构体指针变量的名称。形式 1 是先定义结构体，然后再定义此类型的结构体指针变量；形式 2 和形式 3 是在定义结构体的同时定义了此类型的结构体指针变量。例如在下面的代码中，定义了 struct Point 类型的指针变量 pPoints。

```
struct Point{
double x;
double y;
double z;
} *pPoints;
```

10.3.2 初始化结构体指针变量

在 C 语言程序中，在使用结构体指针变量前必须先进行初始化工作，其初始化的方式与基本数据类型指针变量的初始化方式相同，在定义的同时赋予其一结构体变量的地址。例如下面的演示代码：

```
struct Point oPoint={0, 0, 0};
struct Point pPoints=& oPoint;                          /* 定义的同时初始化 */
```

在实际应用过程中，可以先不对其进行初始化，但是在使用前必须通过赋值表达式赋予其有效的地址值。例如下面的演示代码：

```
struct Point oPoint={0, 0, 0};
struct Point *pPoints2;
pPoints2=& oPoint;                                      /* 通过赋值表达式 */
```

10.3.3 引用结构体指针变量

在 C 语言程序中，与基本类型指针变量相似，结构体指针变量的主要作用是存储其结构体变量的地址或结构体数组的地址，通过间接地方式操作对应的变量和数组。在 C 语言中规定，结构体指针变量可以参与的运算符如下所示。

```
++, --, + , * , ->, ., |, &, !
```

请看下面的实例，功能是使用结构体指针变量输出了结构体成员变量的信息。

实例 10-5：输出显示结构体成员变量的信息

源码路径：下载包 \daima\10\10-5

本实例的实现文件为“123.c”，具体实现代码如下所示。

```
 #include <stdio.h>
struct Point{
double x; /*x 坐标*/
double y; /*y 坐标*/
double z; /*z 坐标*/
};
int main(){
struct Point oPoint1={100,100,0};
struct Point oPoint2;
struct Point *pPoint;                          /*定义结构体指针变量*/
pPoint=& oPoint2;                              /*结构体指针变量赋值*/
(*pPoint).x=oPoint1.x;
(*pPoint).y=oPoint1.y;

(*pPoint).z=oPoint1.z;
printf("oPoint2={%7.2f,%7.2f,%7.2f}",oPoint2.x,oPoint2.y,oPoint2.z);
return(0);
}
```

在上述代码中，表达式 &oPoint2 的作用是获得结构体变量 oPoint2 的地址。表达式 pPoint=&oPoint2 的作用是将 oPoint2 的地址存储在结构体指针变量 pPoint 中，因此 pPoint 存储了 oPoint2 的地址。*pPoint 代表指针变量 pPoint 中的内容，因此 *pPoint 和 oPoint2 等价。

执行效果如图 10-5 所示。

```
oPoint2={ 100.00, 100.00,   0.00}
```

图 10-5

10.3.4 指向结构变量的指针

在 C 语言程序中，当一个指针变量用来指向一个结构变量时，被称之为结构指针变量。结构指针变量中的值是所指向的结构变量的首地址，通过结构指针即可访问该结构变量，这与数组指针和函数指针的情况是相同的。在 C 语言程序中，使用结构指针变量的语法格式如下所示。

```
struct 结构名 *结构指针变量名
```

例如在下面的代码中定义了一个结构 stu，设置了 stu 类型结构变量 boy1 并做了初始化赋值，还定义了一个指向 stu 类型结构的指针变量 pstu。在 main 函数中，pstu 被赋予 boy1 的地址，因此 pstu 指向 boy1。然后在 printf 语句内用三种形式输出 boy1 的各个成员值。

```
struct stu {
      int num;
      char *name;
      char sex;
      float score;
    } boy1={102,"Zhang ping",'M',78.5},*pstu;
int main(){
    pstu=&boy1;
    printf("Number=%d\nName=%s\n",boy1.num,boy1.name);
    printf("Sex=%c\nScore=%f\n\n",boy1.sex,boy1.score);
    printf("Number=%d\nName=%s\n",(*pstu).num,(*pstu).name);
    printf("Sex=%c\nScore=%f\n\n",(*pstu).sex,(*pstu).score);
    printf("Number=%d\nName=%s\n",pstu->num,pstu->name);
    printf("Sex=%c\nScore=%f\n\n",pstu->sex,pstu->score);
}
```

在 C 语言程序中，如下三种用于表示结构成员的形式是完全等效的。

```
结构变量 . 成员名
(* 结构指针变量 ). 成员名
结构指针变量 -> 成员名
```

例如要声明一个指向 stu 的指针变量 pstu，可以写为如下所示的格式。

```
struct stu *pstu;
```

当然也可在定义 stu 结构时同时说明 pstu。与前面讨论的各类指针变量相同，结构指针变量也必须要先赋值后才能使用。

在 C 语言程序中，赋值是把结构变量的首地址赋予该指针变量，不能把结构名赋予该指针变量。如果 boy 是被说明为 stu 类型的结构变量，则下面的格式是正确的：

```
pstu=&boy
```

而下面的格式是错误的：

```
pstu=&stu
```

注意：在 C 语言程序中，结构名和结构变量是两个不同的概念，不能混淆。结构名只能表示一个结构形式，编译系统并不对它分配内存空间。只有当某变量被说明为这种类型的结构时，才对该变量分配存储空间。因此上面 &stu 这种写法是错误的，不可能去取一个结构名的首地址。

在 C 语言程序中，有了结构指针变量，就能更方便地访问结构变量的各个成员。一般有如下两种访问形式：

```
(* 结构指针变量 ). 成员名
结构指针变量 -> 成员名
例如：
(*pstu).num
pstu->num
```

10.3.5 指向结构体数组的指针

在 C 语言程序中，指针变量可以指向一个结构数组，这时结构指针变量的值是整个结构数组的首地址。结构指针变量也可以指向结构数组的一个元素，这时结构指针变量的值是该结构数组元素的首地址。假设 ps 是指向结构数组的指针变量，则 ps 也指向该结构数组的 0 号元素，ps+1 指向 1 号元素，ps+i 则指向 i 号元素。这与普通数组的情况是一致的。例如下面的实例使用指针变量输出了结构数组。

实例 10-6：输出显示主流手机的跑分成绩

源码路径：下载包 \daima\10\10-6

本实例的实现文件为“123.c”，具体实现代码如下所示。

```
struct stu{                                  // 定义结构体
    int num;                                 // 结构体成员 num
    char *name;                              // 结构体成员 *name
    char type;                               // 结构体成员 type
    float score;                             // 结构体成员 score

}boy[5]={
        {101,"iPhone",'G',5500},
        {102,"Note",'G',4800},
        {103," 华为 ",'G',3500},
        {104," 小米 ",'G',1999},
```

```
            {105,"谷歌",'G',3800},
         };
    int main(){
        struct stu *ps;
        printf("No\tName\t\t型号\tScore\t\n");
        for (ps = boy; ps<boy + 5; ps++)
                printf("%d\t%s\t\t%c\t%f\t\n", ps->num, ps->name, ps->type, ps-
>score);
    }
```

在上述代码中，定义了 stu 结构类型的外部数组 boy 并做了初始化赋值。在 main 函数内定义 ps 为指向 stu 类型的指针。在循环语句 for 的表达式 1 中，ps 被赋予 boy 的首地址，然后循环 5 次，输出 boy 数组中各成员值。执行效果如图 10-6 所示。

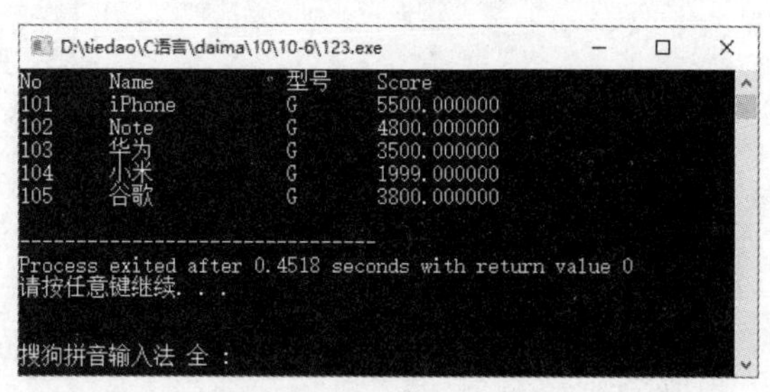

图 10-6

10.4　在函数中使用结构体

在 C 语言中，结构体变量和结构体指针都可以像其他数据类型一样，作为一个函数的参数，也可以将函数定义为结构体类型或结构体指针类型。在本节的内容中，将详细讲解在函数中使用结构体的知识。

↑扫码看视频（本节视频课程时间：5 分 18 秒）

10.4.1　结构体变量和结构体指针可以作为函数参数

在 C 语言程序中，可以将一个结构体变量的值传递给另一个函数，具体来说有如下 3 种方法。

（1）用结构体变量的成员作参数。例如，用 stu[1].num 或 stu[2].name 作函数参数，将实参值传给形参，具体用法和用普通变量作实参是一样的，属于“值传递”方式。在此应当注意实参与形参的类型保持一致。

（2）用结构体变量作实参。

（3）用指向结构体变量（或数组）的指针作实参，将结构体变量（或数组）的地址传给形参。

例如在下面的实例中定义了一个结构体变量，然后定义一个函数 days 实现计算该天在当年中是第几天，最后在主函数中调用该函数获取并输出天数。

实例 10-7：计算某天在当年中是第几天

源码路径：下载包 \daima\10\10-7

本实例的实现文件为“shican.c”，具体实现代码如下所示。

```
 struct dt{                                        //定义结构体类型
    int year;
    int month;
    int day;
 }date;
 days(struct dt date) {                            //定义函数
    int daysum=0,i;
    //定义静态整型数组
    int daytab[13]={0,31,28,31,30,31,30,31,31,30,31,30,31};
    for(i=1;i<date.month;i++)                      //累加各月的天数
          daysum+=daytab[i];
    daysum+=date.day;                              //将当前天数加到天数内
    if((date.year%4==0&&date.year%100!=0||date.year%400==0)&&date.month>=3)
          daysum+=1;                               //若当前的年份是闰年则要将总天数再加1
    return(daysum);
 }
 int main(){
    printf("请输入一个日期（XXXX-XX-XX）：\n");
    //输入年月日
    scanf("%d-%d-%d",&date.year,&date.month,&date.day);
    printf("\n这是当年的第：%d天\n",days(date));// 调用days函数，并输出函数返回值
 }
```

执行后先提示用户输入一个日期，输入日期按下【Enter】键后将显示该天在当年中是第几天，执行效果如图10-7所示。

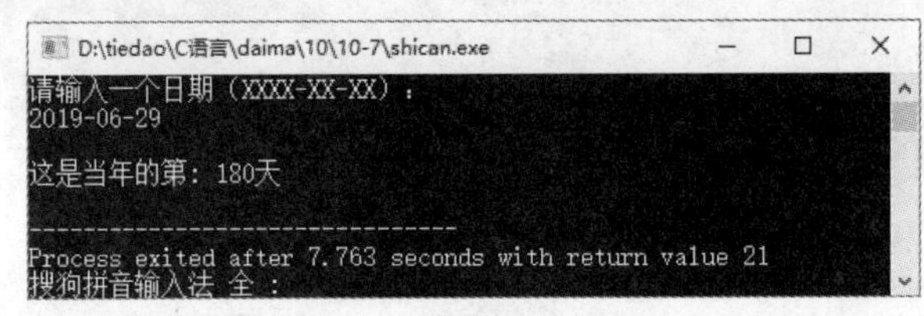

图10-7

10.4.2 函数可以返回结构体类型的值

在C语言程序中，一个函数可以返回一个函数值，这个函数值可以是整型、实型、字符型、指针型等。还可以返回一个结构体类型的值，即函数的类型可以定义为结构体类型，一般格式如下所示。

```
struct 结构体名函数名（形参列表）{….}
```

其中结构体类型是已经定义好的，可以在函数体的return语句中指定结构体变量为返回值。在主调用程序中，要用一个相同的结构体变量来接受返回值。

例如在下面的实例中，首先提示用户输入学生的信息，然后输出用户输入的所有学生的信息。

实例10-8：输出显示所有学生的信息

源码路径：下载包\daima\10\10-8

本实例的实现文件为“123.c”，具体实现代码如下所示。

```
#include "stdlib.h"
 #include "stdio.h"
struct stud_type{                                  //定义结构体
  long num;                                        //结构体成员num
char name[20];                                     //结构体成员name
char sex;                                          //结构体成员sex
```

```
int age;                                        //结构体成员 age
float score;                                    //结构体成员 score
};
int main(){
void list(struct stud_type student);
struct stud_type new(void);
 struct stud_type student[3];
int i;
for(i=0;i<3;i++)
student[i]=new();

printf("num\t name sex age score\n");
for(i=0;i<3;i++)
list(student[i]);
}
struct stud_type new(void){                     //定义函数 new
struct stud_type student;                       //结构体 stud_type student 成员 student
char ch;                                        // char 类型变量 ch
char numstr[20];                                //char 类型数组变量 numstr
printf("\nenter all data of student:\n");
gets(numstr);                                   //获取输入的 numstr 信息
student.num=atol(numstr);                       //num 赋值，使用 atol 函数转换为长整数
gets(student.name);                             //获取 name 信息
student.sex=getchar();                          //sex 赋值
ch=getchar();
gets(numstr);
student.age=atoi(numstr);                       //age 赋值，使用 atol 函数转换为长整数
gets(numstr);
student.score=atof(numstr);                     //score 赋值，使用 atol 函数转换为长整数
return(student);
}
void list(struct stud_type student){
printf("%ld %-15s %3c %6d %6.2f\n",student.num,student.name,
student.sex,student.age,student.score);
}
```

在上述代码中，函数 new 的作用是从键盘输入数据；本实例一共调用了三次 new 函数，每调用一次 new 函数，就从键盘输入一组数据。函数 new 定义为 struct stud_type 类型；new 函数中，在 return 语句中将 student 的值作为返回值。因此 student 的类型与函数的类型一致。在 main 函数中，将函数 new 的值赋给 student[i]，这二者的类型应该相同。

执行后先提示用户输入信息，连续输入学生信息后按下回车键后将会输出输入学生的所有信息。执行效果如图 10-8 所示。

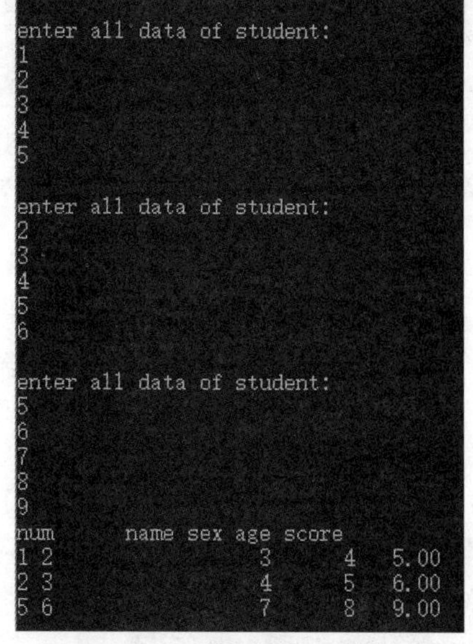

图 10-8

10.5 使用共用体（联合）

在C语言程序中，所谓共用体类型是指将不同的数据项组织成一个整体，它们在内存中占用同一段存储单元。注意，也有的参考书将共用体称为“联合”。

↑扫码看视频（本节视频课程时间：4分59秒）

10.5.1 怎样定义共用体和共用体变量

在C语言程序中，用关键字union来标识共用体类型，具体语法格式如下。

```
union 标识符 { 成员表 };
```

标识符给出的共用体名是共用体类型名的主体，定义的共用体类型由“union 标识符”标识。例如，定义一个共用体类型，要求包含一个整型成员，一个字符型成员和一个单精度型成员，具体代码如下所示。

```
union icf {
int i;
char c;
float f;
};
```

在C语言程序中，共用体变量的定义方法和结构体变量的定义方法类似，也有3种方法，具体说明如下所示。

（1）第1种：建议这种方式来定义共用体变量，先定义共用体类型，再定义共用体变量。具体格式如下所示。

```
union 共用体名 { 成员表 };
```

或：

```
union 共用体名变量表;
```

（2）第2种：定义共用体类型的同时定义共用体变量，具体格式如下所示。

```
union 共用体名
  { 成员表 } 变量表;
```

（3）第3种：直接定义共用体变量，具体格式如下所示。

```
union{ 成员表 } 变量表;
```

请看下面的实例，功能是分别输出结构体和共同体的空间大小。

实例 10-9：输出结构体和共同体的空间大小

源码路径：下载包 \daima\10\10-9

本实例的实现文件为“gong.c”，具体实现代码如下所示。

```
union data {                                        /* 共用体 */
         int a;
         float b;
         double c;
         char d;
             }mm;
struct stud {                                       /* 结构体 */
          int a;
```

```
            float b;
            double c;
            char d;
};
int main(){
        struct stud student;
printf("苹果 iPhone 和三星 Note 的市场占有率比是：");
        printf("%d,%d",sizeof(struct stud),sizeof(union data));
}
```

在上述实例代码中，分别输出了结构体和共同体占用的空间大小。程序的执行结果说明结构体类型中的各成员有各自的内存空间，一个结构变量所占的内存空间为其各成员所占存储空间之和；而共用体类型中各成员共享一段内存空间，实际占用存储空间为其最长的成员所占的存储空间。执行后会分别输出结构体和共同体占用的空间大小，执行效果如图 10-9 所示。

```
苹果iPhone和三星Note的市场占有率比是：24:8
```

图 10-9

10.5.2　引用和初始化共用体变量

在 C 语言程序中，对共用体变量的引用分为两种，分别是共用体变量本身的引用和共用体成员变量的引用，共用体变量遵循结构体变量的引用规则。例如下面的代码：

```
union variant a;
union variant *pA;
pA=&a;
```

在 C 语言程序中，通过共用体变量，引用其成员变量的语法格式如下所示。

```
共用体变量 . 成员变量
```

在 C 语言程序中，通过共用体指针变量，间接引用成员变量的语法格式如下所示。

```
共用体变量 -> 成员变量
```

共用体成员变量的引用方法遵循基本类型变量的引用规则。

请看下面的实例，功能是分别定义公用体和成员，在定义的结构体内使用共用体的成员。

实例 10-10：在定义的结构体内使用共用体成员

源码路径：下载包 \daima\10\10-10

本实例的实现文件为“shiyong.c”，具体实现代码如下所示。

```
struct udata{                                   //定义结构体类型
    int type;
    union   {                                   //定义共用体类型及其变量
            int uint;
            float ufloat;
            char uchar;
    }u;
}x;                                             //定义结构体变量
int main(){
    void func(struct udata *b);                 //声明要调用的函数
    x.type=1;                                   //为结构体变量 x 的成员 type 赋值
    x.u.uint=100;                               //为结构体变量 x 的成员 u 的成员 uint 赋值
    printf("%d:%d\n",x.type,x.u.uint);          //输出结果
    func(&x);                                   //调用函数
}
```

```
void func(struct udata *b) {                    //定义函数
    switch(b->type) {                           //成员 type 的值
        case 1:                                 //若为 1，则输出成员 u 的成员 uint
                printf("%d\n",b->u.uint);
                break;
        case 2:                                 //若为 2，则输出成员 u 的成员 ufloat
                printf("%f\n",b->u.ufloat);
                break;
        case 3:                                 //若为 3，则输出成员 u 的成员 uchar
                printf("%c\n",b->u.uchar);
                break;
    }
}
```

执行后将分别输出结构体和共同体占用的空间大小，执行效果如图 10-10 所示。

图 10-10

注意：在C语言程序中，在引用共用体变量时应该注意如下6点。

（1）共用体变量中，可以包含若干个成员及若干种类型，但共用体成员不能同时使用。在每一时刻，只有一个成员及一种类型起作用，不能同时引用多个成员及多种类型。

（2）共用体变量中起作用的成员值是最后一次存放的成员值，即共用体变量所有成员共用同一段内存单元，后来存放的值将原先存放的值覆盖，故只能使用最后一次给定的成员值。

（3）共用体变量的地址和它的各个成员的地址相同。

（4）不能对共用体变量初始化和赋值，也不能企图引用共用体变量名来得到某成员的值。

（5）共用体变量不能作函数参数，函数的返回值也不能是共用体类型。

（6）共用体类型和结构体类型可以相互嵌套，共用体中成员可以为数组，甚至还可以定义共用体数组。

10.6 使用枚举

在日常生活中，会经常遇到和集合有关的问题，这些问题所描述的状态往往只有有限的几个。例如，比赛的结果只有输和赢两种状态。一周有7天，一共7个状态。此时使用枚举和可以方便地存储这类状态数据。

↑扫码看视频（本节视频课程时间：6分35秒）

10.6.1 定义枚举类型

在C语言程序中，定义枚举类型的语法格式如下所示。

```
enum 枚举标识符 { 常量列表 };
```

其中“enum”是定义关键字，“枚举标识符”遵循变量的命名规则。在“常量列表中”，每个枚举常量之间通过逗号分割。例如为了描述前面讲解的方位问题，可以通过如下代码定义枚举类型 enum Direction。其中，up、down、before、back、left、right 是枚举常量，可以直接引用。

```
enum Direction {
up,down,before,back,left,right
};
```

可以为枚举常量指定对应的整形常量数值，例如下面的代码。

```
enum Direction {
up=1,down=2,before=3,back=4,left=5,right=6
};
```

上述代码是正确的，但是不可以重复出现常量值，例如下面的代码格式是不合法的。

```
enum Direction{
up=1,down=1,before=3,back=4,left=5, right=6
};
```

如果在给定枚举常量的时候不指定其对应的整数常量值，系统将自动为每一个枚举常量设定对应的整数常量值，例如在下面的代码中，up 对应的整数值为 0，down 对应的整数值为 1。

```
enum Direction{
up, down, before, back, left, right
};
```

以此类推，在下面的代码中，right 的值为 5。

```
printf("%d", right)                                    //输出结果为 5。
```

另外，允许设定部分枚举常量对应的整数常量值，但是要求从左到右依次设定枚举常量对应的整数常量值，并且不能重复。例如在下面的代码中，从第一个没有设定值的常量开始，其整数常量值为前一枚举常量对应的整数常量值加 1。所以当时用输出语句 printf(“%d”,right) 时，输出结果为 5。

```
enum Direction{
up=7,down=1,before,back,left,right
};
```

注意:

（1）枚举中每个成员 (标识符) 结束符是”,”，不是”;”, 最后一个成员可省略 “,”。

（2）初始化时可以赋负数 , 以后的标识符仍依次加 1。

（3）枚举变量只能取枚举说明结构中的某个标识符常量。

例如在下面的代码中，枚举变量 x 的值实际上是 7。

```
enum string {
          x1=5,
          x2,
          x3,
          x4,
      };
enum strig x=x3;
```

10.6.2 定义枚举变量

在定义枚举类型变量之前，需要先定义枚举类型。在 C 语言程序中，有如下两种定义枚举变量的形式。

（1）先定义枚举类型，然后在定义枚举变量。例如下面的演示代码：

```
enum Direction{
up,down, before,back,left,right
};
```

```
enum Direction fisrt Direction,second Direction;
```

（2）定义枚举类型，同时定义枚举变量。例如下面的演示代码：

```
enum Direction{
up,down,before,back,left,right
} fisrt Direction,second Direction;
```

10.6.3 引用枚举变量

在 C 语言程序中，根据枚举类型的定义，枚举类型的主要用途是描述特定集合对象，这与基本数据类型类似。例如 int 描述了 -32768~32767 之间所有的整数集合，unsigned 描述了 0~65535 之间的所有整数集合；而 enum Direction{up，down，before，back，left，right} 描述了 {up，down，before，back，left，right} 六个常量的集合，一般将上述六个常量用对应的整数常量 0 ～ 5 表述，因此 enum Direction 描述了 0 ～ 5 的整数集合。枚举类型的实质是整数集合，因此枚举变量的引用类似于整数变量的引用规则，并可以与整数类型的数据之间进行类型转换而没有数据丢失。

请看下面的例子：假设在口袋中有红、黄、蓝、白、黑 5 种颜色的球若干个。每次从口袋中先后取出 3 个球，问你得到 3 种不同色的球的可能取法，输出每种排列的情况。

实例 10-11：五色球问题解法

源码路径：下载包 \daima\10\10-11

问题分析：球只能早 5 种色之一，而且要判断各球是否同色。应该用枚举类型变量处理。设取出的球为 i、j、k。根据题意 i、j、k 分别是 5 种色球之一，并要求 i、j、k 不能同时为同一值。可叫以用穷举法，即一种可能一种可能地试，看哪一组符合条件。

本实例的实现文件为“meiju.c”，具体实现代码如下所示。

```
#include <stdio.h>
int main(){
enum color {red,yellow,blue,white,black};          //声明枚举类型 color
enum color i,j,k,pri;
int n,loop;
n=0;                                                //n 是累计不同颜色的组合数
for (i=red;i<=black;i++)                            //当 i 为某一颜色时
for (j=red;j<=black;j++)                            //当 j 为某一颜色时
if (i!=j){                                          //若前两个球的颜色不同
 for (k=red;k<=black;k++)            //只有前两个球的颜色不同，才需要检查第 3 个球的颜色
if ((k!=i) && (k!=j)){                              //三个球的颜色都不同
n=n+1;                                              //使累计值 n 加 1
printf("%-4d",n);                                   //输出当前的 n 值，字符宽度为 3
for (loop=1;loop<=3;loop++){                        //先后对三个球做处理
switch (loop){                                      //loop 的值先后为 1，2，3
case 1: pri=i;break;                                //使 pri 的值为 i
case 2: pri=j;break;                                //使 pri 的值为 i
case 3: pri=k;break;                                //使 pri 的值为 i
default:break;
}
switch (pri) {                                      //判断 pri 的值，输出相应的颜色
case red:printf("%-10s","red"); break;
case yellow: printf("%-10s","yellow"); break;
case blue: printf("%-10s","blue"); break;
case white: printf("%-10s","white"); break;
case black: printf("%-10s","black"); break;
 default :break;
}
```

```
    }
    printf("\n");
    }
    }
    printf("\ntotal:%5d\n",n);                          //输出符合条件的组合的个数
    }
```

执行后将会分别输出各种问题的解法，并输出一共有多少种解法。执行效果如图 10-11 所示。

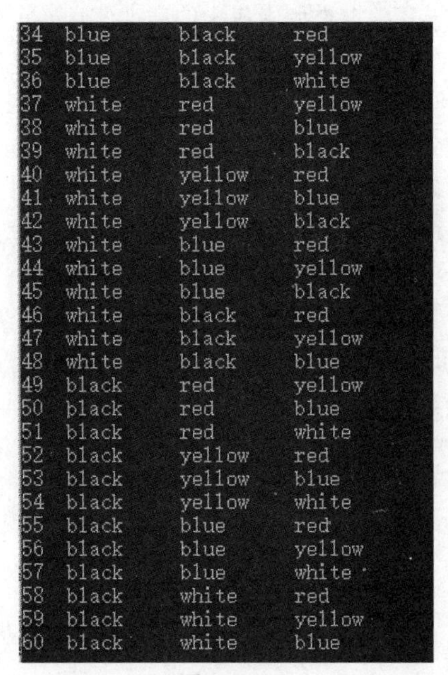

图 10-11

10.7　使用 typedef 定义类型

在 C 语言中，不仅提供了丰富的数据类型，而且还允许由用户自己定义类型说明符，也就是说允许由用户为数据类型取“别名”。通过使用类型定义符 typedef，就可以完成这个功能。

↑扫码看视频（本节视频课程时间：4 分 35 秒）

10.7.1　类型定义符 typedef 基础

在 C 语言程序中，使用 typedef 的语法格式如下所示。

```
typedef 类型名称类型标识符；
```

其中“typedef”为系统保留字，“类型名称”为已知数据类型名称，包括基本数据类型和用户自定义数据类型，“类型标识符”为新的类型名称。例如：

```
typedef double LENGTH;
typedef unsigned int COUNT;
```

在定义新的类型名称之后，可以像基本数据类型那样定义变量。例如下面的代码：

```
typedef unsigned int COUNT;
unsigned int b;
COUNT c;
```

在C语言程序中，主要有如下4种使用typedef的方式。

（1）为基本数据类型定义新的类型名，例如下面的演示代码：

```
typedef unsigned int COUNT;
typedef double AREA;
```

此种应用的主要目的是丰富数据类型中包含的属性信息，另外也是为了系统移植的需要。

（2）为自定义数据类型（结构体、公用体和枚举类型）提供简洁的类型名称，例如下面的代码：

```
struct Point{
double x;
double y;
double z;
};
struct Point oPoint1={100，100，0};
struct Point oPoint2;
```

其中，结构体struct Point为新的数据类型，在定义变量的时候均要有保留字struct，而不能像int和double那样直接使用Point来定义变量。可以经过如下修改：

```
typedef struct tagPoint{
double x;
double y;
double z;
} Point;
```

此时定义变量的方法可以简化为如下格式：

```
Point oPoint;
```

由于定义结构体类型有多种形式，因此可以修改为如下所示的代码。

```
typedef struct {
double x;
double y;
double z;
} Point;
```

（3）为数组定义简洁的类型名称。例如在下面的代码中定义了3个长度为5的整型数组。

```
int a[10]，b[10]，c[10]，d[10];
```

在C语言程序中，可以将长度为10的整型数组看作为一个新的数据类型，再利用typedef为其重定义一个新的名称，可以更加简洁形式定义此种类型的变量，具体的处理方式如下所示。

```
typedef int INT_ARRAY_10[10];
typedef int INT_ARRAY_20[20];
INT_ARRAY_10 a，b，c，d;
INT_ARRAY_20 e;
```

其中，“INT_ARRAY_10”和“INT_ARRAY_20”为新的类型名，10和20为数组的长度。a，b，c，d均是长度为10的整型数组，e是长度为20的整型数组。

（4）为指针定义简洁的名称。首先为数据指针定义新的名称，例如下面的演示代码：

```
typedef char * STRING;
STRING csName={"Jhon"};
```

然后，为函数指针定义新的名称，例如下面的演示代码：

```
typedef int (*MyFUN)(int a, int b);
```

其中，“MyFUN”代表“int *XFunction(int a，intb)”类型指针的新名称。例如下面的演示代码：

```
typedef int (*MyFUN)(int a, int b);
int Max(int a, int b);
MyFUN *pMyFun;
pMyFun= Max;
```

注意：在使用 typedef 时，应当注意如下三个问题。

（1）typedef 的目的是为已知数据类型增加一个新的名称，因此并没有引入新的数据类型。

（2）typedef 只适于类型名称定义，不适合变量的定义。

（3）typedef 与 #define 具有相似的之处，但是实质不同。

10.7.2　使用 typedef

在下面的内容中，将通过一个具体实例的实现过程，详细讲解使用类型定义符 typedef 的过程。

实例 10-12：计算两个复数的乘积

源码路径：下载包 \daima\10\10-12

本实例的实现文件为“type.c”，具体实现代码如下所示。

```
#include "stdio.h"
typedef int INTEGER;                          /* 定义新的类型 INTEGER(整型) */
typedef struct complx{                        /* 定义新的类型 COMP(结构) */
    INTEGER real, im;                         /* real 为复数的实部，im 为复数的虚部 */
}COMP;
int main (){
    static COMP za = {3,4};                   /* 说明静态 COMP 型变量并初始化 */
    static COMP zb = {5,6};
    COMP z, cmult();                          /* 说明 COMP 型的变量 z 和函数 cmult */
    void cpr( );
    z=cmult(za, zb);                  /* 以结构变量调用 cmult 函数，返回值赋给结构变量 z */
    cpr (za, zb, z);                  /* 以结构变量调用 cpr 函数，输出计算结果 */
 }
/* 计算复数 za*zb，函数的返回值为 COMP 类型 */
COMP cmult (COMP za,COMP zb) {
    COMP w; /* 形式参数为 COMP 类型 */
    w.real = za.real * zb.real - za.im * zb.im;
    w.im = za.real * zb.im + za.im * zb.real;
    return (w);                               /* 返回结果 */
}
/* 输出复数 za×zb=z */
void cpr (COMP za,COMP zb,COMP z) {           /* 形式参数为 COMP 类型 */
    printf ("------谷歌手机超级计算器系统------\n");
    printf ("(%d+%di)*(%d+%di)=", za.real, za.im, zb.real, zb.im);
    printf ("(%d+%di)\n", z.real, z.im);
}
```

执行后将会输出指定复数的乘积结果，执行效果如图 10-12 所示。

图 10-12

第11章

链　表

（视频讲解：24分钟）

在C语言的数组中，不允许动态数组类型存在。但是在现实应用中，往往会发生一种情况：所需的内存空间取决于实际输入的数据，而无法预先做出决定。在这个时候，通过数组会很难解决问题，为此C语言推出了链表这个概念。链表为C程序提供了一个支撑点，确保了整个程序的稳固性。在本章的内容中，将详细讲解C语言中链表的基本知识，为读者步入本书后面知识的学习打下基础。

11.1　链表基础

链表是一种物理存储单元上非连续、非顺序的存储结构，数据元素的逻辑顺序是通过链表中的指针链接次序实现的。链表由一系列结点（链表中每一个元素称为结点）组成，结点可以在运行时动态生成。每个结点包括两个部分：一个是存储数据元素的数据域，另一个是存储下一个结点地址的指针域。

↑扫码看视频（本节视频课程时间：10分00秒）

在C语言程序中，可以通过简单类型变量来描述事物某一方面的特性，例如数量。为了描述大规模的集合类型数据（如向量和矩阵），在C语言中引入了数组这一概念，数组的引入可以方便地存储大规模的连续性数据，例如向量和矩阵。在使用数组的时候，要求先定义数组及其长度，然后才能使用。但是实际的应用中，有时并不知道数据的数量，即不确定数组的具体长度。例如，在商场内做问卷调查，并不知道有多少人可能参与，若使用数组存储信息，可能会出现两种情况。第一种情况是，如果数组的长度过大，可能造成内存空间的浪费。第二种情况是，如果给定的数组长度过小，可能造成存储空间不足。另外在科学计算方面，需要大量的矩阵计算。在进行矩阵运算时，如果表达130×130的单精度浮点数，需要130×130×sizeof(float)=40000byte。但是在大规模的科学计算中，可能需要更大规模的矩阵，其所占用连续内存空间是巨大的，而计算机的内存却很有限。为了解决此问题，必须研究可用的存储方法。通过研究发现，大规模矩阵中大多数为稀疏矩阵，因此解决这类大规模存储问题的关键是采用稀疏矩阵进行存储。

11.2 链表和数组

数组和链表相似，以数组形式数据的存储需要大量连续性存储空间，但是计算机内存中可能同时运行多个程序，连续的内存空间非常有限，而大多内存空间也被分割成各种碎块。充分利用内存空间，是计算机软件设计中一个非常重要的课题。

↑扫码看视频（本节视频课程时间：4 分 22 秒）

解决上述问题的关键是链表技术及其相关算法的引入，下面主要介绍简单的线性链表问题。一个有趣的游戏叫“老鹰捉小鸡”，由“老母鸡”带头的小鸡队伍构成如图 11-1 所示。

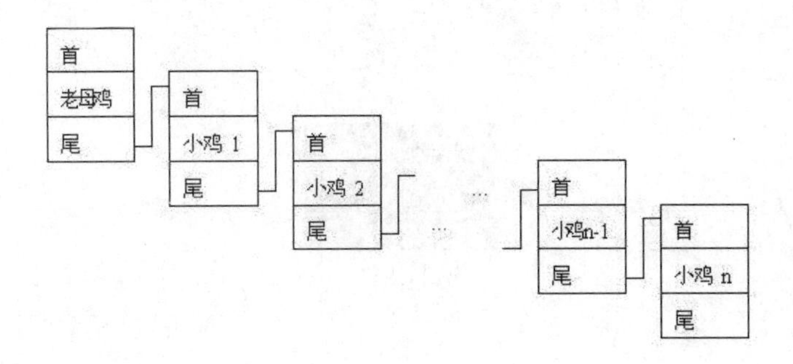

图 11-1

第一只“小鸡”用手揪住“老母鸡”的尾巴，第二只小鸡揪住第一只“小鸡”的尾巴……依此类推，最后第 n 只小鸡揪住第 n-1 只“小鸡”的尾巴。在游戏过程中“小鸡”们紧密地连接在一起，首尾相连，这就是简单线性链表的模型。

实例 11-1：解决“老鹰捉小鸡”问题

源码路径：下载包 \daima\11\11-1

本实例利用结构体描述上述关系，可以定义如下所示的结构体。

```
struct Chicken{
…
struct Chicken * next;
}
```

在结构体增加一新的成员 struct Chicken * next，用于存储下一个对象的内存地址，这样只要找到“老母鸡”即可找到所有的“小鸡”。

本实例的实现文件为“lian.c”，具体实现代码如下所示。

```
#include   <stdio.h>
#include   <stdlib.h>
int main(){
    long *buf1,*buf2;
    long size=13000* sizeof(long);
    buf1= (long *)malloc(size);
    if(buf1!=NULL)
            printf("\nAllocation of %ld bytes successful.\n",size);
    else{
            printf("\nAttempt to allocate %ld bytes failed.\n",size);
    exit(1);
    }
    //就是分配一个 13000 个 long 类型的元素的数组
```

```
    //由于分配内存的函数要求指定需要分配的大小是以字节为单位的，所以这个大小是
                                                     13000×sizeof(long)。
        //若返回数值为null，表示内存不足，没有分配成功
          //在分配一个同样大小的内存块
    buf2=(long *)malloc(size);
  if(buf2!=NULL) {
          //若分配成功则输出通知成功的消息
          printf("\nSecond allocation of %ld bytes successful.\n",size);
          exit(0);
    }
    else    //若失败则输出通知失败的消息
          printf("\nSecond attempt to allocate %ld bytes failed.\n",size);
    free(buf1);//释放第一个内存块
    printf("\nFreeing first block.\n");
    if((buf2=(long *)malloc(size))!=NULL)
    printf("\nAfter free(),allocation of %ld bytes successful.\n",size);
  }
```

执行效果如图 11-2 所示。

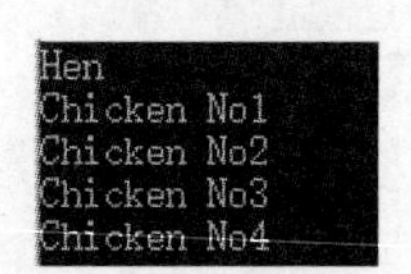

图 11-2

11.3 单向链表

在C语言单向链表的每个结点中，除了信息域以外还有一个指针域，用来指出其后续结点，单向链表的最后一个结点的指针域为空(NULL)。单向链表由头指针唯一确定，因此单向链表可以用头指针的名字来命名，例如头指针名为head的单向链表称为表head，头指针指向单向链表的第一个结点。

↑扫码看视频（本节视频课程时间：8分46秒）

11.3.1 单向链表基础

在用C语言实现单向链表时，首先说明一个结构类型，在这个结构类型中包含一个(或多个)信息成员以及一个指针成员。例如下面的代码：

```
#define NULL 0
typedef int DATATYPE
typedef struct node{
DATATYPE info;
node *next;
}LINKLIST;
```

链表结构中包含指针型的结构成员，类型为指向相同结构类型的指针。根据C语言的语法要求，结构的成员不能是结构自身类型，即结构不能自己定义自己，因为这样将导致一个无穷的递归定义，但结构的成员可以是结构自身的指针类型，通过指针引用自身这种类型的结构。

在C语言程序中，链表的每个结点是lINKIST结构类型的一个变量，例如在下面的代码中，定义了一个链表的头指针head和两个指向链表结点的指针p和q。

```
LINKLIST *head,*P, *q;
```

根据结构成员的引用方法，当 p 和 q 分别指向链表的确定结点后，P->info 和 p->next 分别是某个结点的信息分量和指针分量，LINKLIST 结构的信息分量是整型，可以用常规的方法对这两个结点的信息分量分别赋值。具体代码如下所示。

```
p->info = 20;
q->inFo = 30;
```

指针分量是指向 LINKLIST 类型变量的指针，指针中将存储链表的下一个结点的存储首地址，在链表尾部的最后一个结点的指针域中，指针的值为空 (NULL)。

```
head = p;
p->next = q;
q->next = NULL;
```

经上述的赋值处理后，将组成如图 11-3 所示的一个链表。

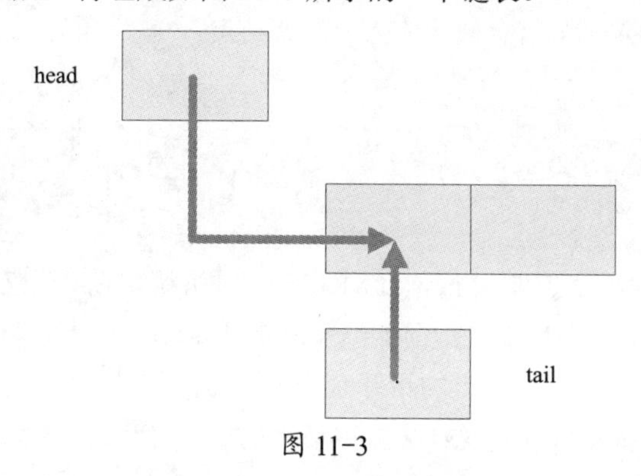

图 11-3

在 C 语言程序中，将建立单向链表的算法写为函数 create()，该函数能够将顺序输入的一组数据构造为一个首尾相接的单向链表，为了将新结点放在当前链表的尾部，在函数中特意定义了一个尾指针 tail，使其一直指向当前链表的尾结点。

11.3.2　使用单向链表

请看下面的实例，功能是创建一个单向链表，并输出里面节点的数据。

实例 11-2：输出显示链表节点中的数据

源码路径：下载包 \daima\11\11-2

本实例的实现文件为“dan.c”，具体实现代码如下所示。

```
#define NULL 0                                    //定义字符常量
//定义结构体类型以及该结构体类型的别名
typedef struct node{
    int info;
    struct node *next;
}LINKLIST;
int main(){
    printf("----《中国新歌声》总决赛季军、亚军和冠军奖金---\n");
    LINKLIST *head, *p,x,y,z;                     //定义结构体类型的变量
    x.info=100000;                                //为结点的 info 成员赋值
    y.info=200000;
    z.info=300000;
head = &x;                                        //定义指针 head 指向结点 x
    x.next=&y;                                    //定义结点 x 的 next 成员指向结点 y
    y.next=&z;                                    //定义结点 y 的 next 成员指向结点 z
```

```
    z.next=NULL;                              // 定义结点 z 的 next 成员为空指针
    p=head;                                   // 定义指针 p 也指向结点 x
    while(p!=NULL) {
            printf("%d\n",p->info);           // 输出 p 指向的结点的 info 成员
            p=p->next;                        // 是指针 p 指向下一个结点。
    }
}
```

执行后的效果如图 11-4 所示。

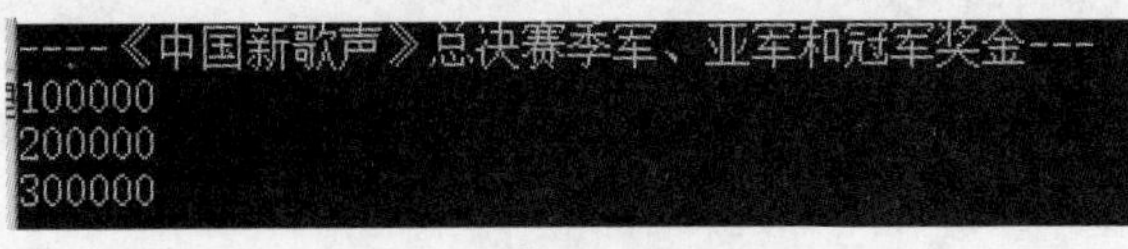

图 11-4

在实际应用中，除了可以创建单向链表外，还可以对节点实现添加和删除等操作，具体说明如下。

（1）插入结点

在单向链表中插入一个结点要引起插入位置前面结点的指针的变化，例如如下代码在单向链表的 p 结点后面插入一个信息域的值为 x 的新结点。

```
void insert(LINKLIST*p, DATATYPE x) {
LINKLIST *newp = new(LINKLIST);
    newp- > info = x;
    newp- > next = p- > next;
    p- > next = newp;
}
```

在插入一个结点时，首先要由 new(LINKLIST) 向系统申请一个存储 LINKLIST 类型变量的空间，并将该空间的首地址赋给指向新结点的指针 newp。在为该新结点的信息域赋值后，先要将该结点插入位置后面一个结点的指针赋给该结点的指针域，然后才能将指向该结点的指针赋给其前一个结点的指针域，这样来完成节点的插入过程。

（2）删除结点

在单向链表中删除个结点同样要引起删除结点的前面结点的指针的变化，例如下面代码会删除单向链表结点 *p 后面结点。

```
void delete(LINKLIST *p){
LINKKLIST *temp;
    temp = p- > next;
    p- > next=P- > next- > next;
    delet(temp);
}
```

将指向被删除结点的指针保存在一个同类型的指针变量中，然后将其前一个结点的指针调整到指向该结点的后一个结点，最后将被删除的结点释放给系统。

（3）编历链表

由于链表是一个动态的数据结构，链表的各个结点由指针链接在起，访问链表元素时通过每个链表结点的指针逐个找到该结点的下一个结点，一直找到链表尾，链表的最后一个结点的指针为空。例如如下所示的编历链表函数。

```
void outputlist(LINKLIST *head)
    LINKLIST *current = head- > next;
    while(current ! = NULL){
printf("%d\n",current->info);
current=current->next;
    }
```

第 12 章

位运算

（视频讲解：11 分钟）

本书前面介绍的各种运算都是以字节作为基本位进行的，但是在很多系统程序中要求在位 (Bit) 一级进行运算或处理。C 语言提供了位运算的功能，这使得 C 语言也能像汇编语言一样用来编写系统程序。在本章的内容中，将详细讲解 C 语言位运算的基本知识和使用方法，为读者步入本书后面的学习打下坚实的基础。

12.1 使用位运算符

C 语言的发展与操作系统的发展密切相关，其最早的用途就是为了设计开发 Unix 操作系统。到目前为止，几乎所有的操作系统和主流的应用软件均是由 C 语言编写的。操作系统作为计算机系统中最基础和最底层的软件平台，是计算机硬件与计算机应用软件的桥梁。

↑扫码看视频（本节视频课程时间：6 分 36 秒）

在 C 语言出现之前，操作各种硬件的主要开发工具是汇编语言。使用汇编语言可以直接操作硬件，并且汇编程序具有体积小、运行速度快的特点。为了能够编写出与汇编程序相当的程序，C 语言引入了指针和位运算这两个概念。在 C 语言中提供了 6 种位运算符，见下表 12-1。

表 12-1

位运算符	具体说明
&	按位与
|	按位或
^	按位异或
~	取反
<<	左移
>>	右移

在本节的内容中，将详细讲解上述 6 种位运算符的基本知识。

12.1.1 按位与运算符“&”

在 C 语言程序中，按位与运算符“&”是一个双目运算符，其功能是参与运算的两数各对应地二进位相与。只有对应的两个二进位均为 1 时，结果位才为 1，否则为 0。参与运算的数以补码方式出现。例如，9&5 可以写为如下所示的算式。

```
00001001                    (9 的二进制补码)
& 00000101                  (5 的二进制补码)
00000001                    (1 的二进制补码)
```

可由此见，9&5=1。

因为按位与运算通常用来对某些位进行清 0 或保留某些位的操作，例如把 a 的高八位清 0，保留低八位，可以作 a&255 运算 (255 的二进制数为 0000000011111111)。所以位与运算的实质是将参与运算的两个数据，按对应的二进制数逐位进行逻辑与运算。例如：int 型常量 4 和 7 进行位与运算的过程如下所示。

```
4 =         0000 0000 0000 0100
7 =         0000 0000 0000 0111
4 & 7 =     0000 0000 0000 0100
```

如果是对于负数，需要按其补码进行运算。例如 int 型常量 -4 和 7 进行位与运算的运算过程如下所示。

```
-4          = 1111 1111 1111 1100
7           = 0000 0000 0000 0111
-4 & 7      = 0000 0000 0000 0100
```

在 C 语言程序中，位与运算的主要用途如下所示。

（1）清零：快速对某一段数据单元的数据清零，即将其全部的二进制位为 0。例如，整型数 a=321 对其全部数据清零的操作为 a=a&0x0。

```
321=0000 0001 0100 0001
&0=0000 0000 0000 0000
=0000 0000 0000 0000
```

（2）获取一个数据的指定位。假如要获得整型数“a=”的低八位数据的操作为“a=a&0xFF”，则可以通过如下所示的代码实现。

```
int main(){
int a=9,b=5,c;
c=a&b;
printf("a=%d\nb=%d\nc=%d\n",a,b,c);
}
```

（3）保留数据区的特定位。假如要获得整型数 a= 的第 7～第 8 位（从 0 开始）的数据操作，则可以通过如下所示的过程实现。

```
110000000
321=0000 0001 0100 0001
&384=0000 0001 1000 0000
=0000 0001 0000 0000
```

例如下面的实例可以计算 a&b 的值。

实例 12-1：计算 a&b 的值

源码路径：下载包 \daima\12\12-1

本实例的实现文件为“1.c”，具体实现代码如下所示。

```
#include<stdio.h>
int main(){
unsigned result;                        /*定义无符号变量*/
int a, b;
printf("输入男足参加世界杯的次数:");
```

```
scanf("%d",&a);
printf(" 输入韩国队参加世界杯的次数 :");scanf("%d",&b);
printf("a=%d,b=%d", a, b);
    result = a&b;                    /* 计算与运算的结果 */
printf("\na&b=%u\n", result);
}
```

执行效果如图 12-1 所示。

```
输入男足参加世界杯的次数:1
输入韩国队参加世界杯的次数:7
a=1,b=7
a&b=1
```

图 12-1

12.1.2　按位或运算符“|”

在 C 语言程序中，按位或运算符“|”是一个双目运算符，其功能是参与运算的两数各对应地二进位相或。只要对应的二个二进位有一个为 1 时，结果位就为 1。参与运算的两个数均以补码出现。例如，int 型常量 5 和 7 进行位或运算的表达式为 5|7，具体结果如下所示。

```
5=    0000 0000 0000 0101
7 = 0000 0000 0000 0111
5|7=0000 0000 0000 0111
```

位或运算的主要用途是设定一个数据的指定位，例如整型数“a=321”，将其低八位数据置为 1 的操作为“a=a|0XFF”。

```
321=0000 0001 0100 0001
|  0000 0000 1111 1111
=0000 0000 1111 1111
```

例如 9|5 的可以写为如下所示的算式。

```
00001001
|   00000101
00001101          (十进制为 13，所以 9|5=13)
```

具体编程实现的代码如下所示。

```
int main(){
int a=9,b=5,c;
c=a|b;
printf("a=%d\nb=%d\nc=%d\n",a,b,c);
}
```

例如下面实例的功能是计算 a|b 的值。

实例 12-2：计算 a|b 的值

源码路径：下载包 \daima\12\12-2

本实例的实现文件为 2.c，具体实现代码如下所示。

```
#include<stdio.h>
int main(){
unsigned result;                              /* 定义无符号变量 */
int a, b;
  printf(" 输入男足参加世界杯的次数 :");
  scanf("%d",&a);
printf(" 输入韩国队参加世界杯的次数 :");scanf("%d",&b);
printf("a=%d,b=%d", a, b);
result = a|b;                                 /* 计算或运算的结果 */
```

```
printf("\na|b=%u\n", result);
}
```

执行效果如图 12-2 所示。

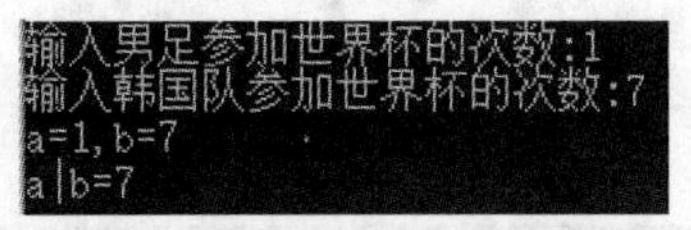

图 12-2

12.1.3 按位异或运算符“^”

在 C 语言程序中，按位异或运算符“^”是双目运算符，其功能是参与运算的两数各对应地二进位相异或。当两对应的二进位相异时，结果为 1。参与运算数仍以补码出现，例如 9^5 可写成如下所示的算式。

```
00001001
^   00000101
00001100          (十进制结果为 12)
```

编程实现 9^5 的 C 语言代码如下所示。

```
int main(){
int a=9;
    a=a^5;
printf("a=%d\n",a);
}
```

例如，int 型常量 5 和 7 进行位异或运算的表达式为 5^7，具体计算过程如下所示。

```
5 =     0000 0000 0000 0101
7 =     0000 0000 0000 0111
5^7 = 0000 0000 0000 0010
```

在 C 语言程序中，位异或运算的主要功能如下所示。

（1）定位翻转：例如设定一个数据的指定位，将 1 换为 0，0 换为 1。例如整型数“a=321”，将其低八位数据进行翻位的操作为 a=a^0XFF，即下面的运算过程：

```
(a)10=(321)10=(0000 0001 0100 0001)2
a^0XFF=(0000 0001 1011 1110)2=(0x1BE)16
321=0000 0001 0100 0001
^0xFF=0000 0000 1111 1111
=  0000 0001 1011 1110
```

（2）数值交换：例如 a=3，b=4，这样可以通过如下代码，无须引入第三个变量，利用位运算即可实现数据交换。

```
int main(intargc, char* argv[]){
inta,b;
a=3,b=4;
printf("\na=%d,b=%d",a,b);
a=a^b;
b=b^a;
a=a^b;
printf("\na=%d,b=%d",a,b);
return 0;
}
```

上述程序的运算过程如下所示。

```
b=b^(a^b)=b^b^a=a;
```

```
a=a^b=(a^b)^(b^a^b)=a^b^b^a^b= a^a^ b^b ^b=b
```

程序的最终执行效果如下所示。

```
a=3,b=4
a=4,b=3
```

例如下面实例的功能是计算 a^b 的值。

实例 12-3：计算 a^b 的值

源码路径：下载包 \daima\12\12-3

本实例的实现文件为“3.c”，具体实现代码如下所示。

```
#include<stdio.h>
int main(){
unsigned result;                                    /* 定义无符号数 */
int a, b;
  printf("输入男足参加世界杯的次数:");
  scanf("%d",&a);
printf("输入韩国队参加世界杯的次数:");scanf("%d",&b);
printf("a=%d,b=%d", a, b);
result = a^b;                                       /* 求 a 与 b 异或的结果 */
printf("\na^b=%u\n", result);
}
```

执行效果如图 12-3 所示。

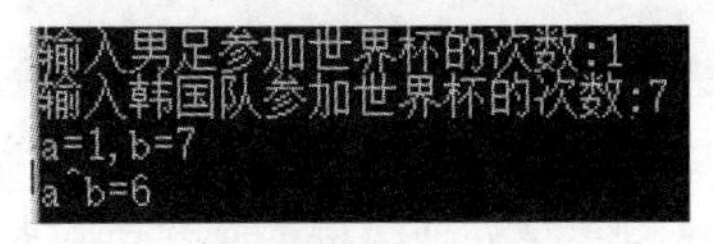

图 12-3

12.1.4　取反运算符“～”

在 C 语言程序中，取反运算符“～”为单目运算符，具有向右结合性的特点。其功能是对参与运算的数的各二进位按位求反。例如，～ 9 的运算为：

```
~(0000000000001001)
```

运算结果为：

```
1111111111110110
```

请看下面的实例，功能是计算～ a 的值是多少。

实例 12-4：计算～ a 的值

源码路径：下载包 \daima\12\12-4

本实例的实现文件为“4.c”，具体实现代码如下所示。

```
#include<stdio.h>
int main(){
unsigned result;                          /* 定义无符号变量 */
int a;
printf("输入男足参加世界杯的次数:");
scanf("%d",&a);
printf("a=%d", a);
result = ~a;                              /* 求 a 的反 */
printf("\n~a=%o\n", result);
}
```

执行效果如图 12-4 所示。

图 12-4

12.1.5 左移运算符“<<”

在C语言程序中，左移运算符“<<”是双目运算符，其功能把“<<”左边的运算数的各二进位全部左移若干位，由“<<”右边的数指定移动的位数，高位丢弃，低位补0。例如下面代码的功能是把a的各二进位向左移动4位。如a=00000011(十进制3)，左移4位后为00110000(十进制48)。

```
a<<4
```

在C语言程序中，左移运算的实质是将对应的数据的二进制值逐位左移若干位，并在空出的位置上填0，最高位溢出并舍弃。例如：

```
inta,b;
a=5;
b=a<<2;
如果b=20，则具体过程如下所示。
(a)10=(5)10=(0000 0000 0000 0101)2
b=a<<2;
b=(0000 0000 0001 0100)2=(20)10
```

从上例可以知b/a=4=22，这可以看出位运算可以实现二倍乘运算。由于位移操作的运算速度比乘法的运算速度高很多，因此在处理数据的乘法运算时，采用位移运算可以获得较快的速度。

实例12-5：使用左移运算符处理变量

源码路径：下载包\daima\12\12-5

本实例的实现文件为“5.c”，具体实现代码如下所示。

```
#include<stdio.h>
int main(){
    int x=15;
    x=x<<2;          /*x左移3位*/
    printf("the result1 is:%d\n",x);
    x=x<<3;          /*x左移2位*/
    printf("the result2 is:%d\n",x);
}
```

执行效果如图12-5所示。

```
the result1 is:60
the result2 is:480
Press any key to continue
```

图 12-5

12.1.6 右移运算符“>>”

在C语言程序中，右移运算符“>>”是一个双目运算符，其功能是把“>>”左边的运算数的各二进位全部右移若干位，“>>”右边的数指定移动的位数。例如下面的代码表示把000001111右移为00000011(十进制3)。

```
a=15,
```

```
a>>2
```

在 C 语言程序中，右移运算的实质是将对应数据的二进制值逐位右移若干位，并舍弃出界的数字。如果当前的数为无符号数，则高位补零。例如在下面的代码中，如果当前的数据为有符号数，在进行右移的时候，根据符号位决定左边补 0 还是补 1。如果符号位为 0，则左边补 0；但是如果符号位为 1，则根据不同的计算机系统，可能有不同的处理方式。

```
int (a)10=(5)10=(0000 0000 0000 0101)2
b=a>>2;
b=(0000 0000 0000 0001)2=(1)10
```

由此可见，位右移运算可以实现对除数为 2 的整除运算。在此需要说明的是，对于有符号数，在右移时符号位将随同移动。当为正数时，最高位补 0，而为负数时，符号位为 1，最高位是补 0 或是补 1 取决于编译系统的规定。Turbo C 和很多系统规定为补 1。另外，如果将所有对 2 的整除运算转换为位移运算，可提高程序的运行效率。

实例 12-6：使用右移运算符处理变量

源码路径：下载包 \daima\12\12-6

本实例的实现文件为“6.c”，具体实现代码如下所示。

```
#include<stdio.h>
 int main(){
    int x=30,y=-30;
    x=x>>3;                                         /*x 右移 3 位 */
    y=y>>3;                                         /*y 右移 3 位 */
    printf("the result1 is:%d,%d\n",x,y);
    x=x>>2;                                         /*x 右移 2 位 */
    y=y>>2;                                         /*x 右移 2 位 */
    printf("the result2 is:%d,%d\n",x,y);
}
```

执行效果如图 12-6 所示。

图 12-6

12.1.7　位运算综合应用实例

下面通过一个具体实例来说明 C 语言按位运算的使用过程。

实例 12-7：对两个数 (255,10) 进行位运算并输出结果

源码路径：下载包 \daima\12\12-7

本实例的实现文件为“jiao.c”，具体实现代码如下所示。

```
#include "stdio.h"
int main(){
    int a=255,b=10,i;                           //定义三个整型变量
    //计算两个数的与运算
    printf("The %d & %d is %d \n",a,b,a& b);
    //计算两个数的或运算
    printf("The %d | %d is %d \n",a,b,a | b);
    //计算两个数的异或运算
    printf("The %d ^ %d is %d \n",a,b,a ^ b);
    //计算 a 进行取反运算的值
    printf("The ~%d is %d \n",a,~a);
```

```
    printf("decimal\t\tshift left by\tresult\n");
    for(i=1;i<9;i++){
            b=a<<i;                                 //使 a 左移 i 位
            printf("%d\t\t%d\t\t%d\n",a,i,b);      //输出当前左移结果
    }
    printf("decimal\t\tshift right by\tresult\n");
    for(i=1;i<9;i++){
            b=a>>i;                                 //使 a 右移 i 位
            printf("%d\t\t%d\t\t%d\n",a,i,b);      //输出当前右移结果
    }
}
```

执行效果如图 12-7 所示。

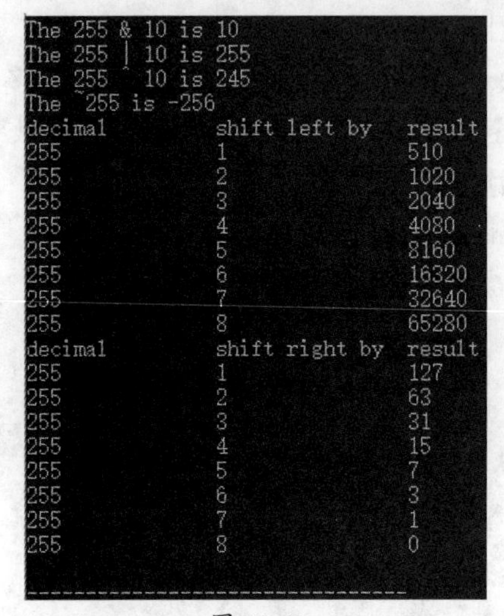

图 12-7

在上述实例中，对两个指定数进行位运算并输出了运算结果。

注意：其实在 C 语言中，还有很多复合的位运算符，具体如下所示。

- **&=**
- **!=**
- **>>=**
- **<<=**
- **^=**

例如，a&=0x11 等价于 a= a&0x11，其他运算符以此类推。

在 C 语言程序中，不同类型的整数数据在进行混合类型的位运算时，按右端对齐原则进行处理，按数据长度大的数据进行处理，将数据长度小的数据左端补 0 或 1。例如 char a 与 int b 进行位运算的时候，按 int 进行处理，char a 转化为整型数据，并在左端补 0。具体的补位原则如下。

（1）对于有符号数据：如果 a 为正整数，则左端补 0，如果 a 为负数，则左端补 1。

（2）对于无符号数据：在左端补 0。

例如，获得一个无符号数据从第 p 位开始的 n 位二进制数据。假设数据右端对齐，第 0 位二进制数在数据的最右端，获得的结果要求右对齐。

```
#include <stdio.h>
```

```
/*getbits：获得从第 p 位开始的 n 位二进制数 */
unsigned int getbits(unsigned int x, unsigned int p, unsigned n){
unsigned int a;
unsigned int b;
a=x>>(p+1);
b=~(~0<<n);
return a&b;
}
int main(){
unsigned int a=123;
unsigned int b;
b=getbits(a,2,4);
printf("a=%u\t b=%u\n",a,b);
printf("a=%x\t b=%x\n",a,b);
}
```

在上述代码中，a 的二进制形式如下所示。

```
0000 0000 0111 1011
```

左移 p+1 位（从 0 开始）：

```
0000 0000 0000 1111
```

0 的二进制形式如下所示。

```
0000 0000 0000 0000
```

0 取反：

```
1111 1111 1111 1111
```

0 右移 4 位（从 0 开始）：

```
1111 1111 1111 0000
```

0 右移 4 位取反，因此 b 的二进制形式为：

```
0000 0000 0000 1111
```

a&b 的运算结果如下所示。

```
0000 0000 0000 1111
```

上述程序的最终执行效果为：

```
a=123 b=15
a=7b b=f
```

12.2　位域

有时候在存储某些信息时，并不需要占用一个完整的字节，而只需占用几个或一个二进制位。例如在存放一个开关量时，只有 0 和 1 两种状态，这只需用一位二进位即可。为了节省存储空间，并使处理简便，C 语言又提供了一种称为“位域”或“位段”的数据结构。

↑扫码看视频（本节视频课程时间：3 分 58 秒）

12.2.1　位域的定义和位域变量基础

“位域”是指把一个字节中的二进位划分为几个不同的区域，并说明每个区域的位数。每个域都有一个域名，允许在程序中按域名进行操作。这样就可以把几个不同的对象，用一个字节的二进制位域来表示。

在C语言程序中，定义位域的方法与定义结构的方法相仿，具体语法格式如下所示。

```
struct 位域结构名
      { 位域列表 };
```

在C语言程序中，使用位域列表的语法格式如下所示。

```
类型说明符位域名 : 位域长度
```

例如下面的代码：

```
struct bs{
int a:8;
int b:2;
int c:6;
};
```

在C语言程序中，位域变量的说明方式与结构变量的说明方式相同，都可以采用先定义后说明、同时定义说明或者直接说明这三种方式。例如在下面的代码中，data为bs变量，共占两个字节。其中位域a占8位，位域b占2位，位域c占6位。

```
struct bs{
int a:8;
int b:2;
int c:6;
}data;
```

注意：在C语言程序中，定义位域时需要注意如下3点说明。

（1）一个位域必须存储在同一个字节中，不能跨两个字节。如果一个字节所剩空间不够存放另一位域时，应从下一单元起存放该位域。也可以有意使某位域从下一单元开始。例如在下面定义位域的代码中，a占第一字节的4位，后4位填0表示不使用，b从第二字节开始，占用4位，c占用4位。

```
struct bs{
unsigned a:4
unsigned :0           /* 空域 */
unsigned b:4          /* 从下一单元开始存放 */
unsigned c:4
}
```

（2）由于位域不允许跨两个字节，因此位域的长度不能大于一个字节的长度，也就是说不能超过8位二进位。

(3)位域可以无位域名，这时它只用来作填充或调整位置。无名位域是不能使用的。例如：

```
struct k{
int a:1
int  :2          /* 该2位不能使用 */
int b:3
int c:2
};
```

从以上分析可以看出，位域在本质上就是一种结构类型，不过其成员是按二进位分配的。

12.2.2 使用位域

在C语言程序中，位域的使用方法和结构成员的使用方法相同，允许使用各种格式输出位域。使用位域的语法格式如下所示。

```
位域变量名·位域名
```

请看下面的实例，演示了使用位域实现运算的过程。

实例 12-8：输出显示变量的位域

源码路径：下载包 \daima\12\12-8

本实例的实现文件为“123.c”，具体实现代码如下所示。

```
int main(){
 struct bs {
unsigned a:1;
unsigned b:3;
unsigned c:4;
} bit,*pbit;
bit.a=1;
bit.b=7;
bit.c=15;
printf("%d,%d,%d\n",bit.a,bit.b,bit.c);
pbit=&bit;
pbit->a=0;
pbit->b&=3;
pbit->c|=1;
printf("%d,%d,%d\n",pbit->a,pbit->b,pbit->c);
}
```

执行效果如图 12-8 所示。

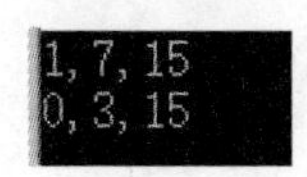

图 12-8

第 13 章

预编译处理

（视频讲解：19 分钟）

在本书前面的内容中，已多次使用过以“#”号开头的预处理命令，例如包含命令 #include，宏定义命令 #define 等。在程序中这些命令都被放在函数之外，而且一般都放在源文件的前面，它们称为预处理部分。在 C 语言中提供了多种预处理功能，如宏定义、文件包含、条件编译等。合理地使用预处理功能编写的程序便于阅读、修改、移植和调试，也有利于模块化程序设计。在本章的内容中，将详细介绍 C 语言中预编译预处理技术的知识。

13.1 预编译基础

预编译处理是指在进行编译的第一遍扫描 (词法扫描和语法分析) 之前所做的工作。预编译处理是 C 语言的一个重要功能，它由预处理程序负责完成。当对一个源文件进行编译时，系统将自动引用预处理程序对源程序中的预处理部分作处理，处理完毕后自动进入对源程序的编译。

↑扫码看视频（本节视频课程时间：2 分 29 秒）

可能有的读者会问：为什么要推出预处理呢？这个问题需要细细道来，软件工程中一个非常重要的问题是软件的可移植性和可重用性。例如，在微机平台上开发的程序需要顺利地移植到大型计算机上去运行，要求同一套代码不加修改或经过少量的修改即可适应多种计算机系统。C 语言作为软件工程中广泛使用的一门程序设计语言，需要很好地解决此类问题。为此 ANSI C 引入了预编译处理命令，主要规范和统一不同编译器的指令集合。通过这些指令，控制编译器对不同的代码段进行编译处理，从而生成针对不同条件的计算机程序。

在 C 语言中主要定义了如下 3 类预编译指令。

（1）#define 与 #undef 指令

（2）#include 指令

（3）#if #endif 和 #if #else #endif 指令

13.2　使用宏定义

在 C 语言程序中，允许用一个标识符表示一个字符串，称为“宏”。被定义为宏的标识符称为“宏名”。在编译预处理时，对程序中所有出现的宏名，都用宏定义中的字符串去替换，这称为“宏替换”或“宏展开”。宏定义是由源程序中的宏定义命令完成的。宏替换是由预处理程序自动完成的。在 C 语言中，宏分为有参数和无参数两种。在本节的内容中，将分别讲解这两种宏的定义和调用方法。

↑扫码看视频（本节视频课程时间：8 分 04 秒）

13.2.1　不带参数的宏定义

在 C 语言程序中，在无参数宏的宏名后面不带任何参数，其语法格式如下所示。

```
#define   标识符字符串
```

在上述格式中，“#”表示这是一条预处理命令。凡是以“#”开头的均为预处理命令。“define”为宏定义命令，“标识符”为所定义的宏名。“字符串”可以是常数、表达式、格式串等。在前面中介绍过的符号常量定义其实就是一种无参宏定义。此外，经常对程序中反复使用的表达式进行宏定义。例如下面代码作用是设置用指定标识符 M 来代替表达式 (y*y+3*y)。这样在编写源程序时，所有的 (y*y+3*y) 都可由 M 代替，而对源程序作编译时，将先由预处理程序进行宏替换，即用 (y*y+3*y) 表达式去置换所有的宏名 M，然后再进行编译。

```
#define M (y*y+3*y)
```

例如在下面的代码中，用标识符（称为“宏名”）PI 代替字符串“3.1415926”。另外，也可以使用“#undef”终止宏定义命令。

```
#define PI 3.1415926
int main(){
floatl,s,r,v;
printf("input radius:");
scanf("%f",&r);                                      /* 输入圆的半径 */
l = 2.0*PI*r;                                        /* 圆周长 */
s = PI*r*r;                                          /* 圆面积 */
v = 4.0/3.0*PI*r*r*r;                                /* 球体积 */
printf("l=%10.4f\ns=%10.4f\nv=%10.4f\n",l,s,v);
}
```

在 C 语言程序中，关于宏定义的具体说明如下所示。

（1）一般宏名用大写字母表示，变量名一般用小写字母。

（2）使用宏可以提高程序的可读性和可移植性。如上述程序中，多处需要使用 π 值，用宏名既便于修改又意义明确。

（3）宏定义是用宏名代替字符串，宏扩展时仅作简单替换，不检查语法。语法检查在编译时进行。

（4）宏定义不是 C 语句，后面不能有分号。如果加入分号，则连分号一起替换。例如下面的演示代码：

```
#define PI 3.1415926;
area = P*r*r;
```

在宏扩展后成为：

```
area = 3.1315926; *r*r;
```

这样在编译时会出现语法错误。

（5）通常把 #define 命令放在一个文件的开头，使其在本文件全部有效。用 #define 定义的宏仅在本文件有效，在其他文件中无效，这与全局变量不同。

（6）在使用宏定义终止命令 #undef 结束先前定义的宏名，例如下面的演示代码：

```
#define G 9.8
int main(){
}
#undef G                                        /* 取消G的意义 */
f1()
```

（7）宏定义中可以引用已定义的宏名，例如下面的演示代码：

```
#define R 3.0
#define PI 3.1415926
#deinfe L 2*PI*R
#define S PI*R*R
int main(){
printf("L=%f\nS=%f\n",L,S);
}
```

（8）对程序中用双引号括起来的字符串，即使与宏名相同，也不替换。例如上例的 printf 语句中，双引号括起来 L 和 S 不被替换。

例如下面的实例演示了使用不带参数宏定义的过程。

实例 13-1：使用不带参数的宏定义优化代码

源码路径：下载包 \daima\13\13-1

本实例的实现文件为“hong.c”，具体实现代码如下所示。

```
//定义不带参数的宏
 #define PR printf
#define NL "\n"
#define Fs "%f"
#define F "%6.2f"
#define F1 F NL
#define F2 F "\t" F NL
#define F3 F "\t" F "\t" F NL
int main(){
    floata,b,c;
     PR("本赛季皇马前9场比赛球员平均得分\n");
    //输入三个实数
    scanf(Fs,&a);
    scanf(Fs,&b);
    scanf(Fs,&c);
    PR(NL);                                     //输出换行符
    //分三行输出三个实数
    PR(F1,a);
    PR(F1,b);
    PR(F1,c);
    PR(NL);                                     //输出换行符
    //分两行输出三个数
    PR(F2,a,b);
    PR(F1,c);
    PR(NL);                                     //输出换行符
    //分一行输出三个数
    PR(F3,a,b,c);
}
```

执行后先输入 3 个实数，按下【Enter】键后将会输出 3 种样式的结果。执行效果如图 13-1 所示。

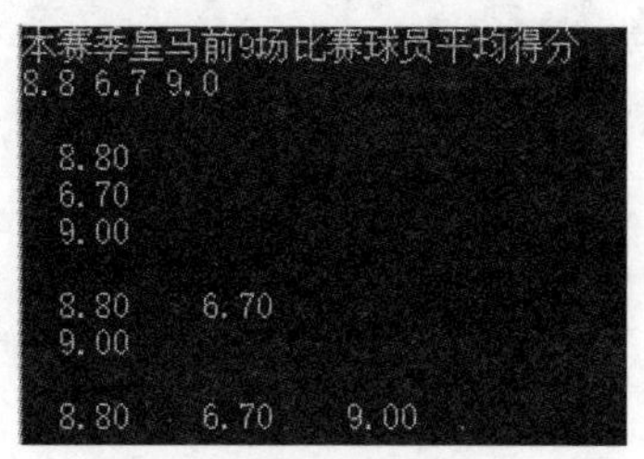

图 13-1

注意：在使用不带参数的宏定义时，应该注意如下 5 点。

（1）宏定义必须以 #define 开头，在行末不用加分号。

（2）#define 命令一般出现在函数外部。

（3）每一个 #define 只能定义一个宏，且只占一个书写行。

（4）宏定义中的宏体只是一串字符，没有值和类型的含义 , 编译系统只对程序中出现的宏名用定义中的宏体做简单替换，而不做语法检查，且不分配内存空间。

（5）当宏体为空时，宏名被定义为字符常量 0。

13.2.2　带参数的宏定义

C 语言允许宏带有参数，在宏定义中的参数称为形式参数，在宏调用中的参数称为实际参数。对带参数的宏，在调用中，不仅要宏展开，而且要用实参去替换形参。在 C 语言程序中，定义带参宏的语法格式如下所示。

```
#define  宏名 ( 形参表 )  字符串
```

在 C 语言程序中，调用带参宏的语法格式如下所示。

```
宏名 ( 实参表 );
```

例如：

```
#define M(y) y*y+3*y                                   /* 宏定义 */
k=M(5);                                                /* 宏调用 */
```

在上述实现宏调用时，用实参 5 去代替形参 y，经过预处理宏展开后的语句为：

```
k=5*5+3*5
```

例如在下面的代码中，第一行进行了带参宏定义操作，用宏名 MAX 表示条件表达式 (*a*>*b*)?a:b，形参 *a*、*b* 均出现在条件表达式中。程序第七行 max=MAX(*x*,*y*) 为宏调用，实参 *x*、*y* 将替换形参 *a*、*b*。

```
#define MAX(a,b) (a>b)?a:b
int main(){
intx,y,max;
printf("input two numbers:    ");
scanf("%d%d",&x,&y);
max=MAX(x,y);
printf("max=%d\n",max);
}
```

宏展开后该语句为：

```
max=(x>y)?x:y;
```

例如在下面的实例中，演示了使用带参数宏定义的过程。

实例 13-2：使用带参数的宏定义优化代码

源码路径：下载包 \daima\13\13-2

本实例的实现文件为“jiao.c”，具体实现代码如下所示。

```
#include<stdio.h>
#define MIX(a,b) ((a)*(b)+(b))                    /* 宏定义求两个数的混合运算 */
int main(){
    int x=5,y=9;
    printf("x,y:\n");
    printf("你知道 (a)*(b)+(b) 的值是多少吗？\n");
    printf("答案是 :%d\n",MIX(x,y));           /* 宏定义调用 */
}
```

执行效果如图 13-2 所示。

```
D:\tiedao\C语言\daima\13\13-2\1.exe
x,y:
5,9
你知道(a)*(b)+(b)的值是多少吗？
答案是:54

--------------------------------
Process exited after 0.421 seconds with return value 10
搜狗拼音输入法 全 ：
```

图 13-2

13.3 文件包含

文件包含的含义是，一个源文件可以将另一个源文件的全部内容包含进来。通常一个大的程序可以分为多个模块，并由多个程序员分别编程。有了文件包含处理功能，就可以将多个模块共用的数据(如符号常量和数据结构)或函数，集中到一个单独的文件中。这样，凡是要使用其中数据或调用其中函数的程序员，只要使用文件包含处理功能，将所需文件包含进来即可，不必再重复定义它们，从而减少重复劳动。

↑扫码看视频（本节视频课程时间：2 分 58 秒）

文件包含是 C 语言预处理程序的另一个重要功能，在 C 语言程序中，有如下两种使用文件包含命令行的方式。

```
#include"文件名"
#include<文件名>
```

上述两种格式的具体区别如下。

（1）使用双引号：系统首先到当前目录下查找被包含文件，如果没找到，再到系统指定的“包含文件目录”(由用户在配置环境时设置)去查找。

（2）使用尖括号：直接到系统指定的”包含文件目录”去查找。一般地说，使用双引号比较保险。

请看下面的实例，功能是将 3 个不同的 C 文件用文件包含命令来处理，然后输出 3 个数字中的最小值。

实例 13-3：比较 3 个数字的大小并输出其中的最小值

源码路径：下载包 \daima\13\13-3

（1）第一个 C 文件为“file1.c”，具体实现代码如下所示。

```
//file1.c 源程序文件清单
```

```
 /* 求两个整数中最小数 */
int min1(int a, int b ){
   if(a>b)
return(b);
   else
      return(a);
}
```

上述代码功能是，定义了一个函数 min1，用于比较数字的大小。

（2）第二个 C 文件为“file2.c”，具体实现代码如下所示。

```
//file2.c 源程序文件清单
/* 求三个整数中最小数 */
int min2(int a, int b, int c) {
   intz,m;
   z=min1(a,b);
   m=min1(z,c);
   return (m);
}
```

上述代码的功能是，定义了一个函数 min2，用于首先用 min1 函数比较 *a* 和 *b* 的大小，获取小者为 *z*；然后用 min1 函数比较小者 *z* 和 *c* 的大小，并最终返回小者为 *m*。

（3）第三个 C 文件为“file3.c”，具体实现代码如下所示。

```
#include "file1.c"
#include "file2.c"
int main(){
   int x1,x2,x3,min;
   printf("请输入 3 个整数，并找出其中的最小数字！ \n");
   scanf("%d,%d,%d",&x1,&x2,&x3);
   min=min2(x1,x2,x3);
   printf("最小的数是：%d\n",min);
}
```

在上述代码中，首先使用 #include 包含了前面的两个文件，对用户输入的 3 个数据进行比较，并最终获取最小值。

编译运行文件 file3.c，在命令行中要求输入 3 个实数。按下“Enter”键后将会输出这 3 个数中的最小值。执行效果如图 13-3 所示。

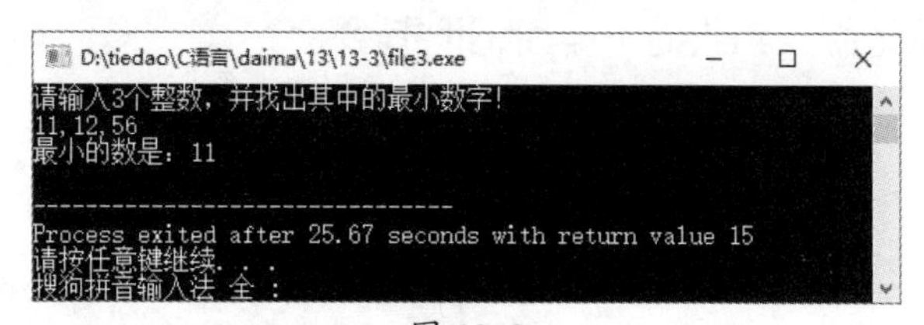

图 13-3

注意：读者在使用文件包含时应该注意如下几点：

（1）一个 include 命令只能指定一个被包含文件，如果要包含 n 个文件，用 n 个 Include 命令。

（2）#include 命令的文件名，可以使用两种括号。#include <math.h> 与 #include “math.h”的区别在于遇到 #include <math.h> 命令时系统从缺省的头文件目录中查找文 math.h 文件；遇到 #include “math.h”时系统首先从当前的目录中搜索，如果没有找到再在缺省的头文件目录中查找文件 math.h 文件。因此包含系统提供的库函数使用 #include <math.h> 方式搜索速度比较快；如果包含用户自定义的 .h 文件使用 #include “math.h”方式搜索速度比较快。

（3）被包含文件与其所在文件在预处理后，成为一个文件，因此，如果被包含文件定义有全局变量，在其他文件中不必用 extern 关键字声明。但一般不在被包含文件中定义变量。

（4）文件包含可以嵌套，即被包含文件中又包含另一个文件。

另外在软件开发中，一般将符号常量、全局变量、函数声明包含在头文件（.h 文件）中，并将其定义放在 .c 文件中。然后在使用的时候，包含对应的头文件即可。例如，下面是常用数学库函数头文件“math.h”中的部分代码，其中 _Cdecl 为 Turbo C 系统的中保留字。

```
int _Cdecl abs (int x);
double _Cdeclacos (double x);
double _Cdeclasin (double x);
double _Cdeclatan (double x);
double _Cdecl atan2 (double y, double x);
double _Cdeclatof (const char *s);
double _Cdecl ceil (double x);
double _Cdeclcos (double x);
```

如果在程序中需要使用数学库函数，只需在文件中加入如下的代码即可。

```
#include <math.h>
#include "math.h"
```

另外，在使用 #include 指令时，对系统文件要使用 #include <math.h> 形式；对用户自定义文件，则要使用 #include “math.h”形式。

13.4 条件编译

在编译 C 语言程序时，为了设置哪些代码参与编译，哪些代码不参与编译，在 C 语言中特意引入了条件编译指令。通过使用条件编译，可以将针对不同硬件平台或软件平台的代码，编写在同一程序文件中，从而方便程序的维护和移植。在进行软件移植的时候，可以针对不同的情况，控制不同的代码段被编译。

↑扫码看视频（本节视频课程时间：4 分 35 秒）

13.4.1 使用 #ifdef … #else …#endif 指令

在 C 语言程序中，此编译指令类似于 if else 语句，是一种典型的条件编译指令。其语法格式如下所示。

```
#ifdef 常量表达式
代码段 1
#else
代码段 2
#endif
```

在上述格式中，“常量表达式”可以仅仅为一个编译标志。如果常量表达式的值为真（非零值），则编译代码段 1 部分的代码，否则编译代码段 2 部分的代码。当常量表达式为简单的编译标志时，如果此编译标志在前面的代码中，已经使用 #define 指令定义过，且在当前的代码段中有效，则编译代码段 1 部分的代码，否则编译代码段 2 部分的代码。例如在下面的代码中，定义了符号常量 CONST_TRUE 和 TAG_TRUE，并根据不同的条件进行不同操作。

```
#define CONST_TRUE 1
#define TAG_TRUE
void main(){
```

```
#ifdef CONST_TRUE
printf("The CONST_TRUE is true\n");
#else
printf("The CONST_TRUE is false\n");
#endif
#ifdef TAG_TRUE
printf("The TAG_TRUE is defined\n");
#else
printf("The TAG_TRUE is not defined\n");
#endif
}
```

在上述代码中，因为 CONST_TRUE 代表 1，所以系统编译 printf(“The CONST_TRUE is true\n”) 部分代码，因此程序运行输出“The CONST_TRUE is true”的结果。如果 CONST_TRUE 代表 0，则系统编译 printf(“The CONST_TRUE is false\n”) 部分代码。由于 TAG_TRUE 已经定义，所以系统编译 printf(“The TAG_TRUE is defined\n”) 部分代码。上述代码最终的执行效果如下所示。

```
The CONST_TRUE is true
The TAG_TRUE is defined
```

除了上述用法外，#ifdef … #else …#endif 编译指令还有一种简单形式的用法，为单分支条件编译指令，其语法格式如下所示。

```
#ifdef 常量表达式
代码段
#endif
```

如果常量表达式的值为真，则编译“代码段”部分的代码，否则跳过此部分的代码。当常量表达式为编译标志时，如果此编译标志有效，则编译“代码段”部分的代码，否则跳过此部分的代码。例如在下面程序中，只有定义了 TAG_TRUE 之后，才可以编译 printf(“The TAG_TRUE is defined\n”) 语句。

```
#ifdef TAG_TRUE
printf("The TAG_TRUE is defined\n");
#endif
```

13.4.2　使用 #if defined… #else …#endif 指令

在 C 语言程序中，此编译指令与 #ifdef… #else …#endif 编译指令等价，其语法格式如下所示。

```
#if defined 常量表达式
代码段 1
#else
代码段 2
#endif
```

或：

```
#if defined （常量表达式）
代码段 1
#else
代码段 2
#endif
```

此编译指令的简单形式为单分支条件编译指令，其语法形式如下所示。

```
#if defined 常量表达式
代码段 1
```

```
#endif
```

请看下面的实例，功能是联合使用 #ifdef 和 #ifndif 指令。

实例 13-4：联合使用 #ifdef 和 #ifndif 指令

源码路径：下载包 \daima\13\13-4

本实例的实现文件为“4.c”，具体实现代码如下所示。

```
#include<stdio.h>
#define STR "diligence is the parent of success\n"//定义 STR 的值
int main(){
#ifdef STR
printf(STR);
#else
printf("idleness is the root of all evil\n");
#endif
printf("\n");
#ifndef ABC
printf("idleness is the root of all evil\n");
#else
printf(STR);
#endif
}
```

执行效果如图 13-4 所示。

```
diligence is the parent of success

idleness is the root of all evil
Press any key to continue
```

图 13-4

13.4.3 使用 #ifndef … #else …#endif 指令

在 C 语言程序中，使用 #ifndef … #else …#endif 编译指令的语法格式如下所示。

```
#ifndef 常量表达式
代码段 1
#else
代码段 2
#endif
```

如果常量表达式的值为假 (零值) 时，编译代码段部分的代码，否则编译代码段 2 部分的代码。当常量表达式为编译标志时，如果此编译标志无效则编译代码段 1 部分的代码，否则编译代码段 2 部分的代码。此编译指令的简单形式为单分支的选择编译指令，其语法格式如下所示。

```
#ifndef 常量表达式
代码段 1
…
#endif
```

13.4.4 使用 #if !defined … #else …#endif 指令

在 C 语言程序中，此编译指令与 #ifndef… #else …#endif 等价，其语法格式如下所示。

```
# if !defined 常量表达式
代码段 1
#else
代码段 2
#endif
```

或：

```
# if !defined(常量表达式)
代码段 1
#else
代码段 2
#endif
```

注意：在使用上述格式时，要避免头文件的重复包含，以免造成变量重复定义或函数的重复声明，此错误是初学者经常遇到的一个问题。主要的原因是在编辑自己的头文件的时候，并没有加入有效的预防措施。为了解决此类问题，建议在文件开始与结尾加入如下所示的类似代码。

```
#if !defined(MY__INCLUDED_)          /* 此头文件对应的编译标志 */
#define MY__INCLUDED                 /* 此头文件没有被包含，所以编译此部分的代码 */
#endif
```

13.4.5　使用 #ifdef …#elif … #elif …#else … #endif 指令

在 C 语言程序中，此编译指令为多分支的条件编译指令，这类似于多分支的选择结构 if …else if .. else，其语法格式如下所示。

```
# ifdef 常量表达式 1
代码段 1
#elif 常量表达式 2
代码段 2
#elif 常量表达式 3
代码段 3
#endif
```

在上述格式中，elif 为 else if 的意思。常量表达式 1、常量表达式 2、常量表达式 3、……为一个常量表达式或编译标志。当常量表达式 1 为常量表达式时，如果其值为真（非零值）则编译代码段 1 部分的代码，如果常量表达式 2 值为真（非零值）则编译代码段 2 部分的代码，依此类推。

在 C 语言程序中，还有很多其他等价的多分支条件编译指令，其他等价的多分支条件编译指令如下所示。

（1）形式 1

```
# ifndef 常量表达式 1
代码段 1
#elif 常量表达式 2
代码段 2
#elif 常量表达式 3
代码段 3
#endif
```

（2）形式 2

```
# if defined 常量表达式 1
代码段 1
#elif 常量表达式 2
代码段 2
#elif 常量表达式 3
代码段 3
#endif
```

（3）形式 3

```
# if !defined ( 常量表达式 1)
```

```
代码段 1
#elif 常量表达式 2
代码段 2
#elif 常量表达式 3
代码段 3
#endif
```

注意：在使用此条件编译指令时应该注意，条件编译指令的作用是控制不同的代码被编译形成机器指令；而条件语句是控制哪些机器指令可以执行。条件编译中不同分支的代码不会同时编译并存在同一可执行文件中；而条件语句所有分支中的语句均会编译机器指令，并存放在同一可执行文件中。

请看下面的例子，首先使用条件编译方法输入两段文字，然后选择两种输出格式。其中一种是原文输出，另一种方法是将字母变为其下一个字母，即 a 变为 b，b 变为 c……z 变为 a。

实例 13-5：递增修改字母的值

源码路径：下载包 \daima\13\13-5

本实例的实现文件为“bianyi.c”，具体实现代码如下所示。

```
#include"stdio.h"                        //文件包含
#define MAX 80                           //宏定义
#define CHANGE 1
int main(){
    charstr[MAX];
    inti=0;
    scanf("%s",str);                     //输入一串字符
    #if CHANGE{                          //判断表达式是否为真，若是则执行下面花括号内的语句
            while(str[i]!='\0') {  //将用户输入的字符串中字母变成其下一个字母
                    if(str[i]>='a'&&str[i]<'z'||str[i]>='A'&&str[i]<'Z')
                            str[i]++;
                    else if(str[i]=='z'||str[i]=='Z')
                            str[i]-=25;
                    i++;
            }
    }
    #endif
    printf("\n%s\n",str);                //输出字符数组
}
```

执行后先输入 3 个实数，按下【Enter】键后将会输出另外一种结果，执行效果如图 13-5 所示。

图 13-5

13.4.6 使用 #line 指令

在 C 语言程序中，#line 指令的作用是改变当前程序的行数和文件名称，它们是在编译程序中预先定义的标识符命令。使用 #line 指令的语法格式如下所示：

```
#line number[“filename”]
```

在上述格式中，可以省略中括号“[]”内的文件名。例如在下面的演示代码中，文件名“a.h”可以省略不写。

```
#line 30 a.h
```

上述指令代码可以改变当前的行号和文件名，改变当前的行号为 30，文件名是“a.h”。乍看起来 #line 指令似乎没有什么用，但是在编译器应用中，编译器会在编译 C 语言源码的过程中产生一些中间文件，通过这条指令可以保证文件名是固定的，不会被这些中间文件代替，这有利于进行程序分析工作。再看下面的实例，演示了使用 #line 指令的过程。

实例 13-6：使用 #line 指令修改代码的行号

源码路径：下载包 \daima\13\13-6

本实例的实现文件为“6.c”，具体实现代码如下所示。

```
#line 97 "13.7.C"
 #include<stdio.h>
int main(){
printf("1.曼联得分：%d\n",__LINE__);
printf("2.曼城得分：%d\n",__LINE__);
}
```

执行效果如图 13-6 所示。

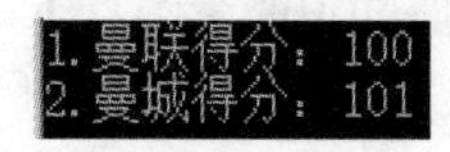

图 13-6

第 14 章 文件操作

（视频讲解：42 分钟）

在计算机信息系统中，根据信息存储时间的长短，可以分为临时性信息和永久性信息。简单来说，临时信息存储在计算机系统临时存储设备（例如存储在计算机内存），这类信息会随系统断电而丢失。永久性信息存储在计算机的永久性存储设备（例如存储在磁盘和光盘）。永久性的最小存储单元为文件，因此文件管理是计算机系统中的一个重要的问题。在本章的内容中，将详细讲解 C 语言中实现文件操作的基本知识，为读者步入本书后面知识的学习打下坚实的基础。

14.1 计算机中的文件

在计算机系统中，“文件”是指一组相关数据的有序集合，这个数据集的名称叫作文件名。实际上在前面的各章中我们已经多次使用了文件，例如源程序文件、目标文件、可执行文件、库文件(头文件)等。文件通常是驻留在外部介质(如磁盘等)上的，在使用时才调入内存中来。

↑扫码看视频（本节视频课程时间：4 分 26 秒）

14.1.1 文件的分类

从不同的角度可对文件作不同的分类，例如从用户的角度划分，可以将文件分为普通文件和设备文件两种，具体说明如下。

（1）普通文件是指驻留在磁盘或其他外部介质上的一个有序数据集，可以是源文件、目标文件、可执行程序，也可以是一组待输入处理的原始数据，或者是一组输出的结果。对于源文件、目标文件、可执行程序可以称作程序文件，对输入输出数据可称作数据文件。

（2）设备文件是指与主机相联的各种外部设备，如显示器、打印机、键盘等。在操作系统中，把外部设备也看作一个文件来进行管理，把它们的输入、输出等同于对磁盘文件的读和写。

通常把显示器定义为标准输出文件，在一般情况下，在屏幕中显示的有关信息就是向标准输出文件，例如在本书前面经常使用的 printf 和 putchar 函数就是这类输出。键盘通常被指定标准的输入文件，从键盘上输入就意味着从标准输入文件上输入数据，例如在本书前面经常使用的 scanf 和 getchar 函数就属于这类输入。

从文件编码的方式来看，可以将文件分为两种：ASCII 码文件和二进制码文件。

（1）ASCII 文件

ASCII 文件也称为文本文件，这种文件在磁盘中存放时每个字符对应一个字节，用于存放对应的 ASCII 码，例如，数字 5678 共占用 4 个字节，其存储形式为：

```
ASCII码：00110101      00110110      00110111      00111000
十进制码：    5              6             7              8
```

ASCII 码文件可在屏幕上按字符显示，例如源程序文件就是 ASCII 文件，用 DOS 命令 TYPE 可以显示文件的内容。由于是按照字符显示的，所以我们能够通过肉眼读懂文件的内容。

（2）二进制文件

二进制文件是按二进制的编码方式来存放文件的，例如数字 5678 只占二个字节，存储形式为：

```
00010110  00101110
```

二进制文件虽然也可在屏幕上显示，但其内容无法通过肉眼读懂。C 语言在处理这些文件时，并不会区分类型，而是都将其看成字符流，按字节进行处理。输入输出字符流的开始和结束只由程序控制而不受物理符号(如回车符)的控制。因此也把这种文件称作“流式文件”。在 C 语言程序中，对文件的操作主要是对流式文件的打开、关闭、读、写、定位等各种操作。

14.1.2　文本文件

文本文件是一种典型的顺序文件，其文件的逻辑结构又属于流式文件。需要特别说明的是，文本文件是指以 ASCII 码方式 (也称文本方式) 存储的文件，更确切地说，英文、数字等字符存储的是 ASCII 码，而汉字存储的是机内码。在文本文件中除了存储文件有效字符信息（包括能用 ASCII 码字符表示的回车、换行等信息）外，不能存储其他任何信息，因此文本文件不能存储声音、动画、图像、视频等信息。假设某个文件的内容是下面一行文字：

```
中华人民共和国 CHINA 1949。
```

如果以文本方式存储，机器中存储的是下面的代码 (以十六进制表示，机器内部仍以二进制方式存储)：

```
D6 D0 BB AA C8 CB C3 F1  B9 B2 BA CD B9 FA 20 43 48 49 4E 41 20 31 39 34  39 A1 A3
```

其中，“D6D0、BBAA、C8CB、C3F1、B9B2、BACD、B9FA”分别是“中华人民共和国”七个汉字的机内码，“20”是空格的 ASCII 码，“43、48、49、4E、41”分别是五个英文字母“CHINA”的 ASCII 码，“31、39、34、39”分别是数字字符“1949”的 ASCII 编码，“A1、A3”是句号标点“。”的机内码。

从上面可以看出，文本文件中信息是按单个字符编码存储的，如 1949 分别存储“1”“9”“4”“9”这四个字符的 ASCII 编码，如果将 1949 存储为 079D（对应二进制为 0000 0111 1001 1101，即十进制 1949 的等值数），则该文件一定不是文本文件。

14.1.3　文件分类

文件作为信息存储的一个基本单位，根据其存储信息的方式不同，分为文本文件（又名 ASCII 文件）和二进制文件。如果将存储的信息采用字符串方式来保存，那么称此类文件为文本文件；如果将存储的信息严格按其在内存中的存储形式来保存，则称此类文件为二进制文件。例如下面的一段信息：

```
This is 1000
```

在 C 语言程序中，将分别采用字符串和整数来表示上述信息，具体如下所示。

```
char szText[]="This is ";
int a=1000;
```

其中“This is”是一个字符串，1000 为整型数据。如果这两个数据在内存中是连续存放的，则其二进制编码的十六进制形式为：

```
54 68 69 73 20 69 73 20 00 03 E8
```

如果将上述信息全部按对应的 ASCII 编码来存储，则其二进制编码的十六进制形式为：

```
54 68 69 73 20 69 73 20 00 31 30 30 30
```

如果上述信息保存到文件中，则是按如下形式来存储：

```
54 68 69 73 20 69 73 20 00 03 E8
```

上述称此文件为二进制文件。如果是按下面的形式来存储，则称此文件为文本文件。

```
54 68 69 73 20 69 73 20 00 31 30 30 30
```

在 C 语言程序中，把文件看作是一组字符或二进制数据的集合，也称为“数据流”。“数据流”的结束标志为“-1”，在 C 语言中，规定文件的结束标志为 EOF。EOF 是一个符号常量，其定义在头文件“stdio.h”中，具体形式如下所示。

```
#define EOF (-1) /* End of file indicator */
```

14.1.4 文件指针

在 C 语言程序中，使用一个指针变量指向一个文件，这个指针被称为文件指针。通过文件指针就可以对它所指的文件进行各种操作。定义说明文件指针的语法格式如下所示。

```
FILE * 指针变量标识符;
```

其中，“FILE”应该为大写，它实际上是由系统定义的一个结构，该结构中含有文件名、文件状态和文件当前位置等信息。在编写源程序时不必关心 FILE 结构的细节。例如在下面的代码中，“fp”是指向 FILE 结构的指针变量，通过 fp 即可找存放某个文件信息的结构变量，然后按结构变量提供的信息找到该文件，实施对文件的操作。习惯上也笼统地把 fp 称为指向一个文件的指针。具体形式如下所示。

```
FILE *fp;
```

14.2 打开与关闭文件

当在 C 语言程序中进行文件处理操作时，首先需要打开一个文件，然后对文件进行操作，最后在操作完成之后关闭文件。在本节的内容中，将详细讲解打开与关闭文件的知识。

↑扫码看视频（本节视频课程时间：7 分 59 秒）

14.2.1 打开文件

在 C 语言程序中，文件的打开操作是通过函数 fopen 实现的。函数 fopen 在文件“stdio.h”

中声明，具体原型如下所示。

```
FILE * fopen (const char *path, const char *mode);
```

- const char *path：文件名称，用字符串表示；
- const char *mode：文件打开方式，同样用字符串表示；
- 函数返回值：FILE 类型指针。如果运行成功，fopen 返回文件的地址，否则返 NULL。

注意：在使用时要检测 fopen 函数的返回值，防止打开文件失败后，继续对文件进行读写而出现严重错误。

在使用函数 fopen 打开一个文件时，文件名称一般要求为文件全名，文件全名由文件所在目录名加文件名构成。例如文件 123.C 存储在 C 盘驱动器的 temp 目录中，则文件所在目录名为“c:\temp”，文件名为“123.C”，文件全名为“c:\temp\123.C”。如果用字符串来存储文件全名，则表示为如下所示的形式。

```
char szFileName[256]="c:\\temp\\123.c"
```

在使用函数 fopen 打开文件时，因为函数 fopen 允许文件名称仅仅为文件名，那么此文件的目录名由系统自动确定，一般为系统的当前目录名。例如假设在文件 ctest.c 中包括如下所示的程序语句：

```
FILE *fpFile;
fpFile =fopen("C:\\a.txt", "w+");
```

编译链接后形成可执行程序 ctest.exe，无论 ctest.exe 在什么目录下运行，都会准确地打开 C 盘根目录下的 a.txt 文件。但是如果包括如下的程序语句：

```
FILE *fpFile;
fpFile =fopen ("a.txt", "w+");
```

则文件“a.txt”的位置则与 ctest.exe 所在的目录有关。假设 Ctest.exe 存储在 c:\tc 目录下，执行下面的 dos 命令，这样便在 c:\tc 目录下创建了名为 a.txt 的文件。

```
c:\>cd c:\tc
c:\tc>Ctest
```

但是如果执行下面的 dos 命令，则在 c:\ 目录下创建了名为 a.txt 的文件，因此在确定文件名称时要非常注意这一点。

```
c:\>cd c:\
c:\>C:\TC\ctest
```

注意：在使用时，文件名称的格式要求路径的分割符为“\\”，而不是“\”，因为在 C 语言中“\\”代表字符 \，例如“C:\\Test.dat”。

在 C 语言程序中，根据不同的需求，有如下几种常用的文件打开方式：

（1）只读模式

只能从文件读取数据，也就是说只能使用读取数据的文件处理函数，同时要求文件本身已经存在。如果文件不存在，则 fopen 的返回值为 NULL，打开文件失败。由于文件类型不同，只读模式有两种不同参数。“r”用于处理文本文件（例如 .c 文件和 ..txt 文件），“rb”用于处理二进制文件（例如 .exe 文件和 .zip 文件）。

（2）只写模式

只能向文件输出数据，也就是说只能使用写数据的文件处理函数；如果文件存在，则删除文件的全部内容，准备写入新的数据。如果文件不存在，则建立一个以当前文件名命名的文件；如果创建或打开成功，则 fopen 返回文件的地址。同样只写模式也有两种不同参数，“w”用于处理文本文件，“wb”用于处理二进制文件。

（3）追加模式

一种特殊写模式，如果文件存在，则准备从文件的末端写入新的数据，文件原有的数据保持不变；如果此文件不存在，则建立一个以当前文件名命名的新文件；如果创建或打开成功，则 fopen 的返回此文件的地址。其中参数“a”用于处理文本文件，参数“ab”用于处理二进制文件。

（4）读写模式

可以向文件写数据，也可从文件读取数据。此模式下有如下的几个参数：“r+”，“rb”：要求文件已经存在，如果文件不存在，则打开文件失败。“w+”和“wb+”：如果文件已经存在，则删除当前文件的内容，然后对文件进行读写操作；如果文件不存在，则建立新文件，开始对此文件进行读写操作。“a+”和“ab+”如果文件已经存在，则从当前文件末端的内容，然后对文件进行读写操作；如果文件不存在，则建立新文件，然后对此文件进行读写操作。

在 C 语言中规定共有 12 种操作文件的方式，具体说明如表 14-1 所示。

表 14-1

char *mode	含义	注释
“r”	只读	打开文本文件，仅允许从文件读取数据
“w”	只写	打开文本文件，仅允许向文件输出数据
“a”	追加	打开文本文件，仅允许从文件尾部追加数据
“rb”	只读	打开二进制文件，仅允许从文件读取数据
“wb”	只写	打开二进制文件，仅允许向文件输出数据
“ab”	追加	打开二进制文件，仅允许从文件尾部追加数据
“r+”	读写	打开文本文件，允许输入 / 输出数据到文件
“w+”	读写	创建新文本文件，允许输入 / 输出数据到文件
“a+”	读写	打开文本文件，允许输入 / 输出数据到文件
“rb+”	读写	打开二进制文件，允许输入 / 输出数据到文件
“wb+”	读写	创建新二进制文件，允许输入 / 输出数据到文件
“ab+”	读写	打开二进制文件，允许输入 / 输出数据到文件

对于表 14-1 中的文件使用方式，需要注意如下 7 点说明：

（1）文件使用方式由 r,w,a,t,b，+ 六个字符拼成，各字符的具体含义见下表 14-2。

表 14-2

字符	具体说明
r(read)	读
w(write)	写
a(append)	追加
t(text)	文本文件，可省略不写

续表

字符	具体说明
b(banary)	二进制文件
+	读和写

（2）凡用“r”打开一个文件时，该文件必须已经存在，且只能从该文件读出。

（3）用“w”打开的文件只能向该文件写入。若打开的文件不存在，则以指定的文件名建立该文件，若打开的文件已经存在，则将该文件删去，重建一个新文件。

（4）若要向一个已存在的文件追加新的信息，只能用“a”方式打开文件。但此时该文件必须是存在的，否则将会出错。

（5）在打开一个文件时，如果出错，fopen 将返回一个空指针值 NULL。在程序中可以用这一信息来判别是否完成打开文件的工作，并做相应的处理。

（6）把一个文本文件读入内存时，要将 ASCII 码转换成二进制码，而把文件以文本方式写入磁盘时，也要把二进制码转换成 ASCII 码，因此文本文件的读写要花费较多的转换时间。对二进制文件的读写不存在这种转换。

（7）标准输入文件 (键盘)，标准输出文件 (显示器)，标准出错输出 (出错信息) 是由系统打开的，可直接使用。

14.2.2　关闭文件

在 C 语言程序中，文件的关闭功能是通过函数 fclose 实现。此函数在文件“stdio.h”中声明，具体格式如下所示。

```
int fclose (FILE *stream);
```

- FILE *stream：打开文件的地址。
- 函数返回值：int 类型，如果为 0，则表示文件关闭成功，否则表示失败。

文件处理完成之后，最后的一步操作是关闭文件，保证所有数据已经正确读写完毕，并清理与当前文件相关的内存空间。在关闭文件之后，不可以再对文件进行操作处理。例如在下面的实例中，演示了通过各种方式对文件进行操作的过程。

实例 14-1：通过各种方式操作本地硬盘中的指定文件

源码路径：下载包 \daima\14\14-1

本实例的实现文件为“doc.cpp”，具体实现代码如下所示。

```
#include "stdafx.h"
#include <stdlib.h>
#include <stdio.h>
#include <string.h>
#include <conio.h>
#pragma warning(disable: 4996)

#define M 4
int main(){
    FILE *fp[M];                              //定义文件指针数组
    char ch, filename[40], mode[4], fn[M + 1][40] = { 0, 0, 0, 0 };
    int i = 1, n = 0;
    while (i <= M){
```

```
        printf("\n你好，欢迎光临我们的淘宝店，请输入你要打开的文件和模式(%d):\n", i);
        gets_s(filename);                   //输入要打开的文件名
        fflush(stdin);                      //刷新输入缓冲区
        gets_s(mode);                       //输入使用文件方式
        //使用fopen函数打开文件，检查打开是否成功
        if ((fp[i] = fopen(filename, mode)) != NULL)
        {                           //若成功则输出成功的消息，并将文件保存在数组fn中
            printf("Successful open %s in mode %s.\n", filename, mode);
            strcpy(fn[i], filename);
        }
        else                        //若不成功则输出不成功的消息
            printf("Error open file %s in mode %s.\n", filename, mode);
        i++;
    }
    printf("Please input the filename which must close.\n ");
    gets_s(filename);               //输入要关闭的文件名
    for (i = 1; i <= M; i++)        //从文件指针数组中找到指向要关闭的文件的指针
    {
        if (strcmp(fn[i], filename) == 0)
        {
            n = i; break;
        }
    }
    if (n == 0)//若n等于0则说明要关闭的文件并没有打开
        printf("Opens file named %s not to succeed!\n", filename);
    else
    {
        if (fclose(fp[n]) == 0)         /* 检测是否关闭成功 */
            printf("Success close file named %s\n", fn[n]);
        else
        {
            printf("can not close file named %s!\n", filename);
            exit(1);                    //退出程序
        }
    }
    printf("Whether to close all file?(y/n)\n");
    scanf("%c", &ch);
    if (ch == 'y')                      //关闭所有文件
        printf("The success closure is left over %d files.\n", fcloseall());
}
```

执行后先按照提示依次输入打开和关闭的文件路径和文件名称，按下回车键后将会输出对应操作的结果，执行效果如图 14-1 所示。

```
你好，欢迎光临我们的淘宝店，请输入你要打开的文件和模式(1):
h:\123.txt
r
Successful open h:\123.txt in mode r.
```

图 14-1

14.3 文件读写

当打开一个文件之后，就可以进行读写操作。在C语言程序中，这种读写操作是通过一组库函数来实现的，这些函数分为读函数和写函数。在C语言中，常用的读写函数的类型有：字符的读写、数值的读写、格式化读写、块的读写、字符串的读写。在本节的内容中，将详细讲解文件读写函数的知识和具体用法。

↑扫码看视频（本节视频课程时间：16分04秒）

14.3.1　读写字符函数 getc、fgetc、putc 和 fputc

在 C 语言程序中，字符读写函数是以字符 (字节) 为单位的读写函数，每次可从文件读出一个字符或向文件写入一个字符。常用的字符读写函数有 getc、fgetc、putc 和 fputc，具体说明如下。

1．函数 getc 和函数 fgetc

在 C 语言程序中，函数 getc 和函数 fgetc 的功能完全相同，能够从指定的文件中读一个字符，两者之间可以完全替换。函数 getc 和函数 fgetc 的调用的形式为：

```
字符变量 =fgetc( 文件指针 );
字符变量 =getc  ( 文件指针 );
```

例如下面代码的含义是从打开的文件 fp 中读取一个字符并送入到 ch 中。

```
ch=fgetc(fp);
```

在使用函数 getc 和函数 fgetc 时，有以下几点需要特别说明。

（1）在 fgetc 函数调用中，读取的文件必须是以读或读写方式打开的。

（2）读取字符的结果也可以不向字符变量赋值，但是不能保存读出的字符。例如下面的代码不能保存读出的字符。

```
fgetc(fp);
```

（3）在文件内部有一个位置指针。用来指向文件的当前读写字节。在文件打开时，该指针总是指向文件的第一个字节。使用 fgetc 函数后，该位置指针将向后移动一个字节。因此可连续多次使用 fgetc 函数，读取多个字符。

例如下面实例的功能是，读取指定文件 H:\123.txt 的内容。

实例 14-2：读取指定文件的内容

源码路径：下载包 \daima\14\14-2

本实例的实现文件为“123.c”，具体实现代码如下所示。

```
 #include<stdio.h>
int main(){
FILE *fp;
char ch;
if((fp=fopen("H:\123.txt","rt"))==NULL){
printf("\nCannot open file strike any key exit!");
getch();
 exit(1);
}
ch=fgetc(fp);
while(ch!=EOF) {
putchar(ch);
ch=fgetc(fp);
   }
fclose(fp);
}
```

上述代码的功能是从文件中逐个读取字符，在屏幕上显示。程序定义了文件指针 fp, 以读文本文件的方式打开文件“H:\123.txt”，并使 fp 指向该文件。如打开文件出错，则给出提示并退出程序。程序第 12 行先读出一个字符，然后进入循环，只要读出的字符不是文件结束标志 (每个文件末有一结束标志 EOF) 就把该字符显示在屏幕上，再读入下一字符。每读一次，文件内部的位置指针向后移动一个字符，文件结束时，该指针指向 EOF。执行本程序将显示整个文件。

执行后将会打开并输出指定文件中的内容，执行效果如图 14-2 所示。

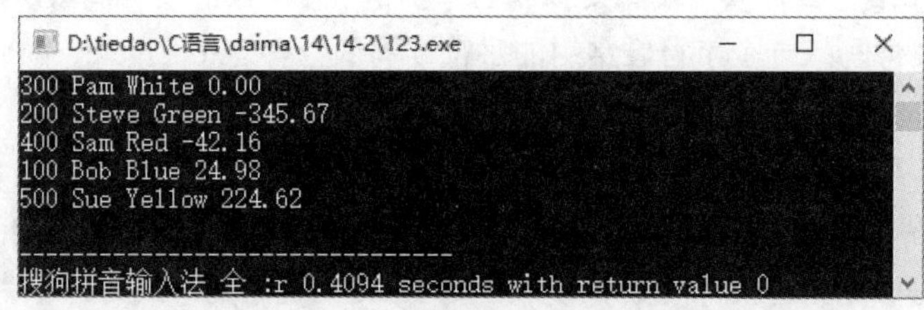

图 14-2

2．函数 putc 和函数 fputc

在 C 语言程序中，函数 putc 和函数 fputc 的功能是把一个字符写入指定的文件中。具体语法格式如下所示。

```
fputc(字符量，文件指针);
```

其中，待写入的“字符量”可以是字符常量或变量。例如下面代码的功能是，把字符 a 写入 fp 所指向的文件中。

```
fputc('a',fp);
```

例如在下面的实例中，首先提示用户从键盘输入一行字符，按下回车键后将输入的字符写入一个指定的文件中。

实例 14-3：将用户输入的一行字符写入一个文件中

源码路径：下载包 \daima\14\14-3

本实例的实现文件为“shu.c”，具体实现代码如下所示。

```
 #include<stdio.h>
int main(){
   FILE *fp;
   char ch;
   //打开一个文本文件
   if((fp=fopen("test.txt","wt+"))==NULL) {
          printf("Cannot open file strike any key exit!");
          getch();
          exit(1);
   }
   printf("请输入你要跟京东所要说的话:\n");          //输入要写入文件的内容
   ch=getchar();                                     //获得第一个字符
   while (ch!='\n'){
          fputc(ch,fp);                              //将当前字符输入文件中
          ch=getchar();                              //获得下一个字符
   }
   fclose(fp);                                       //关闭文件
}
```

执行后先输入一段字符，如图 14-3 所示。按下【Enter】键后会在指定的目录中创建一个名为“123.txt”的文件，并且其文件内容是在图 14-3 中输入的字符，如图 14-4 所示。

请输入你要跟京东所要说的话:
京东，加油，一定要超越亚马逊!

图 14-3

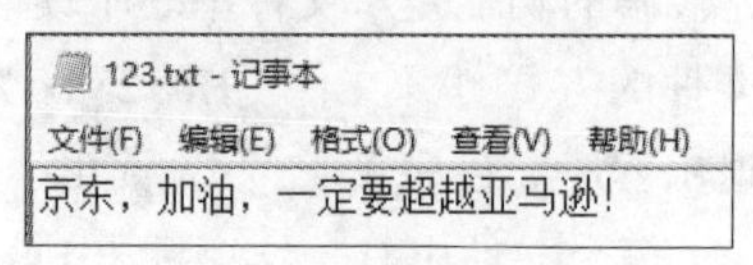

图 14-4

注意：在使用函数 putc 和函数 fputc 时，还应该注意如下 3 点。

（1）被写入的文件可以用写、读写、追加方式打开，用写或读写方式打开一个已存在的文件时将清除原有的文件内容，写入字符从文件首开始。如需保留原有文件内容，希望写入的字符以文件末开始存放，必须以追加方式打开文件。被写入的文件若不存在，则创建该文件。

（2）每写入一个字符，文件内部位置指针向后移动一个字节。

（3）函数 fputc 有一个返回值，如写入成功则返回写入的字符，否则返回一个 EOF。可用此来判断写入是否成功。

14.3.2　读写字符串函数 fgets 和 fputs

在 C 语言程序中，字符串读写函数有函数 fgets 和函数 fputs，功能是以字符串为单位进行读写，每次可以从文件中读出一个字符或向文件中写入一个字符串。

1．函数 fgets

在 C 语言程序中，函数 fgets 的功能是从指定的文件中读一个字符串到字符数组中，调用此函数的语法格式如下所示。

```
fgets(字符数组名,n,文件指针);
```

其中，“n”是一个正整数，表示从文件中读出的字符串不超过 n-1 个字符。在读入的最后一个字符后加上串结束标志’\0’。例如下面代码的功能是，从 fp 所指的文件中读出 n-1 个字符送入字符数组 str 中。

```
fgets(str,n,fp);
```

例如下面的例子能够读取目标文件中内容，并输出前 10 个字符。

实例 14-4：读取目标文件中内容，并输出前 10 个字符

源码路径：下载包 \daima\14\14-4

本实例的实现文件为“fgets.c”，具体实现代码如下所示。

```
#include<stdio.h>
int main()
{
  FILE *fp;
  char str[11];
  if((fp=fopen("h:\\123.txt","rt"))==NULL)
  {
    printf("\nCannot open file strike any key exit!");
    getch();
    exit(1);
  }
  fgets(str,17,fp);
  printf("\n%s\n",str);
  fclose(fp);
}
```

在上述代码中，定义了一个字符数组 str 共 17 个字节，在以读文本文件方式打开文件 string 后，从中读出 16 个字符送入 str 数组，在数组最后一个单元内将加上’\0’，然后在屏幕上显示输出 str 数组。输出的 16 个字符正是文件“h:\\123.txt”中的前 10 个字符。

执行后如果没有找到目标文件，则输出对应提示。如果找到目标文件，按下“Enter”键后将会输出目标文件中的前 16 个字符，一个中文占据两个字符。执行效果如图 14-5 所示。目标文件“h:\\123.txt”的内容如图 14-6 所示。

图 14-5

123.txt - 记事本

文件(F) 编辑(E) 格式(O) 查看(V) 帮助(H)

华为，中国的骄傲，希望你早日超越苹果和三星！

图 14-6

注意：在使用函数 fgets 时，需要注意如下所示的两点。

（1）在读出 *n*-1 个字符之前，如遇到了换行符或 EOF，则读出结束。所以确切地说，调用 fgets 函数时，最多只能读入 *n*-1 个字符。读入结束后，系统将自动在最后加’\0’，并以 str 作为函数值返回。

（2）fgets 函数也有返回值，其返回值是字符数组的首地址。

2．函数 fputs

在 C 语言程序中，函数 fputs 的功能是向指定的文件写入一个字符串，具体语法格式如下所示。

```
fputs(字符串,文件指针);
```

其中，“字符串”可以是字符串常量，也可以是字符数组名，或指针变量，例如下面代码的功能是把字符串“abcd”写入 fp 所指的文件之中。

```
fputs("abcd",fp);
```

例如下面实例的功能是，使用函数 fputs 向指定文件中写入一个字符串，然后使用函数 fgets 读取该字符串并输出。

实例 14-5：输出显示字符串的内容

源码路径：下载包 \daima\14\14-5

本实例的实现文件为“duxie.c”，具体实现代码如下所示。

```
#include<stdio.h>
 int main(){
   FILE *fp;
   char ch,strin[20],strout[20];
   if((fp=fopen("123.txt","wt+"))==NULL)         //打开文件 123.txt
   {
          printf("can not open file named 123.txt");
          getch();
          exit(1);
   }
   printf("input a string:\n");
   gets(strin);                                  //输入字符串
   fputs(strin,fp);                              //将该字符串写入 123.txt 文件中
   fclose(fp);                                   //关闭文件
   if((fp=fopen("123.txt","r"))==NULL)           //再次打开文件 123.txt
   {
          printf("can not open file named 123.txt");
          getch();
          exit(1);
   }
   fgets(strout,21,fp);                          //从文件这个读取字符串
   puts(strout);                                 //输出字符串
   fclose(fp);                                   //关闭文件
}
```

执行先提示用户输入一段字符串，输入字符串并按下回车键后，将字符串内容写入指定的记事本文件中，执行效果如图 14-7 所示。并在指定目录下生成一个“h:\123.txt”文件，文件内容是图 14-7 中输入的字符串。如图 14-8 所示。

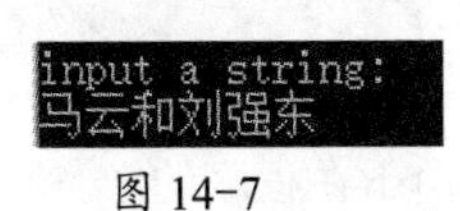

图 14-7

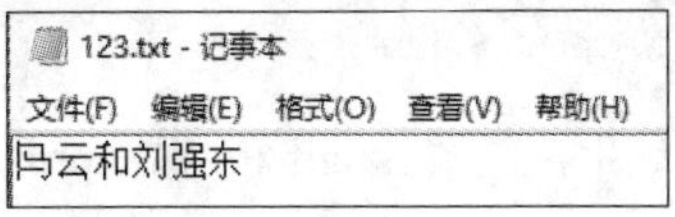

123.txt - 记事本
文件(F) 编辑(E) 格式(O) 查看(V) 帮助(H)
马云和刘强东

图 14-8

14.3.3　格式化读写函数 fscanf 和 fprintf

在 C 语言程序中，格式化读写函数是 fscanf 和 fprintf，其功能和前面使用的函数 scanf 和函数 printf 的功能相似。两者的区别在于函数 fscanf 和函数 fprintf 的读写对象不是键盘和显示器，而是磁盘文件。在 C 语言程序中，调用函数 fscanf 和函数 fprintf 的语法格式如下所示。

```
fscanf(文件指针,格式字符串,输入表列);
fprintf(文件指针,格式字符串,输出表列);
```

例如：

```
fscanf(fp,"%d%s",&i,s);
fprintf(fp,"%d%c",j,ch);
```

请看下面的实例，首先从键盘输入一组数据，然后写入一个文件中，最后读出这两个用户的数据并显示在屏幕上。

实例 14-6：输出显示两个用户的数据

源码路径：下载包 \daima\14\14-6

本实例的实现文件为“geshi.c”，具体实现代码如下所示。

```
#include<stdio.h>
struct stu{                                          //结构体
char name[10];
int num;
int age;
char addr[15];
}boya[2],boyb[2],*pp,*qq;
int main(){
FILE *fp;                                            //指针变量
char ch;
int i;
pp=boya;
qq=boyb;
if((fp=fopen("123.txt","wb+"))==NULL){               //打开指定文件
printf("Cannot open file strike any key exit!");
getch();
exit(1);
  }
printf("\ninput data\n");
for(i=0;i<2;i++,pp++)
scanf("%s%d%d%s",pp->name,&pp->num,&pp->age,pp->addr);
  pp=boya;
for(i=0;i<2;i++,pp++)
fprintf(fp,"%s %d %d %s\n",pp->name,pp->num,pp->age,pp->
addr);
rewind(fp);
for(i=0;i<2;i++,qq++)
fscanf(fp,"%s %d %d %s\n",qq->name,&qq->num,&qq->age,qq->addr);
```

```
printf("\n\nname\tnumber      age       addr\n");
qq=boyb;
for(i=0;i<2;i++,qq++)
printf("%s\t%5d  %7d %s\n",qq->name,qq->num, qq->age,
qq->addr);
fclose(fp);
}
```

在上述代码中，函数 fscanf 和函数 fprintf 每次只能读写一个结构数组元素，因此采用了循环语句来读写全部数组元素。还要注意指针变量 pp 和 qq，由于在程序的 25 和 32 行的 for 循环改变了它们的值，因此在加粗的两行代码：27 和 35 行分别对它们重新赋予了数组的首地址。

执行后先输入两个用户的信息，执行效果如图 14-9 所示。按下回车键后将会输出输入的用户信息，并在指定路径中生成一个记事本文件“h:\123.txt”文件，文件内容是我们输入的字符串。

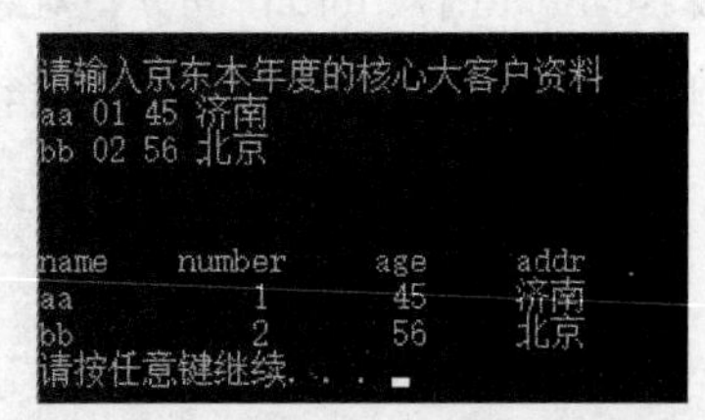

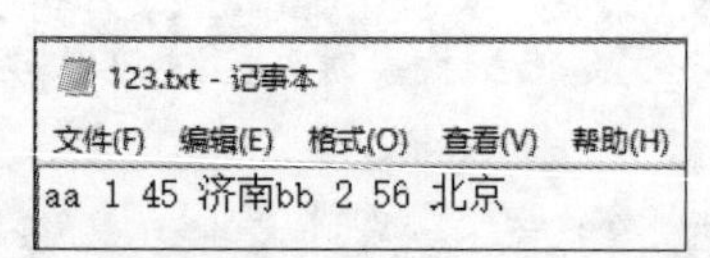

图 14-9

14.3.4 数据块读写函数 fread 和 fwtrite

在 C 语言程序中，提供了用于整块数据的读写函数 fread 和 fwtrite，功能是读写一组数据，例如一个数组元素、一个结构变量的值等。使用读取数据块函数 fread 的语法格式如下所示。

```
fread(buffer,size,count,fp);
```

在 C 语言程序中，使用写数据块函数 fwtrite 的语法格式如下所示。

```
fwrite(buffer,size,count,fp);
```

- buffer：是一个指针，在 fread 函数中，它表示存放输入数据的首地址。在 fwrite 函数中，它表示存放输出数据的首地址。
- size：表示数据块的字节数。
- count：表示要读写的数据块块数。
- fp：表示文件指针。

例如下面代码的含义是：从 fp 所指的文件中每次读 4 个字节（一个实数）送入实数组 fa 中，连续读 5 次，即读 5 个实数到 fa 中。

```
fread(fa,4,5,fp);
```

请看下面的实例，功能是将一组字符串数据存储在指定的目标文件中。

实例 14-7：将一组字符串数据存储在指定的目标文件中

源码路径：下载包 \daima\14\14-7

本实例的实现文件为“123.c”，具体实现代码如下所示。

```
#include <stdio.h>
#include <stdlib.h>
#include <string.h>
```

```
int main(void) {
/* buffer 存放 10 个字符串，注意字符串要用的空间还未分配 */
    char* buffer[10];
    FILE* fp;
    int iter;
    const char* format = "This is the %d%s sentence!\n";
    /*  字符串 format 为输入字符串的格式 */
    char* postfix[4] = { "st", "nd", "rd", "th" };
    /*  postfix 存放后缀    */
    if ((fp = fopen("123.txt", "wb+")) == NULL){
            printf("can not open file fwb for writing\n");
            exit(1);
    }
    /* 通过循环给 buffer 动态分配足够空间并输入格式字符串到 buffer  */
    for(iter = 0; iter < 10; iter++){
            buffer[iter] = (char*)malloc(strlen(format) + 1);
            sprintf(buffer[iter], format, iter + 1, postfix[iter > 3 ? 3 : iter]);
    }
    /*  通过循环将 buffer 里的内容写入到文件并释放动态分配的内存 */
    for(iter = 0; iter < 10; iter++){
            fwrite(buffer[iter], strlen(format), 1, fp);
            free(buffer[iter]);
    }
    fclose(fp);
}
```

执行后会在编译器安装路径中的“BIN”目录下生成一个“123.txt”文件，文件内容是预先设置的内容。因为是二进制文件，所以里面会显示乱码格式，如图 14-10 所示。

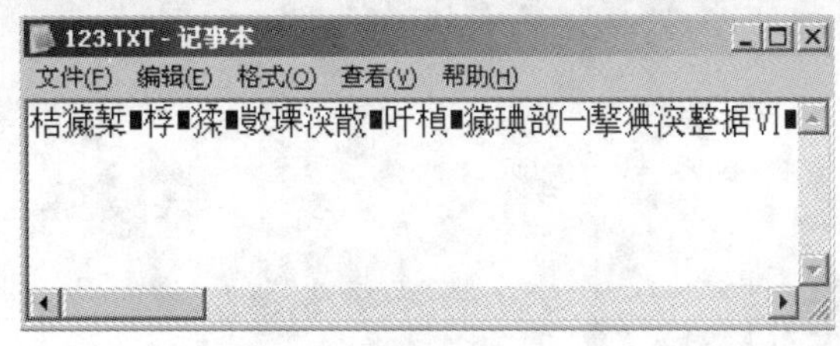

图 14-10

14.3.5　其他的读写函数

除了前面介绍的几个函数外，在 C 语言中还可以使用函数 getw 和 putw 进行文件读写。在 C 编译系统中，还提供了字（Word）的输入输出函数，即一次读写一个字（两个字节）的信息，此函数在文件“stdio.h”中的原型如下所示。

```
int getw (FILE *stream);
int putw (int w, FILE *stream);
```

其中，函数 getw 的作用是从文件读取一个字信息，函数的形式参数如下所示。

- FILE *stream：文件地址。
- 函数返回值：如果成功读取，则返回当前读入的信息，否则返回 EOF。

在 C 语言程序中，函数 putw 的功能是向文件写入一个“字”的信息，函数的返回值为当前写入的信息，是一个整数。如果成功，则与输入参数 w 的值相等，否则返回 EOF。函数 putw 有如下所示的三个形式参数。

- FILE *stream：文件地址。
- int w：整型数据。
- 函数返回值：如果成功，与输入参数 w 的值相等，否则返回 EOF。

例如在下面的代码中，如果 b 的值是 10，那么“putw(10,fp)”的作用是将整数 10 输出到 fp 指向的文件。而“i=getw(fp);”的作用是从磁盘文件读一个整数到内存，赋给整型变量 i。

```
int b;
FILE *fp;
…
b=putw(b,fp);
```

例如下面实例的功能是，首先使用函数 putw 向文件中写入一个整数，然后使用函数 getw 从文件中读取该整数并输出。

实例 14-8：输出显示文件中的整数

源码路径：下载包 \daima\14\14-8

本实例的实现文件为“qita.c”，具体实现代码如下所示。

```
include "stdio.h"
 int main(){
   FILE *fp;
   int word;
   fp = fopen("Ex1216", "wb");                          //打开二进制文件，只允许写数据
   if (fp == NULL) {                                    //判断返回值是否为空
           //若是则输出错误信息，并退出程序
           printf("写入成功\n");
   fclose(fp); //关闭文件
   fp = fopen("123.txt", "rb");                         //重新打开二进制文件，只允许读数据
   if (fp == NULL) {                                    //判断返回值是否为空
           //若是则输出错误信息，并退出程序
           printf("Error opening file 123.txt\n");
           exit(1);
   }

   word = getw(fp);                             //从文件中读取一个整数，赋给变量 word
   printf("读取数据成功，京东双十一销量突破%d亿！\n", word);
   fclose(fp);                                          //关闭文件
   fp = fopen("Ex1216", "rb");                          //重新打开二进制文件，只允许读数据
   if (fp == NULL)                                      //判断返回值是否为空
   {                                                    //若是则输出错误信息，并退出程序
           printf("Error opening file Ex1216\n");
           exit(1);
   }
   word = getw(fp);                             //从文件中读取一个整数，赋给变量 word
   printf("Successful read: word = %d\n", word);
   fclose(fp);                                          //关闭文件
}
```

执行效果如图 14-11 所示。

```
写入成功
读取数据成功，京东双十一销量突破180亿!
```

图 14-11

14.4 随机读写文件

在某些情况下，我们需要对文件进行随机的读写，即读取当前位置的信息后，并不读取紧接其后的信息，而是根据需要读取特定位置处的信息。为了满足文件的随机读写操作，C 语言中提供了文件指针定位函数，以实现对文件的随机读写处理。

↑扫码看视频（本节视频课程时间：6 分 10 秒）

注意：我们可以将文件理解为一个完整的数据流，因此可以将“数据流”分为文件头、

文件尾和文件主体三个部分。在 C 语言中通过 FILE 类型指针描述文件流的位置，因此 FILE 类型指针又称为文件指针。在缺省情况下，文件的读取是按顺序进行的。在完成一段信息的读写之后，文件指针移动到其后的位置上准备读取下一次读写。

14.4.1　使用函数 fseek

函数 fsee 是 C 语言中最重要的文件随机读写函数之一，此函数在文件“stdio.h”中的原型如下所示。

```
int fseek (FILE *stream, long offset, int whence);
```

- FILE *stream：文件地址。
- long offset：文件指针偏移量。
- int whence：偏移起始位置。在计算文件指针偏移量时，首先要确定其相对位置的起始点。相对位置的起始点分为如下三类：文件头、文件尾和文件当前位置，并定义可以用符号常量表示。
- 函数返回值：非 0 值表示是成功，0 表示失败。

在 C 语言程序中，调用函数 fseek 的语法格式如下所示。

```
fseek (文件指针, 位移量, 起始点);
```

- 文件指针：指向被移动的文件。
- 位移量：表示移动的字节数，要求位移量是 long 型数据，以便在文件长度大于 64KB 时不会出错。当用常量表示位移量时，要求加后缀“L”。
- 起始点：表示从何处开始计算位移量，规定的起始点有三种：文件首，当前位置和文件尾。这三种起始点的表示方法见表 14-3。

表 14-3

相对位置起始点	符号常量	整数值	说明
文件头	SEEK_SET	0	相对的偏移量的参照位置为文件头
文件尾	SEEK_END	2	相对的偏移量的参照位置为文件尾
文件当前位置	SEEK_CUR	1	相对的偏移量的参照位置为文件指针的当前位置

注意：文件偏移量的计算单位为字节，文件偏移量可为负值，表示从当前位置向反方向偏移。

例如下面实例的功能是将一组数据写入文件中，然后使用函数 fseek 从文件中随机读取其中的某个数据。

实例 14-9：从文件中随机读取其中的某个数据

源码路径：下载包 \daima\14\14-9

本实例的实现文件为“fseek.c”，具体实现代码如下所示。

```
#include <stdlib.h>
#include <stdio.h>
#define MAX 50

int main(){
    FILE *fp;                                          //文件指针
    int num,i,array[MAX];
```

```
    long offset;                                   //定义位移量
    for(i=0;i<MAX;i++)
            array[i]=i+10;                         //字符数组赋值
    if((fp=fopen("123.txt","wb"))==NULL)           //打开二进制文件
    {       printf("Error opening file 123.txt\n");
            exit(1);
    }
    if(fwrite(array,sizeof(int),MAX,fp)!=MAX)      //将数组中的元素写入文件中
    {
            printf("Error writing data to file.\n");
            exit(1);
    }
    fclose(fp);                                    //关闭文件
    if((fp=fopen("123.txt","rb"))==NULL)           //打开二进制文件
    {       printf("Error opening file 123.txt.\n");
            exit(1);
    }
    while(1)
    {
            printf("Please input offset (input -1 to quit):\n");
            scanf("%ld",&offset);                  //输入位移量
            if(offset<0) break;                    //若输入 -1 或任何负数就退出循环
            if(fseek(fp,(offset*sizeof(int)),SEEK_SET)!=0)//文件定位
            {       printf("Error using fseek().\n");
                    exit(1);
            }
            fread(&num,sizeof(int),1,fp);          //从文件中读取当前位置上的数
            //输出结果
            printf("The offset is %ld , its value is %d.\n",offset,num);
    }
    fclose(fp);                                    //关闭文件
}
```

执行后可以先输入数据，按下回车键后将会输出对应的结果，直到输入负数后才会终止。按下【Enter】键后将会显示输入的数据和输出的信息。执行效果如图 14-12 所示。

```
Please input offset (input -1 to quit):
1
The offset is 1 , its value is 11.
Please input offset (input -1 to quit):
2
The offset is 2 , its value is 12.
Please input offset (input -1 to quit):
3
The offset is 3 , its value is 13.
Please input offset (input -1 to quit):
-1

--------------------------------
Process exited after 6.511 seconds with return value 0
请按任意键继续. . .
```

图 14-12

14.4.2 使用函数 rewind

在 C 语言程序中，函数 rewind 的功能是将当前文件指针重新移动到文件的开始位置，此函数在文件“stdio.h”中的原型如下所示：

```
void rewind (FILE *stream);
```

其中参数 FILE *stream 表示文件地址，函数没有返回值。函数 rewind 的作用相当于如下的程序，将文件指针移动到文件头，并清除状态标志。例如：

```
fseek(fp,0L,SEEK_SET);
clearerr(fp);
```

14.4.3　使用函数 ftell

在 C 语言程序中，函数 ftell 的功能是获取文件的当前读写位置，返回当前读写位置偏离文件头部的字节数。函数 ftell 的原型如下所示。

```
long ftell(FILE *fp)
```

例如下面代码的功能是，获取 fp 指定的文件的当前读写位置，并将其值传给变量 ban。

```
ban=ftell(fp);
```

在 C 语言程序中，通过使用函数 ftell 可以方便的获取一个文件的长度，例如通过下面的代码，首先将当前位置移到文件的末尾，然后调用函数 ftell 获得当前位置相对于文件开头的位移，该位移等于文件所包含的字节数。

```
ftell(fp,0L,SEEK_END);
len = ftell(fp)
```

请看下面的实例，功能是首先使用函数 rewind 将文件的位置指针移到文件开头，然后使用函数 ftell 获得当前位置指针到文件开头的距离。

实例 14-10：获得当前位置指针离文件开头的距离

源码路径：下载包 \daima\14\14-10

本实例的实现文件为“chuli.c”，具体实现代码如下所示。

```
#include <stdlib.h>
 #include <stdio.h>
int main(){
    FILE *fp;
    char buf[4],str[80];
    printf("please input a string:\n");
    scanf("%s",str);                                //输入字符串
    if((fp=fopen("Ex1215","wb+"))==NULL){           //打开二进制文件
            printf("Error opening file.\n");
            exit(1);
    }
    if(fputs(str,fp)==EOF)
    //将字符串写入文件中
    {
            printf("Error writing to file.\n");
            exit(1);
    }
    rewind(fp);                                     //将文件中的位置指针移到文件的开头
    printf("Current position=%ld\n",ftell(fp));     //输出当前位置
    fgets(buf,4,fp);                                //从文件中读取 3 个字符
    //输出读取后文件中位置指针的位置
    printf("After reading in %s,Current position=%ld\n",buf,ftell(fp));
    fgets(buf,4,fp);                                //再次从文件中读取 3 个字符
    //再次输出读取后文件中位置指针的位置
    printf("Then,After reading in %s,Current position=%ld\n",buf,ftell(fp));
    rewind(fp);                                     //将文件中的位置指针移到文件的开头
    printf("The position is back at %ld",ftell(fp));
    fclose(fp);                                     //关闭文件
}
```

执行后先提示用户输入一段字符串，输入信息并按下【Enter】键后将会显示对应的处理信息，执行效果如图 14-13 所示。建议输入非中文字符串，否则会出现乱码。

```
please input a string:
阿里巴巴腾讯百度三巨头
Current position=0
After reading in 阿?Current position=3
Then,After reading in 锇?Current position=6
The position is back at 0
```

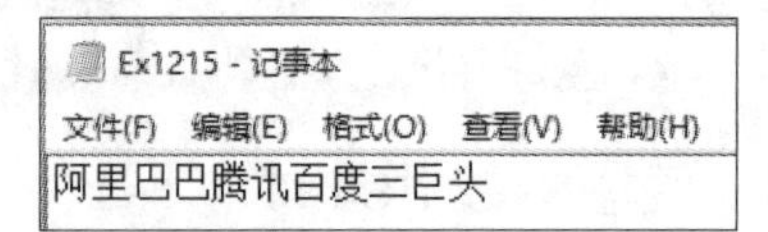

图 14-13

14.5 文件管理函数

文件管理是指对已经存在的文件进行管理操作，例如删除、复制和重命名。在C标准库中包含了用于删除和重命名的函数，而文件复制函数用户可以自行定义。在下面的内容中，将详细讲解在C语言程序中使用文件管理函数的知识。

↑扫码看视频（本节视频课程时间：5分02秒）

14.5.1 删除文件

在C语言程序中，删除文件功能可以通过函数remove实现，其语法格式如下所示：

```
remove(文件指针);
```

在上述格式中，“文件指针”是指向要删除文件的指针变量，其功能是删除文件指针所指向的文件。例如在下面的实例中，使用函数remove删除了指定的文件。

实例14-11：使用函数remove删除一个文件

源码路径：下载包 \daima\14\14-11

本实例的实现文件为“remove.c”，具体实现代码如下所示。

```
#include <stdio.h>
int main(void){
    char filename[80];                                    //定义字符数组
    printf("请先输入要删除的文件：\n ");
    gets(filename);                                       //输入要删除的文件名
    if (remove(filename) == 0)                            //删除文件
            printf("The file %s has been deleted.\n",filename);
    else
            printf("Error deleting the file %s.\n",filename);
}
```

运行后需要输入要删除文件的路径，输入要删除的文件，按下回车键后会删除这个文件。执行效果如图14-14所示。

图 14-14

14.5.2 重命名文件

在C语言程序中，文件重命名功能可以使用函数rename实现，其语法格式如下所示。

```
rname （旧文件名，新文件名）；
```

上述格式的功能是将旧文件名修改为新文件名，并且文件名要遵循 C 语言文件的命名规则。例如下面实例的功能是使用函数 rename 重命名指定的文件。

实例 14-12：使用函数 rename 重命名一个指定的文件

源码路径：下载包 \daima\14\14-12

本实例的实现文件为“rename.c”，具体实现代码如下所示。

```
#include <stdio.h>
 int main(){
    char oldname[80], newname[80];                          //定义两个字符数组
    printf("File to rename:");
    gets(oldname);                                          //输入旧文件名
    printf("New name:");
    gets(newname);                                          //输入新文件名
    if (rename(oldname, newname) == 0)                      //给文件重命名
           printf("Renamed %s to %s.\n", oldname, newname);
    else
           printf("Error has occurred renaming %s.\n",oldname);
}
```

执行后会先提示用户输入要重命名文件的名称（原来名称），如图 14-15 所示。输入文件名称后按下回车键，提示用户输入新名称。输入新名称并单击回车键后输出显示操作过程。

```
File to rename:_
```

图 14-15

注意：在重命名某个文件时，经常会发生如下 3 个错误。

（1）指定的“旧文件名”不存在。

（2）设置的“新文件名”已经存在。

（3）视图将文件重命名并将其移动到其他目录中。

14.5.3　复制文件

在 C 语言标准库中没有提供专用的文件复制函数，要想实现文件复制功能，开发者必须自己亲自编写程序。复制程序的设计流程如下。

（1）以文本或二进制模式打开目标文件进行读取，在此最好使用二进制模式打开，因为能够复制任何文件，而不仅仅是文本文件。

（2）以文本或二进制模式打开目标文件进行写入。

（3）读取源文件中的一个字符。

（4）如果 foef 则表明已经到达源文件末尾，则关闭两个文件，并返回到调用程序位置。

（5）如果没有到达源文件末尾处，则将字符写入到目标文件，然后回到步骤（3）。

根据上述流程，可以编写如下所示的通用复制代码。

```
int copy_file(char *oldname,char *newname){
    FILE *fpnew,*fpold;                             //定义文件指针
    int ch;
    if ((fpnew= fopen(newname,"wb"))== NULL)        //打开或建立文件
           return -1;
    if ((fpold = fopen(oldname,"rb")) == NULL)      //打开已有文件
           return -1;
```

```
    while(1){
            ch = fgetc(fpold);                      //从文件 oldname 中读取一个字符
            if(!feof(fpold))
                    fputc(ch, fpnew);               //将该字符写入 data.txt 文件中
            else
                    break;                          //若 newname 文件结束则退出循环
    }
    fclose(fpnew);                                  //关闭文件
    fclose(fpold);
    return 0;
}
```

这样通过上述代码定义了一个具有复制功能的函数 copy_file，此时可使用如下所示的格式实现调用操作。

```
copy_file （原文件名，目标文件名）
```

- 原文件名：是已经存在、并被要复制文件的名称；
- 目标文件名：是被要复制到的文件名称，并且上述两文件并不是默认为当前程序文件目录下，在使用时需要写为完整的路径名。如果返回 0，则说明复制成功；返回 -1，则说明发生错误。

再看下面的实例，功能是使用定义的函数 copy_file 复制指定的目标文件。

实例 14-13：复制指定目标文件中的内容

源码路径：下载包 \daima\14\14-13

本实例的实现文件为“fu.c”，具体实现代码如下所示。

```
#include "stdio.h"
int copy_file(char *oldname,char *newname){
    FILE *fpnew,*fpold;                             //定义文件指针
    int ch;
    if ((fpnew= fopen(newname,"wb"))== NULL)        //打开或建立文件
            return -1;
    if ((fpold = fopen(oldname,"rb")) == NULL)      //打开已有文件
            return -1;
    while(1){
            ch = fgetc(fpold);                      //从文件 oldname 中读取一个字符
            if(!feof(fpold))
                    fputc(ch, fpnew);               //将该字符写入 data.txt 文件中
            else
                    break;                          //若 newname 文件结束则退出循环
    }
    fclose(fpnew);                                  //关闭文件
    fclose(fpold);
    return 0;
 }
int main(){
    char sou[80],des[80];
    printf("Input source file:\n");
    gets(sou);                                      //输入原文件名
    printf("Input destination file:\n");
    gets(des);                                      //输入目标文件名
    if(copy_file(sou,des)==0)                       //调用 copy_file 函数复制文件
            puts("Copy operation successful.\n");
    else
            printf("Error during copy operation.");
}
```

执行后先提示用户输入要复制文件的名称，如图 14-16 所示。输入文件名称，按下回车键后，提示用户输入要复制到的目标文件名称，输入后按下回车键，完成文件复制功能。

图 14-16

14.6　文件状态检测函数

在 C 语言程序中，为了跟踪文件的读写状态，检测读写中是否出现未知的错误，C 语言提供了 3 个函数检查文件的读写状态，这三个函数分别是“feof”“ferror”和“clearerr()”。在本节的内容中，将详细讲解上述文件状态检测函数的基本知识和具体用法。

↑扫码看视频（本节视频课程时间：2 分 22 秒）

14.6.1　使用函数 feof

在 C 语言程序中，函数 feof 的功能是检验文件指针是否到达文件末尾。函数 feof 在文件“stdio.h”中的原型如下所示。

```
#define feof(f) ((f)->flags & _F_EOF)
```

在文件处理过程中，一般应用此函数检测文件指针是否到达文件末尾。如果其返回为非 0，说明文件指针到达文件尾，否则返回值为 0。例如，在模拟实现 MS-DOS 系统中的 COPY 命令的程序代码中，应用 feof 函数可以检测文件指针是否到达文件末尾，此功能的具体实现代码如下所示。

```
int main(){
FILE *fpFrom,*fpTo;
……
while(!feof(fpFrom))
fputc(fgetc(fpFrom),fpTo);
……
}
```

14.6.2　使用函数 ferror

在 C 语言程序中，函数 ferror 的功能是检验文件的错误状态。函数 ferror 在文件“stdio.h”中的定义格式如下所示。

```
#define ferror(f) ((f)->flags & _F_ERR)
```

如果此函数的返回值为非 0，则说明对当前文件的操作出错，否则说明当前的文件操作正常。

注意：ferror 仅反映上一次文件操作的状态，因此必须在执行一次文件操作后，执行下一文件操作前调用 ferror，才可以正确反映此次操作的错误状态。

14.6.3 使用函数 clearerr

在C语言程序中，当操作文件出错后，文件状态标志为非0，此后所有的文件操作均无效。如果希望继续对文件进行操作，必须使用clearerr函数清除此错误标志后，才可以继续操作。函数clearerr在文件“stdio.h”中的原型如下所示。

```
void clearerr (FILE *stream);
```

例如，文件指针到文件末尾时会产生文件结束标志，必须执行此函数后，才可以继续对文件进行操作。因此在执行fseek(fp,0L,SEEK_SET)和fseek(fp,0,SEEK_END)语句后，要注意调用此函数。当文件操作出错后，文件状态标志为非0，此后所有的文件操作均无效。如果希望继续对文件进行操作，必须清除此错误标志后，才可以继续操作。此函数在“stdio.h”中的原型如下所示。

```
void clearerr (FILE *stream);
```

例如下面实例的功能是，首先使用函数ferror检测对文件读写时是否出错，然后调用函数clearerr清除错误标志。

实例 14-14：检测对文件读写时是否发生错误

源码路径：下载包\daima\14\14-14

本实例的实现文件为“jiance.c”，具体实现代码如下所示。

```
#include <stdio.h>
int main(){
    FILE *fp;
    fp= fopen("123.txt", "w");                          //以"W"方式打开文件123.txt
    /* force an error condition by attempting to read */
    (void) getc(fp);                                    //从文件中读区一个字符
    if (ferror(fp))                                     //检测读取字符时是否有错误
    {                                                   //若有错误则显示错误信息
            printf("Error reading from 123.txt.\n");
            clearerr(fp);                               //清除错误标志
    }
    fclose(fp);
}
```

在上述代码中，首先以只读方式打开或建立文件“123.txt”，然后调用fgetc从文件中读取一个字符，但是引文文件只允许写，所以在进行上述操作时，会发生错误。在后面的ferror函数检测时，返回值肯定为非0，并输出对“123.txt”读操作的错误标志，最后调用clearerr清除错误标志。执行效果如图14-17所示。

```
Error reading from 123.txt.
```

图 14-17

第 15 章 内存管理

（视频讲解：18 分钟）

在运行 C 语言程序的过程中，所有的遍历、常量、数组等数据都被保存在内存空间中，以便能够及时地被程序所使用。另外在软件开发的过程中，经常需要动态的分配或撤销内存空间，对内存空间进行管理。在本章的内容中，将详细讲解使用 C 语言实现内存管理的基本知识，为读者步入本书后面知识的学习打下基础。

15.1 C 语言的内存模型

在开发并编译 C 语言程序后，需要载入内存（主存或内存条）中才能运行，变量名、函数名等数据都会对应内存中的一块区域。在下面的内容中，将详细讲解 C 语言内存模型的知识。

↑扫码看视频（本节视频课程时间：2 分 33 秒）

在内存中运行着很多应用程序，编写的程序只占用一部分空间，这部分空间又可以细分为 5 个区域，具体说明如下。

（1）程序代码区 (Code Area)：存放函数体的二进制代码。

（2）静态数据区 (Data Area)

静态数据区也称为全局数据区，包含的数据类型比较多，如全局变量、静态变量、一般常量、字符串常量。其中全局变量和静态变量的存储是放在一块的，初始化的全局变量和静态变量在一块区域，未初始化的全局变量和未初始化的静态变量在相邻的另一块区域。而常量数据（一般常量、字符串常量）被存放在另一个区域。

注意：静态数据区的内存在程序结束后由操作系统释放。

（3）堆区 (Heap Area)

堆区一般由程序员分配和释放，如果程序员不释放，则程序运行结束时由操作系统回收。在 C 语言程序中，通过函数 malloc()、calloc() 和 free() 来操作这块内存区域。

注意：这里所说的堆区与数据结构中的堆不是一个概念，堆区的分配方式倒是类似于链表。

（4）栈区 (Stack Area)

栈区由系统自动分配释放，存放函数的参数值、局部变量的值等。其操作方式类似于数据结构中的栈。

（5）命令行参数区

命令行参数区存放命令行参数和环境变量的值，如通过 main() 函数传递的值。

为了理解上述 5 种空间的具体结构，下面绘制一幅 C 语言程序的内存模型示意图，如图 15-1 所示。对于 C 语言程序来说，究竟局部的字符串常量存放在全局的常量区还是栈区，不同的编译器有不同的实现，通常 Visual C++ 6.0 编译器将局部常量像局部变量一样对待，存放在栈（上图中的⑥区）中，而 TC 编译器则存储在静态数据区的常量区（上图中的②区）。

最低内存地址

① 程序代码区

② 常量（一般常量、字符串常量）

③ 未初始化的全局变量和静态变量

④ 已初始化的全局变量和静态变量

静态数据区

⑤ 堆区

⑥ 栈区

⑦ 命令行参数区

最高内存地址

图 15-1

15.2 栈和堆

在 C 语言程序中，栈是由编译器在需要时分配，不需要时自动清除的变量存储区。里面的变量通常是局部变量、函数参数等。堆是由函数 malloc 分配的内存块，内存释放功能由函数 free 实现。

↑扫码看视频（本节视频课程时间：5 分 41 秒）

15.2.1 操作栈

在 C 语言程序中，栈内存操作的基本特点见下表 15-1。

表 15-1

特点	具体说明
管理方式	栈编译器自动管理，无须程序员手工控制
空间大小	栈是向低地址扩展的数据结构，是一块连续的内存区域。这句话的意思是栈顶的地址和栈的最大容量是系统预先规定好的，当申请的空间超过栈的剩余空间时，将提示溢出。因此，用户能从栈获得的空间较小
是否产生碎片	对于栈来讲，不会存在产生碎片问题
增长方向	栈的增长方向是向下的，即向着内存地址减小的方向
分配方式	栈的分配和释放是由编译器完成的，栈的动态分配由 alloca() 函数完成，但是栈的动态分配和堆是不同的，它的动态分配是由编译器进行申请和释放的，无须手工实现
分配效率	栈是机器系统提供的数据结构，计算机会在底层对栈提供支持，分配专门的寄存器存放栈的地址，压栈出栈都有专门的执行指令

实例 15-1：在堆中动态分配并释放内存

源码路径：下载包 \daima\15\15-1

本实例的实现文件为“Malloc.c”，具体实现代码如下所示。

```
#include <stdlib.h>
```

```
#include<stdio.h>
int main(){
    int *pInt;                                                        /* 定义整型指针 */
    pInt=(int*)malloc(sizeof(int));                                   /* 分配内存 */
    *pInt=100;                                                        /* 使用分配内存 */
    printf("我毕业后要创业，争取 3 年内赚第一个 %d 万！ \n",*pInt);    /* 输出显示数值 */
    free(pInt);                                                       /* 释放内存 */
    return 0;
}
```

执行效果如图 15-2 所示。

```
我毕业后要创业，争取3年内赚第一个100万!
```

图 15-2

15.2.2　操作堆

在 C 语言程序中，堆内存操作的基本特点见下表 15-2。

表 15-2

特点	具体说明
管理方式	堆空间的申请释放工作由程序员控制，容易产生内存泄漏
空间大小	堆是向高地址扩展的数据结构，是不连续的内存区域。因为系统是用链表来存储空闲内存地址的，且链表的遍历方向是由低地址向高地址。由此可见，堆获得的空间较灵活，也较大。栈中元素都是一一对应的，不会存在一个内存块从栈中间弹出的情况
是否产生碎片	对于堆来讲，频繁地 malloc/free（new/delete）势必会造成内存空间的不连续，从而造成大量的碎片，使程序效率降低（虽然程序在退出后操作系统会对内存进行回收管理）
分配方式	堆都是程序中由 malloc() 函数动态申请分配并由 free() 函数释放的
增长方向	堆的增长方向是向上的，即向着内存地址增加的方向
分配效率	堆是 C 函数库提供的，其分配机制非常复杂，例如为了分配一块内存，库函数会按照一定的算法（具体的算法可以参考数据结构 / 操作系统）在堆内存中搜索可用的足够大的空间，如果没有足够大的空间（可能是由于内存碎片太多），就需要操作系统来重新整理内存空间，这样就有机会分到足够大小的内存，然后返回。由此可见，堆的效率比栈要低得多

实例 15-2：编写自定义函数时操作内存

源码路径：下载包 \daima\15\15-2

本实例的实现文件为“Stall.c”，具体实现代码如下所示。

```
#include<stdio.h>
void DisplayB(char* string)                     /* 函数 B*/
{
    printf("%s\n",string);
}

void DisplayA(char* string)                     /* 函数 A*/
{
    char String[40]="但是我想创业，目标是开发游戏并上市！ ";
    printf("%s\n",string);
    DisplayB(String);                           /* 调用函数 B*/
}

int main()
{
    char String[30]="虽然妈妈让我老实巴交的上班，";
    DisplayA(String);                           /* 将参数传入函数 A 中 */
```

```
    return 0;
}
```

执行效果如图 15-3 所示。

```
虽然妈妈让我老实巴交的上班，
但是我想创业，目标是开发游戏并上市！
```

图 15-3

15.3 动态内存管理

在C语言程序中，提供了内置的库函数实现内存空间的动态管理。在本节的内容中，将详细讲解C语言内置动态管理库函数的知识，为读者步入本书后面知识的学习打下基础。

↑扫码看视频（本节视频课程时间：8分20秒）

15.3.1 内存分配函数 malloc

在C语言程序中，因为函数 malloc 在头文件中由 stdlib.h 定义，所以在使用函数 malloc 时需要加入下面的引用代码：

```
#include <stdlib.h>
```

函数 malloc() 的功能是动态地分配内存空间，其原型如下所示：

```
void* malloc (size_t size);
```

- 参数“size”：表示需要分配的内存空间的大小，单位是字节（Byte）。
- 功能：函数 malloc() 在堆区分配一块指定大小的内存空间，用来存放数据。这块内存空间在函数执行完成后不会被初始化，它们的值是未知的。如果希望在分配内存的同时进行初始化，请使用函数 calloc() 来实现。
- 返回值：分配成功返回指向该内存的地址，失败则返回 NULL。因为在申请内存空间时可能有也可能没有，所以需要自行判断是否申请成功，然后再进行后续操作。如果 size 的值为 0，那么返回值会因标准库实现的不同而不同，可能是 NULL，也可能不是，但是返回的指针不应该再次被引用。

注意：函数 malloc() 的返回值类型是“void *”，void 并不是说没有返回值或者返回空指针，而是返回的指针类型未知。所以在使用函数 malloc() 时通常需要进行强制类型转换，将 void 指针转换成我们希望的类型，例如：

```
char *ptr = (char *)malloc(10);          // 分配10个字节的内存空间，用来存放字符
```

例如下面的实例演示了生成指定长度的随机字符的过程。

实例 15-3：生成指定长度的随机字符串

源码路径：下载包 \daima\15\15-3

本实例的实现文件为“Malloc.c”，具体实现代码如下所示。

```
#include <stdio.h>   /* 调用 printf, scanf, NULL */
#include <stdlib.h>  /* 调用 malloc, free, rand, system */
 int main (){
```

```
    inti,n;
    char * buffer;

    printf ("输入字符串的长度: ");
    scanf ("%d", &i);
        buffer = (char*)malloc(i+1);                    // 字符串最后包含 \0
        if(buffer==NULL) exit(1);                       // 判断是否分配成功
        // 随机生成字符串
    for(n=0; n<i; n++)
    buffer[n] = rand()%26+'a';
    buffer[i]='\0';
    printf ("随机生成的字符串为: %s\n",buffer);
        free(buffer);                                   // 释放内存空间
    system("pause");
    return 0;
    }
```

通过上述代码随机生成了一个指定长度的字符串，并用随机生成的字符填充，字符串的长度仅受限于可用内存的长度。执行效果如图 15-4 所示。

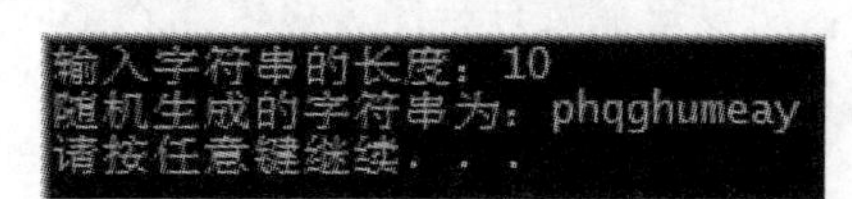

图 15-4

15.3.2　分配内存空间并初始化函数 calloc

在 C 语言程序中，因为函数 calloc 在头文件中由 stdlib.h 定义，所以在使用函数 calloc 时需要加入下面的引用代码：

```
#include <stdlib.h>
```

在 C 语言程序中，函数 calloc 用来动态地分配内存空间并初始化为 0，使用函数 calloc 的语法格式如下所示：

```
void* calloc (size_tnum, size_t size);
```

- 功能：在内存中动态地分配 num 个长度为 size 的连续空间，并将每一个字节都初始化为 0。所以它的结果是分配了 num*size 个字节长度的内存空间，并且每个字节的值都是 0。
- 返回值：分配成功返回指向该内存的地址，失败则返回 NULL。如果 size 的值为 0，那么返回值会因标准库实现的不同而不同，可能是 NULL，也可能不是，但返回的指针不应该再次被引用。

注意：函数 calloc() 的返回值类型是“void *”，void 并不是说没有返回值或者返回空指针，而是返回的指针类型未知。所以在使用 calloc() 时通常需要进行强制类型转换，将 void 指针转换成我们希望的类型，例如：

```
char *ptr = (char *)calloc(10, 10);  // 分配 100 个字节的内存空间
```

例如下面的实例演示了存储输入数据的过程。

实例 15-4：存储输入的数据

源码路径：下载包 \daima\15\15-4

本实例的实现文件为“ArrayCalloc.c”，具体实现代码如下所示。

```
#include <stdio.h>
```

```
 #include <stdlib.h>
int main (){
inti,n;
int * pData;
    printf ("要输入小目标的数目：");
    scanf ("%d",&i);
    pData = (int*) calloc (i,sizeof(int));
    if (pData==NULL) exit (1);
    for (n=0;n<i;n++){
        printf (" 请输一个小目标 #%d: ",n+1);
        scanf ("%d",&pData[n]);
    }
    printf ("你输入的小目标为：");for (n=0;n<i;n++) printf ("%d ",pData[n]);
free (pData);
system("pause");
return 0;
}
```

通过上述代码会将输入的数字存储起来，然后输出到控制台中。因为在程序运行时根据我们的需要来动态分配内存，所以每次运行程序你可以输入不同数目的数字。执行效果如图15-5所示。

图 15-5

注意：函数 calloc() 与函数 malloc() 的区别。

在 C 语言中，函数 calloc() 与函数 malloc() 的一个重要区别是：函数 calloc() 在动态分配完内存后，自动初始化该内存空间为零，而函数 malloc() 不进行初始化，里面的数据是未知的垃圾数据。例如下面的两种写法是等价的：

```
// 第 1 种：calloc() 分配内存空间并初始化
char *str1 = (char *)calloc(10, 2);
//第 2 种：malloc() 分配内存空间并用 memset() 初始化
char *str2 = (char *)malloc(20);
memset(str2, 0, 20);
```

15.3.3 重新分配内存函数 realloc

在 C 语言程序中，函数 realloc() 在头文件中由 stdlib.h 定义，所以在使用函数 realloc() 时需要加入下面的引用代码：

```
#include <stdlib.h>
```

使用函数 realloc() 的语法格式如下所示：

```
void *realloc(void *ptr, size_t size);
```

函数 realloc() 的功能是将 ptr 所指向的内存块的大小修改为 size，并将新的内存指针返回。如果 ptr 所指的内存块被移动，那么会调用函数 free(ptr)。假设之前内存块的大小为 n，则会存在如下四种情形。

- 如果 size < n，那么截取的内容不会发生变化；
- 如果 size > n，那么新分配的内存不会被初始化；
- 如果 ptr = NULL，那么相当于调用 malloc(size)；如果 size = 0，那么相当于调用 free(ptr)。

● 如果 ptr 不为 NULL，那么它肯定是由之前的内存分配函数返回的，例如 malloc()、calloc() 或 realloc()。

例如在下面的实例中，演示了使用函数 realloc 重新分配内存的过程。

实例 15-5：使用函数 realloc 重新分配内存

源码路径：下载包 \daima\15\15-5

本实例的实现文件为“Realloc.c”，具体实现代码如下所示。

```
 #include<stdio.h>
#include <stdlib.h>
int main(){
    double *fDouble;                                    /* 定义实型指针 */
    int* iInt;                                          /* 定义整型指针 */
    printf("奋斗 %d 年后，我成为了 500 强企业的 CTO！ \n",sizeof(*fDouble));
/* 输出空间的大小 */
    iInt=realloc(fDouble,sizeof(int));                  /* 使用 realloc 改变分配空间大小 */
    printf("在这之前的 %d 年，干的是架构师，再之前干的是码农！ \n",sizeof(*iInt));
    return 0;
}
```

执行效果如图 15-6 所示。

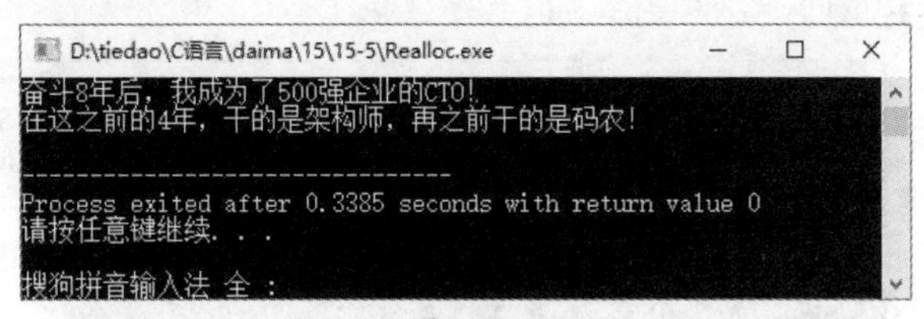

图 15-6

15.3.4　释放内存空间函数 free

在 C 语言程序中，因为函数 free() 在头文件中 stdlib.h 定义，所以在使用函数 free() 时需要加入下面的引用代码：

```
#include <stdlib.h>
```

函数 free() 的功能是释放动态分配的内存空间，使用此函数的语法格式如下所示：

```
void free (void* ptr);
```

● 功能：可以释放由 malloc()、calloc()、realloc() 分配的内存空间，以便其他程序再次使用；

● 参数 ptr：表示将要释放的内存空间的地址。如果参数 ptr 所指向的内存空间不是由上面的三个函数所分配的，或者已被释放，那么调用 free() 会有无法预知的情况发生。如果 ptr 为 NULL，那么函数 free() 不会有任何作用。

在 C 语言程序中，函数 free() 只能释放动态分配的内存空间，并不能释放任意的内存。例如下面的写法是错误的：

```
int a[10];
// ...
free(a);
```

注意：函数 free() 不会改变 ptr 本身的值，调用 free() 后它仍然会指向相同的内存空间，但是此时该内存已无效，不能被使用。所以建议将 ptr 的值设置为 NULL，例如：

```
free(ptr);
ptr = NULL;
```

例如下面实例的功能是，使用函数 free 释放内存空间。

实例 15-6：使用函数 free 释放内存空间

源码路径：下载包 \daima\15\15-6

本实例的实现文件为“Free.c”，具体实现代码如下所示。

```
#include <stdlib.h>
int main (){
int * buffer1, * buffer2, * buffer3;
    buffer1 = (int*) malloc (100*sizeof(int));
    buffer2 = (int*) calloc (100,sizeof(int));
    buffer3 = (int*) realloc (buffer2,500*sizeof(int));
free (buffer1);
free (buffer3);
system("pause");
return 0;
}
```

在笔者电脑中的执行效果如图 15-7 所示。读者需要注意的是，不同的电脑和不同的调试工具下的执行效果会不同。

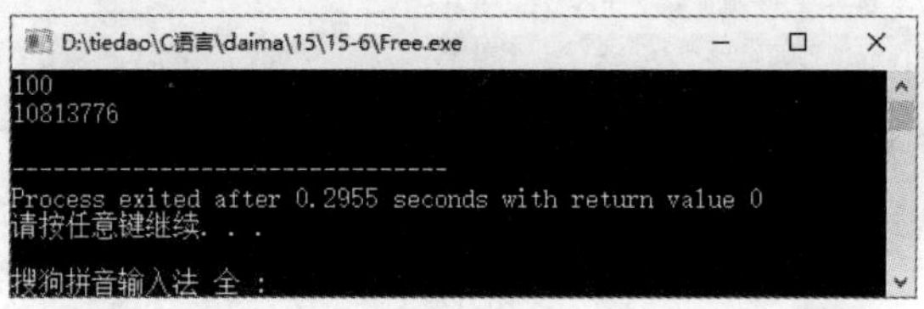

图 15-7

第 16 章

数据结构

（视频讲解：14 分钟）

在 C 语言程序中，被处理的数据必须按照一定的规则进行组织。当这些数据之间存在一种或多种特定关系时，通常将这些关系称为数据结构。在 C 语言数据之间一般存在如下 3 种基本结构。

（1）线性结构：数据元素间是一对一关系。

（2）树形结构：数据元素间是一对多关系。

（3）网状结构：数据元素间是多对多关系。

在本章的内容中，将详细讲解上述三种数据结构的基本知识，并通过具体实例来详细讲解使用 C 语言处理数据结构的过程。

16.1 线性表

线性表中各个数据元素之间的关系是一对一的关系，除了第一个和最后一个数据元素之外，其他数据元素都是首尾相接的。因为线性表的逻辑结构简单，便于实现和操作，所以在实际应用中是广泛采用的一种数据结构。在下面的内容中，将详细讲解线性表的基本知识。

↑扫码看视频（本节视频课程时间：5 分 48 秒）

16.1.1 线性表的特性

线性表是最基本、最简单、最常用的一种数据结构。在实际应用中，线性表通常以栈、队列、字符串和数组等特殊线性表的形式来使用。因为这些特殊线性表都具有自己的特性，所以掌握这些特殊线性表的特性，对于数据运算的可靠性和提高操作效率是至关重要的。线性表是一个线性结构，它是一个含有 $n \geq 0$ 个节点的有限序列。在节点中，有且仅有一个开始节点没有前驱并有一个后继节点，有且仅有一个终端节点没有后继并有一个前驱节点。其他的节点都有且仅有一个前驱和一个后继节点。通常可以把一个线性表表示成一个线性序列：k1，k2⋯，kn，其中 k1 是开始节点，kn 是终端节点。

1. 线性结构的特征

在编程领域中，线性结构具有如下两个基本特征。

（1）集合中必存在唯一的“第一元素”和唯一的“最后元素”。

（2）除最后一个元素之外，均有唯一的后继和唯一的前驱。

由 $n(n \geq 0)$ 个数据元素 (节点)a1，a2⋯，an 组成的有限序列，数据元素的个数 n 定义为表的长度。当 n=0 时称为空表，我们通常将非空的线性表 (n>0) 记作：

```
(a1, a2, …, an)
```

数据元素 ai(1 ≤ i ≤ n) 没有特殊含义，大家不必“刨根问底”地去研究它，它只是一个抽象的符号，其具体含义在不同的情况下可以不同。

2. 线性表的基本操作过程

线性表虽然只是一对一的单挑，但是其操作功能非常强大，具备了很多操作技能。线性表的基本操作过程如下。

（1）用 Setnull（L）置空表；

（2）用 Length（L）求表长度和表中各元素个数；

（3）用 Get（L，i）获取表中第 i 个元素（1 ≤ i ≤ n）；

（4）用 Prior（L，i）获取 i 的前趋元素；

（5）用 Next（L，i）获取 i 的后继元素；

（6）用 Locate（L，x）返回指定元素在表中的位置；

（7）用 Insert（L，i，x）插入新元素；

（8）用 Delete（L，x）删除已存在元素；

（9）用 Empty（L）来判断表是否为空。

3. 线性表的结构特点

（1）均匀性：虽然不同数据表的数据元素是各种各样的，但同一线性表的各数据元素必须有相同的类型和长度；

（2）有序性：各数据元素在线性表中的位置只取决于它们的序。数据元素之前的相对位置是线性的，即存在唯一的“第一个”和“最后一个”的数据元素，除了第一个和最后一个外，其他元素前面只有一个数据元素直接前趋，后面只有一个直接后继。

16.1.2 顺序表操作

在现实应用中，有两种实现线性表数据元素存储功能的方法，分别是顺序存储结构和链式存储结构。顺序表操作是最简单的操作线性表的方法，此方式的主要功能如下。

（1）计算顺序表的长度

数组的最小索引是 0，顺序表的长度就是数组中最后一个元素的索引 last 加 1。

（2）清空操作

清空操作是指清除顺序表中的数据元素，最终目的是使顺序表为空，此时 last 等于 -1。

（3）判断线性表是否为空

当顺序表的 last 为 -1 时表示顺序表为空，此时会返回 true，否则返回 false 表示不为空。

（4）判断顺序表是否为满

当顺序表为满时 last 值等于 maxsize-1，此时会则返回 true，如果不为满则返回 false。

（5）附加操作

在顺序表没有满的情况下进行附加操作，在表的末端添加一个新元素，然后使顺序表的 last 加 1。

（6）插入操作

在顺序表中的插入数据的方法非常简单，只需要在顺序表的第 i 个位置插入一个值为 item 的新元素即可。插入新元素后，会使原来长度为 n 的表 (a1，a2，…，a(i−1)，ai，a(i+1)，…，an) 的长度变为（n+1），也就是变为 (a1，a2…，a(i−1)，item，ai，a(i+1)，…，an)。i 的取值范围是 $1 \le i \le n+1$，当 i 为 n+1 时，表示在顺序表的末尾插入数据元素。

在顺序表插入一个新数据元素的基本步骤如下所示。

① 判断顺序表的状态，判断是否已满和插入的位置是否正确，当表满或插入的位置不正确时不能插入。

② 当表未满和插入的位置正确时，将 an ～ ai 依次向后移动，为新的数据元素空出位置。在算法中用循环来实现。

③ 将新的数据元素插入到空出的第 i 个位置上。

④ 修改 last 表长，使其仍指向顺序表的最后一个数据元素。

具体插入过程图如图 16-1 所示。

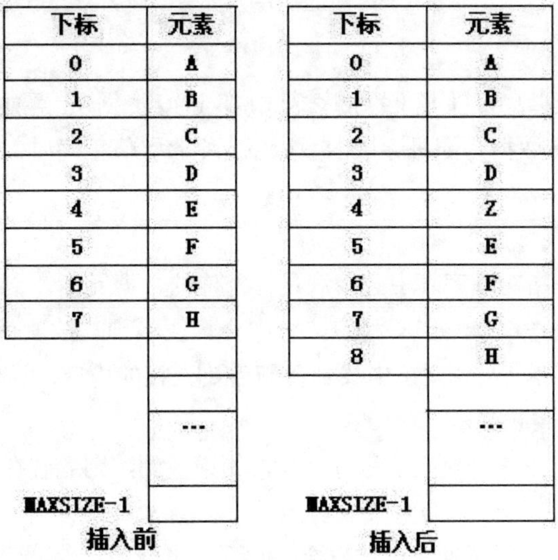

插入前

下标	元素
0	A
1	B
2	C
3	D
4	E
5	F
6	G
7	H
	···
MAXSIZE-1	

插入后

下标	元素
0	A
1	B
2	C
3	D
4	Z
5	E
6	F
7	G
8	H
	···
MAXSIZE-1	

图 16-1

（7）删除操作

我们可以删除顺序表中的第 i 个数据元素，删除后使原来长度为 n 的表 (a1，a2，…ai-1，ai，ai+1，…，an) 变为长度为（n−1）的表，即 (a1，a2，…，ai−1，ai+1，…，an)。i 的取值范围为 $1 \le i \le$ n。当 i 为 n 时，表示删除顺序表末尾的数据元素。

在顺序表中删除一个数据元素的基本流程如下。

① 判断顺序表是否为空，判断删除的位置是否正确，当为空或删除的位置不正确时不能删除；

② 如果表为空和删除的位置正确，则将 ai+1 ～ an 依次向前移动，在算法中用循环来实现移动功能；

③ 修改 last 值以修改表长，使它仍指向顺序表的最后一个元素。

图 16-2 展示了在一个顺序表中删除一个元素的前后变化过程。图中的表原来长度是 8，

如果删除第5个元素E，在删除后为了满足顺序表的先后关系，必须将第6个到第8个元素(下标位5~7)向前移动一位。

下标	元素
0	A
1	B
2	C
3	D
4	E
5	F
6	G
7	H
	...
MAXSIZE-1	

下标	元素
0	A
1	B
2	C
3	D
4	F
5	G
6	H
7	
8	
	...
MAXSIZE-1	

图 16-2

（8）获取表元

通过获取表元运算可以返回顺序表中第i个数据元素的值，i的取值范围是1≤i≤last+1。因为表中数据是随机存取的，所以当i的取值正确时，获取表元运算的时间复杂度为O（1）。

（9）按值进行查找

所谓按值查找，是指在顺序表中查找满足给定值的数据元素。就像我们住址的门牌号一样，这个值必须具体到××单元××室，否则会查找不到。按值查找就像Word中的搜索功能一样，可以在居多的Word文字中找到我们需要查找的内容。在顺序表中找到一个值的基本流程如下所示。

① 从第一个元素起依次与给定值进行比较，如果找到，则返回在顺序表中首次出现与给定值相等的数据元素的序号，称为查找成功；

② 如果没有找到，在顺序表中没有与给定值匹配的数据元素，返回一个特殊值，表示查找失败。

16.1.3 使用顺序表操作函数

为了说明顺序表的基本操作方法，接下来将通过一个具体实例的实现过程，详细讲解操作顺序表的基本流程。

实例 16-1：使用顺序表操作学生信息

源码路径：下载包 \daima\16\16-1

在本实例中编写一个测试主函数main()，然后调用前面定义的顺序表操作函数进行对应的操作。实例文件SeqListTest.c的具体实现代码如下所示。

```
#include <stdio.h>
typedef struct{
char key[15];                          //节点的关键字
char name[20];
```

```
int age;
} DATA;                                    //定义节点类型，可定义为简单类型，也可定义为结构
#include "20-1 SeqList.h"
#include "20-2 SeqList.c"
int SeqListAll(SeqListType *SL) {                          //遍历顺序表中的节点
int i;
for(i=1;i<=SL->ListLen;i++)
printf("(%s,%s,%d)\n",SL->ListData[i].key,SL->ListData[i].name,SL->ListData[i].age);
}
int main(){
   int i;
    SeqListType SL;                                        //定义顺序表变量
    DATA data,*data1;                                      //定义节点保存数据类型变量和指针变量
    char key[15];                                          //保存关键字
    SeqListInit(&SL);                                      //初始化顺序表
    do {                                                   //循环添加节点数据
        printf("输入添加的节点（学号姓名年龄）：");
        fflush(stdin);                                     //清空输入缓冲区
scanf("%s%s%d",&data.key,&data.name,&data.age);
        if(data.age)                                       //若年龄不为 0
        {//若添加节点失败
if(!SeqListAdd(&SL,data))
                break;                                     //退出死循环
            }else                                          //若年龄为 0
                break;                                     //退出死循环
}while(1);
    printf("\n顺序表中的节点顺序为：\n");
    SeqListAll(&SL);                                       //显示所有节点数据
    fflush(stdin);                                         //清空输入缓冲区
    printf("\n要取出节点的序号：");
    scanf("%d",&i);                                        //输入节点序号
    data1=SeqListFindByNum(&SL,i);                         //按序号查找节点
    if(data1)                                              //若返回的节点指针不为 NULL
        printf("第%d个节点为：(%s,%s,%d)\n",i,data1->key,data1->name,data1->age);
    fflush(stdin);                                         //清空输入缓冲区
    printf("\n要查找节点的关键字：");
    scanf("%s",key);                                       //输入关键字
    i=SeqListFindByCont(&SL,key);              //按关键字查找，返回节点序号
    data1=SeqListFindByNum(&SL,i);                         //按序号查询，返回节点指针
    if(data1)                                              //若节点指针不为 NULL
        printf("第%d个节点为：(%s,%s,%d)\n",i,data1->key,data1->name,data1->age);
   getch();
   return 0;
}
```

执行效果如图 16-3 所示。

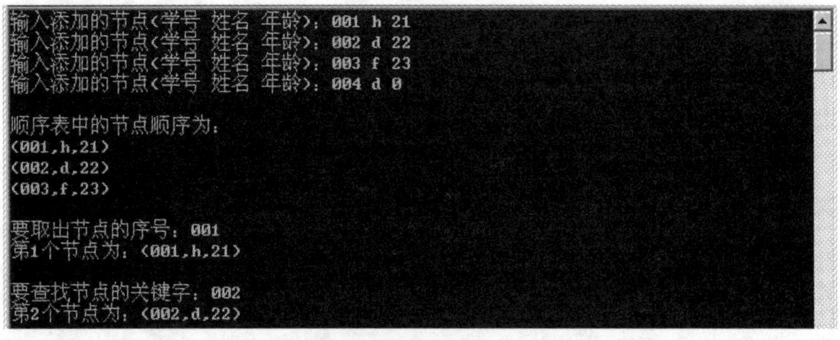

```
输入添加的节点(学号 姓名 年龄): 001 h 21
输入添加的节点(学号 姓名 年龄): 002 d 22
输入添加的节点(学号 姓名 年龄): 003 f 23
输入添加的节点(学号 姓名 年龄): 004 d 0

顺序表中的节点顺序为:
(001,h,21)
(002,d,22)
(003,f,23)

要取出节点的序号: 001
第1个节点为: (001,h,21)

要查找节点的关键字: 002
第2个节点为: (002,d,22)
```

图 16-3

16.2 先进先出的队列

队列严格按照“先来先得”原则，这一点和购物排队差不多。计算机算法中的队列是一种特殊的线性表，它只允许在表的前端进行删除操作，在表的后端进行插入操作。队列是一种比较有意思的数据结构，最先插入的元素也是最先被删除的；最后插入的元素是最后被删除的，因此队列又称为“先进先出”（FIFO—first in-first out）的线性表。

↑扫码看视频（本节视频课程时间：3 分 48 秒）

16.2.1 什么是队列

在 C 语言数据结构中，队列和栈一样，只允许在断点处插入和删除元素，循环队列的入队算法如下。

（1）tail=tail+1；

（2）如果 tail=n+1，则 tail=1；

（3）如果 head=tai，即尾指针与头指针重合，则表示元素已装满队列，会施行“上溢”出错处理；否则 Q(tail)=X，结束整个过程，其中 X 表示新的入出元素。

队列的抽象数据类型定义是 ADT Queue，具体格式如下。

ADT Queue{

数据对象：D={ai |ai ∈ ElemSet, i=1,2,⋯,n, n ≥ 0}

数据关系：R={R1},R1={<ai-1,ai>|ai-1,ai ∈ D, i=2,3,⋯,n }

基本操作：

InitQueue(&Q)

操作结果：构造一个空队列 Q

DestroyQueue(&Q)

初始条件：队列 Q 已存在

操作结果：销毁队列 Q

ClearQueue(&Q)

初始条件：队列 Q 已存在

操作结果：将队列 Q 重置为空队列

QueueEmpty(Q)

初始条件：队列 Q 已存在

操作结果：若 Q 为空队列，则返回 TRUE，否则返回 FALSE

QueueLength(Q)

初始条件：队列 Q 已存在

操作结果：返回队列 Q 中数据元素的个数

GetHead(Q,&e)

初始条件：队列 Q 已存在且非空

操作结果：用 e 返回 Q 中队头元素

EnQueue(&Q, e)

初始条件：队列 Q 已存在

操作结果：插入元素 e 为 Q 的新的队尾元素

DeQueue(&Q, &e)

初始条件：队列 Q 已存在且非空

操作结果：删除 Q 的队头元素，并用 e 返回其值

QueueTraverse(Q, visit())

初始条件：队列 Q 已存在且非空

操作结果：从队头到队尾依次对 Q 的每个数据元素调用函数 visit()。一旦 visit() 失败，则操作失败

}ADT Queue

16.2.2　实现一个排号程序

在日常生活中，排号程序的应用范围很广泛，例如银行存取款、电话缴费和买菜等都需要排队。为了提高服务，很多机构够专门设置了排号系统，这样便于规范化的管理排队办理业务的客户。要求编写一个 C 语言程序，在里面创建一个队列，每个顾客通过该系统得到一个序号，程序将该序号添加到队列中。柜台的工作人员在处理完一个顾客的业务后，可以选择办理下一位顾客的业务，程序将从队列获取下一位顾客的序号。

实例 16-2：模拟实现一个业务办理排号程序

源码路径：下载包 \daima\16\16-2

（1）编写实例文件 xuncao.h 来演示一个完整循环队列的操作过程，具体实现代码如下所示。

```
#define QUEUEMAX 15
typedef struct{
    DATA data[QUEUEMAX];                          //队列数组
    int head;                                     //队头
    int tail;                                     //队尾
}CycQueue;
CycQueue *CycQueueInit(){
    CycQueue *q;
    if(q=(CycQueue *)malloc(sizeof(CycQueue)))    //申请保存队列的内存
    {
        q->head = 0;                              //设置队头
        q->tail = 0;                              //设置队尾
return q;
}else
        return NULL; //返回空
}
void CycQueueFree(CycQueue *q)                    //释放队列
{
if (q!=NULL)
free(q);
}
int CycQueueIsEmpty(CycQueue *q)                  //队列是否为空
{
return (q->head==q->tail);
}
int CycQueueIsFull(CycQueue *q)                   //队列是否已满
{
return ((q->tail+1)%QUEUEMAX==q->head);
```

```
}
int CycQueueIn(CycQueue *q,DATA data)                    //入队函数
{
if((q->tail+1)%QUEUEMAX == q->head ){
        printf("队列满了！\n");
return 0;
}else{
        q->tail=(q->tail+1)%QUEUEMAX;                    //求列尾序号
        q->data[q->tail]=data;
return 1;
    }
}
DATA *CycQueueOut(CycQueue *q)                           //循环队列的出队函数
{
    if(q->head==q->tail)                                 //队列为空
    {
        printf("队列空了！\n");
return NULL;
}else{
        q->head=(q->head+1)%QUEUEMAX;
return&(q->data[q->head]);
    }
}
int CycQueueLen(CycQueue *q)                             //获取队列长度
{
int n;
    n=q->tail-q->head;
if(n<0)
n=QUEUEMAX+n;
return n;
}
DATA *CycQueuePeek(CycQueue *q)                          //获取队定中第 1 个位置的数据
{
if(q->head==q->tail){
  printf("队列已经空了!\n");
return NULL;
}else{
return&(q->data[(q->head+1)%QUEUEMAX]);
}
}
```

（2）根据队列操作原理编写实例文件 dui.c，具体算法分析如下。

- 定义 DATA 数据类型，用于表示进入队列的数据；
- 定义全局变量 num，用于保存顾客的序号；
- 编写新增顾客函数 add()，为新到顾客生成一个编号，并添加到队列中；
- 编写柜台工作人员呼叫下一个顾客的处理函数 next()；
- 编写主函数 main()，能够根据不同的选择分别调用函数 add() 或 next() 来实现对应的操作。

实例文件 dui.c 的具体实现代码如下所示。

```
#include <stdio.h>
#include <stdlib.h>
#include <time.h>
typedef struct{
    int num;                                             //顾客编号
    long time;                                           //进入队列时间
}DATA;
#include "xuncao.h"
int num;                                                 //顾客序号
```

```
void add(CycQueue *q)                                    // 新增顾客排列 {
    DATA data;
if(!CycQueueIsFull(q)) {                                 // 如果队列未满
data.num=++num;
data.time=time(NULL);
CycQueueIn(q,data);
    }
else
     printf("\n 排队的人实在是太多了，请您稍候再排队 !\n");
}
void next(CycQueue *q)                                   // 通知下一顾客准备
{
    DATA *data;
if(!CycQueueIsEmpty(q))                                  // 若队列不为空
    {
        data=CycQueueOut(q);                             // 取队列头部的数据
        printf("\n 欢迎编号为 %d 的顾客到柜台办理业务 !\n",data->num);
    }
if(!CycQueueIsEmpty(q)) {                                // 若队列不为空

        data=CycQueuePeek(q);                            // 取队列中指定位置的数据
        printf(" 请编号为 %d 的顾客做好准备，马上将为您办理业务 !\n",data->num);
    }
}
int main(){
CycQueue *queue1;
int i,n;
char select;
num=0;                                                   // 顾客序号
queue1=CycQueueInit();                                   // 初始化队列
if(queue1==NULL){
printf(" 创建队列时出错！ \n");
getch();
return 0;
}
do{
        printf("\n 请选择具体操作 :\n");
        printf("1. 新到顾客 \n");
        printf("2. 下一个顾客 \n");
        printf("0. 退出 \n") ;
fflush(stdin);
select=getch();
switch(select){
case '1':
add(queue1);
              printf("\n 现在共有 %d 位顾客在等候 !\n",CycQueueLen(queue1));
break;
case '2':
next(queue1);
              printf("\n 现在共有 %d 位顾客在等候 !\n",CycQueueLen(queue1));
break;
case '0':
break;
}
}while(select!='0');
CycQueueFree(queue1);                                    // 释放队列
getch();
return 0;
}
```

执行效果如图 16-4 所示。

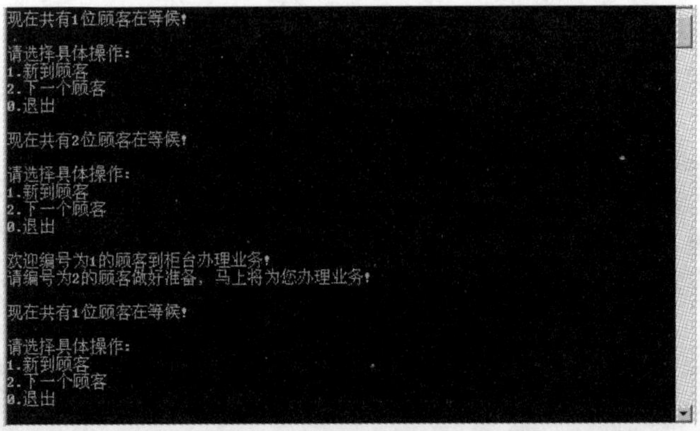

```
现在共有1位顾客在等候!

请选择具体操作:
1.新到顾客
2.下一个顾客
0.退出

现在共有2位顾客在等候!

请选择具体操作:
1.新到顾客
2.下一个顾客
0.退出

欢迎编号为1的顾客到柜台办理业务!
请编号为2的顾客做好准备，马上将为您办理业务!

现在共有1位顾客在等候!

请选择具体操作:
1.新到顾客
2.下一个顾客
0.退出
```

图 16-4

16.3 后进先出栈

前面曾经说过“先进先出”是一种规则，其实在很多时候“后进先出”也是一种规则。栈即 stack，是一种数据结构，是只能在某一端进行插入或删除操作的特殊线性表。栈按照后进先出的原则存储数据，先进的数据被压入栈底，最后进的数据在栈顶。当需要读数据时，从栈顶开始弹出数据，最后一个数据被第一个读出来。栈通常也被称为后进先出表。

↑扫码看视频（本节视频课程时间：3 分 39 秒）

16.3.1 什么是栈?

栈允许在同一端进行插入和删除操作，允许进行插入和删除操作的一端称为栈顶 (top)，另一端称为栈底 (bottom)。栈底是固定的，而栈顶是浮动的。如果栈中元素个数为零则被称为空栈。插入操作一般被称为入栈（PUSH），删除操作一般被称为出栈（POP）。

在栈中有两种基本操作，分别是入栈和出栈，具体说明如下。

（1）入栈（Push）

将数据保存到栈顶。在进行入栈操作前，先修改栈顶指针，使其向上移动一个元素位置，然后将数据保存到栈顶指针所指的位置。入栈（Push）操作的算法如下：

①如果 TOP ≥ n，则给出溢出信息，作出错处理。在进栈前首先检查栈是否已满，如果满则溢出；不满则进入下一步骤②；

②设置 TOP=TOP+1，使栈指针加 1，指向进栈地址；

③ S(TOP)=X，结束操作，X 为新进栈的元素。

（2）出栈（Pop）

将栈顶的数据弹出，然后修改栈顶指针，使其指向栈中的下一个元素。出栈（Pop）操作的算法如下：

①如果 TOP ≤ 0，则输出下溢信息，并实现出错处理。在退栈之前先检查是否已为空栈，如果是空则下溢信息，如果不空则进入下一步骤②；

② X=S(TOP)，退栈后的元素赋给 X；

③ TOP=TOP-1，结束操作，栈指针减 1，指向栈顶。

16.3.2　实现栈操作

下面将通过一个具体实例的实现过程，详细讲解编写对栈进行操作的过程。

实例 16-3：使用栈操作员工信息

源码路径：下载包 \daima\16\16-3

（1）在文件 ceStack.h 中定义各种操作栈的函数，具体实现流程如下。

① 对栈进行初始化处理，先按照符号常量 SIZE 指定的大小申请一片内存空间，用这片内存空间来保存栈中的数据；然后设置栈顶指针的值为 0，表示是一个空栈。具体代码如下所示。

```
SeqStack *SeqStackInit(){
    SeqStack *p;
    if(p=(SeqStack *)malloc(sizeof(SeqStack))) {          //申请栈内存
        p->top=0;                                          //设置栈顶为 0
        return p;                                          //返回指向栈的指针
    }
return NULL;
}
```

② 当通过函数 malloc() 分配栈使用的内存空间后，在不使用栈的时候应该调用函数 free() 及时释放所分配的内存，对应代码如下所示。

```
void SeqStackFree(SeqStack *s) {                          //释放栈所占用空间
if(s)
free(s);
}
```

③ 判断栈状态

在对栈进行操作之前需要判断栈的状态，然后才能决定是否操作，下列函数用于判断栈的状态。

```
int SeqStackIsEmpty(SeqStack *s) {                        //判断栈是否为空
return(s->top==0);
}
void SeqStackClear(SeqStack *s) {                         //清空栈
s->top=0;
}
int SeqStackIsFull(SeqStack *s) {                         //判断栈是否已满
return(s->top==SIZE);
}
```

④ 入栈和出栈操作

入栈和出栈都是最基本的栈操作，对应函数代码如下所示。

```
int SeqStackPush(SeqStack *s,DATA data) {                 //入栈操作
if((s->top+1)>SIZE){
  printf("栈溢出!\n");
return 0;
}
s->data[++s->top]=data;                                   //将元素入栈
return 1;
}
DATA SeqStackPop(SeqStack *s) {                           //出栈操作
if(s->top==0){
  printf("栈为空! ");
exit(0);
}
return (s->data[s->top--]);
}
```

⑤ 获取栈顶元素

当使用出栈函数操作后，原来的栈顶元素就不存在了。有时需要获取栈顶元素时要求继续保留该元素在栈顶，这时就需要使用获取栈顶元素的函数。对应的代码如下所示。

```
DATA SeqStackPeek(SeqStack *s) {                                    //读栈顶数据
if(s->top==0){
printf("栈为空! ");
exit(0);
}
return (s->data[s->top]);
}
```

（2）编写测试文件 ceStackTest.c，功能是调用文件 ceStack.h 中定义的栈操作函数实现出栈操作。文件 ceStackTest.c 的具体实现代码如下所示。

```
#include <stdio.h>
#include <stdlib.h>
#define SIZE 50
typedef struct{
char name[15];
int age;
}DATA;
#include "ceStack.h"
int main(){
    SeqStack *stack;
    DATA data,data1;
    stack=SeqStackInit();                                           //初始化栈
    printf("入栈操作：\n");
    printf("输入姓名年龄进行入栈操作：");
scanf("%s%d",data.name,&data.age);

SeqStackPush(stack,data);
    printf("输入姓名年龄进行入栈操作：");
scanf("%s%d",data.name,&data.age);
SeqStackPush(stack,data);
    printf("\n 出栈操作：\n 按任意键进行出栈操作：");
getch();
    data1=SeqStackPop(stack);
    printf("出栈的数据是(%s,%d)\n" ,data1.name,data1.age);
    printf("再按任意键进行出栈操作：");
getch();
    data1=SeqStackPop(stack);
    printf("出栈的数据是(%s,%d)\n" ,data1.name,data1.age);
    SeqStackFree(stack); //释放栈所占用的空间
getch();
return 0;
}
```

执行效果如图 16-5 所示。

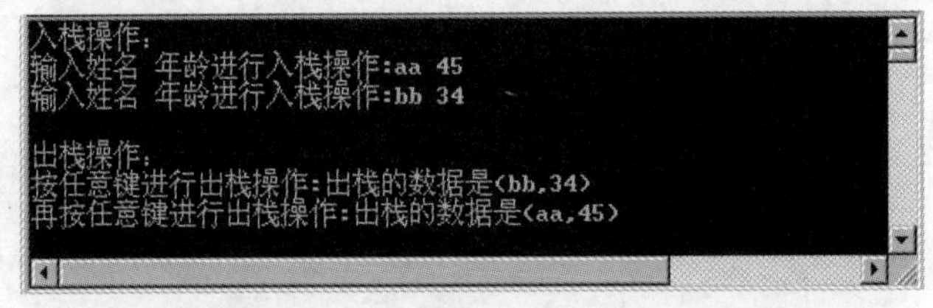

图 16-5

第 17 章

常用的 C 语言算法思想

（视频讲解：30 分钟）

算法思想有很多，业界公认的常用算法思想有 7 种，分别是枚举、递推、递归、分治、贪心、试探法和动态迭代。在本章的内容中，将详细讲解这 7 种算法思想的基本知识，为读者学习本书后面的知识打下基础。

17.1 枚举算法

枚举算法思想的最大特点是，在面对任何问题时它会去尝试每一种解决方法。在进行归纳推理时，如果逐个考察了某类事件的所有可能情况，因而得出一般结论，那么这个结论是可靠的，这种归纳方法叫作枚举法。

↑扫码看视频（本节视频课程时间：4 分 27 秒）

17.1.1 枚举算法介绍

枚举算法的思想是：将问题的所有可能的答案一一列举，然后根据条件判断此答案是否合适，保留合适的，丢弃不合适的。在C语言中，枚举算法一般使用while循环实现。使用枚举算法解题的基本思路如下。

（1）确定枚举对象、枚举范围和判定条件。

（2）逐一列举可能的解，验证每个解是否是问题的解。

枚举算法一般按照如下 3 个步骤进行。

（1）题解的可能范围，不能遗漏任何一个真正解，也要避免有重复。

（2）判断是否是真正解的方法。

（3）使可能解的范围降至最小，以便提高解决问题的效率。

枚举算法的主要流程如图 17-1 所示。

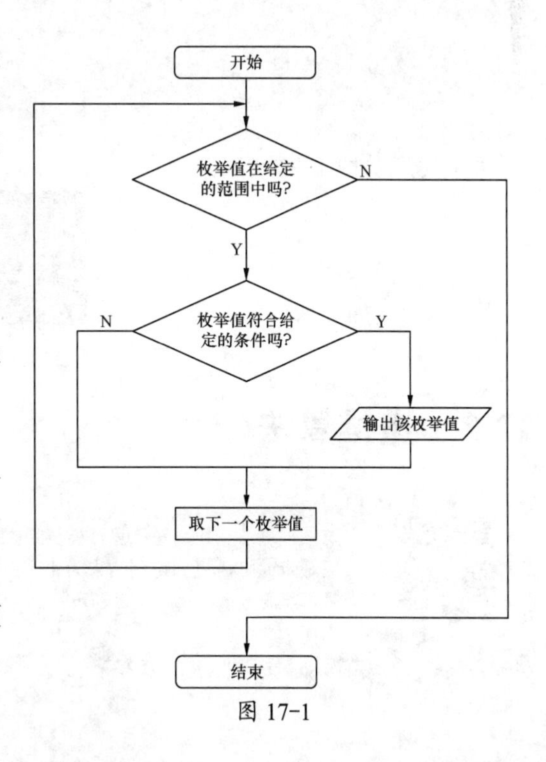

图 17-1

17.1.2 百钱买百鸡

为了说明枚举算法的基本用法，接下来将通过一个具体实例的实现过程，详细讲解枚举算法思想在编程中的基本应用。

实例 17-1：使用枚举法解决“百钱买百鸡”问题

源码路径：下载包 \daima\17\17-1

（1）问题描述

我国古代数学家在《算经》中有一道题：“鸡翁一，值钱五；鸡母一，值钱三；鸡雏三，值钱一。百钱买百鸡，问鸡翁、母、雏各几何？”意为：公鸡每只 5 元，母鸡每只 3 元，小鸡 3 只 1 元。用 100 元钱买 100 只鸡，问公鸡、母鸡、小鸡各多少？

（2）算法分析

根据问题的描述，可以使用枚举法解决这个问题。以 3 种鸡的个数为枚举对象（分别设为 mj、gj 和 xj），以 3 种鸡的总数（mj+gj+xj=100）和买鸡用去的钱的总数 (xj/3+mj×3+gj×5=100) 作为判定条件，穷举各种鸡的个数。

（3）具体实现

根据上述问题描述，用枚举算法解决实例 17-1 的问题。根据“百钱买百鸡”的枚举算法分析，编写实现文件 xiaoji.c，具体实现代码如下所示。

```
#include <stdio.h>
int main(){
    int x,y,z;//定义3个变量，分别表示公鸡、母鸡和小鸡个数
    for(x=0;x<=20;x++){
       for(y=0;y<=33;y++){
            z=100-x-y;
            if (z%3==0 &&x*5+y*3+z/3==100)//3种鸡一共100只
                printf("公鸡：%d,母鸡：%d,小鸡：%d\n",x,y,z);
        }
    }
  getch();
  return 0;
}
```

执行效果如图 17-2 所示。

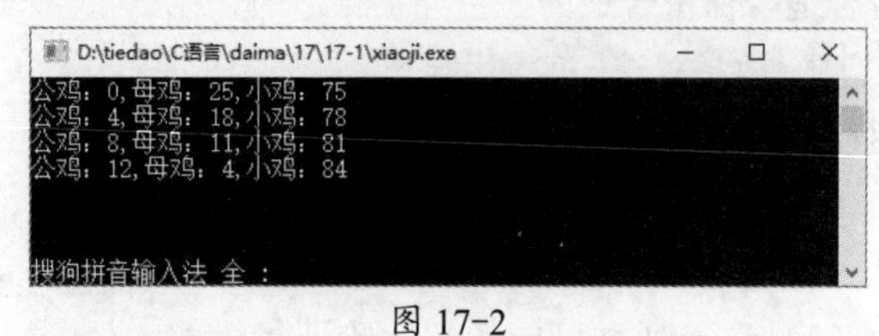

图 17-2

17.2 递推算法

与枚举算法相比，递推算法能够通过已知的某个条件，利用特定的关系得出中间推论，然后逐步递推，直到得到结果为止。由此可见，递推算法要比枚举算法聪明，它不会尝试每种可能的方案。

↑扫码看视频（本节视频课程时间：4 分 15 秒）

17.2.1　递推算法介绍

递推算法可以不断利用已有的信息推导出新的东西，在日常应用中有如下两种递推算法。

① 顺推法：从已知条件出发，逐步推算出要解决问题的方法。例如斐波那契数列就可以通过顺推法不断递推算出新的数据。

② 逆推法：从已知的结果出发，用迭代表达式逐步推算出问题开始的条件，即顺推法的逆过程。

17.2.2　斐波那契数列

为了说明递推算法的基本用法，接下来将通过一个具体实例的实现过程，详细讲解递推算法思想在编程过程中的基本应用。

实例 17-2：使用顺推法解决“斐波那契数列”问题

源码路径：下载包 \daima\17\17-2

（1）问题描述

斐波那契数列因数学家列昂纳多 • 斐波那契以兔子繁殖为例子而引入，故又称为“兔子数列”。一般而言，兔子在出生两个月后，就有繁殖能力，一对兔子每个月能生出一对小兔子来。如果所有兔子都不死，那么一年以后可以繁殖多少对兔子？

（2）算法分析

以新出生的一对小兔子进行如下分析。

① 第一个月小兔子没有繁殖能力，所以还是一对。

② 2 个月后，一对小兔子生下了一对新的小兔子，所以共有两对兔子。

③ 3 个月以后，老兔子又生下一对，因为小兔子还没有繁殖能力，所以一共是 3 对。

……

依次类推可以列出关系表，见表 17-1。

表 17-1

月数：	1	2	3	4	5	6	7	8	…
对数：	1	1	2	3	5	8	13	21	…

表中数字 1、1、2、3、5、8……构成了一个数列，这个数列有个十分明显的特点：前面相邻两项之和，构成了后一项。这个特点证明：每月的大兔子数为上月的兔子数，每月的小兔子数为上月的大兔子数，某月兔子的对数等于其前面紧邻两个月的和。

由此可以得出具体算法如下：

设置初始值为 F0=1，第 1 个月兔子的总数是 F1=1。

第 2 个月的兔子总数是 F2= F0+F1。

第 3 个月的兔子总数是 F3= F1+F2。

第 4 个月的兔子总数是 F4= F2+F3。

………

第 n 个月的兔子总数是 Fn= Fn−2+Fn−1。

（3）具体实现

根据上述问题描述，根据“斐波那契数列”的顺推算法分析，编写实现文件 shuntui.c，具体实现代码如下所示。

```
#include <stdio.h>
#define NUM 13
int main()
{
int i;
 long fib[NUM] = {1,1}; //定义一个拥有 13 个元素的数组，用于保存兔子的初始数据和每月的总数
//顺推每个月的总数
for(i=2;i<NUM;i++)
    {
fib[i] = fib[i-1]+fib[i-2];
    }
//循环输出每个月的总数
for(i=0;i<NUM;i++)
    {
        printf("第 %d 月兔子总数 :%d\n", i, fib[i]);
    }
getch();
return 0;
}
```

执行效果如图 17-3 所示。

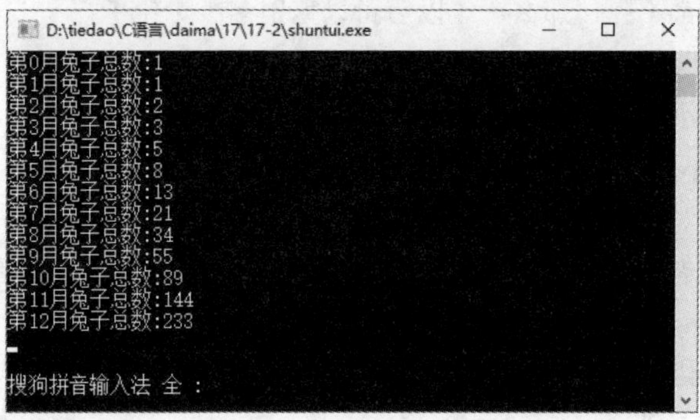

图 17-3

17.3 递归算法

因为递归算法思想往往用函数的形式来体现，所以递归算法需要预先编写功能函数。这些函数是独立的功能，能够实现解决某个问题的具体功能，当需要时直接调用这个函数即可。在本节的内容中，将详细讲解递归算法思想的基本知识。

↑扫码看视频（本节视频课程时间：4 分 45 秒）

17.3.1 递归算法介绍

在计算机编程应用中，递归算法对解决大多数问题是十分有效的，它能够使算法的描述变得简洁而且易于理解。递归算法有如下 3 个特点。

（1）递归过程一般通过函数或子过程来实现。

（2）递归算法在函数或子过程的内部，直接或者间接地调用自己的算法。

（3）递归算法实际上是把问题转化为规模缩小了的同类问题的子问题，然后再递归调用函数或过程来表示问题的解。

在使用递归算法时，读者应该注意如下 4 点。

（1）递归是在过程或函数中调用自身的过程。

（2）在使用递归策略时，必须有一个明确的递归结束条件，这称为递归出口。

（3）递归算法通常显得很简洁，但是运行效率较低，所以一般不提倡用递归算法设计程序。

（4）在递归调用过程中，系统用栈来存储每一层的返回点和局部量。如果递归次数过多，则容易造成栈溢出，所以一般不提倡用递归算法设计程序。

17.3.2 汉诺塔

为了说明递归算法的基本用法，接下来将通过一个具体实例的实现过程，详细讲解递归算法思想在编程中的基本应用。

实例 17-3：使用递归算法解决“汉诺塔”问题

源码路径：下载包 \daima\17\17-3

1．问题描述

寺院里有 3 根柱子，第一根有 64 个盘子，从上往下盘子越来越大。方丈要求小和尚 A1 把这 64 个盘子全部移动到第 3 根柱子上。在移动的时候，始终只能小盘子压着大盘子，而且每次只能移动一个。

方丈发布命令后，小和尚 A1 就马上开始了工作，下面看他的工作过程。

（1）聪明的小和尚 A1 在移动时，觉得很难，另外他也非常懒惰，所以找来 A2 帮他。他觉得要是 A2 能把前 63 个盘子先移动到第二根柱子上，自己再把最后一个盘子直接移动到第三根柱子，再让 A2 把刚才的前 63 个盘子从第二根柱子上移动到第三根柱子上，整个任务就完成了。于是他向小和尚 A2 下了如下命令：

① 把前 63 个盘子移动到第二根柱子上；

② 把第 64 个盘子移动到第三根柱子上后；

③ 把前 63 个盘子移动到第三根柱子上。

（2）小和尚 A2 接到任务后也觉得很难，所以他也和小和尚 A1 想得一样：要是有一个人能把前 62 个盘子先移动到第三根柱子上，再把最后一个盘子直接移动到第二根柱子，再让那个人把刚才的前 62 个盘子从第三根柱子上移动到第三根柱子上，任务就算完成了。所以他也找了另外一个小和尚 A3，然后下了如下命令：

① 把前 62 个盘子移动到第三根柱子上；

② 自己把第 63 个盘子移动到第二根柱子上后；

③ 把前 62 个盘子移动到第二根柱子上。

（3）小和尚 A3 接了任务，又把移动前 61 个盘子的任务“依葫芦画瓢”地交给了小和尚 A4，这样一直递推下去，直到把任务交给了第 64 个小和尚 A64 为止。

（4）此时此刻，任务马上就要完成了，唯一的工作就是 A63 和 A64 的工作了。

小和尚 A64 移动第 1 个盘子，把它移开，然后小和尚 A63 移动给他分配的第 2 个盘子。

小和尚 A64 再把第 1 个盘子移动到第 2 个盘子上。到这里 A64 的任务完成，A63 完成了 A62 交给他的任务的第一步。

2．算法分析

从上面小和尚的工作过程可以看出，只有 A64 的任务完成后，A63 的任务才能完成，只有小和尚 A2 小和尚 A64 的任务完成后，小和尚 A1 剩余的任务才能完成。只有小和尚 A1 剩余的任务完成，才能完成方丈吩咐给他的任务。由此可见，整个过程是一个典型的递归问题。接下来我们以有 3 个盘子来分析。

第 1 个小和尚命令：

① 第 2 个小和尚先把第一根柱子前 2 个盘子移动到第二根柱子，借助第三根柱子；

② 第 1 个小和尚自己把第一根柱子最后的盘子移动到第三根柱子；

③ 第 2 个小和尚把前 2 个盘子从第二根柱子移动到第三根柱子。

非常显然，第②步很容易实现。

其中第一步，第 2 个小和尚有 2 个盘子，他就命令：

① 第 3 个小和尚把第一根柱子第 1 个盘子移动到第三根柱子（借助第二柱子）；

② 第 2 个小和尚自己把第一根柱子第 2 个盘子移动到第二根柱子；

③ 第 3 个小和尚把第 1 个盘子从第三根柱子移动到第二根柱子。

同样，第②步很容易实现，但第 3 个小和尚只需要移动 1 个盘子，所以他也不用再下派任务了（注意：这就是停止递归的条件，也叫边界值）。

第③步可以分解为，第 2 个小和尚还是有 2 个盘子，于是命令：

① 第 3 个小和尚把第二根柱子上的第 1 个盘子移动到第一根柱子；

② 第 2 个小和尚把第 2 个盘子从第二根柱子移动到第三根柱子；

③ 第 3 个小和尚把第一根柱子上的盘子移动到第三根柱子。

分析组合起来就是：1 → 3，1 → 2，3 → 2，借助第三根柱子移动到第二根柱子；1 → 3 是自私人留给自己的活；2 → 1，2 → 3，1 → 3 是借助别人帮忙，第一根柱子移动到第三根柱子一共需要七步来完成。

如果是 4 个盘子，则第一个小和尚的命令中第①步和第③步各有 3 个盘子，所以各需要 7 步，共 14 步，再加上第 1 个小和尚的第①步，所以 4 个盘子总共需要移动 7+1+7=15 步；同样，5 个盘子需要 15+1+15=31 步，6 个盘子需要 31+1+31=63 步……由此可以知道，移动 n 个盘子需要（2^n-1）步。

假设用 hannuo（n,a,b,c）表示把第一根柱子上的 n 个盘子借助第 2 根柱子移动到第 3 根柱子。由此可以得出如下结论。

第①步的操作是 hannuo(n-1,1,3,2)，第③步的操作是 hannuo(n-1,2,1,3)。

3．具体实现

根据上述算法分析，编写实现文件 hannuo.c，具体代码如下所示。

```
move(int n,int x,int y,int z)//移动函数，根据递归算法编写
{
if (n==1)
printf("%c-->%c\n",x,z);
```

```
else
   {
move(n-1,x,z,y);
printf("%c-->%c\n",x,z);
      {
getchar();}
move(n-1,y,x,z);
   }
}
main()
{
int h;
   printf("输入盘子个数: ");           //提示输入盘子个数
scanf("%d",&h);
   printf("移动%2d个盘子的步骤如下:\n",h);
   move(h,'a','b','c');            //调用前面定义的函数开始移动，依次输出一定步骤
system("pause");
}
```

执行后先输入移动盘子的个数，按下“Enter”键后将会显示具体步骤。执行效果如图 17-4 所示。

图 17-4

17.4　分治算法

在本节将要讲解的分治算法也采取了各个击破的方法，将一个规模为 N 的问题分解为 K 个规模较小的子问题，这些子问题相互独立且与原问题性质相同。只要求出子问题的解，就可得到原问题的解。

↑扫码看视频（本节视频课程时间：3 分 01 秒）

17.4.1　分治算法介绍

在编程过程中，经常遇到处理数据相当多、求解过程比较复杂、直接求解法会比较耗时的问题。在求解这类问题时，可以采用各个击破的方法。具体做法是：先把这个问题分解成

几个较小的子问题，找到求出这几个子问题的解法后，再找到合适的方法，把它们组合成求整个大问题的解。如果这些子问题还是比较大，还可以继续再把它们分成几个更小的子问题，以此类推，直至可以直接求出解为止。这就是分治算法的基本思想。

使用分治算法解题的一般步骤如下。

（1）分解，将要解决的问题划分成若干个规模较小的同类问题。

（2）求解，当子问题划分得足够小时，用较简单的方法解决。

（3）合并，按原问题的要求，将子问题的解逐层合并构成原问题的解。

17.4.2 大数相乘

为了说明分治算法的基本用法，接下来将通过一个具体实例的实现过程，详细讲解分治算法思想在编程中的基本应用。

实例 17-4：用分治算法解决“大数相乘”问题

源码路径：下载包 \daima\17\17-4

（1）问题描述

所谓大数相乘，是指计算两个大数的积。

（2）算法分析

假如计算 123×456 的结果，则分治算法的基本过程如下所示。

第一次拆分为：12 和 45，具体说明如下所示。

设 char *a = “123”，*b = “456”，对 a 实现 t = strlen(a)，t/2 得 12(0，1 位置) 余 3(2 位置) 为 3 和 6。

同理，对另一部分 b 也按照上述方法拆分，即拆分为 456。

使用递归求解：12×45，求得 12×45 的结果左移两位补 0 右边，因为实际上是 120×450；12×6（同上左移一位其实是 120×6）；3×45（同上左移一位其实是 3×450）；3×6（解的结果不移动）。

第二次拆分：12 和 45，具体说明如下所示。

1 和 4：交叉相乘并将结果相加，1×4 左移两位为 400，1×5 左移一位为 50，2×4 左移一位为 80，2×5 不移为 10。

2 和 5：相加得 400+50+80+10=540。

另外几个不需要拆分得 72、135、18，所以：54000+720+1350+18=56088。

由此可见，整个解法的难点是对分治的理解，以及结果的调整和对结果的合并。

（3）具体实现

根据上述分治算法思想，编写实例文件 fenzhi.c，具体实现代码如下所示。

```
#include <stdio.h>
#include <malloc.h>
#include <stdlib.h>
#include <string.h>
char *result = '\0';
int  pr = 1;
void getFill(char *a,char *b,int ia,int ja,int ib,int jb,int tbool,int move){
int  r,m,n,s,j,t;
char *stack;
```

```
    m = a[ia] - 48;
    if( tbool ){// 直接将结果数组的标志位填入，这里用了堆栈思想
        r = (jb - ib > ja - ia) ? (jb - ib) : (ja - ia);
stack = (char *)malloc(r + 4);
for(r = j = 0,s = jb; s >= ib; r ++,s --){
            n = b[s] - 48;
stack[r] = (m * n + j) % 10;
            j = (m * n + j) / 10;
        }
if( j ){
stack[r] = j;
r ++;
        }
for(r --; r >= 0; r --,pr ++)
result[pr] = stack[r];
free(stack);
for(move = move + pr; pr < move; pr ++)
result[pr] = '\0';
    }
    else{ //与结果的某几位相加，这里不改变标志位 pr 的值
        r = pr - move - 1;
for(s = jb,j = 0; s >= ib; r --,s --){
            n = b[s] - 48;
            t = m * n + j + result[r];
result[r] = t % 10;
            j = t / 10;
        }
for( ; j ; r -- ){
            t = j + result[r];
result[r] = t % 10;
            j = t / 10;
        }
    }
}
int  get(char *a,char *b,int ia,int ja,int ib,int jb,int t,int move){
int m,n,s,j;
if(ia == ja){
        getFill(a,b,ia,ja,ib,jb,t,move);
return 1;
    }
else if(ib == jb){
        getFill(b,a,ib,jb,ia,ja,t,move);
return 1;
    }
else{
        m = (ja + ia) / 2;
        n = (jb + ib) / 2;
        s = ja - m;
        j = jb - n;
        get(a,b,ia,m,ib,n,t,s + j + move);
        get(a,b,ia,m,n + 1,jb,0,s + move);
        get(a,b,m + 1,ja,ib,n,0,j + move);
        get(a,b,m + 1,ja,n + 1,jb,0,0 + move);
    }
return 0;
}
int  main(){
char *a,*b;
int  n,flag;
    a = (char *)malloc(1000);
    b = (char *)malloc(1000);
printf("The program will computer a*b\n");
printf("Enter a b:");
```

```
    scanf("%s %s",a,b);
    result = (char *)malloc(strlen(a) + strlen(b) + 2);
    flag = pr = 1;
    result[0] = '\0';
    if(a[0] == '-' && b[0] == '-')
            get(a,b,1,strlen(a)-1,1,strlen(b)-1,1,0);
    if(a[0] == '-' && b[0] != '-'){
    flag = 0;
            get(a,b,1,strlen(a)-1,0,strlen(b)-1,1,0);
        }
    if(a[0] != '-' && b[0] == '-'){
    flag = 0;
            get(a,b,0,strlen(a)-1,1,strlen(b)-1,1,0);
        }
    if(a[0] != '-' && b[0] != '-')
            get(a,b,0,strlen(a)-1,0,strlen(b)-1,1,0);
     if(!flag)
    printf("-");
    if( result[0] )
     printf("%d",result[0]);
    for(n = 1; n < pr ; n ++)
    printf("%d",result[n]);
    printf("\n");
    free(a);
    free(b);
    free(result);
    system("pause");
    return 0;
    }
```

执行后先分别输入两个大数，例如123和456，按下【Enter】键后将输出这两个数相乘的积。执行效果如图 17-5 所示。

```
The program will computer a*b
Enter a b:123
456
56088
请按任意键继续. . .
```

图 17-5

17.5　贪心算法

贪心算法也被称为贪婪算法，它在求解问题时总想用在当前看来是最好的方法来实现。这种算法思想不从整体最优上考虑问题，仅仅是在某种意义上的局部最优求解。虽然贪心算法并不能得到所有问题的整体最优解，但是面对范围相当广泛的许多问题时，能产生整体最优解或者是整体最优解的近似解。由此可见，贪心算法只是追求某个范围内的最优。

↑扫码看视频（本节视频课程时间：4 分 49 秒）

17.5.1　贪心算法介绍

贪心算法从问题的某一个初始解出发，逐步逼近给定的目标，以便尽快求出更好的解。当达到算法中的某一步不能再继续前进时，就停止算法，给出一个近似解。由贪心算法的特点和思路可看出，贪心算法存在以下 3 个问题。

（1）不能保证最后的解是最优的。

（2）不能用来求最大或最小解问题。

（3）只能求满足某些约束条件的可行解的范围。

贪心算法的基本思路如下。

（1）建立数学模型来描述问题。

（2）把求解的问题分成若干个子问题。

（3）对每一子问题求解，得到子问题的局部最优解。

（4）把子问题的局部最优解合并成原来解问题的一个解。

实现该算法的基本过程如下。

（1）从问题的某一初始解出发。

（2）使用循环向给定总目标前进一步。

（3）求出可行解的一个解元素。

（4）由所有解元素组合成问题的一个可行解。

17.5.2　找零方案

为了说明贪心算法的基本用法，接下来将通过一个具体实例的实现过程，详细讲解解决“找零方案”问题的方法。

实例 17-5：使用贪心算法解决“找零方案”问题

源码路径：下载包 \daima\17\17-5

（1）问题描述

要求编写一段程序实现统一银座超市的找零方案，只需要输入需要找补给顾客的金额，然后通过程序可以计算出该金额可以由哪些面额的人民币组成。

（2）算法分析

人民币相当于有 100 元、50 元、20 元、10 元、5 元、2 元、1 元、0.5 元、0.2 元、0.1 元等多种面额。在找零钱时，可以有多种方案，例如需找补零钱 68.90 元，至少可有以下 3 个方案。

① 1 张 50、1 张 10、1 张 5、3 张 1、1 张 0.5、4 张 0.1。

② 2 张 20、2 张 10、1 张 5、3 张 1、1 张 0.5、4 张 0.1。

③ 6 张 10、1 张 5、3 张 1、1 张 0.5、4 张 0.1。

（3）具体实现

根据上述算法思想分析，编写实例文件 ling.c，具体实现代码如下所示。

```
#include <stdio.h>
#define MAXN 9
int parvalue[MAXN]={10000,5000,2000,1000,500,100,50,10};
int num[MAXN]={0};
int exchange(int n)
{
int i,j;
for(i=0;i<MAXN;i++)
        if(n>parvalue[i]) break; //找到比 n 小的最大面额
while(n>0 && i<MAXN)
    {
```

```
    if(n>=parvalue[i])
            {
            n-=parvalue[i];
            num[i]++;
    }else if(n<10 && n>=5)
            {
            num[MAXN-1]++;
            break;
    }else i++;
        }
    return 0;
    }
    int main(){
        int i;
        float m;
        printf ("输入需要找零金额：" );
        scanf("%f",&m);
        exchange((int)100*m);
        printf("\n%.2f 元零钱的组成: \n",m);
    for(i=0;i<MAXN;i++)
    if(num[i]>0)
                printf("%6.2f: %d 张\n",(float)parvalue[i]/100.0,num[i]);
    getch();
    return 0;
    }
```

执行后先输入需要找零的金额，例如 68.2，按下【Enter】键后会输出找零方案，执行效果如图 17-6 所示。

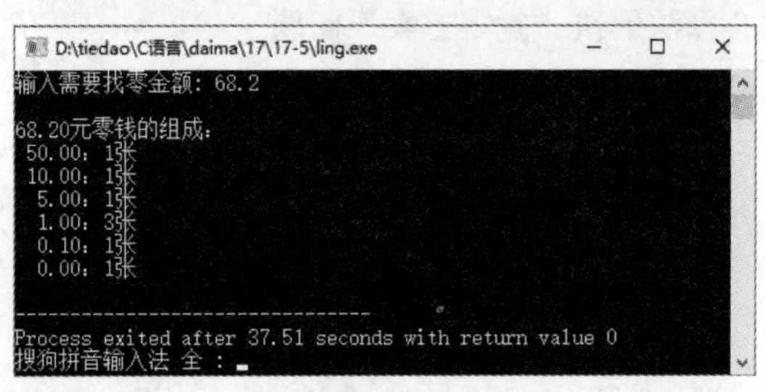

图 17-6

17.6 试探法算法

试探法也叫回溯法，它先暂时放弃关于问题规模大小的限制，并将问题的候选解按某种顺序逐一进行枚举和检验。当发现当前候选解不可能是正确的解时，就选择下一个候选解。如果当前候选解除了不满足问题规模要求外能够满足所有其他要求时，则继续扩大当前候选解的规模，并继续试探。如果当前候选解满足包括问题规模在内的所有要求时，该候选解就是问题的一个解。

↑扫码看视频（本节视频课程时间：3 分 54 秒）

17.6.1 试探法算法介绍

在试探算法中，放弃当前候选解，并继续寻找下一个候选解的过程称为回溯。扩大当前候选解的规模，并继续试探的过程称为向前试探。使用试探算法解题的基本步骤如下。

（1）针对所给问题，定义问题的解空间。

（2）确定易于搜索的解空间结构。

（3）以深度优先方式搜索解空间，并在搜索过程中用剪枝函数避免无效搜索。

试探法为了求得问题的正确解，会先委婉地试探某一种可能的情况。在进行试探的过程中，一旦发现原来选择的假设情况是不正确的，立即会自觉地退回一步重新选择，然后继续向前试探，如此这般反复进行，直至得到解或证明无解时才死心。

假设存在一个可以用试探法求解的问题 P，该问题表达为：对于已知的由 n 元组（y1，y2，…，yn）组成的一个状态空间 E={（y1，y2，…，yn）｜ yi ∈ Si，i=1，2，…，n}，给定关于 n 元组中的一个分量的一个约束集 D，要求 E 中满足 D 的全部约束条件的所有 n 元组。其中，Si 是分量 yi 的定义域，且 |Si| 有限，i=1，2，…，n。E 中满足 D 的全部约束条件的任一 n 元组为问题 P 的一个解。

解问题 P 的最简单方法是使用枚举法，即对 E 中的所有 n 元组逐一检测其是否满足 D 的全部约束，如果满足，则为问题 P 的一个解。但是这种方法的计算量非常大。

对于现实中的许多问题，所给定的约束集 D 具有完备性，即 i 元组（y1，y2，…，yi）满足 D 中仅涉及 y1，y2，…，yj 的所有约束，这意味着 j（j<i）元组（y1，y2，…，yj）一定也满足 D 中仅涉及 y1，y2，…，yj 的所有约束，i=1，2，…，n。换句话说，只要存在 0≤j≤n−1，使得（y 1，y 2，…，yj）违反 D 中仅涉及 y1，y2，…，yj 的约束之一，则以（y1，y2，…，yj）为前缀的任何 n 元组（y1，y2，…，yj，yj+1，…，yn）一定也违反 D 中仅涉及 y 1，y 2，…，yi 的一个约束，n≥i>yj。因此，对于约束集 D 具有完备性的问题 P，一旦检测断定某个 j 元组（y1，y2，…，yj）违反 D 中仅涉及 y1，y2，…，yj 的一个约束，就可以肯定，以（y1，y2，…，yj）为前缀的任何 n 元组（y1，y2，…，yj，yj+1，…，yn）都不会是问题 P 的解，因而就不必去搜索它们、检测它们。试探法是针对这类问题而推出的，比枚举算法的效率更高。

17.6.2　八皇后

为了说明试探算法的基本用法，接下来将通过一个具体实例的实现过程，详细讲解试探算法思想在编程中的基本应用。

实例 17-6：使用试探法算法解决“八皇后”问题

源码路径：下载包 \daima\17\17-6

（1）问题描述

“八皇后”问题是一个古老而著名的问题，是试探法的典型例题。该问题由 19 世纪数学家高斯 1850 年手工解决：在 8×8 格的国际象棋上摆放 8 个皇后，使其不能互相攻击，即任意两个皇后都不能处于同一行、同一列或同一斜线上，问有多少种摆法。

（2）算法分析

首先将这个问题简化，设为 4×4 的棋盘，会知道有 2 种摆法，每行摆在列 2、4、1、3 或 3、1、4、2 上。

输入：无

输出：若干种可行方案，每种方案用空行隔开，如下是一种方案。

第 1 行第 2 列

第 2 行第 4 列

第 3 行第 2 列

第 4 行第 3 列

试探算法将每行的可行位置入栈（就是放入一个数组 a[5]，这里用的是 a[1] ～ a[4]），不行就退栈换列重试，直到找到一套方案输出。再接着从第一行换列重试其他方案。

（3）具体实现

根据上述问题描述，使用试探算法加以解决。根据“八皇后”的试探算法分析，编写实现文件 hui.c，具体实现代码如下所示。

```
#include <stdio.h>
#define N 8
int solution[N], j, k, count, sols;
int place(int row, int col)
{
for (j = 0; j <row; j++)
  {
if (row - j == solution[row] - solution[j] || row + solution[row] == j +
solution[j] || solution[j] == solution[row])
return 0;
  }
return 1;
}
void backtrack(int row)
{
count++;
if (N == row)
  {
    sols++;
    for (k = 0; k <N; k++)
    printf("%d\t", solution[k]);
    printf("\n\n");
  }
else
  {
int i;
for (i = 0; i <N; i++)
    {
      solution[row] = i;
      if (place(row, i))
      backtrack(row + 1);
    }
  }
}
void queens(){
backtrack(0);
}
int main(void)
{
  queens();
  printf("总共方案：%d\n", sols);
  getch();
  return 0;
}
```

执行后会输出所有的解决方案，执行效果的部分截图如图 17-7 所示。

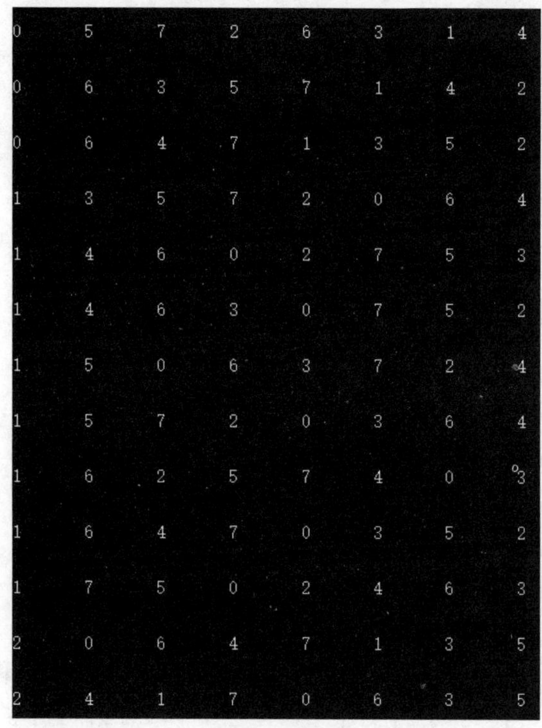

图 17-7

17.7　迭代算法

迭代法也称辗转法，是一种不断用变量的旧值递推新值的过程，在解决问题时总是重复利用一种方法。与迭代法相对应的是直接法（或者称为一次解法），即一次性解决问题。迭代法又分为精确迭代和近似迭代。“二分法”和“牛顿迭代法”属于近似迭代法，功能比较类似。

↑扫码看视频（本节视频课程时间：3 分 36 秒）

17.7.1　迭代算法介绍

迭代算法是用计算机解决问题的一种基本方法。它利用计算机运算速度快、适合做重复性操作的特点，让计算机对一组指令（或一定步骤）进行重复执行，在每次执行这组指令（或这些步骤）时，都从变量的原值推出它的一个新值。

在使用迭代算法解决问题时，需要做好如下 3 个方面的工作。

（1）确定迭代变量

在可以使用迭代算法解决的问题中，至少存在一个迭代变量，即直接或间接地不断由旧值递推出新值的变量。

（2）建立迭代关系式

迭代关系式是指如何从变量的前一个值推出其下一个值的公式或关系。通常可以使用递推或倒推的方法来建立迭代关系式，迭代关系式的建立是解决迭代问题的关键。

（3）对迭代过程进行控制

在编写迭代程序时，必须确定在什么时候结束迭代过程，不能让迭代过程无休止地重复执行下去。通常可分为如下两种情况来控制迭代过程：

（1）所需的迭代次数是个确定的值，可以计算出来，可以构建一个固定次数的循环来实现对迭代过程的控制；

（2）所需的迭代次数无法确定，需要进一步分析出用来结束迭代过程的条件。

17.7.2 计算平方根

为了说明迭代算法的基本用法，接下来将通过一个具体实例的实现过程，详细讲解迭代算法思想在编程中的基本应用。

实例 17-7：用迭代算法解决“求平方根”问题

源码路径：下载包 \daima\17\17-7

（1）问题描述

在屏幕中输入一个数字，使用编程方式求出其平方根是多少。

（2）算法分析

求平方根的迭代公式是：x1=1/2*(x0+a/x0)，根据公式得出计算过程：

① 设置一个初值 x0 作为 a 的平方根值，在程序中取 a/2 作为 a 的初值；利用迭代公式求出一个 x1。此值与真正的 a 的平方根值相比往往会有很大的误差。

② 把新求得的 x1 代入 x0，用这个新的 x0 再去求出一个新的 x1。

③ 利用迭代公式再求出一个新的 x1 的值，即用新的 x0 求出一个新的平方根值 x1，此值将更加趋近于真正的平方根值。

④ 比较前后两次求得的平方根值 x0 和 x1，如果它们的差值小于指定的值，即达到要求的精度，则认为 x1 就是 a 的平方根值，去执行步骤⑤；否则执行步骤②，即循环进行迭代。

⑤ 输出结果。

迭代法常用于求方程或方程组的近似根，假设设方程为 f(x)=0，用某种数学方法导出等价的形式 x=g(x)，然后按以下步骤执行：

① 选一个方程的近似根，赋给变量 x0；

② 将 x0 的值保存于变量 x1，然后计算 g(x1)，并将结果存于变量 x0；

③ 当 x0 与 x1 的差的绝对值还大于指定的精度要求时，重复步骤②的计算。

如果方程有根，并且用上述方法计算出来了近似的根序列，则按照上述方法求得的 x0 就被认为是方程的根。

（3）具体实现

根据上述算法思想，编写实例文件 diedai.c，具体实现代码如下所示。

```
#include<stdio.h>
 #include<math.h>
int main(){
double a,x0,x1;
 printf("Input a:\n");
scanf("%lf",&a);
if(a<0)
printf("Error!\n");
```

```
else{
x0=a/2;
x1=(x0+a/x0)/2;
do{
x0=x1;
x1=(x0+a/x0)/2;
}while(fabs(x0-x1)>=1e-6);
}
 printf("Result:\n");
printf("sqrt(%g)=%g\n",a,x1);
getch();
return 0;
}
```

执行后先输入要计算平方根的数值，假如输入 2，按下“Enter”键后会输出 2 的平方根结果。执行效果如图 17-8 所示。

图 17-8

注意：使用迭代法求根时应注意以下两种可能发生的情况。

（1）如果方程无解，算法求出的近似根序列就不会收敛，迭代过程会变成死循环。因此在使用迭代算法前应先考察方程是否有解，并在程序中对迭代的次数给予限制。

（2）方程虽然有解，但迭代公式选择不当，或迭代的初始近似根选择不合理，也会导致迭代失败。

第 18 章

开发图形化界面程序

（视频讲解：27 分钟）

在前面的内容中，我们编写 C 语言程序执行后只能显示简单的文字效果，界面枯燥无味。而开发过图形化界面程序的读者应该知道，图形界面程序对用户拥有巨大的诱惑性。而 C 语言作为使用最广泛的语言，它在图形界面和多媒体方面也有很好的应用。在本章的内容中，将着重介绍使用 C 语言开发图形程序和多媒体程序的方法。本章的所有实例程序都需要使用 Turbo C 工具调试运行。

18.1 图形化界面程序介绍

我们都使用过 Windows 系统的图形化界面，肯定都感受到了图形用户界面的直观和高效。所有 Windows 系统的应用程序都拥有相同或相似的基本外观，包括窗口、菜单、工具条、状态栏等。用户只要掌握其中一个，就不难学会其他软件，这样就降低了学习成本和难度。

↑扫码看视频（本节视频课程时间：3 分 15 秒）

Windows 系统是一个多任务的操作环境，它允许用户同时运行多个应用程序，或在一个程序中同时做几件事情。例如，可以一边欣赏 MP3 的音乐一边用 IE 上网，可以在运行 Word 时同时编辑多个文档等。用户直接通过鼠标或键盘来使用应用程序，或在不同的应用程序之间进行切换，非常方便。这些都是单任务、命令行界面的 DOS 操作系统所无法比拟的。Turbo C 3.0 就是在 DOS 环境下运行的 C 系统。

C 语言发展如此迅速，而且成为最受欢迎的语言之一，主要因为它具有强大的功能。C 语言是一种中级语言，它把高级语言的基本结构和语句与低级语言的实用性结合起来。C 语言可以对位、字节和地址进行操作，而这三者是计算机最基本的工作单元。C 语言具有各种各样的数据类型，并引入了指针概念，可使程序效率更高。另外，C 语言也具有强大的图形功能，支持多种显示器和驱动器。而且计算功能、逻辑判断功能也比较强大，可以实现决策目的。C 语言提供了大量的功能各异的标准库函数，减轻了编程的负担。所以，要用 C 语言实现具有类 Windows 系统应用程序界面特征的或更生动复杂的 DOS 系统的程序，就必须掌握更高级的编程技术。这些技术与计算机的硬件联系密切，除了在第 1 章介绍的内容外，更深入的知识读者可参考计算机接口和汇编这些知识。

18.2　文本的屏幕输出和键盘输入

通过 C 语言程序可以控制屏幕的显示样式，例如颜色设置和屏幕分割。并且还可以实现键盘和系统的通信。在本节的内容中，将详细介绍 C 语言处理文本的屏幕输出和键盘输入的方法。

↑扫码看视频（本节视频课程时间：5 分 01 秒）

18.2.1　在屏幕输出文本

显示器的屏幕显示方式有两种：文本方式和图形方式。文本方式就是显示文本的模式，它的显示单位是字符而不是图形方式下的像素，因而在屏幕上显示字符的位置坐标就用行和列表示。Turbo C 的字符屏幕函数主要包括文本窗口大小的设定、窗口颜色的设置、窗口文本的清除和输入输出等函数。这些函数的有关信息（如宏定义等）均包含在 conio.h 头文件中，因此，在用户程序中使用这些函数时，必须用 include 将 conio.h 包含进程序。

1．文本窗口的定义

Turbo C 默认定义的文本窗口为整个屏幕，共有 80 列 25 行的文本单元，如图 18-1 所示。

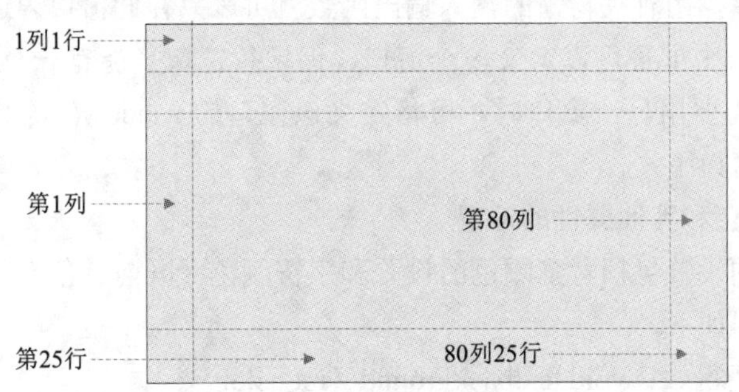

图 18-1

规定整个屏幕的左上角坐标为（1，1），右下角坐标为（80，25），并规定沿水平方向为 x 轴，方向朝右；沿垂直方向为 y 轴，方向朝下。每个单元包括一个字符和一个属性，字符即 ASCII 码字符，属性规定该字符的颜色和强度。除了这种默认的 80 列 25 行的文本显示方式外，还可由用户通过定义如下函数来取得不同的显示方式。

```
void textmode(int newmode);
```

通过上述函数可以显式地设置 Turbo C 支持的 5 种文本显示方式，该函数将清除屏幕，以整个屏幕为当前窗口，并移光标到屏幕左上角。参数 newmode 的具体取值说明见表 18-1。

表 18-1

方式	符号常量	显示列 × 行数和颜色
0	BW40	BW40 40×25 黑白显示
1	C40	40×25 彩色显示
2	BW80	80×25 黑白显示
3	C80	80×25 彩色显示

续表

方式	符号常量	显示列 × 行数和颜色
7	MONO	80×25 单色显示
-1	LASTMODE	上一次的显示方式

在实际应用中既可以用表中指出的方式代码，又可以用符号常量。LASTMODE 方式指上一次设置的文本显示方式，它常用于在图形方式到文本方式的切换。

Turbo C 也可以让用户根据自己的需要重新设定显示窗口，也就是说，通过使用窗口设置函数 window() 定义屏幕上的一个矩形域作为窗口。window() 函数的具体格式如下所示：

```
void window(int left, int top, int right, int bottom);
```

函数中形式参数（int left，int top）是窗口左上角的坐标，（int right，int bottom）是窗口的右下角坐标，其中（left，top）和（right，bottom）是相对于整个屏幕而言的。例如，要定义一个窗口左上角在屏幕（20，5）处，大小为 30 列 15 行的窗口可写为：

```
window(20, 5, 50, 25);
```

如果 window() 函数中的坐标超过了屏幕坐标的界限，则窗口的定义就失去了意义，也就是说定义将不起作用，但程序编译链接时并不出错。

在窗口定义之后，用有关窗口的输入输出函数就可以只在此窗口内进行操作而不超出窗口的边界。另外，一个屏幕可以定义多个窗口，但现行窗口只能有一个（因为 DOS 为单任务操作系统）。当需要用另一窗口时，可将定义该窗口的 window() 函数再调用一次，此时该窗口便成为现行窗口了。

2. 文本窗口颜色和其他属性的设置

文本窗口颜色的设置包括背景颜色的设置和字符颜色（既前景色）的设置，可使用设置函数的方法具体说明如下。

- 设置背景颜色函数：void textbackground（int color）；
- 设置字符颜色函数：void textcolor（int color）。

有关颜色的具体定义信息见表 18-2。

表 18-2

符号常数	数值	含义	用于前景或背景
BLACK	0	黑	前景、背景色
BLUE	1	蓝	前景、背景色
GREEN	2	绿	前景、背景色
CYAN	3	青	前景、背景色
RED	4	红	前景、背景色
MAGENTA	5	洋红	前景、背景色
BROWN	6	棕	前景、背景色
LIGHTGRAY	7	淡灰	前景、背景色
DARKGRAY	8	深灰	前景色
LIGHTBLUE	9	淡蓝	前景色

续表

符号常数	数值	含义	用于前景或背景
LIGHTGREEN	10	淡绿	前景色
LIGHTCYAN	11	淡青	前景色
LIGHTRED	12	淡红	前景色
LIGHTMAGENTA	13	洋淡红	前景色
YELLOW	14	黄	前景色
WHITE	15	白	前景色
BLINK	128	闪烁	前景色

表中的符号常数与相应的数值等价，二者可以互换。例如设定蓝色背景可以使用 textbackground（1），也可以使用 textbackground（BLUE），两者没有任何区别，只不过后者比较容易记忆，一看就知道是蓝色。

Turbo C 另外还提供了一个函数，可以同时设置文本的字符和背景颜色，这个函数是文本属性设置函数，具体格式如下所示：

```
void textattr(int attr);
```

其中，参数“attr”的值表示颜色形式编码的信息，每一位代表的含义如下。

```
位      7    6    5    4    3    2    1    0
        B    b    b    b    c    c    c    c
        ↑    ↑    ↑    ↑    ↑    ↑    ↑    ↑
      闪烁  背景颜色                字符颜色
```

字节低四位 cccc 设置字符颜色，4 ～ 6 三位 bbb 设置背景颜色，第 7 位 B 设置字符是否闪烁。假如要设置一个蓝底黄字，则定义方法如下所示：

```
textattr(YELLOW+(BLUE<<4));
```

若再要求字符闪烁，则定义方法如下所示：

```
textattr(128+YELLOW+(BLUE<<4);
```

注意：

（1）对于背景只有 0 到 7 共 8 种颜色，取大于 7 小于 15 的数，则代表的颜色与减 7 后的值对应的颜色相同。

（2）用 textbackground() 和 textcolor() 函数设置了窗口的背景与字符颜色后，在没有用 clrscr() 函数清除窗口之前，颜色不会改变，直到使用了函数 clrscr()，整个窗口和随后输出到窗口中的文本字符才会变成新颜色。

（3）用 textattr() 函数时背景颜色应左移 4 位，才能使 3 位背景颜色移到正确位置。

请看下面的实例，功能是在一个屏幕上不同位置定义了 7 个窗口，其背景色分别使用了 7 种不同的颜色。

实例 18-1：显示 7 种不同的颜色

源码路径：下载包 \daima\18\18-1

本实例的实现文件的具体代码如下所示：

```
#include <stdio.h>
#include <conio.h>
```

```
int main()
{
  int i;
  /* 设置屏幕背景色，待clrscr后起作用 */
  textbackground(0);
  clrscr();                              /* 清除文本屏幕 */
  for(i=1; i<8; i++)
  {
    window(10+i*5, 5+i, 30+i*5, 15+i);/* 定义文本窗口 */
    textbackground(i);                   /* 定义窗口背景色 */
    clrscr();                            /* 清除窗口 */
  }
  getch();
  return 0;
}
```

在上述代码中，使用了关于窗口大小的定义、颜色的设置等函数，在一个屏幕上不同位置定义了 7 个窗口，其背景色分别使用了 7 种不同的颜色。执行效果如图 18-2 所示。

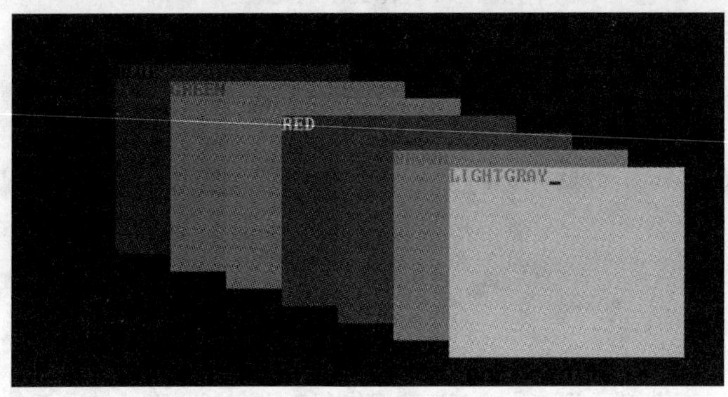

图 18-2

3. 窗口内文本的输入输出函数

C 语言中可以使用专门的输入输出函数，来实现窗口内的文本处理。在下面的内容中，将分别介绍。

（1）窗口内文本的输出函数

在本书前面的内容中介绍的 printf()、putc()、puts()、putchar() 和输出函数，都是以整个屏幕为窗口的，它们不受由 Window 设置的窗口限制，也无法用函数控制它们输出的位置，但是 Turbo C 提供了 3 个文本输出函数，它们受窗口的控制，窗口内显示光标的位置，就是它开始输出的位置。

当输出行右边超过窗口右边界时，自动移到窗口内的下一行开始输出，当输出到窗口底部边界时，窗口内的内容将自动产生上卷，直到完全输出完为止，这 3 个函数均受当前光标的控制，每输出一个字符光标后移一个字符位置。上述 3 个输出函数的具体格式如下所示：

```
int cprintf(char *format, 表达式表);
int cputs(char *str);
int putch(int ch);
```

它们的使用格式类似于函数 printf()、puts() 和 putc()，其中 cprintf() 是将按格式化串定义的字符串或数据输出到定义的窗口中，其输出格式串同 printf() 函数，不过它的输出受当前光标控制，且输出特点如上所述。cputs() 同 puts()，是在定义的窗口中输出一个字符串，而 putch() 则是输出一个字符到窗口，它实际上是函数 putc 的一个宏定义，即将输出定向到屏幕。

（2）窗口内文本的输入函数

可直接使用 stdio.h 中的 getch() 或 getche() 函数实现窗口内文本的输入。需要说明的是，getche() 函数从键盘上获得一个字并在屏幕上显示的时候，如果字符超过了窗口右边界，则会被自动转移到下一行的开始位置。

4．其他屏幕操作函数

在 C 语言中还可以使用如下表 18-3 所示的屏幕操作函数。

表 18-3

函数	具体说明
函数 void clrscr（void）	该函数将清除窗口中的文本，并将光标移到当前窗口的左上角，即（1，1）处
函数 void clreol（void）	该函数将清除当前窗口中从光标位置开始到本行结尾的所有字符，但不改变光标原来的位置
函数 void delline（void）	该函数将删除一行字符，该行是光标所在行
函数 void gotoxy（int x，int y）	该函数很有用，用来定位光标在当前窗口中的位置。这里 *x*、*y* 是指光标要定位处的坐标（相对于窗口而言）。当 *x*，*y* 超出了窗口的大小时，该函数就不起作用了
函数 int movetext（int x1，int y1，int x2，int y2，int x3，int y3）	该函数将把屏幕上左上角为（*xl*，*y*1），右下角为（*x*2，*y*2）的矩形内文本拷贝到左上角为（*x*3，*y*3）的一个新矩形区内。这里 *x*、*y* 坐标是以整个屏幕为窗口坐标系，即屏幕左上角为（1，1）。该函数与开设的窗口无关，且原矩形区文本不变
函数 int gettext（int xl，int yl，int x2，int y2，void *buffer）	该函数将把左上角为（*xl*，*y*1），右下角为（*x*2，*y*2）的屏幕矩形区内的文本存到由指针 buffer 指向的一个内存缓冲区内，当操作成功，返回 1；否则，返回 0。因一个在屏幕上显示的字符需占显示存储器 VRAM 的两个字节，即第一个字节是该字符的 ASCII 码，第二个字节为属性字节，即表示其显示的前景、背景色及是否闪烁，所以 buffer 指向的内存缓冲区的字节总数的计算格式如下： 字节总数 = 矩形内行数 × 每行列数 ×2 其中，矩形内行数 =*y*2-*y*1+*l*，每行列数 =*x*2-*xl*+1（每行列数是指矩形内每行的列数）。矩形内文本字符在缓冲区内存放的次序是从左到右，从上到下，每个字符占连续两个字节并依次存放
函数 int puttext（int x1，int yl，int x2，int y2，void *buffer）	该函数则是将 gettext() 函数存入内存 buffer 中的文字内容复制到屏幕上指定的位置

注意：

（1）gettext() 函数和 puttext() 函数中的坐标是对整个屏幕而言的，即是屏幕的绝对坐标，而不是相对窗口的坐标；

（2）movetext() 函数是复制而不是移动窗口区域内容，即使用该函数后，原位置区域的文本内容仍然存在。

5．状态查询函数

在开发过程中，有时需要知道当前屏幕的显示方式，例如当前窗口的坐标、当前光标的位置和文本的显示属性等，在 C 语言中提供了一些能够得到屏幕文本显示有关信息的函数，具体如下所示：

```
void gettextinfo(struct text_info *f);
```

这里的 text_info 是在 conio.h 头文件中定义的一个结构，该结构的具体定义如下所示：

```
structtext_info(
unsigned char winleft;                         /* 窗口左上角 x 坐标 */
unsigned char wintop;                          /* 窗口左上角 y 坐标 */
unsigned char winright;                        /* 窗口右下角 x 坐标 */
```

```
    unsigned char winbottom;                    /* 窗口右下角 y 坐标 */
    unsigned char attributes;                   /* 文本属性 */
    unsigned char normattr;                     /* 通常属性 */
    unsigned char currmode;                     /* 当前文本方式 */
    unsigned char screenheight;                 /* 屏高 */
    unsigned char screenwidth;                  /* 屏宽 */
    unsigned char curx;                         /* 当前光标的 x 值 */
    unsigned char cury;                         /* 当前光标的 y 值 */
    };
```

18.2.2 键盘输入

计算机键盘是一个智能化的键盘，在键盘内有一个微处理器，它用来扫描和检测每个键的按下和抬起状态。然后以程序中断的方式（INT 9）与主机通信。ROM 中 BIOS 内的键盘中断处理程序，会将一个字节的按键扫描码（扫描码的 0～6 位标识了每个键在键盘上的位置，最高位标识按键的状态，0 对应该键被按下，1 对应松开。它并不能区别大小写字母，而且一些特殊键如 PrintScreen 等不产生扫描码直接引起中断调用）翻译成对应的 ASCII 码。

因为 ASCII 码仅有 256 个，它不能将 PC 键盘上的键全部包括，因此有些控制键如 Ctrl、Alt、End、Home、Del 等用扩充的 ASCII 码表示，扩充码用两个字节的数表示。第一个字节是 0，第二个字节是 0～255 的数，键盘中断处理程序将把转换后的扩充码存放在 Ax 寄存器中，存放格式见表 18-4。对字符键，其扩充码就是其 ASCII 码。

表 18-4

键名	AH	AL
字符键	扩充码 =ASCII 码	ASCII 码
功能键 / 组合键	扩充码	0

对于是否有键按下、何键按下，简单的应用中可采用两种办法：一是直接使用 Turbo C 提供的键盘操作函数 bioskey() 来识别，二是通过第 1 章介绍的 int86() 函数，调用 BIOS 的 INT 16H，功能号为 0 的中断。它将按键的扫描码存放在 Ax 寄存器的高字节中。函数 bioskey() 的具体格式如下所示：

```
int bioskey(int cmd);
```

它在 bios.h 头文件中进行了说明，参数 cmd 用来确定 bioskey() 如何操作。参数 cmd 的取值有 0、1、2 三个，具体说明如下所示。

- 0：bioskey() 返回按键的键值，该值是 2 个字节的整型数。若没有键按下，则该函数一直等待，直到有键按下。当按下时，若返回值的低 8 位为非零，则表示为普通键，其值代表该键的 ASCII 码。若返回值的低 8 位为 0，则高 8 位表示为扩展的 ASCII 码，表示按下的是特殊功能键。
- 1：bioskey() 查询是否有键按下。若返回非 0 值，则表示有键按下，若为 0 表示没键按下。
- 2：bioskey() 将返回一些控制键是否被按过，按过的状态由该函数返回的低 8 位的各位值来表示，具体见表 18-5。

表 18-5

字节位	对应的 16 进制数	说明
0	0x01	右边的 Shift 键被按下
1	0x02	左边的 Shift 键被按下
2	0x04	Ctrl 键被按下
3	0x08	Alt 键被按下
4	0x10	Scroll Lock 已打开
5	0x20	Num Lock 已打开
6	0x40	Caps Lock 已打开
7	0x80	Inset 已打开

当某位为 1 时，表示相应的键已按，或相应的控制功能已有效，如选参数 cmd 为 2，如果 key 值为 0x09，则表示右边的 Shift 键被按，同时又按了 Alt 键。

函数 bioskey() 的具体格式如下所示：

```
int int86(int intr_num, union REGS *inregs, union REGS *outregs);
```

此函数在 bios.h 头文件中进行了说明，它的第一个参数 intr_num 表示 BIOS 调用类型号，相当于 int n 调用的中断类型号 n，第二个参数表示是指向联合类型 REGS 的指针，它用于接收调用的功能号及其他一些指定的入口参数，以便传给相应的寄存器，第三个参数也是一个指向联合类型 REGS 的指针，它用于接收功能调用后的返回值，即出口参数，如调用的结果，状态信息，这些值从相关寄存器中得到。

18.2.3　将屏幕分割为左右两个部分

请看下面的实例，功能是设置屏幕的显示颜色，并将屏幕分割为左右两个部分。

实例 18-2：设置输出屏的颜色，并分割为左右两个部分

源码路径：下载包 \daima\18\18-2

本实例的实现文件代码如下所示：

```
#include <stdio.h>
#include <conio.h>
#include <bios.h>
char leftbuf[40*25*2];                  /* 切换时保存左窗口文本 */
char rightbuf[40*25*2];                 /* 切换时保存右窗口文本 */
int leftx, lefty;                       /* 切换时保存左窗口当前坐标 */
int rightx, righty;                     /* 切换时保存右窗口当前坐标 */
void draw_left_win();                   /* 重绘左边窗口 */
void draw_right_win();                  /* 重绘右边窗口 */
int main()
{
  int key;
  int turn;
  textmode(C80);                        //设置显示文本方式 C80
  textbackground(0);                    //设置背景色
  textcolor(WHITE);                     //设置前景色即文本字符的颜色
  clrscr();                             //清屏
  gotoxy(60,1);                         //定位光标在当前窗口的(60, 1)处
  cprintf("Press Esc to Quit");         //输出一行字符串
  /*右边窗口为绿色背景，黄色前景*/
```

```
  window(41,2,79,24);                        //绘制右窗口
  textbackground(2);                         //设置右窗口背景色
  textcolor(14);                             //设置右窗口前景色
  clrscr();                                  //清屏
  gettext(41,2,79,24, rightbuf);             //保存右窗口中的文本
  /*左边窗口为蓝色背景，白色前景*/
  window(2,2,40,24);                         //绘制左窗口
  textbackground(1);                         //设置左窗口背景色
  textcolor(15);                             //设置左窗口前景色
  clrscr();                                  //清屏
  gettext(2,2,40,24, leftbuf);               //保存左窗口中的文本
  turn = 1;                                  /*初始激活右窗口*/
  for(;;)
  {
   key=bioskey(0);
   if(key == 0x011b)
          exit(0);
   key=key&0xff;                             /*获取窗口输入的文本的ASCII码值*/
   if(key == '\t')
   {
          if(turn == 1)                      /*切换到右窗口*/
          {
                 gettext(2,2,40,24, leftbuf);
                 leftx = wherex();
                 lefty = wherey();
                 draw_right_win();
                 turn = 0;
          }
          else if(turn == 0)                 /*切换到左窗口*/
          {
                 gettext(41,2,79,24, rightbuf);
                 rightx = wherex();
                 righty = wherey();
                 draw_left_win();
                 turn = 1;
          }
   }
   else
          putch(key);                        /*当前光标处显示新输入的文本字符*/
  }
}
void draw_right_win()                        //重绘右窗口函数
{
  window(41,2,79,24);
  textbackground(2);
  textcolor(14);
  clrscr();
  puttext(41,2,79,24, rightbuf);
  gotoxy(rightx, righty);
}
void draw_left_win()                         //重绘左窗口函数
{
  window(2,2,40,24);
  textbackground(1);
  textcolor(15);
  clrscr();
  puttext(2,2,40,24, leftbuf);
  gotoxy(leftx, lefty);
}
```

执行效果如图 18-3 所示。

图 18-3

18.3　图形显示方式和鼠标输入

Turbo C 提供了非常丰富的图形函数，所有图形函数的原型均在 graphics.h 中。本节主要介绍图形模式的初始化、独立图形程序的建立、基本图形功能、图形窗口以及图形模式下的文本输出等函数。另外，使用图形函数时要确保有显示器图形驱动程序 *BGI，同时将集成开发环境 Options/Linker 中的 Graphics lib 选为 on，只有这样才能保证正确使用图形函数。

↑扫码看视频（本节视频课程时间：14 分 31 秒）

18.3.1　初始化图形模式

不同的显示器适配器有不同的图形分辨率。即便是同一显示器适配器，在不同模式下也有不同分辨率。因此，在屏幕作图之前，必须根据显示器适配器种类将显示器设置成为某种图形模式，在未设置图形模式之前，微机系统默认屏幕为文本模式（80 列，25 行字符模式），此时所有图形函数均不能工作。设置屏幕为图形模式，可用下列图形初始化函数：

```
void far initgraph(int far *gdriver, int far *gmode, char *path);
```

其中 gdriver 和 gmode 分别表示图形驱动器和模式，path 是指图形驱动程序所在的目录路径。有关图形驱动器、图形模式的符号常数及对应的分辨率信息见表 18-6。

表 18-6

适配器 Driver	模式 Mode	分辨率	颜色数	页数	标识符
CGA	0	320×200	4	1	CGAC0
	1	320×200	4	1	CGAC1
	2	320×200	4	1	CGAC2
	3	320×200	4	1	CGAC3
	4	640×200	2	1	CGAHI
MCGA	0	320×200	4	1	MCGA0
	1	320×200	4	1	MCGA1
	2	320×200	4	1	MCGA2
	3	320×200	4	1	MCGA3
	4	640×200	2	1	MCGAMED
	5	640×480	2	1	MCGAHI

续表

适配器 Driver	模式 Mode	分辨率	颜色数	页数	标识符
EGA	0 1	640×200 640×350	16 16	4 2	EGAL0 EGAHI
EGA64	0 1	640×200 640×350	16 4	1 1	EGA64L0 EGA64HI
EGAMON0	0	640×350	2	1	EGAMON0HI
IBM8514	0 1	640×480 1024×768	256 256		IBM8514L0 IBM8514HI
VGA	0 1 2	640×200 640×350 640×480	16 16 16	2 2 1	VGAL0 VGAMED VGAHI
HREC	72	640×348	2	1	HRECMONOHI
ATT400	0 1 2 3 4 5	320×200 320×200 320×200 320×200 640×200 640×400	4 4 4 4 2 2	1 1 1 1 1 1	ATT400C0 ATT400C1 ATT400C2 ATT400C3 ATT400MED ATT400HI
PC3270	0	720×350	2	1	PC3270HI

其中最为常用的适配器有如下 3 种。

1. 彩色图形适配器（CGA）

在图形方式下，Turbo C 支持两种分辨率供选择：一种为高分辨方式（CGAHI），像素数为 640×200，这时背景色是黑的（当然也可重新设置），前景色可供选择，但前景色只是同一种，因而图形只显示两种颜色；另一种为中分辨显示方式，像素数为 320×200，其背景色和前景色均可由用户选择，但仅能显示 4 种颜色。在该显示方式下，可有四种模式供选择，即 CGACO、CGACl、CGAC2、CGAC3，它们的区别是显示的 4 种颜色不同。

2. 增强型图形适配器（EGA）

该适配器与之配接的相应显示器，除支持 CGA 的 4 种显示模式外，还增加了 Turbo C 称为 EGALO（EGA 低分辨显示方式，分辨率为 640×200）的 16 色显示方式，和 640×350 的 EGAHI（EGA 高分辨显示方式，分辨率为 640×350）的 16 色显示方式。

3. 视频图形阵列适配器（VGA）

它支持CGA和EGA的所有显示方式，但自己还有640×480的高分辨显示方式（VGAHI）、640×350 的中分辨显示方式（VGAMED）和 640×200 的低分辨显示方式（VGALO），它们均可有 16 种显示颜色可供选择。

众多生产厂家推出了许多性能优于 VGA 但名字各异的图形显示系统，美国标准协会因此制订了该类图形显示系统应具有的主要性能标准，常将属于这类的显示适配卡统称为 SVGA（即 SuperVGA）。目前基本上使用的都属于 SVGA，可以使用 VGA 卡方式进行编程。

显示器的两种工作方式，即文本方式或称字符显示方式和图形显示方式，它们的主要差别是显示存储器（VRAM）中存储的信息不同。字符方式时，VRAM 存放要显示字符的 ASCII 码，用它作为地址，取出字符发生器 ROM（固定存储器）中存放的相应字符的图像

（又称字模），变成视频信号在显示器屏上进行显示。EGA、VGA 可以使用几种字符集，如 EGA 有 3 种字符集，VGA 有 5 种字符集。而当选择图形方式时，则要显示的图形的图像直接存在 VRAM 中，VRAM 中某地址单元存放的数就表示了相应屏幕上某行和列上的像素及颜色。在 CGA 的中分辨图形方式下，每字节代表 4 个像素，即每 2 位表示一个像素及颜色。

图形驱动程序由 Turbo C 出版商提供，文件扩展名为 .BGI。根据不同的图形适配器有不同的图形驱动程序。例如对于 EGA、VGA 图形适配器就调用驱动程序 EGAVGA.BGI。

例如在下面的代码中，使用图形初始化函数设置 VGA 高分辨率图形模式：

```
#include <graphics.h>
    int main()
    {
        int gdriver, gmode;
        gdriver=VGA;
        gmode=VGAHI;
        initgraph(&gdriver, &gmode, "c:\\tc");
        bar3d(100, 100, 300, 250, 50, 1);                /* 画一长方体 */
        getch();
        closegraph();
        return 0;
    }
```

有时编程者并不知道所用的图形显示器适配器种类，或者需要将编写的程序用于不同图形驱动器，Turbo C 提供了一个自动检测显示器硬件的函数，其调用格式如下所示：

```
void far detectgraph(int *gdriver, *gmode);
```

其中 gdriver 和 gmode 的意义与上面相同。

例如下面代码的功能是，将自动进行硬件测试后进行图形初始化：

```
#include <graphics.h>
    int main()
    {
        int gdriver, gmode;
        detectgraph(&gdriver, &gmode);                 /* 自动测试硬件 */
        printf("the graphics driver is %d, mode is %d\n", gdriver,
               gmode);                                  /* 输出测试结果 */
        getch();
        initgraph(&gdriver, &gmode, "c:\\tc"); /* 根据测试结果初始化图形 */
        bar3d(10, 10, 130, 250, 20, 1);
        getch();
        closegraph();
        return 0;
    }
```

在上述代码中，先对图形显示器自动检测，然后再用图形初始化函数进行初始化设置。但 Turbo C 提供了一种更简单的方法，即用 gdriver= DETECT 语句后跟 initgraph() 函数。

采用上述方法后，可以将上面的代码进行修改。具体代码如下所示：

```
#include <graphics.h>
    int main()
    {
        int gdriver=DETECT, gmode;
        initgraph(&gdriver, &gmode, "c:\\tc");
        bar3d(50, 50, 150, 30, 1);
        getch();
        closegraph();
        return 0;
    }
```

另外，Turbo C提供了退出图形状态的函数closegraph()，其调用格式如下所示：

```
void far closegraph(void);
```

调用此函数后可退出图形状态而进入文本方式（Turbo C默认方式），并释放用于保存图形驱动程序和字体的系统内存。

18.3.2 清屏和恢复显示函数

画图前一般需清除屏幕，使得屏幕如同一张白纸，以画最新最美的图画，因而必须使用清屏函数。清屏函数的原型如下所示：

```
void far cleardevice(void);
```

此函数作用范围为整个屏幕，如果用函数setviewport定义一个图视窗口，则可用清除图视窗口函数，它仅清除图视口区域内的内容，该函数的说明原型如下所示：

```
void far clearviewport(void);
```

当画图程序结束，回到文本方式时，要关闭图形系统，回到文本方式，该函数的说明原型如下所示：

```
void far closegraph(void);
```

由于进入C环境进行编程时，即进入文本方式，因而为了在画图程序结束后恢复原来的最初状况，一般在画图程序结束前调用该函数，使其恢复到文本方式。为了不关闭图形系统，使相应适配器的驱动程序和字符集（字库）仍驻留在内存，但又回到原来所设置的模式，则可用恢复工作模式函数，它也同时进行清屏操作。它的说明原型如下所示：

```
void far restorecrtmode(void);
```

该函数常和另一设置图形工作模式函数setgraphmode交互使用，使得显示器工作方式在图形和文本方式之间来回切换，这在编制菜单程序和说明程序时很有用处。

18.3.3 建立独立图形运行程序

Turbo C对于用initgraph()函数直接进行的图形初始化程序，在编译和链接时并没有将相应的驱动程序（*.BGI）装入执行程序，当程序进行到intitgraph()语句时，再从该函数中第三个形式参数char *path中所规定的路径中去找相应的驱动程序。若没有驱动程序，则在C:\TC中去找，如C:\TC中仍没有或TC不存在，将会出现如下错误：

```
BGI Error: Graphics not initialized (use 'initgraph')
```

因此，为了使用方便，应该建立一个不需要驱动程序就能独立运行的可执行图形程序，Turbo C中的设置步骤如下所示。

（1）在C:\TC子目录下输入命令：BGIOBJ EGAVGA

此命令将驱动程序EGAVGA.BGI转换成EGAVGA.OBJ的目标文件。

（2）在C:\TC子目录下输入命令：TLIB LIB\GRAPHICS.LIB+EGAVGA

此命令的意思是将EGAVGA.OBJ的目标模块装到GRAPHICS.LIB库文件中。

（3）在程序中initgraph()函数调用之前加上如下语句：

```
registerbgidriver(EGAVGA_driver):
```

此函数告诉连接程序在连接时把EGAVGA的驱动程序装入用户的执行程序中。经过上面的处理，编译连接后的执行程序可在任何目录或其他兼容机上运行。

假设已完成了前两个步骤，如果再向程序中增加 registerbgidriver() 函数，则将变成如下所示的代码：

```
#include<stdio.h>
    #include<graphics.h>
    int main()
    {
        int gdriver=DETECT,gmode;
        registerbgidriver(EGAVGA_driver):        / *建立独立图形运行程序 */
        initgraph( gdriver, gmode,"c:\\tc");
        bar3d(50,50,250,150,20,1);
        getch();
        closegraph();
        return 0;
    }
```

上例编译链接后产生的执行程序可独立运行。如果不初始化成 EGA 或 CGA 分辨率，而想初始化为 CGA 分辨率，则只需要将上述步骤中有 EGAVGA 的地方用 CGA 代替即可。

18.3.4　基本绘图函数

图形由点、线、面组成，Turbo C 提供了一些函数，以完成这些操作，而所谓面则可由对封闭图形填上颜色来实现。当图形系统初始化后，在此阶段将要进行的画图操作均采用默认值作为参数的当前值，如画图屏幕为全屏，当前开始画图坐标为（0，0）（又称当前画笔位置，虽然这个笔是无形的），又如采用画图的背景颜色和前景颜色、图形的填充方式，以及可以采用的字符集（字库）等均为默认值。

1．画点函数

画点函数有 putpixel 和 getpixel 两个，其中 putpixel 函数的格式如下所示：

```
void far putpixel(int x, int y, int color);
```

此函数表示在指定的 *x*、*y* 位置画一点，点的显示颜色由设置的 color 值决定，有关颜色的设置，将在设置颜色函数中介绍。

getpixel 函数的格式如下所示：

```
int far getpixel(int x, int y);
```

此函数与 putpixel() 相对应，它得到在（*x*，*y*）点位置上的像素的颜色值。

例如下面的代码将实现画点处理，它将在 y=20 的恒定位置上，沿 *x* 方向从 *x*=200 开始，连续画两个点（间距为 4 个像素位置），又间隔 16 个点位置，再画两个点，如此循环，直到 *x*=300 为止，每画出的两个点中的第一个由 putpixel（*x*，20，1）所画，第二个则由 putplxel（*x*+4，20，2）画出，颜色值分别设为 1 和 2。具体代码如下所示：

```
#include <graphics.h>
main()
{
  int graphdriver=CGA;
  int graphmode=CGAC0,x;
  initgraph(&graphdriver,&graphmode,"");
  cleardevice();
  for(x=20;x<=300;x+=16)
  {
    putpixel(x,20,1);
```

```
    putpixel(x+4,20,2);
  }
  getch();
  closegraph();
}
```

为了在执行后观查点方便，设置适配器类型为 CGA，CGAC0 中分辨显示模式。由于 VGA 和它兼容，因此若显示器为 VGA，此时它即以此兼容的仿真形式显示。第一个点显示颜色为绿色，第二个点为红色。只是使用了 VGA，显示的像素点比较小，不大容易在显示器上找到。

2．画图坐标位置的函数

在屏幕上画线时，如同在纸上画线一样。画笔要放在开始画图的位置，并经常要抬笔移动，以便到另一位置再画。我们也可想象在屏上画图时，有一枝无形的画笔，可以控制它的定位、移动（不画），也可知道它能移动的最大位置限制等。实现上述功能的常用函数有如下 3 个。

（1）移动画笔到指定的（*x*，*y*）位置，移动过程不画。格式如下所示：

```
void far moveto(int x, int y);
```

（2）画笔从现行位置（*x*，*y*）处移到一位置增量处（*x*+*dx*，*y*+*dx*），移动过程不画。格式如下所示：

```
void far moverel(int dx, int dy);
```

（3）得到当前画笔所在位置，格式如下所示：

```
int far getx(void);                                   //得到当前画笔的 x 位置
int far gety(void);                                   //得到当前画笔的 y 位置
```

3．画线函数

此类函数提供了从一个点到另一个点用设定的颜色画一条直线的功能，起始点的设定方法不同，因而会有如下不同的画线函数。

（1）两点之间画线函数，具体格式如下所示：

```
void far line(int x0, int y0, int x1, int y1);
```

从（*x*0，*y*0）点到（*x*1，*y*1）点画一直线。

（2）从现行画笔位置到某点画线函数，具体格式如下所示：

```
void far lineto(int x, int y);
```

将从现行画笔位置到（*x*，*y*）点画一直线。

（3）从现行画笔位置到一增量位置画线函数，具体格式如下所示：

```
void far linerel(int dx, int dy);
```

将从现行画笔位置（*x*，*y*）到位置增量处（*x*+*dx*，*y*+*dy*）画一直线。

请看下面的代码程序，将用 moveto 函数将画笔移到（100,20）处，然后从（100,20）到（100,80）用 1ineto 函数画一直线。再将画笔移到（200，20）处，用 lineto 画一直线到（100，80）处，再用 line 函数在（100，90）到（200，90）间连一直线。接着又从上次 1ineto 画线结束位置开始（它是当前画笔的位置），即从（100，80）点开始到 x 增量为 0，y 增量为 20 的点（100，100）为止用 linerel 函数画一直线。moverel（-100，0）将使画笔从上次用 1inerel（0，20）画直线时的结束置（100，100）处开始移到（100-100，100-0），然后用 linerel（30，20）从（0，100）处再画直线至（0+30，100+20）处。用 line 函数画直线时，将不考虑画笔位置，它也不影响画笔原来的位置，lineto 和 1inerel 控制画笔位置，画线起点从此位置开始，而结束位置就是画笔画线完后停留的位置，所以这两个函数将改变画笔的位置。

```
#include <graphics.h>
int main()
{
  int graphdriver=VGA;
  int graphmode=VGAHI;
  initgraph(&graphdriver,&graphmode,"");
  cleardevice();
  moveto(100,20);
  lineto(100,80);
  moveto(200,20);
  lineto(100,80);
  line(100,90,200,90);
  linerel(0,20);
  moverel(-100,0);
  linerel(30,20);
  getch();
  closegraph();
}
```

4．画矩形和条形图函数

画矩形函数 rectangle 将画出一个矩形框，而画条形函数 bar 将以给定的填充模式和填充颜色画出一个条形图，而不是一个条形框。

（1）画矩形函数，具体格式如下所示：

```
void far rectangle(int x1, int y1, int x2, int y2);
```

此函数将以（$x1$，$y1$）为左上角，（$x2$，$y2$）为右下角画一矩形框。

（2）画条形图函数，具体格式如下所示：

```
void bar(int x1, int y1, int x2, int y2);
```

此函数将以（$x1$，$y1$）为左上角，（$x2$，$y2$）为右下角画一实形条状图，没有边框，图的颜色和填充模式可以设定。若没有设定，则使用默认模式。

请看下面的代码程序，使用 rectangle 函数以（100，20）为左上角，将（200，50）为右下角画一个矩形，接着又由 bar 函数以（100，80）为左上角，（150，180）为右下角画一实形条状图，用默认颜色（白色）填充。

具体代码如下所示：

```
#include <graphics.h>
int main(){
  int graphdriver=DETECT;
  int graphmode,x;
  initgraph(&graphdriver,&graphmode, "");
  cleardevice();
  rectangle(100, 20, 200, 50);
  bar(100, 80, 150, 180)5
  getch();
  closegraph();
}
```

5．画椭圆、圆和扇形图函数

在画图的函数中，有关于角的概念。在 Turbo C 中是这样规定的：屏的 x 轴方向为 0°，当半径从此处逆时针方向旋转时，则依次是 90°、180°、270°，到达 360° 时，则和 x 轴正向重合，即旋转了一周。

（1）画椭圆函数，具体格式如下所示：

```
void ellipse(int x, int y, int stangle, int endangel, int xradius, int yradius);
```

该函数将以（x，y）为中心，以xradius和yradius为x轴和y轴半径，从起始角stangle开始到endangle角结束，画一椭圆线。当stangle=0，endangle=360时，则画出的是一个完整的椭圆，否则画出的将是椭圆弧。

（2）画圆函数，具体格式如下所示：

```
void far circle(int x, int y, int radius);
```

该函数将以（x，y）为圆心，radius为半径画个圆。

（3）画圆弧函数，具体格式如下所示：

```
void far arc(int x, int y, int stangle, int endangle, int radius);
```

该函数将以（x，y）为圆心，radius为半径，从stangle为起始角开始，到endangle为结束角画一圆弧。

（4）画扇形图函数，具体格式如下所示：

```
void far pieslice(int x, int y, int stangle, int endangle, int radius);
```

该函数将以（x，y）为圆心，radius为半径，从stangle为起始角，endangle为结束角，画一扇形图，扇形图的填充模式和填充颜色可以事先设定，否则以默认模式进行。

请看下面的代码程序，将使用函数e11ipse画椭圆，圆心位置为（320，100），起始角为0°，终止角为360°，x轴半径为75，y轴半径为50画一椭圆，接着用circle函数以（320，220）为圆心，以半径为50画圆。然后分别用pieslice和e11ipse及arc函数在下方画出了一扇形图和椭圆弧及圆弧。

```
#include <graphics.h>
int main(){
  int graphdriver=DETECT;
  int graphmode,x;
  initgraph(&graphdriver,&graphmode,"");
  cleardevice();
  ellipse(320,100,0,360,75,50);
  circle(320,220,50);
  pieslice(320,340,30,150,50);
  ellipse(320,400,0,180,100,35);
  arc(320,400,180,360,50);
  getch();
  closegraph();
}
```

6．画多边形函数

drawpoly()画多边形函数的功能是，用当前绘图色、线型及线宽，画一个给定若干点所定义的多边形。具体格式如下所示：

```
void drawpoly(int pnumber,int *points);
```

其中，参数“pnumber”为多边形的顶点数；参数“points”指向整型数组，该数组中是多边形所有顶点（x，y）坐标值，即一系列整数对，x坐标值在前。显然整型数组的维数至少为顶点数的2倍，在定义了多边形所有顶点的数组polypoints时，顶点数目可通过计算sizeof（polypoints）除以2倍的sizeof（int）得到，这里除以2倍的原因是每个顶点有两个整数坐标值。另外有一点要注意，画一个n个顶点的闭合图形，顶点数必须等于n+1，并且最后一点（第 n+1）点坐标必须等于第一点的坐标。

函数 drawpoly() 对应的头文件为 grpahics.h，没有返回值。

例如在下面的代码中，分别绘制了一个封闭星形图与一个不封闭星形图。

```
#include<graphics.h>
int main()
{
  int driver,mode;
  static int polypoints1[18]={100,100,110,120,100,130,120,125,140,140,130,120,
  140,110,120,115,100,100};
  static int polypoints2[18]={180,100,210,120,200,130,220,125,240,140,230,120,
  240,110,220,115,220,110};
  driver=DETECT;
  mode=0;
  initgraph(&driver,&mode,"");
  drawpoly(9,polypoints1);
  drawpoly(9,polypoints2);
  getch();
  restorecrtmode();
}
```

18.3.5 线性函数

在 Turbo C 中提供了可以改变线型的函数，线型包括宽度和形状。其中宽度只有一点宽和三点宽两种选择，而线的形状有 5 种。在下面的内容中，将简要介绍常用的 5 种线型函数。

1. 设定线型函数

在前述的例子中画线、画圆、画框时，线的宽度都是一样的，实际上 Turbo C 也提供了改变线的宽度、类型的函数，具体格式如下所示：

```
void far setlinestyle(int linestyle, unsigned upattern, int thickness);
```

当线的宽度参数（thickness）不设定时，取默认值，即一个像素宽，当设定为 3 时，可取 3 个像素宽，取值见表 18-7。

表 18-7

符号名	值	含义
NORM_WIDTH	1	1 个像素宽
THICK_WIDTH	3	3 个像素宽

当线型参数（1inestyle）不设定时，取默认值，即实线；设定时，可有 5 种选择，见表 18-8。

表 18-8

符号名	值	含义
SOLID_LINE	0	实线
DOTTED_LINE	1	点线
CENTER_LINE	2	中心线
DASHED_LINE	3	点画线
USERBIT_LINE	4	用户自定义线

upattern 参数只有在 1inestyle 取 4 或 USERBIT_LINE 时才有意义，即表示在用户自定义

线型时，该参数才有用。该参数若表示成 16 位二进制数，则每位代表一个像素。是 1 的位，代表的像素用前景色显示，是 0 的位，代表的像素用背景色显示（实际没有显示），例如图 18-4 表示了由 16 个像素构成的一个 16 个像素长的线段，线宽为 1 个像素宽。当 1ineseyle 不是 USERBIT_LINE 时，upattern 取 0 值。

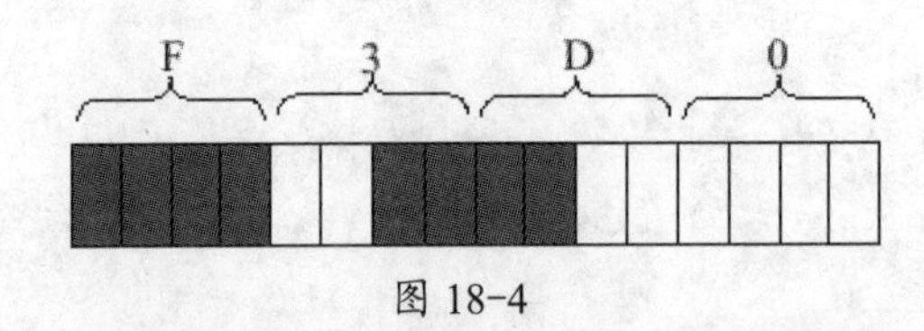

图 18-4

例如在下面的代码中，首先在屏中间以屏中心为圆心，半径为 98 画出一个绿色的圆框，由于没有设置画线的线型和线宽，故取默认值为 1 个像素宽的实线。接着用 setcolor（12）设置前景色为淡红色。程序进入 for 循环，而画出线宽交替为 1 个和 3 个像素宽的 15 个矩形框来，框由小到大，一个套一个，颜色为淡红色。程序的下一个 for 循环将用 2、3、4 和 5 颜色，即用绿、青、红、洋红分别画出通过屏幕中心的 4 条线，线型分别是实线、点线、中心线和点划线，线宽为 3 个像素，如此重复，共画出 5 组。程序最后用 setcolor（EGA_WHITE）设置画线颜色为白色，将用自定线型（0x1001）在原先画出的绿色圆框中，标出一个十字线，线的形状为 4 个白点，8 个不显示点，又 4 个白点，接着又重复这个线段模式，直到画至圆周上而终止。由于人的视觉分辨能力，我们会将 4 个白点看成一个点，因此出现了屏幕上的那种现象。

```
#include <graphics.h>
int main(){
  int graphdriver=VGA,graphmode =VGAHI;
  int i,j,x1,y1,x2,y2;
  initgraph(&graphdriver,&graphmode,""),
  setbkcolor(EGA_BLUE);
  cleardevice();
  setcolor(EGA_GREEN);
  circle(320,240,98);                         /* 画出一个绿色圆 */
  setcolor(12);                               /* 设置颜色为淡红色 */
  j=0;
  for(i=0;i<=90;i=i+6)
  {
    setlinestyle(0,0,j);                      /* 画出一个套一个的矩形框 */
    x1=440-i;y1=280-i;
    x2=440+i;y2=280+i;
    rectangle(x1,y1,x2,y2);
    j=j+3;
    if(j>4) j=0;
  }
  j=0;
  for ( i=0;i<=180;i=i+16)                /* 画出通过屏幕中心的 4 种线型的 4 色线 */
  {
    if(j>3)j=0;
    setcolor(j+2);
    setlinestyle(j,0,3);
    j++;
    x1=0;y1=i,
    x2=640;y2=480-i;
    line(x1,y1,x2,y2);
  }
  setcolor(EGA_WHITE);
```

```
    setlinestyle(4,0x1001,1);                          /* 用户定义线型，1 个像素宽 */
    line(220,240,420,240);                             /* 画出通过圆心的 y 线 */
    line(320,140,320,340);                             /* 画出通过圆心的 x 线 */
    getch();
    closegraph();
}
```

2．得到当前画线信息的函数

与设定线型函数 setlinestyle 相对应的是得到当前有关线的信息的函数，具体格式如下所示：

```
void far getlinesettings(struct linesettingstype far *lineinfo);
```

该函数将把当前有关线的信息存放到由 lineinfo 指向的结构中，其结构 linesetingstype 的定义格式如下所示：

```
structlinesettingstype {
    int linestyle;
    unsigned upattern;
    int thickness;
};
```

18.3.6　颜色控制函数

像素的显示颜色，或者说画线、填充面的颜色既可采用默认值，也可用一些函数来设置。与文本方式一样，图形方式下，像素也有前景色和背景色。按照 CGA、EGA、VGA 图形适配器的硬件结构，颜色可以通过对其内部相应的寄存器进行编程来改变。

为了能形象地说明颜色的设置，一般用所谓调色板来进行描述，它实际上对应一些硬件的寄存器。从 C 语言的角度看，调色板就是一张颜色索引表，对 CGA 显示器，在中分辨显示方式下，有 4 种显示模式，每一种模式对应有一个调色板，可用调色板号区别。每个调色板有 4 种颜色可以选择，颜色可以用颜色值 0、1、2、3 来进行选择，由于 CGA 有 4 个调色板，一旦显示模式确定后，调色板即确定，如选 CGAC0 模式，则选 0 号调色板，但选调色板的哪种颜色则可由用户根据需要从 0、1、2 和 3 中进行选择，表 18-9 中列出了调色板与对应的颜色值。表中若选调色板的颜色值为 0，表示此时选择的颜色和当时的背景色一样。

表 18-9

模式	调色板号	颜色值			
		0	1	2	3
CGAC0	0	背景色	绿	红	黄
CGAC1	1	背景色	青	洋红	白
CGAC2	2	背景色	淡绿	淡红	棕
CGAC3	3	背景色	淡青	淡洋红	淡灰

1．颜色设置函数

颜色设置函数有如下 2 个。

（1）前景色设置函数，具体格式如下所示：

```
void far setcolor(int color);
```

该函数将使得前景以所选 color 颜色进行显示，对 CGA，当为中分辨模式时只能选 0、1、2、3。

（2）选择背景颜色的函数，具体格式如下所示：

```
void far setbkcolor(int color)
```

该函数将使得背景色按所选 16 种中的一种 color 颜色进行显示，在表 18-10 列出了颜色值 color 对应的颜色，此函数使用时，color 既可用值表示，也可用相应的大写颜色名来表示。

表 18-10

颜色值	颜色名	颜色	颜色值	颜色名	颜色
0	BLACK	黑	8	DARKGRAY	深灰
1	BLUE	蓝	9	LIGHTBLUE	淡蓝
2	GREEN	绿	10	LIGHTGREEN	淡绿
3	CYAN	青	11	LIGHTCYAN	淡青
4	RED	红	12	LIGHTRED	淡红
5	MAGENTA	洋红	13	LIGHTMAGENTA	淡洋红
6	BROWN	棕	14	YELLOW	黄
7	LIGHTGRAY	浅灰	15	WHITE	白

例如在下面的代码中，使用 initgraph 设置使用 CGA 显示器，设置显示模式为 CGAC0，再用 setcolo 选择显示颜色，由于 color 选为 1，这样图形将选用 0 号调色板的绿色显示，因而用 1ine 函数将画出一条绿色直线来，背景色由于没设置，故为默认值，即黑色。当按任一键后，执行 setbkcolor，设置背景色为蓝色（也可用 1），这时用 line 画出的（20，40）到（150，150）的线仍为绿色，但背景色变为蓝色。当再按一键后，程序往下执行，这时用 setcolor 又设显示前景颜色，颜色号为 0，表示画线选背景色，此时用 line（60，120，220，220）画出的线将显不出来，因前景、背景色一样，混为一体。

```
#include <graphics.h>
int main(){
  int graphdriver=CGA;
  int graphmode=CGAC0;
  initgraph(&graphdriver,&graphmode,"");
  cleardevice();
  setcolor(1);
  line(0,0,100,100);
  getch();
  setbkcolor(BLUE);
  line(20,40,150,150);
  getch();
  setcolor(0);
  line(60,120,220,220);
  getch();
  34
  closegraph();
}
```

在上述实码中，setbkcolor 函数的参数 color 和 setcotor 函数中的 color 不是同一个含义，前者只能选表 18-9 中的 16 色之一，而 setcolor 只能选表 18-8 的颜色值，该值对于不同的调色板所表示的颜色不同。可以这样理解，当用 setbkcolor 选了 16 种之一的颜色作背景色后，该颜色就放到调色板的颜色值为 0 处，即改变了调色板颜色值为 0 时代表的颜色。对于 640×200 高分辨显示模式 CGAHI，颜色只能选 0 或 1，当选其他值时，仍作为 1，即两色显示，当然背景色可选 16 种之一，前景色为白色。若用 EGA 或 VGA 显示器仿真 CGA，上述的说法是正确的。即在上述显示器上选择 CGA 兼容方式，令 graphdriver=CGA，graphmode=CGAHI，是正确的。但用在真正的 CGA 显示器上，如 PC/XT 机的显示器上，设置的背景色被用作前景色，而用 setcolor 设置的前景色却用作背景色，正好相反，这是由于两种显示器硬件结构不同，而 Turbo C 设置函数时，只考虑到 EGA、VGA 的颜色设置正确，没有兼顾到 CGA 硬件结构特点。因此我们使用不同显示器时，对 CGA 方式的 CGAHI 显示模式的编程要注意到这点。

2．设置调色板颜色

常用设置调色板颜色的函数有以下几类。

（1）调色板颜色的设置函数，具体格式如下所示：

```
void far setpalette(int index, int actual_color);
```

该函数用来对调色板进行颜色设置，一般用在 EGA、VGA 显示方式上。各调色板寄存器对应的标准色和值信息见表 18-11。

表 18-11

寄存器号	颜色名	值	寄存器号	颜色名	值
0	EGA_BLACK	0	8	EGA_DARKGRAY	8
1	EGA_BLUE	1	9	EGA_LIGHTBLUE	9
2	EGA_GREEN	2	10	EGA_LIGHTGREEN	10
3	EGA_CYAN	3	11	EGA_LIGHTCYAN	11
4	EGA_RED	4	12	EGA_LIGHTRED	12
5	EGA_MAGENTA	5	13	EGA_LIGHTMAGENTA	13
6	EGA_BROWN	6	14	EGA_YELLOW	14
7	EGA_LIGHTGRAY	7	15	EGA_WHITE	15

当编制动画或菜单等高级程序时，系统图形初始化时常需要改变每个调色板寄存器的颜色设置，这时就可用 setpalette 函数来重新对某一个调色板寄存器颜色进行再设置。对于 VGA 显示器，也只有一个调色板，对应 16 个调色板寄存器。但这些寄存器安装的内容和 EGA 的不同，它们安装的是一个颜色寄存器表的索引。共有 256 个颜色寄存器供索引。VGA 的调色板寄存器是 6 位，而要寻址 256 个颜色寄存器需有 8 位，所以还要通过一个被称为模式控制寄存器的最高位（即第 7 位）的值来决定：若为 0（对于 64×480×16 色显示是这样），则低 6 位由调色板寄存器来给出，高两位由颜色选择寄存器给出，从而组合出 8 位地址码。因此它的象素显示过程是：由 VRAM 提供调色板寄存器索引号（0 ～ 15），再由检索到的调色板寄存器的内容同颜色选择寄存器配合，检索到颜色寄存器，再由颜色寄存器存的颜色值而令显示器显示；当模式寄存器最高位为 1 时，则调色板寄存器给出低 4 位的 4 位地址码，而由颜色选择寄存器给出高 4 位的 4 位地址码，来组合成 8 位地址码对颜色寄存器寻址而得出颜色值。这里的调色板寄存器，颜色选择寄存器，模式控制寄存器和颜色寄存器均属于 VGA 显示器中的属性控制器。

由于 Turbo C 中没有支持 VGA 的 256 色的图形模式，只有 16 色方式，因而 16 个颜色寄存器寄存了 16 个颜色寄存器索引号，它们代表的颜色如表 18-10 所列，所显示的颜色和 CG 下选背景色的顺序一样。EGA 和 VGA 的调色板寄存器装的值虽然一样（当图形系统初始化时，指默认值），但含义不同，前者装的是颜色值，后者装的是颜色寄存器索引号，不过它们最终表示的颜色是一致的，因而当用 setpalette（index actual_color）对 index 指出的某个调色板寄存器重新设置颜色时，actual_color 可用表 18-10 所指的颜色值，也可用大写名，如 EGA_BLACK，EGA_BLUE 等。在默认情况下，和 CGA 上 16 色顺序一样，当使用 setpalette 函数时，index 只能取 0 ～ 15，而 actual_color 若其值是表 18-10 所列的值，则调色板颜色保持不变，即调色板寄存器值不变。

（2）改变调色板 16 种颜色的函数，具体格式如下所示：

```
void far setallpalette(struct palettetype far *palette);
```

其中结构 palettetype`的定义格式如下所示：

```
#define MAXCOLORS 15
struct palattetype {
  unsigned char size;
  signed char colors[MAXCOLORS+1];
};
```

该定义在头文件 graphics.h 中。size 元素由适配器类型和当前模式下调色板的颜色数决定，即调色板寄存器数。colors 是个数组，它实际上代表调色板寄存器，每个数组元素的值就表示相应调色板寄存器的颜色值。对 VGA 的 VGAHI 模式，size=16，默认的 colors 的各元素值就相当于表 18-10 所列值。

（3）得到调色板颜色数和颜色值的函数

与上述两个函数对应的是如下两个函数，具体格式如下所示：

```
void far getpalette(struct palettetype far *palette);
void far getpalettesize(void);
```

前者将得到调色板的颜色数（即调色板寄存器个数）和装的颜色值，后者将得出调色板颜色数。getpalette 函数将把得到信息存入由 palette 指向的结构中，其结构 palettetype 定义如上所述。

18.3.7 填色函数和画图函数

Turbo C 提供了一些画基本图形的函数，如我们前面介绍过的画条形图函数 bar 和将要介绍的一些函数，它们首先画出一个封闭的轮廓，然后再按设定的颜色和模式进行填充，设定颜色和模式有特定的函数。

1. 填色函数

使用函数 setfilestyle 的具体格式如下所示：

```
void far setfilestyle(int pattern, int color);
```

该函数将用设定的 color 颜色和 pattern 图模式对后面画出的轮廓图进行填充，这些图轮廓是由待定函数画出的，color 实际上就是调色板寄存器索引号，对 VGAHI 方式为 0 ～ 15，即 16 色，pattern 表示填充模式，可用表 18-12 中的值或符号名表示。

表 18-12

符号名	值	含义
EMPTY_FILL	0	用背景色填充
SOLID_FILL	1	用单色实填充
LINE_FILL	2	用“—”线填充
LTSLASH_FILL	3	用“//”线填充
SLASH_FILL	4	用粗“//”线填充
BKSLASH_FILL	5	用“\\”线填充
LTBKSLASH_FILL	6	用粗“\\”线填充
HATCH_FILL	7	用方网格线填充
XHATCH_FILL	8	用斜网格线填充
INTTERLEAVE_FILL	9	用间隔点填充
WIDE_DOT_FILL	10	用稀疏点填充
CLOSE_DOT_FILL	11	用密集点填充
USER_FILL	12	用用户定义样式填充

当 pattern 选用 USER_FILL 用户自定义样式填充时，setfillstyle 函数对填充的模式和颜色不起任何作用，若要选用 USER_FILL 样式填充时，可选用下面的函数。

2. 用户自定义填充函数

具体使用格式如下所示：

```
void far setfillpattern(char *upattefn, int color);
```

该函数设置用户自定义可填充模式，以 color 指出的颜色对封闭图形进行填充。这里的 color 实际上就是调色板寄存器号，也可用颜色名代替。参数 upattern 是一个指向 8 个字节存储区的指针，这 8 个字节表示了一个 8×8 像素点阵组成的填充图模，它是由用户自定义的，它将用来对封闭图形填充。8 个字节的图模是这样形成的：每个字节代表一行，而每个字节的每一个二进制位代表该行的对应列上的像素。是 1，则用 color 显示，是 0 则不显示。

例如在下面的代码中，用不同填充图模（pattern）对由 bar 和 pieslice 函数产生的条状和扇形图进行颜色填充。

```
#include <graphics.h>
int main(){
  int graphdriver=VGA,graphmode=VGAHI;
  struct fillsettingstype save;
  char savepattern[8];
  char gray50[]={0xff,0x00,0x00,0x00,0x00,0x00,0x00,0x81};
  initgraph(&graphdriver,&graphmode,"");
  getfillsettings(&save);                              /* 得到初始化时填充模式 */
  if(save.pattern != USER_FILL )
    setfillstyle(3,BLUE);
    bar(0,0,100,100);
    setfillstyle(HATCH_FILL,RED);
    pieslice(200,300,90,180,90);
    setfillpattern(gray50,YELLOW);                     /* 设定用户自定义图模进行填充 */
  bar(100,100,200,200);
  if(save.pattern==USER_FILL)
    setfillpattern(savepattern,save.color);
```

```
  else
  setfillpattern(savepattern, save.color);        /* 恢复原来的填充模式 */
    getch();
    closegraph();
}
```

上述代码运行后，可以看出第1个bar（0，0，100，100）产生的方条将由蓝色的斜线填充，即以LTSlASH_FILL（3）图模填充。接着将由红色的网格（HATCH_FILL，RED）图模填充一个扇形。由于默认时，前景颜色为白色，故该扇形将用白色边框画出，接着用户自定义填充模式，因而用bar（100，100，200，200）画出的方条，将用用户定义的图模（用字符数组gray50[] 表示的图模），用黄色进行填充。

3．得到填充模式和颜色的函数

具体使用格式如下所示：

```
void far fillsettings(struct fillsettingstype far *fillinfo);
```

它将得到当前的填充模式和颜色，这些信息存储在结构指针变量fillinfo指出的结构中。该结构定义的定义格式如下所示：

```
struct fillsettingstype{
  int pattern;                                    /* 当前填充模式 */
  int color;                                      /* 填充颜色 */
};
void far getfillpattern(char *upattern);
```

该函数将把用户自定义的填充模式和颜色存入由upattern指向的内存区域中。

4．与填充函数有关的作图函数

在前面的内容中已经介绍了画条形图函数bar和画扇形函数pieslise，它们需要用setfillstyle函数来设置填充模式和颜色，否则按默认方式。另外还有一些画图形的函数，也要用到填充函数。具体如下所示。

（1）画三维立体直方图函数，具体格式如下所示：

```
void far bar3d(int x1, int y1, int x2, int y2, int depth, int topflag);
```

当topflag非0时，画出三维顶，否则将不画出三维顶，depth决定了三维直方图的长度。

（2）画椭圆扇形函数，具体格式如下所示：

```
viod  far  sector(int  x, int  y, int  stangle, int  endangle, int  xradius, int
yradius);
```

该函数将以（*x*，*y*）为圆心，以xradius和yradius为*x*轴和*y*轴半径，从起始角stang1e开始到endang1e角结束，画一椭圆扇形图，并按设置的填充模式和颜色填充。当stang1e为0，endangle为360时，则画出一完整的椭圆图。

（3）画椭圆图函数，具体格式如下所示：

```
void far fillellipse(int x, int y, int xradius, int yradius);
```

该函数将以（*x*，*y*）为圆心，以xradius和yradius为*x*轴和*y*轴半径，画一椭圆图，并以设定或默认模式和颜色填充。

（4）画多边形图函数，具体格式如下所示：

```
void far fillpoly(int numpoints, int far *polypoints)
```

该函数将画出一个顶点数为numpoints，各顶点坐标由polypoints给出的多边形，也即边数为polypoints-1，当为一封闭图形时，numpohts应为多边形的顶点数加1，并且第一个顶点坐标应和最后一个顶点的坐标相同。例如在下面的实例中，使用不同的填充模式和颜色绘制矩形、长方体、扇形和椭圆扇形，然后在定义一种填充模式和红色来绘制。

实例 18-3：绘制多个图形

源码路径：下载包 \daima\18\18-3

本实例的实现文件为“tian.c”，具体实现代码如下所示：

```
    #include<graphics.h>
    int main(){
      char str[8]={10,20,30,40,50,60,70,80};/*用户定义填充模式*/
      int gdriver,gmode,i;
      /*定义一个用来存储填充信息的结构变量*/
      struct fillsettingstype save;
      gdriver=DETECT;
      initgraph(&gdriver,&gmode,"c:\\tc\\bgi");              //初始化图形模式
      setbkcolor(BLUE);                                      //设置背景色
      cleardevice();                                         //清屏
      for(i=0;i<13;i++)
      {
          setcolor(i+3);
          setfillstyle(i,2+i);                               //设置填充类型
          bar(100,150,200,50);                               //画矩形并填充*
          bar3d(300,100,500,200,70,1);                       //画长方体并填充
          pieslice(200, 300, 90, 180, 90);                   //画扇形并填充
          sector(500,300,180,270,200,100);                   //画椭圆扇形并填充
          delay(1000);                                       //延时1000毫秒
      }
      cleardevice();
      setcolor(14);                                          //设置画笔颜色
      setfillpattern(str, RED);                              //自定义填充模式和颜色
      bar(100,150,200,50);                                   //画矩形
      bar3d(300,100,500,200,70,0);                           //画长方体
      pieslice(200,300,0,360,90);                            //画圆
      sector(500,300,0,360,100,50);                          //画椭圆
      getch();
      getfillsettings(&save);                                //获得当前的填充模式信息
      closegraph();
      clrscr();
      /*输出目前填充图模和颜色值*/
       printf("The pattern is %d, The color of filling is %d", save.pattern,save.
color);
      getch();
    }
```

在实际应用中，还有一种可对任意封闭图形进行填充的函数。前面介绍的填充函数，只能对由上述特定函数产生的图形进行颜色填充，对任意封闭图形均可进行填充的还有一种函数，其使用格式如下所示：

```
    void far floodfill(int x, int y, int border);
```

此函数将对一封闭图形进行填充，其颜色和模式将由设定的或缺省的图模与颜色决定。其中参数（x，y）为封闭图形中的任一点，border 是封闭图形的边框颜色。编程时该函数位于画图形的函数之后，即要填充该图形。但是在此需要注意如下 4 点。

（1）若（x，y）点位于封闭图形边界上，该函数将不进行填充。

（2）若对不是封闭的图形进行填充，则会填到别的地方，即会溢出。

（3）若（x，y）点在封闭图形之外，将对封闭图形外进行填充。

（4）由参数 border 指出的颜色必须与封闭图形的轮廓线的颜色一致，否则会填到别的地方去。

18.3.8 图形窗口函数

1. 图形窗口操作函数

在图形方式下可以在屏幕上某一区域设置一个窗口，这样以后的画图操作均在这个窗口内进行，且使用的坐标以此窗口顶左上角为（0，0）作参考，而不再用物理屏幕坐标（屏左角为（0，0）点）。在图视口内画的图形将显示出来，超出图视口的部分可以不让其显示出来，也可以让其显示出来（不剪断），该函数使用格式如下所示：

```
void far setviewport(int x1, int y1, int x2, int y2, clipflag);
```

其中，“（$x1$，$y1$）”为图视口的左上角坐标，“（$x2$，$y2$）”为所设置的图视口右下角坐标，它们都是以原屏幕物理坐标为参考的。clipflag 参数若为非 0，则所画图形超出图视口的部分将被切除而不显示出来。若 clipflag 为 0，则超出图视口的图形部分仍将显示出来。

2. 图形窗口清除与取信息函数

主要有如下几个常用函数：

（1）图视口清除函数，具体格式如下所示：

```
void far clearviewport(void);
```

该函数将清除图视口内的图象。

（2）取图视口信息函数，具体格式如下所示：

```
void far getviewsettings(struct viewport type far *viewport);
```

该函数将取得当前设置的图视口的信息，它存于由结构 viewporttype 定义的结构变量 viewport 中，结构 viewporttype 定义如下所示：

```
struct viewporttype {
  int left, top, right, bottom;
  int clipflag;
};
```

使用图视口设置函数 setviewport，可以在屏幕上设置不同的图视口——窗口，甚至部分可以重叠，然而最近一次设置的窗口才是当前窗口，后面的图形操作都视为在此窗口中进行，其他窗口均无效。若不清除那些窗口的内容，则它们仍在屏幕上保持，当要对它们处理时，可再一次设置那个窗口一次，这样它就变成当前窗口了。

使用 setbkcolor 设置背景色时，对整个屏幕背景起作用，它不能只改变图视口内的背景，在用 setcolor 设置前景色时，它对图视口内画图起作用。如果下一次没有设置颜色，那么上次在另一图视口内设置的颜色在本次设置的图视口内仍起作用。

18.3.9 图形方式下的文本输出函数

在图形方式下，虽然也可以用 printf()、puts()、putchar() 函数输出文本，但只能在屏上用白色显示，无法选择输出的颜色，尤其想在屏上定位输出文本，更是困难，且输出格式也是不能改变的 80 列 ×25 行形式。Turbo C 提供了一些专门用在图形方式下的文本输出函数，它们可以用来选择输出位置，输出字型、大小，输出方向等。

1. 文本输出函数

文本输出函数有当前位置文本输出函数和定位文本输出函数两种，具体说明如下。

（1）当前位置文本输出函数，具体格式如下所示：

```
void far outtext(char far *textstring);
```

该函数将在当前位置在屏上输出由字符串指针 textsering 指出的文本字符串。该函数没有定位参数，只能在当前位置输出字符串。

（2）定位文本输出函数，具体格式如下所示：

```
void far outtextxy(int x, int y, char far *textstring);
```

该函数将在指定的（*x*，*y*）位置输出字符串。（*x*，*y*）位置如何确定，还需要用位置确定函数 settextjustify() 来确定；选用何种字形显示、字体大小及横向或纵向显示，还需用 settextstyle() 函数来确定。这些均要在文本输出函数之前确定。若没有使用函数确定，则输出用默认方式，即字形采用 8×8 点阵字库，横向输出，其（*x*，*y*）位置表示输出字符串的第一个字符的左上角位置，字体 1 ∶ 1。例如，当执行函数 outtextxy（10，10，" Turbo C"）；时，Turbo C 将采用默认方式显示在如图 18-5 所示位置，其“T”字的左上角位置为（10，10），字形为 8×8 点阵（8 个像素宽，8 个像素高），尺寸 1 ∶ 1，即和字库中的字同大。

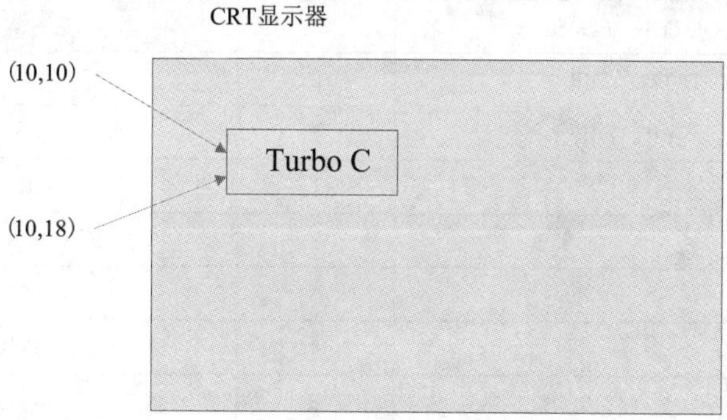

图 18-5

（3）文本输出位置函数，具体格式如下所示：

```
void far settextjustify(int horiz, int vert);
```

该函数将确定输出字位串时，如何定位（*x*，*y*）。即当用 outtext（*x*，*y*，" 字符串"）或 outtextxy（*x*，*y*，" 字符串"）输出字符串时，（*x*，*y*）点是定位在字符串的哪个位置，horiz 将决定（*x*，*y*）点的水平位置相对于输出字符串如何确定，vert 参数将决定（*x*，*y*）点的垂直位置相对于输出字符串如何确定。这两个参数的取值和相应的符号名见表 18-13。

表 18-13

参数 horiz			参数 vert		
符号名	值	含义	符号名	值	含义
LEFT_TEXT	0	输出左对齐	BOTTOM_TEXT	0	底部对齐
CENTER_TEXT	1	输出以字串中心对齐	CENTER_TEXT	1	中心对齐
RIGHT_TEXT 2	2	输出右对齐	TOP_TEXT	2	顶部对齐

如果 horiz 取 LEFT_TEXT（或取 0），则（*x*，*y*）点是以输出的第一个字符的左边为开

始位置，即（x，y）定位于此。但是以第一个字符左边的顶部、中部，还是底部定位（x，y），还不能确定，也就是说，（x，y）点是指输出字符串第一个字符的左边位置，但是在第一个字符左边的垂直方向上的位置还须由 vert 参数决定。如 vert 取 TOP_TEXT（即 2），则（x，y）在垂直方向定位于第一个字符左边位置的顶部。

2．定义文本字型函数

具体格式如下所示：

```
void far settextstyle(int font, int direction, int char size);
```

该函数用来设置文本输出的字形、方向和大小，其相应参数 font、参数 direction 和参数 size 的取值见表 18-14。

表 18-14

	符号名	值	含义
font	DEFAULT_FONT	0	8×8 字符点阵（默认值）
	TRIPLEX_FONT	1	三倍笔划体字
	SMALL_FONT	2	小字笔划体字
	SANS_SERIF_FONT	3	无衬线笔划体字
	GOTHIC_FONT	4	黑体笔划体字
direction	HORIZ_DIR	0	水平输出
	VERT_DIR	1	垂直输出
size		1	8×8 点阵
		2	6×16 点阵
		3	24×24 点阵
		4	32×32 点阵
		5	40×40 点阵
		6	48×48 点阵
		7	56×56 点阵
		8	64×64 点阵
		9	72×72 点阵
		10	80×80 点阵
	USER_CHAR_SIZE	0	用户自定义字符大小

3．文本输出字符串函数

文本输出字符串函数具体格式如下所示：

```
int sprintf(char *string, char *format[, argument, …]);
```

该函数将把变量值 argument 按 format 指定的格式，输出到由指针 string 指定的字符串中去，该字符串就代表了其输出。这个函数虽然不是图形专用函数，但它在图形方式下的文本输出中很有用，因为用 outtext() 或 outtextxy() 函数输出时，输出量是文本字符串，当我们要输出数值不太方便时，可用 sprintf 函数将数值输出到一个字符数组中，再让文本输出函数输出这个字符数组中的字符串。

实例 18-4：在图形模式下输出不同样式的文本

源码路径：下载包 \daima\18\18-4

本实例的实现文件为“wen.c”，具体实现代码如下所示：

```
#include <graphics.h>
int main(){
  int i, graphdriver,graphmode;
  char s[30];
  graphdriver=DETECT;
  initgraph(&graphdriver,&graphmode,"c:\\tcpp\\bgi");
  cleardevice();
  setbkcolor(BLUE);                                     //设置背景色
  setviewport(40,40,600,440,1);                         // 定义图形窗口
  setfillstyle(1,2);                                    //以绿色实填
  setcolor(YELLOW);                                     //设置画笔颜色为黄色
  rectangle(0,0,560,400);                               //画一矩形
  floodfill(50,50,14);                                  // 用绿色填画出的矩形框
  rectangle(20,20,540,380);                             //画一矩形
  setfillstyle(1,13);                                   //设置以淡洋红色实填
  floodfill(19,19,14);                                  //用淡洋红色填画出的矩形框
  setcolor(15);                                         //设置画笔颜色为白色
  settextstyle(1,0,6);                                  // 设要显示字符串的字形、方向和尺寸
  outtextxy(100,60,"Welcome Your");                     //输出字符串
  setviewport(100,200,540,380,0);                       //又定义一个图形窗口
  setcolor(14);                                         //设置画笔颜色为黄色
  setfillstyle(1,12);                                   //设置以淡红色实填
  rectangle(20,20,420,120);                             //画一矩形
  floodfill(21,100,14);                                 //用淡红色填充
  settextstyle(2,0,9);
  i=620;
  sprintf(s, "Your score is %d", i);                    //将数字转化为字符串
  setcolor(YELLOW);
  outtextxy(60,40, s);                                  /* 用黄色显示字符串 */
  setcolor(1);                                          //设置画笔颜色为蓝色
  settextstyle(3, 0, 0);                                //设置输出的字符大小由用户自定义
  setusercharsize(4, 1, 1, 1);                          //自定义文本字符大小
  outtextxy(70, 80, "Good");                            //显示字符串
  getch();
  closegraph();
}
```

执行效果如图 18-6 所示。

图 18-6

18.4 菜单设计

菜单对于广大读者来说都十分熟悉，用户通过软件中的菜单可以灵活进行操作处理。例如Word里的工具栏和菜单栏就是由不同界面的菜单构成的。根据菜单的外观样式，可以将其分为固定式菜单、弹出式菜单和下拉式菜单等。菜单在用户编写的程序中占据相当一部分内容。设计一个高质量的菜单，不仅能使系统美观，更主要的是能够使操作者使用方便，避免一些误操作带来的严重后果。在Turbo C中，可以实现简单的菜单样式。在本节的内容中，将简要讲解Turbo C实现菜单效果的基本方法。

↑扫码看视频（本节视频课程时间：2分11秒）

18.4.1 下拉式菜单

下拉式菜单是一个窗口菜单，也是一个主菜单，其中包括几个选择项，主菜单的每一项又可以分为下一级菜单，这样逐级下分，用一个个窗口的形式弹出在屏幕上，一旦操作完毕便可以从屏幕上消失，恢复屏幕原来的状态。设计下拉式菜单的关键就是在下级菜单窗口弹出之前，要将被该窗口占用的屏幕区域保存起来，然后产生这一级菜单窗口，并可用光标键选择菜单中各项，用回车键来确认。如果某选择项还有下级菜单，则按同样的方法再产生下一级菜单窗口。

用Turbo C在文本方式时提供的函数gettext()来放屏幕规定区域的内容，当需要时用puttext()函数释放出来，再加上键盘管理函数bioskey()，就可以完成下拉式菜单的设计。

例如在下面的代码中，将生成一个基本的下拉式菜单效果，可以通过键盘对光标进行移动处理，并具有快捷键的功能。

实例18-5：实现一个基本的下拉式菜单效果

源码路径：下载包\daima\18\18-5

实例文件Ex18-5.c的具体实现代码如下所示：

```
#include <dos.h>
#include <conio.h>
#define Key_DOWN 0x5100                                    //Down键的键盘扫描码
#define Key_UP 0x4900                                      //Up键的键盘扫描码
#define Key_ESC 0x011b                                     //Esc键的键盘扫描码
#define Key_ALT_F 0x2100                                   //Alt+F组合键的键盘扫描码
#define Key_ALT_X 0x2d00                                   //Alt+X组合键的键盘扫描码
#define Key_ENTER 0x1c0d                                   //Enter键的键盘扫描码
main()
{
   int i,key,x,y,l;
char *menu[] = {"File","Edit","Run","Option","Help","Setup","Zoom","Menu"};
   /* 主菜单各项 */
  char *red[] = { "F","E","R","O","H","S","Z","M" };/* 加上红色热键 */
   char *f[] = {"Load file", "Save file", "Print", "Modify ", "Quit Alt_x"};
   /* File项的子菜单 */
   char buf[16*10*2],buf1[16*2];                           /* 定义保存文本的缓冲区 */
   while(1)
   {
          textbackground(BLUE);                            //设置背景色
          clrscr();
          textmode(C80);                                   //设置文本显示方式
          window(1,1,80,1);                                /* 定义显示主菜单的窗口 */
          textbackground(LIGHTGRAY);
```

```
        textcolor(BLACK);                         //设置前景色
        clrscr();
        gotoxy(5,1);//坐标定位
        for(i=0,l=0;i<8;i++)
        {
                x=wherex();                       /* 得到当前光标的坐标 */
                y=wherey();
                cprintf("%s",menu[i]);            /* 显示各菜单项 */
                l=strlen(menu[i]);                /* 得到菜单项的长度 */
                gotoxy(x,y);
                textcolor(RED);
                cprintf("%s",red[i]);             /* 在主菜单项各头字符写上红字符 */
                x=x+l+5;
                gotoxy(x,y);
                textcolor(BLACK);                 /* 为显示下一个菜单项移动光标 */
        }
        gotoxy(5,1);
        key=bioskey(0);
        switch (key){
                case Key_ALT_X:
                        exit(0);                  /* ALT_X 则退出 */
                case Key_ALT_F:
                {
                        textbackground(BLACK);
                        textcolor(WHITE);
                        gotoxy(5,1);
                        cprintf("%s",menu[0]);            /* 加黑 File 项 */
                        gettext(5,2,20,12,buf);           /* 保存窗口原来的文本 */
                        window(5,2,20,9);                 /* 设置作矩形框的窗口 */
                        textbackground(LIGHTGRAY);
                        textcolor(BLACK);
                        clrscr();
                        for(i=2;i<7;i++)                  /* 显示子菜单各项 */
                        {       gotoxy(2,i);
                                cprintf("%s",f[i-2]);
                        }
                gettext(2,2,18,3,buf1);           /*将下拉菜单的内容保存在 buf1*/
                        textbackground(BLACK);
                        textcolor(WHITE);
                        gotoxy(2,2);
                        cprintf("%s",f[0]);       /*加黑下拉菜单的第一项 load file*/
                        gotoxy(2,2);
                        y=2;
                while ((key=bioskey(0))!=Key_ALT_X)   // 等待选择下拉菜单项
                        {
                                if ((key==Key_UP)||(key==Key_DOWN))
                                {
                                puttext(2,y,18,y+1,buf1);       // 恢复原先的项
                                        if (key==Key_UP)
                                                y=(y==2?6:y-1);
                                        else
                                                y=(y==6?2:y+1);
        gettext(2,y,18,y+1,buf1);                       /*保存要压上光条的子菜单项*/
                                        textbackground(BLACK);
                                        textcolor(WHITE);
                                        gotoxy(2,y);
                cprintf("%s",f[y-2]);                           /* 产生黑条压在所选项上 */
                                        gotoxy(2,y);
                                }
                                else
                        //若是回车键，判断是哪一子菜单按的回车，在此没有相应的特殊处理
                                        if (key==Key_ENTER)
                                        {
```

```
                                    switch ( y-1 )
                                    {
                    case 1:         /* 是子菜单项第一项 :Load file */
                                            break;
                                        case 2: /* Save file */
                                            break;
                                        case 3: /* print */
                                            break;
                                        case 4: /* modify */
                                            break;
                                        case 5:
                                            exit(0);
                                        default:
                                            break;
                                    }
                                    break;
                                }
                                else
                                if (key==Key_ESC)
                break;                                  /* 是Esc键，返回主菜单 */
                    }
                    if (key==Key_ALT_X) exit(0);
                }
            }
        }
    }
```

在上述代码中，在文本方式下产生一个下拉式菜单，程序运行时首先在屏幕顶行产生一个浅灰底黑字的主菜单，各菜单项的第一个字母加红，表示为热键。当选择主菜单第一项，即按 Alt+F 组合键时，便产生一个下拉式子菜单，可用 PgUp 和 PgDn 键使压在第一个子菜单项上的黑色光条上下移动，当光标压在某子菜单项上并且按回车后，程序便转去执行相应子菜单项的内容，由于篇幅关系，该程序仅是一个演示程序，只作了第一个主菜单项和对应的子菜单，且子菜单项对应的操作只在程序相应处作了说明，并无具体内容，对主菜单项其他各项没有作选它时相应的子菜单，但作法和第一项 File 的相同，故不赘述。

在程序中使用指针数组 munu[] 存放主菜单各项，red[] 存放各项的热键字符（即主菜单项各项的第一个字母），f[] 存放主菜单第一项 file 的子菜单各项。定义字符数组 buf 存放原子菜单所占区域的内容，buf1 存放一个子菜单项的区域内容，由于一个字符占两个字节，故所占列数均乘 2。外层循环处理主菜单，第一步显示主菜单界面，即先使整个屏幕的背景色为蓝色，然后开辟显示主菜单项的窗口（window（1，1，80，1）），用浅灰底黑字依次显示出主菜单各项，用红色字母再重现各项的第一个字母，并使光标定位在主菜单项的第一项 File 的 F 处。

第二步用键盘管理函数 bioskey() 获取菜单选项，当按 Alt+X 组合键时，则退出本程序，当按 Alt+F 组合键时，则执行弹出子菜单的操作：首先加黑主菜单的 File 项显示，将子菜单的区域内容保存到 buf 缓冲区内（用 gettext（5，2，20，12，buf）），这样当子菜单项消失时，用它来恢复原区域的内容。

接着是处理 File 的子菜单项的内层循环：首先获取按键，当为 Alt+X 组合键时退出本程序；当为 Esc 键时直接返回到外层循环，即返回到主界面；当为 PgUp 和 PgDn 键时，则产生黑色光条的上下移动，当光条在第一项上时，若再按 PgUp 键，则光条移到最后一项，若光条原来就在最后一项，再按 PgDn 键，则光条退回到第一子菜单项去，这由 y=y==2?6:y-1

和 y=y==6?2:y+1 来实现，当光条压在某子菜单项上，且当按 Enter 键时程序则转去执行相应的子菜单项指明的操作，它们由 switch（y-1）语句来实现，当光条压在第一子菜单项上，且按回车后，则执行 case 1 后的操作，由于是示范程序，具体操作没有指出，要变为实用菜单，则需在此处填上操作内容，转去作相应的处理，处理之后返回到外层循环。

程序执行后将会显示一个类似 Turbo C 的界面，如图 18-7 所示。

图 18-7

按下“Alt+F”组合键后，将会显示“File”下的子菜单，如图 18-8 所示。并且此时可以通过“PgUp”键和“PgDn”键进行上下移动选择，如图 18-9 所示。

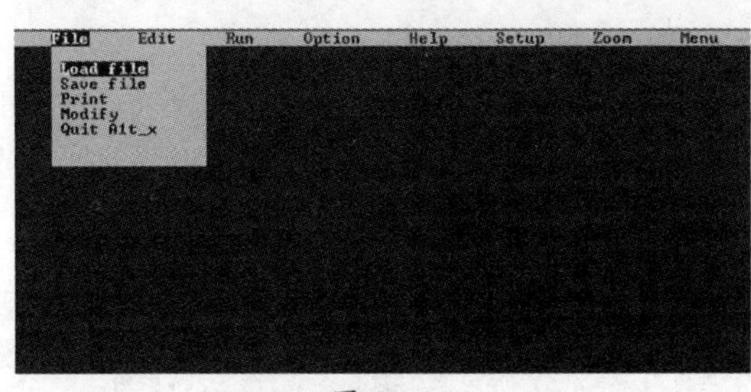

图 18-8

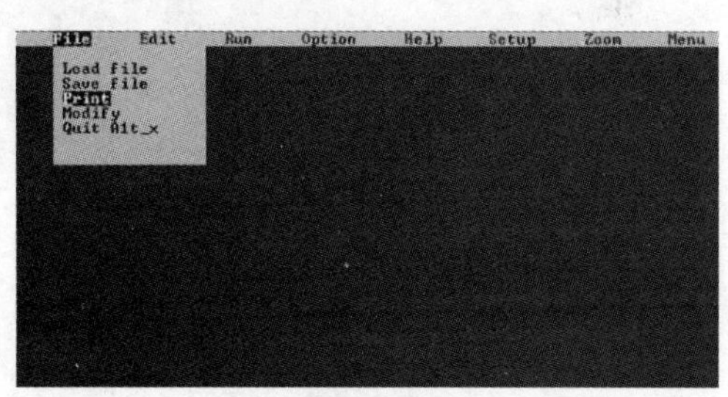

图 18-9

18.4.2　弹出式菜单

在下面的实例代码中，将生成一个基本的弹出式菜单效果。并可以通过键盘对光标进行移动处理，并具有快捷键的功能。

实例 18-6：实现一个基本的弹出式菜单效果

源码路径：下载包 \daima\18\18-6

实例文件 Ex18-6.c 的具体实现流程如下所示：

（1）设置包含文件命令和对应的宏定义，具体代码如下所示：

```
#include <graphics.h>
#include <stdio.h>
#include <stdlib.h>
#include <bios.h>
#define MenuNum 3
#define FALSE 0
#define TRUE 1
#define START 1
#define LEFTSHIFT 2
#define RIGHTSHIFT 3
#define ENTER 4
#define ESC 5
#define UP 6
#define DOWN 7
```

```
#define ALTX 8
```

（2）定义全局变量，初始化图形模式函数。具体代码如下所示：

```
typedef struct{                              /* 菜单的数据结构 */
  int menuID;
  char MenuName[8];
  int itemCount;
  char itemName[4][8];
}menu;
void *saveImage;                             /* 保存菜单覆盖的区域 */
int mHeight,mWidth;                          /* 窗口高，宽 */
int mutex=0;
menu MainMenu[]={{0,"Menu0",4,{"Open","New","Save","Exit"}},{1,"Menu1",2,{"Copy","Paste"}},{2,"Menu2",2,{"Find", "Instead"}}};
void init()// 初始化图形模式
{
  int gdriver,gmode;
  gdriver=DETECT;
  initgraph(&gdriver,&gmode,"c:\\tc\\bgi");
}
```

（3）定义绘制主菜单内容函数 initm，具体代码如下所示：

```
initm()
{
  int L,T,R,i;                                         // 定义变量
  mWidth=550/MenuNum;                                  // 获得菜单项的宽度
  mHeight=20;                                          // 获得高度
  L=50;  T=50;  R=mWidth+L;
  setfillstyle(SOLID_FILL,1);                          // 定义填充模式和填充颜色
  bar(50,50,600,400);                                  // 画矩形并填充
  setfillstyle(SOLID_FILL,7);                          // 定义填充模式和填充颜色
  bar(50,50,600,70);                                   // 画矩形并填充
  setcolor(RED);                                       // 定义作图色
  settextstyle(1,HORIZ_DIR,1);                     // 设置文本输出的字形、方向和大小
  outtextxy(L+12,T,MainMenu[0].MenuName);              // 输出菜单名称
  L=R;  R=mWidth+L;
  for(i=1;i<MenuNum;i++)                               // 输出所有主菜单
  {
      setcolor(BLACK);
      settextstyle(1,HORIZ_DIR,1);
      outtextxy(L+12,T,MainMenu[i].MenuName);
      L=R;R=R+mWidth;
  }
}
```

（4）定义子菜单内容函数 showItems，具体代码如下所示：

```
void showItems(int NewID)                         /* 显示 */
{
  int LL,TT,j;
  LL=mWidth*NewID+50;                             // 获得第一个子菜单输出位置
  TT=70;
  // 开辟一个单元
saveImage=malloc(imagesize(LL,70,LL+mWidth,70+25*(MainMenu[NewID].itemCount)));
  // 屏幕上的图像复制到刚开辟的内存空间中
  getimage(LL,70,LL+mWidth,70+25*(MainMenu[NewID].itemCount),saveImage);
  setfillstyle(SOLID_FILL,7);                     // 用淡灰色实填
  settextstyle(1,HORIZ_DIR,1);                    // 设置文本输出的字形、方向和大小
  // 画一矩形并填充
  bar(LL,70,LL+mWidth-80,70+25*(MainMenu[NewID].itemCount));
  setcolor(RED);                                  // 设置作图色
  // 画一矩形框
  rectangle(LL+5,70,LL+mWidth-85,65+25*(MainMenu[NewID].itemCount));
```

```
  //输出第一个菜单项
  outtextxy(LL+15,TT,(MainMenu[NewID].itemName[0]));
  setcolor(BLACK);
  //输出主菜单项
  outtextxy(LL+12,50,(MainMenu[NewID].MenuName));
  //输出随后的几个子菜单项
  for(j=1;j<(MainMenu[NewID].itemCount);j++)
  {
      TT=TT+25;
      outtextxy(LL+15,TT,MainMenu[NewID].itemName[j]);
  }
}
```

（5）定义主菜单和子菜单之间的移动处理函数 process 和 process1，具体代码如下所示：

```
void process(int OldID,int NewID)                    /* 移动主菜单 */
{
  int L,T;
  L=50+mWidth*OldID;                                 //获得当前菜单位置
  T=50;
  settextstyle(1,HORIZ_DIR,1);
  setcolor(BLACK);                                   //用黑色重画当前菜单
  outtextxy(L+12,T,MainMenu[OldID].MenuName);
  L=50+mWidth*NewID;
  setcolor(RED);                                     //用红色重画要移动到的菜单项
  outtextxy(L+12,T,MainMenu[NewID].MenuName);
}

void process1(int OldID,int NewID,int m)             /* 子菜单移动 */
{
  int L,T;
  L=50+mWidth*m;                                     //获得当前子菜单项的位置
  T=70+OldID*25;
  settextstyle(1,HORIZ_DIR,1);
  setcolor(BLACK);                                   //用黑色重画当前子菜单项的位置
  outtextxy(L+15,T,MainMenu[m].itemName[OldID]);
  T=70+NewID*25;
  setcolor(RED);                                     //用红色重画要移动到的子菜单项的位置
  outtextxy(L+15,T,MainMenu[m].itemName[NewID]);
}
```

（6）在主函数 main 中调用对应的函数和变量，最终实现弹出式效果。具体代码如下所示：

```
int main()
{
  int OldID,NewID,head,tail,selectID,quit,c;//定义变量
  int OldID1,NewID1,head1,tail1;
  head=0;  tail=2;//为一些变量赋初值
  OldID=0;  NewID=0;
  OldID1=0;  NewID1=0;
  head1=0;
  quit=0;
  init();//初始化图形模式
  initm();//
  while(!quit)
  {
         //while(bioskey(1)==0);
         c=bioskey(0);                                   //获得被按下键的值
         if(c==19400) selectID=START;
         else if(c==19200) selectID=LEFTSHIFT;           //左边 Shift 键
         else if(c==19712) selectID=RIGHTSHIFT;          //右边 Shift 键
         else if(c==7181) selectID=ENTER;                //回车键
         else if(c==283) selectID=ESC;
         else if(c==20480) selectID=DOWN;
         else if(c==18432) selectID=UP;
```

```
        else if(c==11520) selectID=ALTX;
        else selectID=NULL;
        switch (selectID)
        {
                case START:// 开始
                        OldID=NewID;
                        NewID=0;
                        process(OldID,NewID);
                        break;
                case LEFTSHIFT:                                 // 按下左边的 Shift 键
                        if(mutex==0)                            // 判断 mutex 的值是否等于 0
                        {
                        if(NewID==head)         // 若当前菜单项为第一个菜单项
        {                               // 则将要移动的菜单项改为最后一个菜单项
                                        OldID=NewID;
                                        NewID=tail;
                                }
                                else
                                {
                                        OldID=NewID;
                                        NewID--;
                                }
                        process(OldID,NewID);           // 移动主菜单项
                        }
                        break;
                case RIGHTSHIFT:                                // 按下右边的 Shift 键
                        if(mutex==0)
                        {
                if(NewID==tail)                         // 若当前菜单项为最后一个菜单项
                                {                       // 则将要移动的菜单项改为第一个菜单项
                                        OldID=NewID;
                                        NewID=head;
                                }
                                else
                                {
                                        OldID=NewID;
                                        NewID++;
                                }
                                process(OldID,NewID);//// 主菜单项的移动
                        }
                        break;
                case ENTER:// 若按下 Enter 键，则显示当前菜单的子菜单
                        if(mutex==0)
                        {
                                showItems(NewID);       // 显示子菜单
                                mutex=1;
                tail1=MainMenu[NewID].itemCount-1;      // 或最后一个子菜单项的编号
                        }
                        break;
                case ESC:// 若按下 Esc 键，则退出子菜单
                        if(mutex!=0)
                        {
    putimage(mWidth*NewID+50,70,saveImage,0);   // 将 saveImage 中图像送回到屏幕上
                                setcolor(RED);          // 并用红色重画主菜单名
                outtextxy(mWidth*NewID+62,50,(MainMenu[NewID].MenuName));
                                mutex=0;
                        }
                        else// 否则退出循环
                                quit=TRUE;
                        break;
                case DOWN:
                        if(mutex==1)
                        {
```

```
                    if(NewID1==tail1)       //若当前的子菜单项为最后一个子菜单项
                           {//则将要移动到的子菜单项改为第一个子菜单项
                                  OldID1=NewID1;
                                  NewID1=head1;
                           }
                           else
                           {
                                  OldID1=NewID1;
                                  NewID1++;
                           }
                           process1(OldID1,NewID1,NewID);//子菜单项的移动
                    }
                    break;
             case UP:
                    if(mutex!=0)
                    {
                           if(NewID1==head1)//若当前的子菜单项为第一个子菜单项
                           {//则将要移动到的子菜单项改为最后一个子菜单项
                                  OldID1=NewID1;
                                  NewID1=tail1;
                           }
                           else
                           {
                                  OldID1=NewID1;
                                  NewID1--;
                           }
                           process1(OldID1,NewID1,NewID);
                    }
                    break;
             case ALTX:
                    exit(0);//退出程序
             default: break;
         }
    }
    getch();
    closegraph();
}
```

程序执行后将首先显示一个默认的弹出式菜单，如图 18-10 所示。通过“←”和“→”键可以选择菜单，按下回车键后被选中菜单中将会弹出对应的子菜单，如图 18-11 所示。

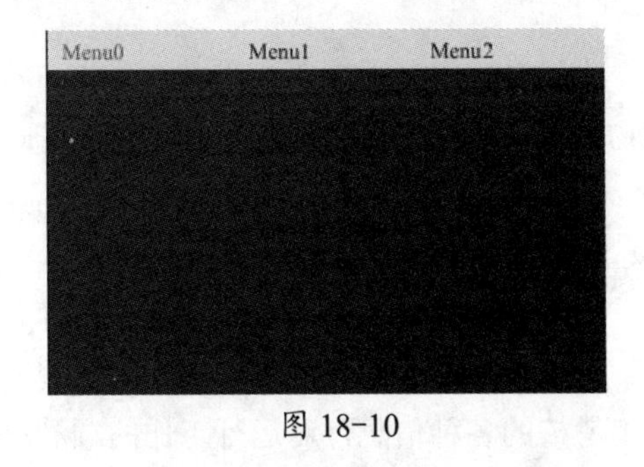

图 18-10

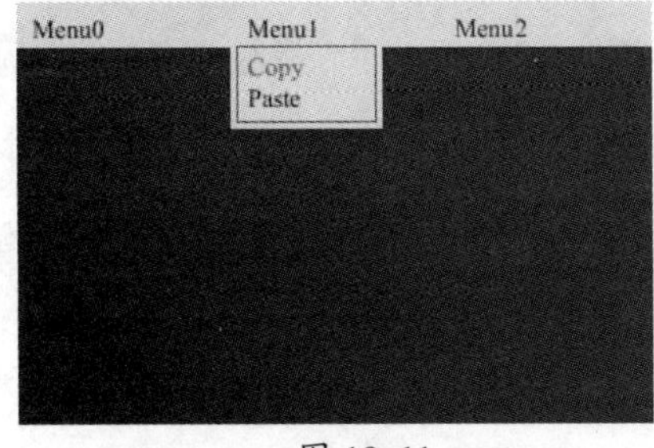

图 18-11

至此，C 语言的高级编程技术介绍完毕。因为本书篇幅所限，只对其中的基本知识和实现方法进行了介绍。至于更加深入和详细的知识，读者可以参阅相关资料。

第 19 章 学生成绩管理系统

（视频讲解：45 分钟）

在当今信息时代，传统的管理方法必然被以计算机为基础的信息管理系统所代替。如果本系统能被学校或企事业单位所采用，将会改变以前靠手工管理成绩的状况，可以树立良好的办学、办公形象，提高工作效率。在本章的内容中，将介绍使用 C 语言开发一个成绩管理系统的方法，并详细介绍其具体的实现流程，让读者体会 C 语言在文件操作领域中的应用。

19.1 系统需求分析

在本节的内容中，将首先讲解成绩管理系统的市场背景和模块划分，为步入后面的具体编码工作打下基础。这一部分内容十分重要，读者一定不要忽视，因为这部分工作决定了本项目运营的成败。

↑扫码看视频（本节视频课程时间：3 分 24 秒）

19.1.1 背景介绍

当前，无论是大中专院校，还是企事业单位，成绩管理水平普遍不高，有的还停留在纸介质基础上，这种管理手段浪费了大量的人力和物力。在当今信息时代，这种传统的管理方法必然被以计算机为基础的信息管理系统所代替。如果本系统能被学校或企事业所采用，将会改变以前靠手工管理成绩的状况，可以树立良好的办学、办公形象，提高工作效率。

成绩管理系统在学校和企业考评中占有极其重要的地位，它关系着学校、企业内部各种管理，包括工作流程、成绩、排名等信息的管理。对于学校和企业来讲，成绩管理系统是不可缺少的管理手段，它能够有效地管理用户和员工考核的各种信息，对运行工作的顺利进行起着重要的管理作用。

19.1.2 需求分析

育英中学是本地的一所重点初中，学校领导为了响应市政府提出的“高效办公”倡议，计划建立一个成绩管理系统，采用计算机对学生成绩进行管理，进一步提高办公自动化和现代化水平，实现成绩信息管理工作流程的系统化、规范化和自动化，提高学校工作效率。

19.1.3　可行性分析

根据《计算机文档编制规范》（GB/T8567 － 2006）中可行性分析的要求，×× 软件开发公司项目部特意编制了一份可行性研究报告，具体内容如下所示。

1．引言

（1）编写目的

为了给学校的决策层提供是否进行项目实施的参考依据，现以文件的形式分析项目的风险、项目需要的投资与效益。

（2）背景

育英中学是本地的一所著名初中，学校领导为了响应市政府提出的“高效办公”倡议，现计划建立一个成绩管理系统，采用计算机对学生成绩进行管理，进一步提高办公自动化和现代化水平，实现成绩信息管理工作流程的系统化、规范化和自动化，提高学校工作效率。现委托我公司开发一个成绩管理系统，项目名称暂定为：育英中学成绩管理系统。

2．可行性研究的前提

（1）要求

要求系统具有选择学生、查看成绩、快速查询等功能。

（2）目标

一个典型“成绩管理系统”的开发目标如下：

- 对用户的有效信息进行输入，排序等操作；
- 实现统计用户成绩的总分和平均分；
- 能够查看单个用户的各科成绩。

（3）条件、假定和限制

要求整个项目在立项后的 10 天内交付用户使用。系统分析人员需要 1 天内到位，用户需要 1 天时间确认需求分析文档，去除其中可能出现的问题，例如，用户可能临时有事，那么程序开发人员需要在 8 天的时间内进行系统设计、程序编码、系统测试和程序调试工作。其间还包括了员工每周的休息时间。

（4）评价尺度

根据客户的要求，系统应能按照规定正确地根据使用者的要求提供成绩管理功能。因为系统的信息数量需求不大，系统应能快速、有效地对成绩数据进行操作。

3．投资及效益分析

（1）支出

由于系统规模比较小，而客户要求的项目周期不是很短（10 天），因此公司决定安排 3 名设计人员投入该项目的研发。公司将为此支付 6000 元的工资及各种福利待遇。在项目安装及调试阶段，用户培训、员工出差等费用支出需要 1000 元，在项目维护阶段预计需要投入 1000 元的资金，累计项目投入需要 8000 元资金。

（2）收益

育英中学校方提供项目资金 2.3 万元。对于项目运行后进行的改动，采取协商的原则，根据改动规模额外提供资金。因此从投资与收益的效益比上，公司最低可以获得 1.5 万元的利润。

4．结论

根据上面的分析，在技术上不会存在问题，因此项目延期的可能性很小。在效益上公司投入3名设计人员，10天最低获利1.5万元，比较可观。项目完成后，会给公司提供资源储备，包括技术、经验的积累，其后再开发类似的项目时，可以极大地缩短项目开发周期。因此认为该项目可以开发。

19.1.4 编写项目计划书

根据《计算机文档编制规范》（GB/T8567 － 2006）中的项目开发计划要求，结合单位实际情况，设计项目计划书如下。

1．引言

（1）编写目的

为了保证项目开发人员按时保质地完成预订目标，更好地了解项目实际情况，按照合理的顺序开展工作，现以书面的形式将项目开发生命周期中的项目任务范围、项目团队组织结构、团队成员的工作责任、团队内外沟通协作方式、开发进度、检查项目工作等内容描述出来，作为项目相关人员之间的共识和约定以及项目生命周期内的所有项目活动的行动基础。

（2）背景

成绩管理系统是由育英中学委托我公司开发的一款办公软件，项目周期为10天。项目背景规划见表19-1。

表19-1

项目名称	项目委托单位	任务提出者	项目承担部门
成绩管理系统	育英中学	吴总	项目开发部门 项目测试部门

2．概述

（1）项目目标

项目目标应当符合SMART原则，把项目要完成的工作用清晰的语言描述出来。成绩管理系统的项目目标如下：

- 对用户的有效信息进行输入、排序等操作；
- 实现统计用户成绩的总分和平均分；
- 能够查看单个用户的各科成绩。

（2）应交付成果

在项目开发完成后，交付内容有编译后的成绩管理系统和系统使用说明书。系统安装后，进行系统无偿维护与服务6个月，超过6个月进行网络有偿维护与服务。

（3）项目开发环境

操作系统为Windows XP、Windows 2000、Windows 2003、Windows 7、Windows 8或Windows 10，开发工具为Turbo C。

（4）项目验收方式与依据

项目验收分为内部验收和外部验收两种方式。在项目开发完成后，首先进行内部验收，由测试人员根据用户需求和项目目标进行验收。项目在通过内部验收后交给用户进行验收，验收的主要依据为需求规格说明书。

3．项目团队组织

（1）组织结构

为了完成成绩管理系统的项目开发，公司组建一个临时的项目团队，由项目经理、系统分析员、软件工程师和测试人员构成，其组织结构如图 19-1 所示。

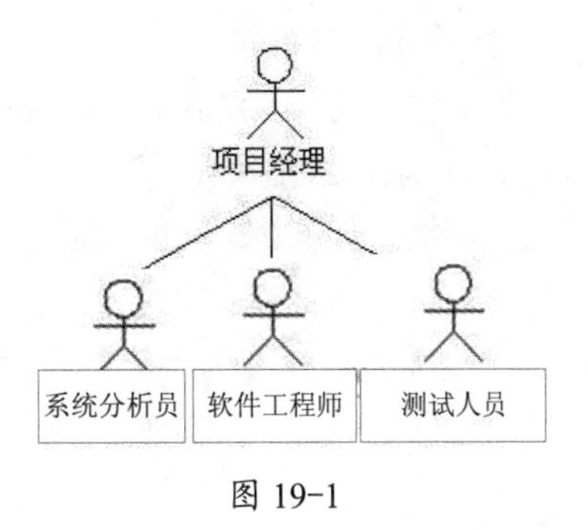

图 19-1

（2）人员分工

为了明确项目团队中每个人的任务分工，现制订人员分工表，见表 19-2。

表 19-2

姓名	技术水平	所属部门	角色	工作描述
吴某	MBA	项目开发部	项目经理	负责项目的审批、决策的实施以及前期分析、策划、项目开发进度的跟踪、项目质量的检查以及系统功能分析与设计
刘某（我）	高级软件工程师	项目开发部	软件工程师	负责软件设计与编码
王某	初级系统测试工程师	项目测试部	测试人员	对软件进行测试、编写软件测试文档

19.2　系统功能模块

本章将通过一个简单的学生成绩管理系统实例，来说明C语言编写文件处理项目的基本方法。

↑扫码看视频（本节视频课程时间：2 分 4 秒）

实例 19-1：学生成绩管理系统功能模块

源码路径：下载包 \daima\19

本实例的实现文件为“stu.c”，构成功能模块如下。

1．输入记录模块

用于将数据输入单链表，记录可以从以二进制形式存储的数据文件中读入，也可以从键盘中逐个读入学生的记录。学生记录由学生的基本资料和学生成绩构成。当从数据文件中读入时，将在以记录为单位存储的数据文件中，将记录逐条复制到单链表中。

2．记录查询模块

此模块的功能是在单链表中查找满足相关条件的学生记录。在此系统中，可以按照学生的学号或姓名来查找学生信息，并返回指向学生记录的指针。没有结果则返回一个为 NULL 的空指针，并输出没有找到信息的提示。

3．记录更新模块

此模块用于对学生信息进行维护处理，在此系统实例中可以对学生记录进行修改、删除、插入和排序操作。系统进行上述操作后，需要将修改后的数据存入源数据文件中。

4．记录统计模块

此模块的功能是统计各门功课中最高分和不及格人数。

5．记录输出模块

此模块有如下 2 个功能。

（1）对学生记录信息进行存盘操作，将单链表中各节点中存储的学生记录写入数据文件中。

（2）将单链表中各节点中存储的学生记录信息以表格的形式在屏幕中输出。

上述模块的总体结构如图 19-2 所示。

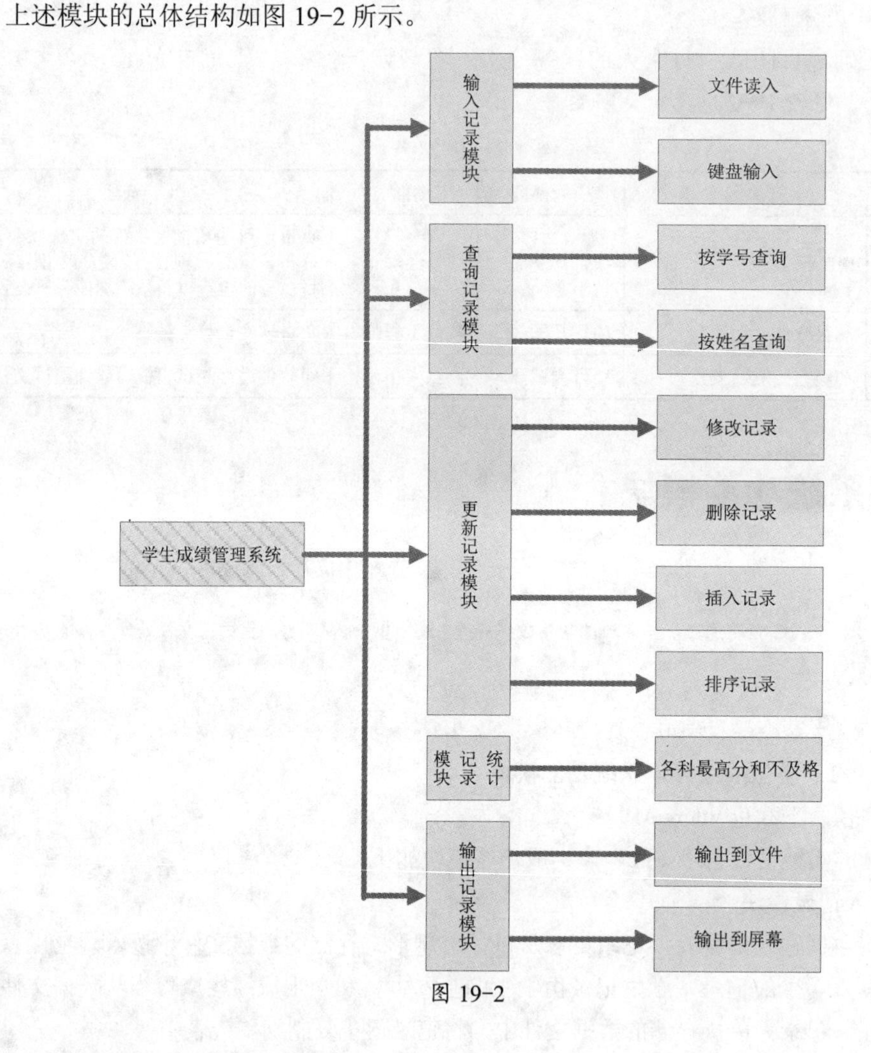

图 19-2

19.3　系统总体设计

经过上一节的系统功能构成分析后，即可根据各构成的功能模块进行对应的设计处理。在本节的内容中，将简要介绍此系统的总体设计过程。

↑扫码看视频（本节视频课程时间：2 分 35 秒）

19.3.1　功能模块设计

1. 主函数 main 运行流程

主函数 main 将首先以可读写的方式打开数据文件，在此，数据文件默认为“C:\student”，如果不存在，则新建此文件。当文件被打开后，将从文件中读取一条记录，添加到新建的单链表中，然后显示系统的主菜单，最后进入主循环操作过程，进行按键判断处理。按键判断处理的流程如下。

（1）按键的有效值是 0 ～ 9，如果是其他数值则是错误的。

（2）如果输入为 0，则会继续判断是否对记录进行更新操作后进行了保存处理，如果没有保存，则系统会提示用户是否需要进行保存处理。

（3）在最后将退出此系统。

（4）如果选择 1，则调用 Add 函数，进行增加学生记录。

（5）如果选择 2，则调用 Del 函数，进行删除学生记录。

（6）如果选择 3，则调用 Qur 函数，进行查询学生记录。

（7）如果选择 4，则调用 Modify 函数，进行修改学生记录。

（8）如果选择 5，则调用 Insert 函数，进行添加学生记录。

（9）如果选择 6，则调用 Tongji 函数，进行统计学生记录。

（10）如果选择 7，则调用 Sort 函数，则按降序排列学生记录。

（11）如果选择 8，则调用 Save 函数，则保存更改后的学生记录信息。

（12）如果选择 9，则调用 Desp 函数，以表格样式输出学生记录。

（13）如果是 0 ～ 9 以外的值，则调用 Wrong 函数，输出错误提示。

主函数 main 的具体运行流程如图 19-3 所示。

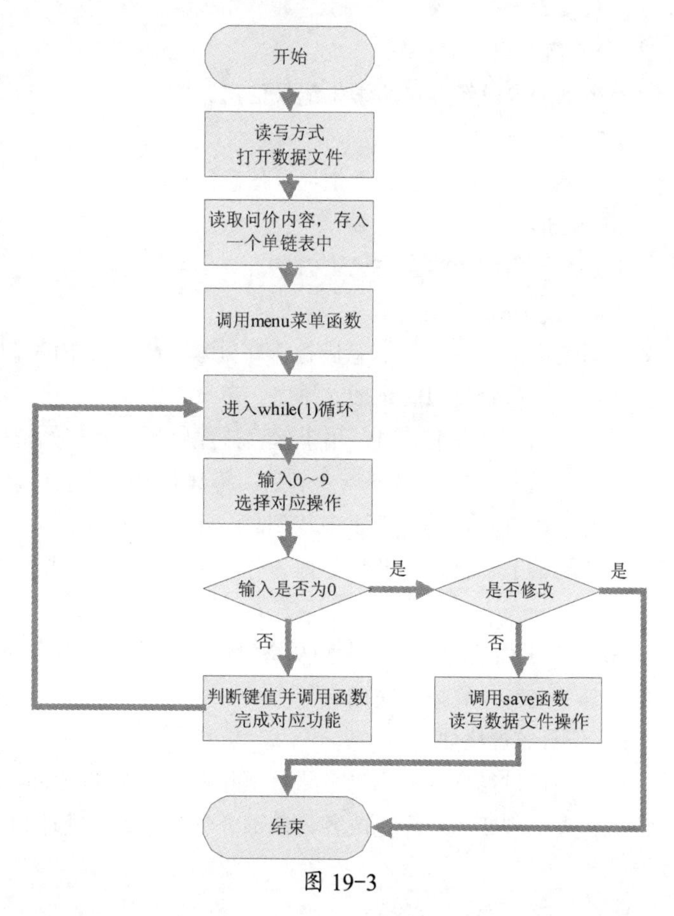

图 19-3

2. 输入记录模块

输入记录模块的功能是将数据存入单链表中。当从数据文件中读取数据时，调用文件读取函数 fread，执行从文件中读取一条学生成绩信息存入指针变量 p 所指向的节点中的操作，并且此操作在主函数 main 中执行。

如果数据文件没有记录，系统会提示单链表为空，即没有任何学生记录可以操作。此时用户应该选择 1，即调用 Add 函数输入新的学生记录，从而完成在单链表 1 中添加节点的操作。

注意：在上述处理过程的字符串和数值输入中，分别采用了对应的函数来实现，在函数中完成输入数据的任务，并对数据进行条件判断处理，直到满足条件为止，这样就大大减少了代码的重复和冗余。

3．查询记录处理

查询记录即查询单链表中的学生记录，并以学号或姓名的格式显示结果。在查询函数 Qur（1）中，1 指向保存了学生成绩信息的单链表的首地址的指针变量。为了遵循模块化编程的原则，需要将在单链表中进行的指针定位操作设计成一个单独的函数 Node。

4．更新记录处理

此模块的功能是对系统的学生记录信息进行修改、删除、插入和排序操作。因为学生的记录信息是以单链表结构存储的，所以这些操作要在单链表中完成。系统内的记录更新包括如下 4 种操作。

（1）修改记录

修改系统内已经存在的学生记录信息。

（2）删除记录

删除系统内已经存在的学生记录信息。

（3）插入记录

向系统中添加新的学生记录信息。

（4）排序记录

对系统中的学生记录信息进行排序处理。C 语言中的排序算法有多种，例如冒泡排序和插入排序。本系统使用的是插入排序。单链表中插入排序的处理流程如下。

① 新创建一个单链表 1，用于保存排序结果，其初始值为待排序单链表中的头结点。

② 从排序列表中取出下一个节点，将其总分字段值和单链表 1 中的各节点中总分字段的值进行比较，直到在单链表 1 中找到总分小于它的节点。如果找到这个节点，系统将待排序链表中取出的节点插入在此节点前，作为它的前缀；否则将把取出的节点放在单链表 1 的结尾处。

③ 重复上面的②操作，直到从待排序链表取出的节点的指针域为 NULL（即此节点为链表的尾部节点）才算排序完成。

5．记录统计模块

此模块通过循环读取指针变量 p 所指向的当前节点的数据域中各字段的值，并对各成绩字段进行逐一判断，最终完成各科最部分学生的查找处理和不及格学生的统计。

19.3.2 数据结构设计

系统中包含的数据结构如下。

1．学生成绩记录结构体

此处的学生成绩记录结构体是 student，具体代码如下：

```
typedef struct student                                /* 标记为 student*/

char num[10];                                         /* 学号 */
char name[15];                                        /* 姓名 */
int cgrade;                                           /*C 语言成绩 */
int mgrade;                                           /* 数学成绩 */
int egrade;                                           /* 英语成绩 */
int total;                                            /* 总分 */
float ave;                                            /* 平均分 */
int mingci;                                           /* 名次 */
};
```

2．单链表结构体

此处的单链表结构体是 node，具体代码如下：

```
typedef struct node
{
struct student data;                                  /* 数据域 */
struct node *next;                                    /* 指针域 */
}Node,*Link;                  /*Node 为 node 类型的结构变量，*Link 为 node 类型的指针变量 */
```

19.3.3　构成函数介绍

此系统中各主要构成函数的基本信息如下。

（1）函数 printheader

函数 printheader 用于格式化输出表头，在以表格形式输出学生记录时输出标头信息。具体结构如下：

```
void printheader()
```

（2）函数 printdata

函数 printdata 用于格式化输出表中数据，打印输出单链表 pp 中学生的信息。具体结构如下：

```
void printdata(Node *pp)
```

（3）函数 stringinput

函数 stringinput 用于输入字符串，并进行长度验证（长度 <lens）。具体结构如下：

```
void stringinput(char *t,int lens,char *notice)
```

（4）函数 numberinput

函数 numberinput 用于输入分数，并对输入的分数进行 0≤分数≤100 验证。具体结构如下：

```
int numberinput(char *notice)
```

（5）函数 Disp

函数 Disp 用于显示单链表 l 中存储的学生记录，内容为 student 结构中定义的内容。具体结构如下：

```
void Disp(Link l)
```

（6）函数 Locate

函数 Locate 用于定位链表中符合要求的节点，并返回指向该节点的指针，具体结构如下：

```
ode* Locate(Link l,char findmess[],char nameornum[])
```

其中，参数“findmess[]”用于保存要查找的具体内容，参数“nameornum[]”用于保存按什么查找，在单链表 l 中查找。

（7）函数 Add

函数 Add 用于向系统增加新的学生记录。具体结构如下：

```
void Add(Link l)
```

（8）函数 Qur

函数 Qur 用于按学号或姓名来查询学生记录。具体结构如下：

```
void Qur(Link l)
```

（9）函数 Del

函数 Del 用于删除系统中的学生记录信息，具体结构如下：

```
void Del(Link l)
```

（10）函数 Modify

函数 Modify 用于修改学生记录。先按输入的学号查询到该记录，然后提示用户修改学号之外的值，但是学号不能修改。具体结构如下：

```
void Modify(Link l)
```

（11）函数 Insert

函数 Insert 用于插入记录，即按学号查询到要插入的节点的位置，然后在该学号之后插入一个新节点。具体结构如下：

```
void Insert(Link l)
```

（12）函数 Tongji

函数 Tongji 用于分别统计该班的总分第一名和单科第一和各科不及格人数，具体结构如下：

```
void Tongji(Link l)
```

（13）函数 Sort

函数 Sort 可以利用插入排序法实现单链表的按总分字段的降序排序，格式是从高到低。具体结构如下所示：

```
void Sort(Link l)
```

（14）函数 Save

函数 Save 用于数据存盘处理，如果用户没有专门进行此操作且对数据有修改，在退出系统时会提示用户存盘。具体结构如下：

```
void Save(Link l)
```

（15）主函数 main

主函数 main 是整个成绩管理系统的控制部分。

19.4 系统具体实现

经过了前面的功能模块分析和系统总体设计后，就可以在此基础上进行程序设计了。在本节的内容中，将详细介绍此项目系统的具体实现过程。

↑扫码看视频（本节视频课程时间：34 分 15 秒）

19.4.1　预处理

程序预处理包括文件加载、定义结构体、定义常量、定义变量。具体代码如下所示：

```
#include "stdio.h"                                    /* 标准输入输出函数库 */
#include "stdlib.h"                                   /* 标准函数库 */
#include "string.h"                                   /* 字符串函数库 */
#include "conio.h"                                    /* 屏幕操作函数库 */
#define HEADER1 "      -------------------STUDENT-------------------   \n"
#define HEADER2 "   |  number  |  name   |Comp|Math|Eng |  sum   |  ave   |mici | \n"
#define HEADER3 "  |----------|--------|----|----|----|-------|-------|-----|"
#define FORMAT  "      |    %-10s |%-15s|%4d|%4d|%4d| %4d    | %.2f  |%4d |\n"
#define DATA  p->data.num,p->data.name,p->data.egrade,p->data.mgrade,p->data.
                    cgrade,p->data.total,p->data.ave,p->data.mingci
#define END     "   ------------------------------------------------------ \n"
int saveflag=0;                                       /* 是否需要存盘的标志变量 */
/* 定义与学生有关的数据结构 */
typedef struct student                                /* 标记为 student*/
{
    char num[10];                                     /* 学号 */
    char name[15];                                    /* 姓名 */
    int cgrade;                                       /*C 语言成绩 */
    int mgrade;                                       /* 数学成绩 */
    int egrade;                                       /* 英语成绩 */
    int total;                                        /* 总分 */
    float ave;                                        /* 平均分 */
    int mingci;                                       /* 名次 */
};
/* 定义每条记录或结点的数据结构，标记为：node*/
typedef struct node
{
    struct student data;                              /* 数据域 */
    struct node *next;                                /* 指针域 */
    }Node,*Link;          /*Node 为 node 类型的结构变量，*Link 为 node 类型的指针变量 */
```

19.4.2　主函数 main

主函数main实现了对整个系统的控制，通过对各模块函数的调用实现了系统的具体功能。具体代码如下所示：

```
int main()
{
  Link l;                                   /* 定义链表 */
  FILE *fp;                                 /* 文件指针 */
  int select;                               /* 保存选择结果变量 */
  char ch;                                  /* 保存 (y,Y,n,N) */
  int count=0;                              /* 保存文件中的记录条数（或结点个数）*/
  Node *p,*r;                               /* 定义记录指针变量 */
  l=(Node*)malloc(sizeof(Node));
  if(!l)
   {
     printf("\n allocate memory failure ");     /* 如没有申请到，打印提示信息 */
     return ;                                   /* 返回主界面 */
   }
  l->next=NULL;
  r=l;
/* 以追加方式打开一个二进制文件，可读可写，若此文件不存在，会创建此文件 */
fp=fopen("C:\\student","ab+");
  if(fp==NULL)
  {
    printf("\n=====>can not open file!\n");
    exit(0);
```

```
    }
  while(!feof(fp))
  {
    p=(Node*)malloc(sizeof(Node));
    if(!p)
     {
       printf(" memory malloc failure!\n");        /* 没有申请成功 */
       exit(0);        /* 退出 */
     }
    if(fread(p,sizeof(Node),1,fp)==1)              /* 一次从文件中读取一条学生成绩记录 */
    {
     p->next=NULL;
     r->next=p;
     r=p;                                          /*r 指针向后移一个位置 */
     count++;
     }
  }
  fclose(fp); /* 关闭文件 */
  printf("\n=====>open file sucess,the total records number is : %d.\n",count);
  menu();
  while(1)
  {
     system("cls");
     menu();
     p=r;
     printf("\n                Please Enter your choice(0～9):"); /* 显示提示信息 */
     scanf("%d",&select);
    if(select==0)
    {
/* 若对链表的数据有修改且未进行存盘操作，则此标志为 1*/
if(saveflag==1)
    { getchar();
      printf("\n=====>Whether save the modified record to file?(y/n):");
      scanf("%c",&ch);
      if(ch=='y'||ch=='Y')
        Save(l);
    }
     printf("=====>thank you for useness!");
     getchar();
     break;
    }
    switch(select)
    {
    case 1:Add(l);break;                           /* 增加学生记录 */
    case 2:Del(l);break;                           /* 删除学生记录 */
    case 3:Qur(l);break;                           /* 查询学生记录 */
    case 4:Modify(l);break;                        /* 修改学生记录 */
    case 5:Insert(l);break;                        /* 插入学生记录 */
    case 6:Tongji(l);break;                        /* 统计学生记录 */
    case 7:Sort(l);break;                          /* 排序学生记录 */
    case 8:Save(l);break;                          /* 保存学生记录 */
    case 9:system("cls");Disp(l);break;            /* 显示学生记录 */
    default: Wrong();getchar();break;              /* 按键有误，必须为数值 0～9*/
    }
  }
}
```

19.4.3 系统主菜单函数

系统主菜单函数 menu 的功能是，显示系统的主菜单界面，提示用户进行相应的选择并完成对应的任务。具体代码如下所示：

```
void menu()                              /* 主菜单 */
{
    system("cls");                       /* 调用 DOS 命令，清屏 . 与 clrscr() 功能相同 */
    textcolor(10);                       /* 在文本模式中选择新的字符颜色 */
    gotoxy(10,5);                        /* 在文本窗口中设置光标 */
    cprintf("                    The Students' Grade Management System \n");
    gotoxy(10,8);
    cprintf("     ******************Menu*********************\n");
    gotoxy(10,9);
    cprintf("     *  1 input   record        2 delete record        *\n");
    gotoxy(10,10);
    cprintf("     *  3 search  record        4 modify record        *\n");
    gotoxy(10,11);
    cprintf("     *  5 insert  record        6 count  record        *\n");
    gotoxy(10,12);
    cprintf("     *  7 sort     reord        8 save   record        *\n");
    gotoxy(10,13);
    cprintf("     *  9 display record        0 quit   system        *\n");
    gotoxy(10,14);
    cprintf("     ***************************************************\n");
    /*cprintf() 送格式化输出至文本窗口屏幕中 */
}
```

19.4.4　表格显示信息

因为系统学生信息要经常显示，为了提高代码重用性，所以将学生记录显示信息作为了一个独立的模块。将以表格样式显示单链表 1 中存储的学生信息，内容是 student 结构中定义的内容。具体代码如下所示：

```
void printdata(Node *pp)                         /* 格式化输出表中数据 */
{
 Node* p;
 p=pp;
 printf(FORMAT,DATA);
}
void Wrong()                                     /* 输出按键错误信息 */
{
printf("\n\n\n\n\n***********Error:input has wrong! press any key to
                                                  continue**********\n");
getchar();
}
void Nofind()                                    /* 输出未查找此学生的信息 */
{
printf("\n=====>Not find this student!\n");
}
/* 显示单链表 l 中存储的学生记录，内容为 student 结构中定义的内容 */
void Disp(Link l)
{
Node *p;
/*l 存储的是单链表中头结点的指针，该头结点没有存储学生信息，指针域指向的后继结点才有学生信息 */
p=l->next;
if(!p)                                           /*p==NULL,NUll 在 stdlib 中定义为 0*/
{
  printf("\n=====>Not student record!\n");
  getchar();
  return;
}
printf("\n\n");
printheader();                                   /* 输出表格头部 */
while(p)                                         /* 逐条输出链表中存储的学生信息 */
{
  printdata(p);
```

```
    p=p->next;                                  /* 移动至下一个结点 */
    printf(HEADER3);
  }
  getchar();
  }
```

19.4.5 信息查找定位

当用户进入系统后，在对某个学生的信息进行处理前需要按条件查找此条记录信息。上述功能由函数 Node* Locate 实现，具体代码如下所示：

```
/**************************************************************
作用：用于定位链表中符合要求的节点，并返回指向该节点的指针
参数：findmess[] 保存要查找的具体内容 ; nameornum[] 保存按什么查找 ;
      在单链表 l 中查找 ;
**************************************************************/
Node* Locate(Link l,char findmess[],char nameornum[])
{
Node *r;
if(strcmp(nameornum,"num")==0)                  /* 按学号查询 */
{
  r=l->next;
  while(r)
  {
   if(strcmp(r->data.num,findmess)==0)          /* 若找到 findmess 值的学号 */
    return r;
   r=r->next;
  }
}
else if(strcmp(nameornum,"name")==0)            /* 按姓名查询 */
{
  r=l->next;
  while(r)
  {
   if(strcmp(r->data.name,findmess)==0)         /* 若找到 findmess 值的学生姓名 */
    return r;
   r=r->next;
  }
}
return 0;                                       /* 若未找到，返回一个空指针 */
}
```

19.4.6 格式化输入数据

此系统要求用户只能输入字符型和数值型数据，为此系统中定义了函数 stringinput 和 numberinput 进行控制。具体代码如下所示：

```
/* 输入字符串，并进行长度验证 ( 长度 <lens) */
void stringinput(char *t,int lens,char *notice)
{
   char n[255];
   do{
      printf(notice);                          /* 显示提示信息 */
      scanf("%s",n);                           /* 输入字符串 */
      if(strlen(n)>lens)printf("\n exceed the required length! \n");
/* 进行长度校验，超过 lens 值重新输入 */
     }while(strlen(n)>lens);
   strcpy(t,n);                                /* 将输入的字符串复制到字符串 t 中 */
}
/* 输入分数，0< =分数 < = 100) */
int numberinput(char *notice)
```

```
{
  int t=0;
   do{
      printf(notice);                                    /* 显示提示信息 */
      scanf("%d",&t);                                    /* 输入分数 */
      if(t>100 || t<0) printf("\n score must in [0,100]! \n");/* 进行分数校验 */
   }while(t>100 || t<0);
   return t;
}
```

19.4.7　增加学生记录

如果系统内的学生信息为空，可以通过函数 Add 向系统内添加学生记录。具体代码如下所示：

```
/* 增加学生记录 */
void Add(Link l)
{
Node *p,*r,*s;                          /* 实现添加操作的临时的结构体指针变量 */
char ch,flag=0,num[10];
r=l;
s=l->next;
system("cls");
Disp(l);                                /* 先打印出已有的学生信息 */
while(r->next!=NULL)
  r=r->next;                            /* 将指针移至于链表最末尾，准备添加记录 */
/* 一次可输入多条记录，直至输入学号为 0 的记录结点添加操作 */
while(1)
{
 /* 输入学号，保证该学号没有被使用，若输入学号为 0，则退出添加记录操作 */
while(1)
{
  stringinput(num,10,"input number(press '0'return menu):"); /* 格式化输入学号并
                                                                        检验 */
  flag=0;
  if(strcmp(num,"0")==0)                /* 输入为 0，则退出添加操作，返回主界面 */
      {return;}
  s=l->next;
    /* 查询该学号是否已经存在，若存在则要求重新输入一个未被占用的学号 */
while(s)
    {
      if(strcmp(s->data.num,num)==0)
      {
       flag=1;
       break;
       }
     s=s->next;
    }
  if(flag==1)                           /* 提示用户是否重新输入 */
     {  getchar();
        printf("=====>The number %s is not existing,try again?(y/n):",num);
        scanf("%c",&ch);
        if(ch=='y'||ch=='Y')
         continue;
        else
          return;
     }
    else
     {break;}
  }
  p=(Node *)malloc(sizeof(Node));        /* 申请内存空间 */
  if(!p)
```

```
    {
        printf("\n allocate memory failure ");     /* 如没有申请到，打印提示信息 */
        return ;                                   /* 返回主界面 */
    }
  strcpy(p->data.num,num);              /* 将字符串 num 复制到 p->data.num 中 */
  stringinput(p->data.name,15,"Name:");
  p->data.cgrade=numberinput("C language Score[0-100]:");/* 输入并检验分数，分数必须
                                                                      在 0 ～ 100*/
  p->data.mgrade=numberinput("Math Score[0-100]:");        /* 输入并检验分数，分数必须
                                                                      在 0 ～ 100*/
  p->data.egrade=numberinput("English Score[0-100]:");     /* 输入并检验分数，分数必须
                                                                      在 0 ～ 100*/
  p->data.total=p->data.egrade+p->data.cgrade+p->data.mgrade; /* 计算总分 */
  p->data.ave=(float)(p->data.total/3);            /* 计算平均分 */
  p->data.mingci=0;
  p->next=NULL;                                    /* 表明这是链表的尾部结点 */
  r->next=p;                                       /* 将新建的结点加入链表尾部中 */
  r=p;
  saveflag=1;
  }
      return ;
}
```

19.4.8　查询学生记录

用户可以对系统内的学生信息进行快速查询处理，在此可以按照学号或姓名进行查询。如果符合查询条件的学生存在，则打印输出查询结果。具体代码如下所示：

```
void Qur(Link l)                    /* 按学号或姓名，查询学生记录 */
{
int select;                         /*1：按学号查，2：按姓名查，其他：返回主界面（菜单）*/
char searchinput[20];               /* 保存用户输入的查询内容 */
Node *p;
if(!l->next)                        /* 若链表为空 */
{
  system("cls");
  printf("\n=====>No student record!\n");
  getchar();
  return;
}
system("cls");
printf("\n     =====>1 Search by number  =====>2 Search by name\n");
printf("      please choice[1,2]:");
scanf("%d",&select);
if(select==1)                       /* 按学号查询 */
 {
  stringinput(searchinput,10,"input the existing student number:");
  /* 在 l 中查找学号为 searchinput 值的节点，并返回节点的指针 */
p=Locate(l,searchinput,"num");
  if(p)                             /* 若 p!=NULL*/
  {
   printheader();
   printdata(p);
   printf(END);
   printf("press any key to return");
   getchar();
  }
  else
   Nofind();
   getchar();
}
else if(select==2)                  /* 按姓名查询 */
```

```
{
  stringinput(searchinput,15,"input the existing student name:");
  p=Locate(l,searchinput,"name");
  if(p)
  {
   printheader();
   printdata(p);
   printf(END);
   printf("press any key to return");
   getchar();
  }
  else
   Nofind();
   getchar();
}
else
  Wrong();
  getchar();
}
```

19.4.9 删除学生记录

在删除操作时，系统会根据用户的要求先查找到要删除记录的节点，然后在单链表中删除这个节点。具体代码如下所示：

```
/* 删除学生记录：先找到保存该学生记录的节点，然后删除该节点 */
void Del(Link l){
int sel;
Node *p,*r;
char findmess[20];
if(!l->next) {
system("cls");
  printf("\n=====>No student record!\n");
  getchar();
  return;
}
system("cls");
Disp(l);
printf("\n         =====>1 Delete by number        =====>2 Delete by name\n");
printf("        please choice[1,2]:");
scanf("%d",&sel);
if(sel==1){
  stringinput(findmess,10,"input the existing student number:");
  p=Locate(l,findmess,"num");
  if(p)  /*p!=NULL*/{
   r=l;
   while(r->next!=p)
    r=r->next;
   r->next=p->next;                              /* 将 p 所指节点从链表中去除 */
   free(p);                                      /* 释放内存空间 */
   printf("\n=====>delete success!\n");
   getchar();
   saveflag=1;
  }
  else
   Nofind();
   getchar();
}
else if(sel==2)                                  /* 先按姓名查询到该记录所在的节点 */
{
  stringinput(findmess,15,"input the existing student name");
  p=Locate(l,findmess,"name");
```

```
      if(p)
      {
       r=l;
       while(r->next!=p)
         r=r->next;
       r->next=p->next;
       free(p);
       printf("\n=====>delete success!\n");
       getchar();
       saveflag=1;
      }
      else
       Nofind();
       getchar();
    }
    else
      Wrong();
      getchar();
    }
```

19.4.10 修改学生记录

用户可以对系统内已存在的学生信息进行修改，在修改处理时系统会首先根据用户的要求查找到此学生记录，然后提示修改学号之外的值。具体代码如下所示：

```
    /*修改学生记录。先按输入的学号查询到该记录，然后提示用户修改学号之外的值，学号不能修改*/
    void Modify(Link l)
    {
    Node *p;
    char findmess[20];
    if(!l->next)
    { system("cls");
      printf("\n=====>No student record!\n");
      getchar();
      return;
    }
    system("cls");
    printf("modify student recorder");
    Disp(l);
    stringinput(findmess,10,"input the existing student number:");
/*输入并检验该学号*/
    p=Locate(l,findmess,"num");                          /*查询到该节点*/
    if(p)                                                /*若p!=NULL,表明已经找到该节点*/
    {
      printf("Number:%s,\n",p->data.num);
      printf("Name:%s,",p->data.name);
      stringinput(p->data.name,15,"input new name:");
      printf("C language score:%d,",p->data.cgrade);
      p->data.cgrade=numberinput("C language Score[0-100]:");
      printf("Math score:%d,",p->data.mgrade);
      p->data.mgrade=numberinput("Math Score[0-100]:");
      printf("English score:%d,",p->data.egrade);
       p->data.egrade=numberinput("English Score[0-100]:");
      p->data.total=p->data.egrade+p->data.cgrade+p->data.mgrade;
      p->data.ave=(float)(p->data.total/3);
      p->data.mingci=0;
      printf("\n=====>modify success!\n");
      Disp(l);
      saveflag=1;
    }
    else
      Nofind();
```

```
    getchar();
}
```

19.4.11　插入学生记录

在插入学生记录操作模块中，系统会首先按照学号查找要插入节点的位置，然后在该学号之后插入一个新的节点。具体代码如下所示：

```
/* 插入记录：按学号查询到要插入的节点的位置，然后在该学号之后插入一个新节点。*/
void Insert(Link l){
   Link p,v,newinfo;                   /*p 指向插入位置，newinfo 指新插入记录 */
   char ch,num[10],s[10];              /*s[] 保存插入点位置之前的学号，num[] 保存输入的新记录
                                                                              的学号 */
   int flag=0;
   v=l->next;
   system("cls");
   Disp(l);
   while(1)
   { stringinput(s,10,"please input insert location  after the Number:");
     flag=0;v=l->next;
     while(v)                          /* 查询该学号是否存在，flag=1 表示该学号存在 */
     {
      if(strcmp(v->data.num,s)==0)  {flag=1;break;}
          v=v->next;
     }
      if(flag==1)
        break;                         /* 若学号存在，则进行插入之前的新记录的输入操作 */
     else{
        getchar();
        printf("\n=====>The number %s is not existing,try again?(y/n):",s);
        scanf("%c",&ch);
        if(ch=='y'||ch=='Y')
         {continue;}
        else
          {return;}
      }
   }
  /* 以下新记录的输入操作与 Add() 相同 */
  stringinput(num,10,"input new student Number:");
  v=l->next;
  while(v)
  {
   if(strcmp(v->data.num,num)==0)
   {
    printf("=====>Sorry,the new number:'%s' is existing !\n",num);
    printheader();
    printdata(v);
    printf("\n");
    getchar();
    return;
   }
   v=v->next;
  }
    newinfo=(Node *)malloc(sizeof(Node));
  if(!newinfo)
   {
     printf("\n allocate memory failure ");     /* 如没有申请到，打印提示信息 */
     return ;                                   /* 返回主界面 */
   }
  strcpy(newinfo->data.num,num);
  stringinput(newinfo->data.name,15,"Name:");
  newinfo->data.cgrade=numberinput("C language Score[0-100]:");
```

```
  newinfo->data.mgrade=numberinput("Math Score[0-100]:");
  newinfo->data.egrade=numberinput("English Score[0-100]:");
  newinfo->data.total=newinfo->data.egrade+newinfo->data.cgrade+newinfo->data.
                                                                        mgrade;
  newinfo->data.ave=(float)(newinfo->data.total/3);
  newinfo->data.mingci=0;
  newinfo->next=NULL;
  saveflag=1;            /* 在main()有对该全局变量的判断，若为1，则进行存盘操作 */
  /* 将指针赋值给p，因为l中的头节点的下一个节点才实际保存着学生的记录 */
  p=l->next;
  while(1)
   {
     if(strcmp(p->data.num,s)==0)                    /* 在链表中插入一个节点 */
      {
        newinfo->next=p->next;
        p->next=newinfo;
        break;
      }
     p=p->next;
   }
   Disp(l);
   printf("\n\n");
   getchar();
}
```

19.4.12　统计学生记录

在统计学生记录模块中，系统将会统计班内总分的第一名、单科成绩的第一名和不及格学生的人数，并将统计结果打印输出。具体代码如下所示：

```
/* 统计该班的总分第一名、单科第一名和各科不及格人数 */
void Tongji(Link l)
{
  Node *pm,*pe,*pc,*pt;                             /* 用于指向分数最高的节点 */
  Node *r=l->next;
  int countc=0,countm=0,counte=0;                   /* 保存3门成绩中不及格的人数 */
  if(!r)
  { system("cls");
    printf("\n=====>Not student record!\n");
    getchar();
    return ;
  }
  system("cls");
  Disp(l);
  pm=pe=pc=pt=r;
  while(r)
  {
    if(r->data.cgrade<60) countc++;
    if(r->data.mgrade<60) countm++;
    if(r->data.egrade<60) counte++;

    if(r->data.cgrade>=pc->data.cgrade)     pc=r;
    if(r->data.mgrade>=pm->data.mgrade)     pm=r;
    if(r->data.egrade>=pe->data.egrade)     pe=r;
    if(r->data.total>=pt->data.total)       pt=r;
    r=r->next;
  }
  printf("\n--------------------the TongJi result----------------------\n");
  printf("C Language<60:%d (ren)\n",countc);
  printf("Math      <60:%d (ren)\n",countm);
  printf("English   <60:%d (ren)\n",counte);
  printf("-------------------------------------------------------------\n");
```

```
  printf("The highest student by total   scroe   name:%s totoal score:%d\n",pt-
                                                  >data.name,pt->data.total);
  printf("The highest student by English score   name:%s totoal score:%d\n",pe-
                                                  >data.name,pe->data.egrade);
  printf("The highest student by Math    score   name:%s totoal score:%d\n",pm-
                                                  >data.name,pm->data.mgrade);
  printf("The highest student by C       score   name:%s totoal score:%d\n",pc-
                                                  >data.name,pc->data.cgrade);
  printf("\n\npress any key to return");
  getchar();
}
```

19.4.13 排序处理

排序处理模块的功能是对系统内的学生信息进行排序，系统将按照插入排序算法实现单链表的按总分字段的降序排序，并分别输出打印前的结果和打印后的结果。具体代码如下所示：

```
/* 利用插入排序法实现单链表的按总分字段的降序排序，从高到低 */
void Sort(Link l)
{
Link ll;
Node *p,*rr,*s;
int i=0;
if(l->next==NULL)
{ system("cls");
  printf("\n=====>Not student record!\n");
  getchar();
  return ;
}
ll=(Node*)malloc(sizeof(Node));                        /* 用于创建新的节点 */
if(!ll)
   {
      printf("\n allocate memory failure ");      /* 如没有申请到，打印提示信息 */
      return ;                                    /* 返回主界面 */
   }
ll->next=NULL;
system("cls");
Disp(l);                                               /* 显示排序前的所有学生记录 */
p=l->next;
while(p) /*p!=NULL*/
{
  s=(Node*)malloc(sizeof(Node)); /* 新建节点用于保存从原链表中取出的节点信息 */
  if(!s) /*s==NULL*/
   {
      printf("\n allocate memory failure ");      /* 如没有申请到，打印提示信息 */
      return ;                                    /* 返回主界面 */
   }
  s->data=p->data;                                     /* 填数据域 */
  s->next=NULL;                                        /* 指针域为空 */
  rr=ll;
  /*rr 链表于存储插入单个节点后保持排序的链表，ll 是这个链表的头指针，每次从头开始查找插入位置 */
  while(rr->next!=NULL && rr->next->data.total>=p->data.total)
   {rr=rr->next;}                  /* 指针移至总分比 p 所指的节点的总分小的节点位置 */
  /* 若新链表 ll 中的所有节点的总分值都比 p->data.total 大时，就将 p 所指节点加入链表尾部 */
if(rr->next==NULL)
     rr->next=s;
  else                             /* 否则将该节点插入至第一个总分字段比它小的节点的前面 */
  {
   s->next=rr->next;
   rr->next=s;
  }
```

```
      p=p->next;                          /* 原链表中的指针下移一个节点 */
    }
      l->next=ll->next;                   /*ll 中存储是的已排序的链表的头指针 */
      p=l->next;                          /* 已排好序的头指针赋给 p，准备填写名次 */
      while(p!=NULL)                      /* 当 p 不为空时，进行下列操作 */
      {
         i++;                                   /* 结点序号 */
         p->data.mingci=i;                      /* 将名次赋值 */
         p=p->next;                             /* 指针后移 */
      }
   Disp(l);
   saveflag=1;
   printf("\n    =====>sort complete!\n");
   }
```

19.4.14 存储学生信息

在存储学生信息模块中，系统会将单链表中的数据写入磁盘中的数据文件中。如果用户对数据进行了修改但没有进行此操作，会在退出系统时提示用户是否存盘。具体代码如下所示：

```
   /* 数据存盘，若用户没有专门进行此操作且对数据有修改，在退出系统时， 会提示用户存盘 */
   void Save(Link l){
   FILE* fp;
   Node *p;
   int count=0;
   fp=fopen("c:\\student","wb");                /* 以只写方式打开二进制文件 */
   if(fp==NULL)                                 /* 打开文件失败 */
   {
     printf("\n=====>open file error!\n");
     getchar();
     return ;
   }
   p=l->next;

   while(p)
   {
     if(fwrite(p,sizeof(Node),1,fp)==1)         /* 每次写一条记录或一个节点信息至文件 */
     {
      p=p->next;
      count++;
     }
     else
     {
      break;
     }
   }
   if(count>0)
   {
     getchar();
      printf("\n\n\n\n\n=====>save file complete,total saved's record number is:%d\
n",count);
     getchar();
     saveflag=0;
   }
   else
   {system("cls");
    printf("the current link is empty,no student record is saved!\n");
    getchar();
    }
   fclose(fp);                                  /* 关闭此文件 */
   }
```

至此，整个学生成绩管理系统介绍完毕。执行后将首先按默认格式显示主界面，执行效果如图 19-4 所示。

The Students' Grade Management System
Menu
1 input record
2 delete record
3 search record
4 modify record
5 insert record
6 count record
7 sort reord
8 save record
9 display record
0 quit system
Please Enter your choice(0~9):_

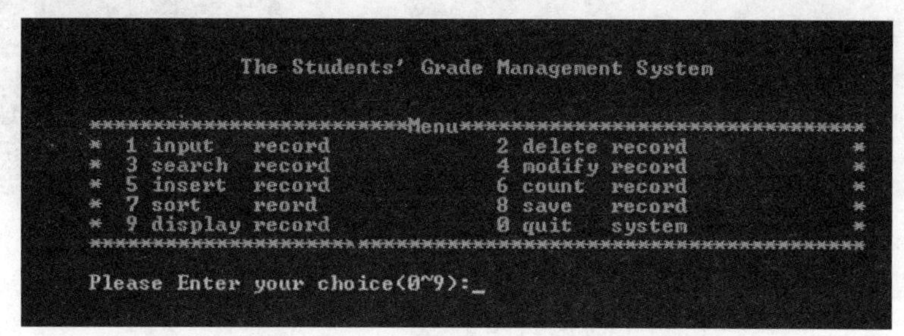

图 19-4

按下按键 1 后进入添加学生记录界面，在此可以输入要添加的信息，如图 19-5 所示。

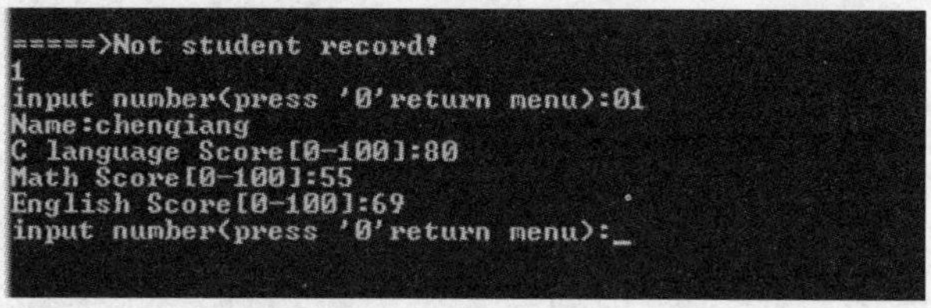

=====>Not student record!
1
input number(press '0'return menu):01
Name:chenqiang
C language Score[0-100]:80
Math Score[0-100]:55
English Score[0-100]:69
input number(press '0'return menu):_

图 19-5

添加记录完毕后，按下按键 9 并单击回车键，来查看当前表中的学生记录信息，如图 19-6 所示。

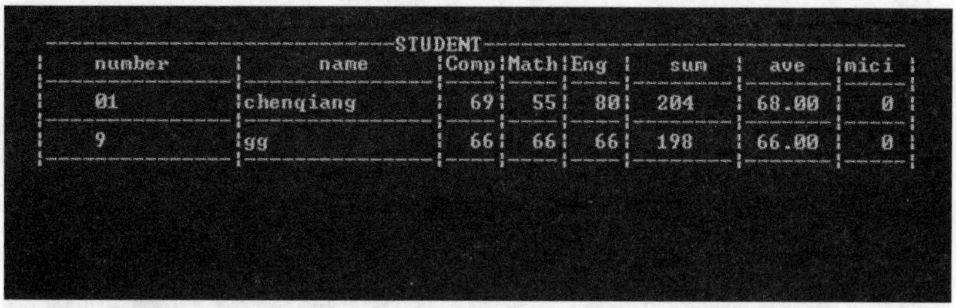

STUDENT
number | name | Comp | Math | Eng | sum | ave | mici
01 | chenqiang | 69 | 55 | 80 | 204 | 68.00 | 0
9 | gg | 66 | 66 | 66 | 198 | 66.00 | 0

图 19-6

按下按键 2，并单击回车键进入删除界面，在此可以根据需要删除指定的信息。例如在图 19-7 中，删除了名为“gg”的学生记录。

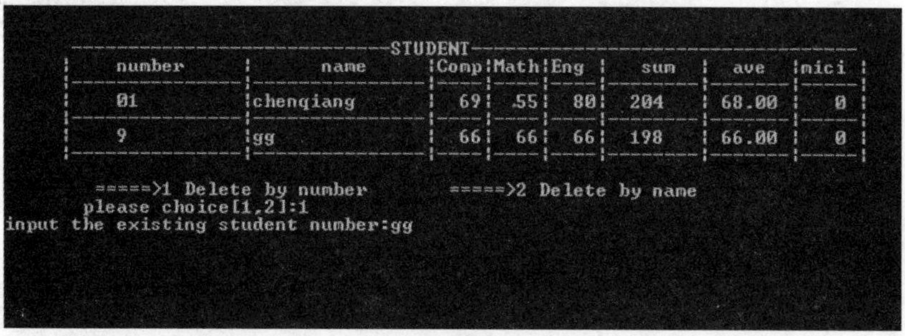

STUDENT
number | name | Comp | Math | Eng | sum | ave | mici
01 | chenqiang | 69 | 55 | 80 | 204 | 68.00 | 0
9 | gg | 66 | 66 | 66 | 198 | 66.00 | 0
=====>1 Delete by number
=====>2 Delete by name
please choice[1,2]:1
input the existing student number:gg

图 19-7

按下按键 3，并单击回车键进入查找界面，在此可以选择按用户名查找或按学号查找。

例如在图 19-8 中，按用户名查找名为“gg”的学生记录。

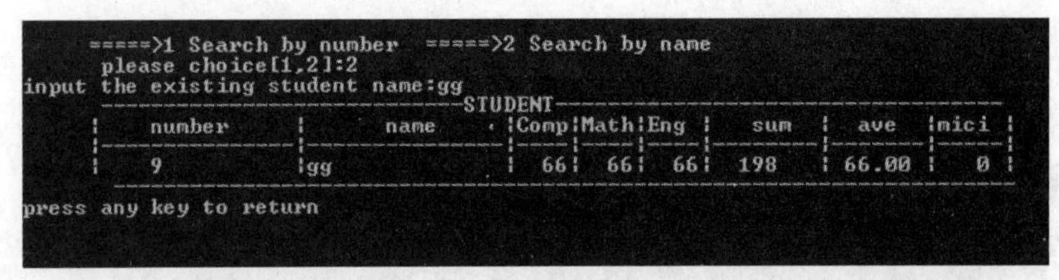

图 19-8

按下按键 4，并单击回车键进入修改界面，在此可以选择要修改的学生记录。例如在图 19-9 中，修改了学号为 1 的学生记录信息。

```
-----------------------------STUDENT--------------------------------
| number | name       |Comp|Math|Eng| sum | ave   |mici|
| 01     |chenqiang   | 69 | 55 | 80| 204 | 68.00 | 0  |
| 9      |gg          | 66 | 66 | 66| 198 | 66.00 | 0  |
input the existing student number:01
Number:01,
Name:chenqiang,input new name:cc
C language score:80,C language Score[0-100]:66
Math score:55,Math Score[0-100]:66
English score:69,English Score[0-100]:66

=====>modify success!

-----------------------------STUDENT--------------------------------
| number | name       |Comp|Math|Eng| sum | ave   |mici|
| 01     |cc          | 66 | 66 | 66| 198 | 66.00 | 0  |
| 9      |gg          | 66 | 66 | 66| 198 | 66.00 | 0  |
```

图 19-9

按下按键 5，并单击回车键进入插入记录界面，在此可以添加新的学生记录，执行效果如图 19-10 所示。

```
-----------------------------STUDENT--------------------------------
| number | name       |Comp|Math|Eng| sum | ave   |mici|
| 01     |cc          | 66 | 66 | 66| 198 | 66.00 | 0  |
please input insert location  after the Number:01
input new student Number:02
Name:
gg
C language Score[0-100]:55
Math Score[0-100]:55
English Score[0-100]:
55

-----------------------------STUDENT--------------------------------
| number | name       |Comp|Math|Eng| sum | ave   |mici|
| 01     |cc          | 66 | 66 | 66| 198 | 66.00 | 0  |
| 02     |gg          | 55 | 55 | 55| 165 | 55.00 | 0  |
```

图 19-10

按下按键 6，并单击回车键进入修改界面，在此可以统计系统的学生记录，如图 19-11 所示。

```
--------------------------------STUDENT---------------------------------------
|   number     |         name         |Comp|Math|Eng |   sum   |   ave  |mici |
|   01         |cc                    |  66|  66|  66|  198    | 66.00  |  0  |
|   02         |gg                    |  55|  55|  55|  165    | 55.00  |  0  |

------------------------------the TongJi result-------------------------------
C Language<60:1 (ren)
Math      <60:1 (ren)
English   <60:1 (ren)
-------------------------------------------------------------------------------
The highest student by total   scroe    name:cc totoal score:198
The highest student by English score    name:cc totoal score:66
The highest student by Math    score    name:cc totoal score:66
The highest student by C       score    name:cc totoal score:66

press any key to return_
```

图 19-11

按下按键 7，并单击回车键进入修改界面，在此可以对系统内学生记录进行排序处理，执行效果如图 19-12 所示。

```
--------------------------------STUDENT---------------------------------------
|   number     |         name         |Comp|Math|Eng |   sum   |   ave  |mici |
|   01         |cc                    |  66|  66|  66|  198    | 66.00  |  0  |
|   02         |gg                    |  55|  55|  55|  165    | 55.00  |  0  |

--------------------------------STUDENT---------------------------------------
|   number     |         name         |Comp|Math|Eng |   sum   |   ave  |mici |
|   01         |cc                    |  66|  66|  66|  198    | 66.00  |  1  |
|   02         |gg                    |  55|  55|  55|  165    | 55.00  |  2  |
```

图 19-12

按下按键 8，并按下回车键后可以保存当前系统内的记录信息，执行效果如图 19-13 所示。

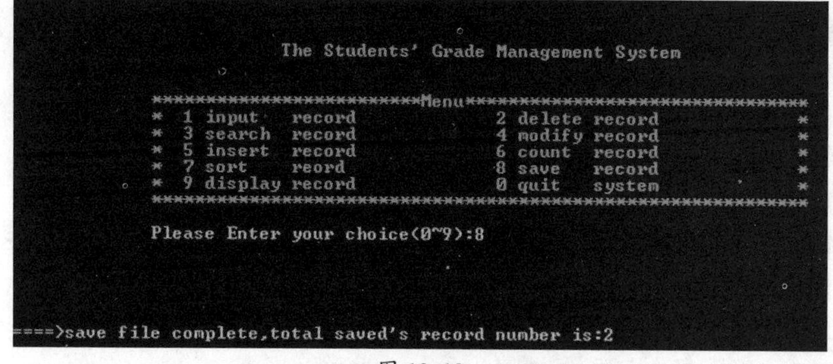

图 19-13

第20章 三江化工薪资管理系统

（视频讲解：43分钟）

随着当前计算机的普及，越来越多的相关技术被用于现实领域。企事业单位办公领域更是深受计算机的影响，逐渐实现了办公自动化。作为企业日常事务之一的“工资发放工作”来说，实现自动化处理是一个必然趋势。在本章的内容中，将通过一个具体实例的实现过程，来讲解开发一个典型工资管理系统的具体流程。

20.1 项目介绍

本章介绍的项目是为“三江化工集团”开发一个工资管理系统，客户提出在项目中必须实现三个功能：信息添加、删除信息和信息排序。

↑扫码看视频（本节视频课程时间：1分11秒）

整个项目开发团队的具体职能说明如下。

- 项目经理：负责前期功能分析，策划构建系统模块，检查项目进度，质量检查；
- 软件工程师A：设计数据结构和规划系统函数；
- 软件工程师B：实现输入记录模块、更新记录模块的编码工作；
- 软件工程师C：实现主函数模块、统计记录模块、输出记录模块的工作和系统调试等工作。

整个项目的具体实现流程如图20-1所示。

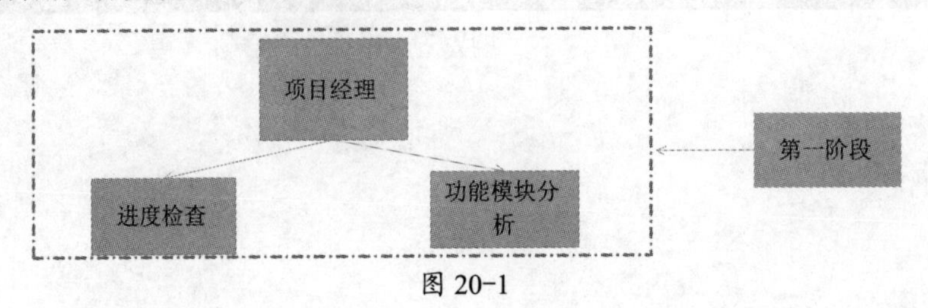

图20-1

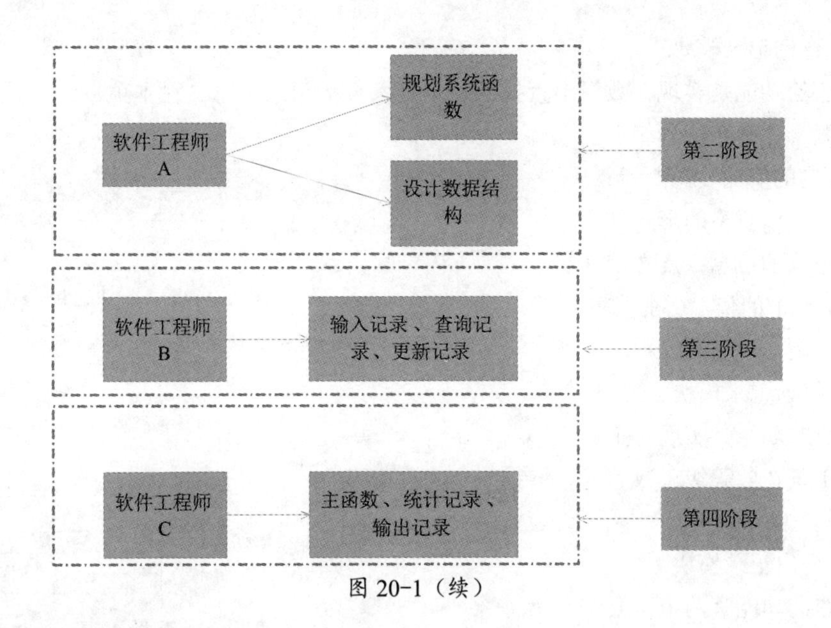

图 20-1（续）

20.2　项目规划分析

在开发软件项目的过程中，前期的规划分析工作十分重要，直接决定了整个项目的开发过程是否顺利。在本节的内容中，将详细讲解实现本章项目规划分析的具体过程。

↑扫码看视频（本节视频课程时间：2 分 12 秒）

20.2.1　项目目的

本项目的目的是实现工资系统的办公自动化操作，实现办公无纸化处理，并且通过查询、添加、修改和删除等操作提高工作效率。不但节约日常办公成本，而且体现一个企业进入蓬勃发展的现代化阶段。随着国家大力推广信息化工程，办公自动化已经成为了当前的发展趋势。

20.2.2　功能模块分析

（1）输入记录模块

此模块的功能是将数据保存到存储数组中。在本项目中，记录信息可以从以二进制形式存储的数据文件中读入，也可以从键盘中逐个输入记录。记录是由职工的基本信息和工资信息构成的。当从数据文件中读入记录时，是在以记录为单位存储的数据文件中将记录逐条复制到数组元素中。

（2）更新记录模块

此模块的功能是完成对记录的维护工作。在本项目中，要分别实现对记录的插入、修改、删除和排序等操作。通常来说，系统完成上述操作之后，需要将修改的数据存入数据源文件。

（3）查询记录模块

此模块的功能是实现在数组中查找满足指定条件的记录信息。在本项目中，我们可以按照员工的编号、姓名在系统中快速查找指定的信息。如果找到相关记录，则以表格的形式打印输出此记录的信息；反之，则返回一个 -1 的值，并打印输出“未找到记录”的提示。

（4）统计记录模块

此模块的功能是实现对企业员工的工资在各等级人数的统计。

（5）输出记录模块

此模块的功能有两个：第一，实现记录的存盘操作，将数组中各个元素中存储的记录信息写入数据文件中；第二，将数组中存储的记录信息以表格的形式在屏幕中显示并可打印输出。

上述各个模块的具体结构如图 20-2 所示。

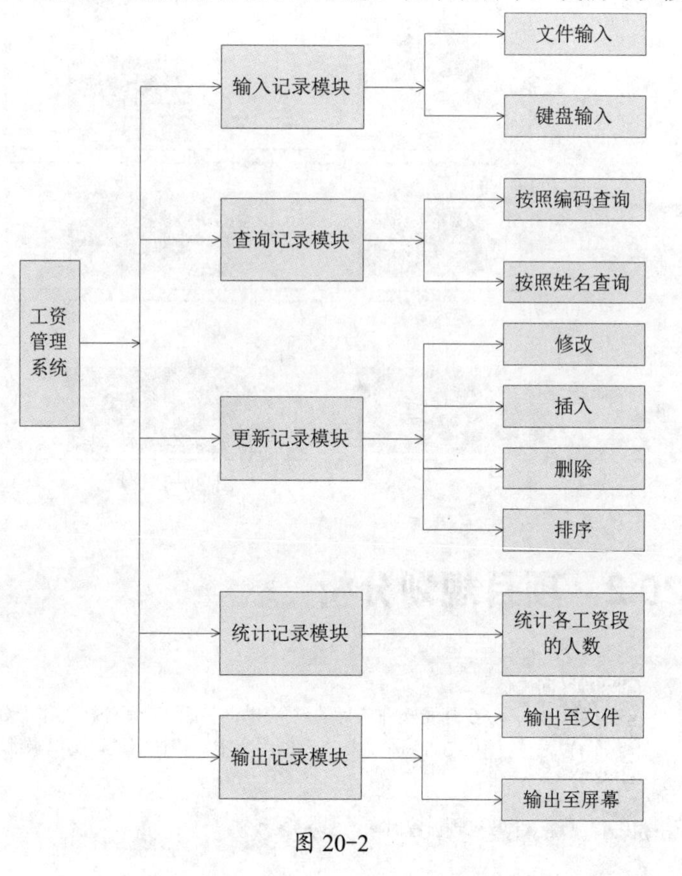

图 20-2

20.3　系统设计

因为客户要求用尽量简单的代码实现整个项目，以便于后期维护。本来准备用链表来存储系统数据，但是考虑到代码简单和易于维护的要求，决定改用数组实现数据存储，将结构体类型作为数组的元素，并用一个文件来存储系统的数据。并设定将文件命名为“C:\charge”，可以以可读写的方式打开这个文件，如果此文件不存在，则新创建这个文件；当打开此文件成功之后，则从文件中一次读取一条记录，并将读取的记录添加到新建的数组中，然后显示主菜单并进入主循环操作，从而进行按键判断。

↑扫码看视频（本节视频课程时间：0 分 36 秒）

20.3.1　设计数据结构

定义结构体 employe，用于保存员工的基本信息和工资信息，具体代码如下所示：

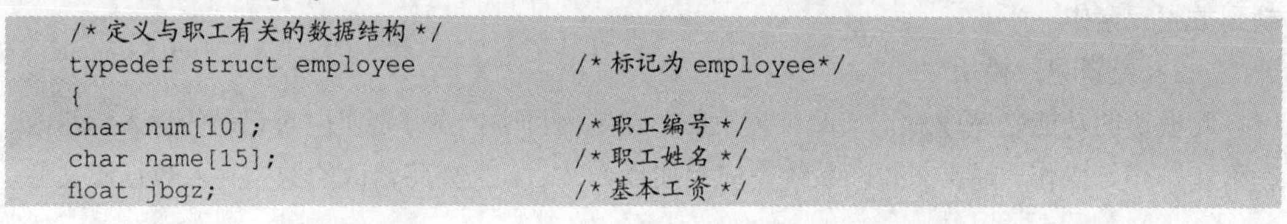

```
/* 定义与职工有关的数据结构 */
typedef struct employee                /* 标记为 employee*/
{
char num[10];                          /* 职工编号 */
char name[15];                         /* 职工姓名 */
float jbgz;                            /* 基本工资 */
```

```
    float jj;                                /* 奖金 */
    float kk;                                /* 扣款 */
    float yfgz;                              /* 应发工资 */
    float sk;                                /* 税款 */
    float sfgz;                              /* 实发工资 */
    }ZGGZ;
```

20.3.2　规划项目函数

在本项目中，用到了下表 20-1 所示的自定义函数。

表 20-1

函数	具体说明
函数 printheader()	功能是当以表格的形式显示记录时，打印输出表头的信息
函数 printdata(ZGGZ pp)	功能是以表格的形式打印输出单个元素中记录的信息
函数 Disp(ZGGZ tp[],int n)	功能是显示 tp 数组中存储的 *n* 个记录信息
函数 stringinput(char *t,int lens,char *notice)	功能是实现字符串输入，并进行字符串长度检查，其中参数 t 是用于保存输入的字符串，相当于函数的返回值；参数 notice 用于保存 printf() 中输出的提示信息
函数 numberinput(char *notice)	功能是输入数值型数据，其中参数用于保存 printf() 中输出的提示信息，此函数返回用户输入的浮点类型数据值
函数 Locate(ZGGZ tp[],int n,char findmess[],char nameornum[])	功能是用于定位数组中复合要求的元素，并返回该数组元素的下标值，其中参数 findmess[] 用于保存要查找的具体内容，参数 nameornum[] 用于保存按照什么字段在数组 tp 中查找
函数 Add(ZGGZ tp[],int n)	功能是在数组中增加工资记录，并返回数组中的当前记录数
函数 Qur(ZGGZ tp[],int n)	功能是按照员工的编号或姓名来查询满足条件的记录，并将查询结果显示出来
函数 Del(ZGGZ tp[],int n)	功能是删除数组中的记录，先找到保存该记录的数组元素的下标值，然后在数组中删除该数组元素
函数 Modify(ZGGZ tp[],int n)	功能是在数组中修改某条记录
函数 Insert(ZGGZ tp[],int n)	功能是向数组中插入记录信息，查询到职工编号要插入的数组元素的位置，然后在该编号之后插入一个新数组元素
函数 Tongji(ZGGZ tp[],int n)	功能是实现统计工作，即统计公司员工的工资在各等级的人数
函数 Sort(ZGGZ tp[],int n)	功能是在数组中通过冒泡排序法实现数组的按实发工资字段从高到低的降序排序
函数 Save(ZGGZ tp[],int n)	功能是实现数据存盘，如果用户没有专门进行此操作且对数据有修改，则在退出系统时会提示用户存盘
主函数 main()	主函数 main() 是整个项目的控制部分

20.4　具体编码

完成了第二阶段的规划工作后，接下来将开始步入项目的第三阶段工作——具体编码。根据模块分析和规划好的函数，在本节讲解本项目的具体编码过程。

↑扫码看视频（本节视频课程时间：1 分 12 秒）

20.4.1 预处理

本系统的预处理包括加载头文件，定义结构体，定义常量，定义变量，并分别实现初始化处理。具体代码如下所示：

```
#include "stdio.h"          /* 标准输入输出函数库 */
#include "stdlib.h"                 /* 标准函数库 */
#include "string.h"                 /* 字符串函数库 */
#include "conio.h"          /* 屏幕操作函数库 */
#define HEADER1 " ------------------------ZGGZ--------------------------------- \n"
#define HEADER2 "| number| name | jbgz |  jj  |  kk  | yfgz | sk | sfgz | \n"
#define HEADER3 "|-------|------|------|------|------|------|----|------| \n"
#define FORMAT  "|%-8s|%-10s |%8.2f|%8.2f|%8.2f|%8.2f|%8.2f|%8.2f| \n"
#define DATA     p->num,p->name,p->jbgz,p->jj,p->kk,p->yfgz,p->sk,p->sfgz
#define END     "--------------------------------------------------------------- \n"
#define N 60
int saveflag=0;                     /* 是否需要存盘的标志变量 */
/* 定义与职工有关的数据结构 */
typedef struct employee             /* 标记为 employee*/
{
char num[10];                       /* 职工编号 */
char name[15];                      /* 职工姓名 */
float jbgz;                         /* 基本工资 */
float jj;                           /* 奖金 */
float kk;                           /* 扣款 */
float yfgz;                         /* 应发工资 */
float sk;                           /* 税款 */
float sfgz;                         /* 实发工资 */
}ZGGZ;
```

20.4.2 查找定位模块

当用户进入工资管理系统后，在对每个记录进行处理之前，需要按照指定的条件找到这条记录，通过函数 Locate(ZGGZ tp[],int n,char findmess[],char nameornum[]) 实现对记录的定位处理，在项目中可以按照职工编号或员工姓名进行检索。

```
/**********************************************************
作用：用于定位数组中符合要求的记录，并返回保存该记录的数组元素下标值
参数：findmess[] 保存要查找的具体内容； nameornum[] 保存按什么在数组中查找；
**********************************************************/
int Locate(ZGGZ tp[],int n,char findmess[],char nameornum[])
{
int i=0;
if(strcmp(nameornum,"num")==0)                          /* 按职工编号查询 */
{
  while(i<n)
   {
   if(strcmp(tp[i].num,findmess)==0)                    /* 若找到 findmess 值的职工编号 */
    return i;
    i++;
    }
}
else if(strcmp(nameornum,"name")==0)                    /* 按职工姓名查询 */
{
  while(i<n)
   {
   if(strcmp(tp[i].name,findmess)==0)                   /* 若找到 findmess 值的姓名 */
    return i;
    i++;
    }
}
```

```
    return -1; /*若未找到，返回一个整数 -1*/
    }
```

20.4.3　格式化输入模块

在本章的工资管理系统中，需要设置用户输入的只能是字符型数据或数字型数据，所以分别设置了两个函数来实现上述功能。

（1）函数 stringinput(char *t,int lens,char *notice)：提示用户输入字符串，并对用户输入的字符串进行长度检查，设置长度小于 lens。

（2）函数 numberinput(char *notice)：提示用户输入一个浮点型数据，完成对数值的检验后返回该值。

具体实现代码如下所示：

```
    /*输入字符串，并进行长度验证(长度<lens)*/
    void stringinput(char *t,int lens,char *notice)
    {
        char n[255];
        do{
           printf(notice);                                       /*显示提示信息*/
           scanf("%s",n);                                        /*输入字符串*/
           if(strlen(n)>lens) printf("\n exceed the required length! \n");
/*进行长度校验，超过 lens 值重新输入*/
          }while(strlen(n)>lens);
          strcpy(t,n); /*将输入的字符串拷贝到字符串 t 中*/

    }

    /*输入数值，0<=数值)*/
    float numberinput(char *notice)
    {
      float t=0.00;
        do{
           printf(notice);                                       /*显示提示信息*/
           scanf("%f",&t);                                       /*输入如工资等数值型的值*/
           if(t<0) printf("\n score must >=0! \n");              /*进行数值校验*/
        }while(t<0);
        return t;
    }
```

注意：掌握 C 语言的格式化输入的技术实现方法。

在本书前面的内容中，已经多次使用了 printf 函数和 scanf 函数，这两个函数是最为常用的输入和输出函数。C 程序的目的是实现数据的输入和输出，从而最终实现某个软件的具体功能。例如用户输入某个数据，软件分析后输出分析后的结果。输入和输出犹如任督二脉，一旦打通后将更上一层楼。在 C 语言程序中，函数 printf 又被称为格式输出函数，其中关键字中的最后一个字母“f”有“格式”(format) 之意。printf 函数的功能是按用户指定的格式，把指定的数据显示到显示器屏幕上。

20.4.4　增加记录模块

在此模块中会调用函数 Add(ZGGZ tp[],int n) 在数组 tp 中添加员工的记录，如果在刚进入工资管理系统时数据文件为空，则将从数组的头部开始增加记录；否则会将此记录添加在数组的尾部。具体实现代码如下所示：

```
/* 增加职工工资记录 */
int Add(ZGGZ tp[],int n)
{
 char ch,num[10];
 int i,flag=0;
 system("cls");
 Disp(tp,n); /* 先打印出已有的职工工资信息 */

 while(1)  /* 一次可输入多条记录，直至输入职工编号为 0 的记录才结束添加操作 */
 {
  while(1) /* 输入职工编号，保证该编号没有被使用，若输入编号为 0，则退出添加记录操作 */
  {
    stringinput(num,10,"input number(press '0'return menu):"); /* 格式化输入编号并
                                                                    检验 */
    flag=0;
    if(strcmp(num,"0")==0)         /* 输入为 0，则退出添加操作，返回主界面 */
      {return n;}
     i=0;
    while(i<n)      /* 查询该编号是否已经存在，若存在则要求重新输入一个未被占用的编号 */
    {
      if(strcmp(tp[i].num,num)==0)
      {
       flag=1;
       break;
       }
      i++;
    }

  if(flag==1)                                /* 提示用户是否重新输入 */
     {  getchar();
        printf("==>The number %s is existing,try again?(y/n):",num);
        scanf("%c",&ch);
        if(ch=='y'||ch=='Y')
         continue;
        else
          return n;
      }
  else
      {break;}
  }
  strcpy(tp[n].num,num);                     /* 将字符串 num 拷贝到 tp[n].num 中 */
  stringinput(tp[n].name,15,"Name:");
  tp[n].jbgz=numberinput("jbgz:");           /* 输入并检验基本工资 */
  tp[n].jj=numberinput("jiangjin:");         /* 输入并检验奖金 */
  tp[n].kk=numberinput("koukuan:");          /* 输入并检验扣款 */
  tp[n].yfgz=tp[n].jbgz+tp[n].jj-tp[n].kk;          /* 计算应发工资 */
  tp[n].sk=tp[n].yfgz*0.12;                  /* 计算税金，这里取应发工资的百分之一十二 */
  tp[n].sfgz=tp[n].yfgz-tp[n].sk;            /* 计算实发工资 */
  saveflag=1;
  n++;
  }
     return n;
}
```

20.4.5 修改记录模块

实现修改记录操作，需要对数组中目标元素数据域中的值进行修改，具体过程分为如下两个步骤：

(1) 输入要修改员工的编号，然后调用定位函数 Locate(ZGGZ tp[],int n,char findmess[],char nameornum[]) 在数组中逐一对员工编号字段的值进行比较，直到找到该编号的员工记录为止。

(2) 如果找到该记录，则修改除员工编号之外的字段值，并将修改存盘值标记 saveflag 设置为 1，表示已经对记录进行了修改，只是还未保存。

上述功能是通过函数 Modify(ZGGZ tp[],int n) 实现的，先按输入的职工编号查询到该记录，然后提示用户修改编号之外的值，并且设置编号不能修改。具体实现代码如下所示：

```
/* 修改记录。先按输入的职工编号查询到该记录，然后提示用户修改编号之外的值，编号不能修改 */
void Modify(ZGGZ tp[],int n)
{
char findmess[20];
int p=0;
if(n<=0)
{ system("cls");
  printf("\n=====>No employee record!\n");
  getchar();
  return ;
}
system("cls");
printf("modify employee recorder");
Disp(tp,n);
stringinput(findmess,10,"input the existing employee number:"); /* 输入并检验该编号 */
p=Locate(tp,n,findmess,"num");              /* 查询到该数组元素，并返回下标值 */
if(p!=-1) /* 若 p!=－1，表明已经找到该数组元素 */
{
   printf("Number:%s,\n",tp[p].num);
   printf("Name:%s,",tp[p].name);
   stringinput(tp[p].name,15,"input new name:");

   printf("jbgz:%8.2f,",tp[p].jbgz);
   tp[p].jbgz=numberinput("jbgz:");

   printf("jiangjin:%8.2f,",tp[p].jj);
   tp[p].jj=numberinput("jiangjin:");

   printf("koukuan:%8.2f,",tp[p].kk);
   tp[p].kk=numberinput("koukuan:");

   tp[n].yfgz=tp[n].jbgz+tp[n].jj-tp[n].kk;
   tp[n].sk=tp[n].yfgz*0.12;
   tp[n].sfgz=tp[n].yfgz-tp[n].sk;
   printf("\n=====>modify success!\n");
   getchar();
   Disp(tp,n);
   getchar();
   saveflag=1;
}
else
  {Nofind();
   getchar();
  }
return ;
}
```

20.4.6 删除记录模块

删除记录模块的功能是删除指定编号或指定名字的员工记录信息，具体实现过程分为如下两步：

（1）输入要修改的员工编号或姓名，然后调用函数 Locate(ZGGZ tp[],int n,char findmess[],char nameornum[]) 在数组中逐一对员工编号字段的值进行比较，直到找到该编号的员工记录，并返回指向该记录的数组元素的下标；

（2）如果找到该记录，则从该记录所在元素的后续元素起，依次前移一个元素位置，并将数组元素个数减去1。

上述功能是通过函数Del(ZGGZ tp[],int n)实现的，在具体删除时，会找到保存该记录的数组元素的下标值，然后在数组中删除该数组元素。具体实现代码如下所示：

```
/* 删除记录：先找到保存该记录的数组元素的下标值，然后在数组中删除该数组元素 */
int Del(ZGGZ tp[],int n)
{
int sel;
char findmess[20];
int p=0,i=0;
if(n<=0)
{ system("cls");
  printf("\n=====>No employee record!\n");
  getchar();
  return n;
}
system("cls");
Disp(tp,n);
printf("\n    =====>1 Delete by number        =====>2 Delete by name\n");
printf("    please choice[1,2]:");
scanf("%d",&sel);
if(sel==1)
{
  stringinput(findmess,10,"input the existing employee number:");
  p=Locate(tp,n,findmess,"num");
  getchar();
  if(p!=-1)
  {
   for(i=p+1;i<n;i++)               /* 删除此记录，后面记录向前移 */
   {
    strcpy(tp[i-1].num,tp[i].num);
    strcpy(tp[i-1].name,tp[i].name);
    tp[i-1].jbgz=tp[i].jbgz;
    tp[i-1].jj=tp[i].jj;
    tp[i-1].kk=tp[i].kk;
    tp[i-1].yfgz=tp[i].yfgz;
    tp[i-1].jbgz=tp[i].sk;
    tp[i-1].sfgz=tp[i].sfgz;
    }
    printf("\n==>delete success!\n");
    n--;
    getchar();
    saveflag=1;
  }
  else
   Nofind();
   getchar();
 }
else if(sel==2) /* 先按姓名查询到该记录所在的数组元素的下标值 */
{
  stringinput(findmess,15,"input the existing employee name:");
  p=Locate(tp,n,findmess,"name");
  getchar();
  if(p!=-1)
  {
   for(i=p+1;i<n;i++)               /* 删除此记录，后面记录向前移 */
   {
    strcpy(tp[i-1].num,tp[i].num);
    strcpy(tp[i-1].name,tp[i].name);
```

```
    tp[i-1].jbgz=tp[i].jbgz;
    tp[i-1].jj=tp[i].jj;
    tp[i-1].kk=tp[i].kk;
    tp[i-1].yfgz=tp[i].yfgz;
    tp[i-1].jbgz=tp[i].sk;
    tp[i-1].sfgz=tp[i].sfgz;
    }
    printf("\n=====>delete success!\n");
    n--;
    getchar();
    saveflag=1;
  }
  else
   Nofind();
   getchar();
}
 return n;
}
```

20.4.7 插入记录模块

在插入记录模块中，能够在指定员工编号的后面位置插入新的记录信息。具体流程如下：

（1）提示用户输入某个员工的编号，这样新的记录将插在这个员工记录之后；

（2）提示用户输入一条新的记录信息，并将这些信息保存到新结构体类型的数组元素中各个字段中去。

（3）将该记录插入已经确认位置的员工编号之后。

上述功能是通过函数 Insert(ZGGZ tp[],int n) 实现的，具体实现代码如下所示：

```
/* 插入记录：按职工编号查询到要插入的数组元素的位置，然后在该编号之后插入一个新数组元素。*/
int Insert(ZGGZ tp[],int n)
{
   char ch,num[10],s[10]; /*s[] 保存插入点位置之前的编号，num[] 保存输入的新记录的编号 */
   ZGGZ newinfo;
   int flag=0,i=0,kkk=0;
   system("cls");
   Disp(tp,n);
   while(1)
   { stringinput(s,10,"please input insert location  after the Number:");
     flag=0;i=0;
     while(i<n)    /* 查询该编号是否存在，flag=1 表示该编号存在 */
     {
      if(strcmp(tp[i].num,s)==0)  {kkk=i;flag=1;break;}
      i++;
     }
      if(flag==1)
        break;     /* 若编号存在，则进行插入之前的新记录输入操作 */
     else
     {  getchar();
        printf("\n=====>The number %s is not existing,try again?(y/n):",s);
        scanf("%c",&ch);
        if(ch=='y'||ch=='Y')
         {continue;}
        else
          {return n;}
      }
   }
  /* 以下新记录的输入操作与 Add() 相同 */

  while(1)
```

```
  { stringinput(num,10,"input new employee Number:");
    i=0;flag=0;
    while(i<n)      /* 查询该编号是否存在，flag=1 表示该编号存在 */
     {
      if(strcmp(tp[i].num,num)==0)   {flag=1;break;}
      i++;
     }
      if(flag==1)
      {
       getchar();
       printf("\n=====>Sorry,The number %s is  existing,try again?(y/n):",num);
       scanf("%c",&ch);
       if(ch=='y'||ch=='Y')
       {continue;}
       else
       {return n;}
      }
     else
       break;
  }

  strcpy(newinfo.num,num);                  /* 将字符串 num 拷贝到 newinfo.num 中 */
  stringinput(newinfo.name,15,"Name:");
  newinfo.jbgz=numberinput("jbgz:");                     /* 输入并检验 jbgz*/
  newinfo.jj=numberinput("jiangjin:");                   /* 输入并检验 jiangjin*/
  newinfo.kk=numberinput("koukuan:");                    /* 输入并检验 koukuan*/
  newinfo.yfgz=newinfo.jbgz+newinfo.jj-newinfo.kk;       /* 计算 yfgz*/
  newinfo.sk=newinfo.yfgz*0.12;  /* 计算 sk*/
  newinfo.sfgz=newinfo.yfgz-newinfo.sk;
  saveflag=1;       /* 在 main() 有对该全局变量的判断，若为 1，则进行存盘操作 */

 for(i=n-1;i>kkk;i--) /* 从最后一个组织元素开始往向移一个元素位置 */
 { strcpy(tp[i+1].num,tp[i].num);
   strcpy(tp[i+1].name,tp[i].name);
   tp[i+1].jbgz=tp[i].jbgz;
   tp[i+1].jj=tp[i].jj;
   tp[i+1].kk=tp[i].kk;
   tp[i+1].yfgz=tp[i].yfgz;
   tp[i+1].sk=tp[i].sk;
   tp[i+1].sfgz=tp[i].sfgz;
 }
   strcpy(tp[kkk+1].num,newinfo.num);     /* 在 kkk 的元素位置后插入新记录 */
   strcpy(tp[kkk+1].name,newinfo.name);
   tp[kkk+1].jbgz=newinfo.jbgz;
   tp[kkk+1].jj=newinfo.jj;
   tp[kkk+1].kk=newinfo.kk;
   tp[kkk+1].yfgz=newinfo.yfgz;
   tp[kkk+1].sk=newinfo.sk;
   tp[kkk+1].sfgz=newinfo.sfgz;
   n++;
   Disp(tp,n);
   printf("\n\n");
   getchar();
   return n;
}
```

注意：对C语言处理数组数据要有一个清醒的认识。

在本章的数据处理模块中，是基于数组实现数据增加、修改和删除操作的。在C语言程序中，可以通过链表、结构体、数组和文件来存储数据。在系统中使用了数组结合文件存储的方式，这一组合的优点是简单易用易操作。但是，C语言对数组的处理是非常有效的吗？除少数翻译器出于谨慎会做一些烦琐的规定外，C语言的数组下标是在一个很低的层次上处

理的。但这个优点也有一个反作用，即在程序运行时你无法知道一个数组到底有多大，或者一个数组下标是否有效。ANSI/ISOC 标准没有对使用越界下标的行为作出定义，因此，一个越界下标有可能导致如下后果：

- **程序仍能正确运行；**
- **程序会异常终止或崩溃；**
- **程序能继续运行，但无法得出正确的结果；**
- **其他情况。**

换句话说，你不知道程序此后会做出什么反应，这会带来很大的麻烦。有些人就是抓住这一点来批评 C 语言的，认为 C 语言只不过是一种高级的汇编语言。然而，尽管 C 语言程序出错时的表现有些可怕，但谁也不能否认一个经过仔细编写和调试的 C 语言程序运行起来是非常快的。

20.4.8　存储记录模块

此模块是通过函数 Save(ZGGZ tp[],int n) 实现的，用于存储完成操作后的记录信息。系统会将数组中的数据写入磁盘中的数据文件，如果用户对数据有修改后但是没有专门进行此存盘操作，则在退出之后系统会提示是否存盘。具体实现代码如下所示：

```
/* 数据存盘，若用户没有专门进行此操作且对数据有修改，在退出系统时， 会提示用户存盘 */
void Save(ZGGZ tp[],int n)
{
FILE* fp;
int i=0;
fp=fopen("c:\\zggz","wb");/* 以只写方式打开二进制文件 */
if(fp==NULL) /* 打开文件失败 */
{
  printf("\n=====>open file error!\n");
  getchar();
  return ;
}
for(i=0;i<n;i++)
{
  if(fwrite(&tp[i],sizeof(ZGGZ),1,fp)==1)/* 每次写一条记录或一个结构数组元素至文件 */
  {
   continue;
  }
  else
  {
   break;
  }
}
if(i>0)
{
  getchar();
  printf("\n\n=====>save file complete,total saved's record number is:%d\n",i);
  getchar();
  saveflag=0;
}
else
{
system("cls");
 printf("the current link is empty,no employee record is saved!\n");
 getchar();
 }
```

```
fclose(fp); /* 关闭此文件 */
}
```

上述代码的结构清晰明了，变量命名规则统一，严格遵循了编码规范。这样做的最大好处是每个函数和变量的具体功能一目了然，便于后期的代码维护。

20.4.9 主函数模块

在主函数 main() 中，先以可读写的方式打开保存记录信息的数据文件，此文件默认为"C\charge"，如果此文件不存在则创建。当打开成功之后则从文件中一次读取一条记录，并添加到新建的数组中，然后执行显示主菜单并进入主循环操作，并进行按键判断。

在进行按键判断时，需要输入 0 ～ 8 范围内的数字，其他输入当作错误按键来处理。

- 如果输入 0，则继续判断是否对记录进行了更新操作之后实现了存盘操作。如果未存盘，系统会提示用户是否需要进行数据存盘操作。当输入 X 或 Y 时，系统会进行存盘操作。最后系统会退出工资管理系统的操作。
- 如果选择 1，则调用 Add() 函数，执行增加记录的操作；
- 如果选择 2，则调用删除函数 Del()；
- 如果选择 3，则调用 Modify() 函数，执行修改操作；
- 如果选择 4，则调用 Insert() 函数，执行插入操作；
- 如果选择 5，则调用 Tongji() 函数，执行统计操作；
- 如果选择 6，则调用 Save() 函数，将记录保存到磁盘；
- 如果选择 7，则调用 Disp() 函数，将记录以表格的形式打印并输出。

当输入 0 ～ 7 之外的值时，则调用函数 Wrong() 提示错误信息。

由此可见，主函数 main( ) 主要实现了对整个程序的控制功能，并实现对功能函数的调用。具体实现代码如下所示：

```
int main()
{
  ZGGZ gz[N];                              /* 定义 ZGGZ 结构体 */
  FILE *fp;                                /* 文件指针 */
  int select;                              /* 保存选择结果变量 */
  char ch;                                 /* 保存 (y,Y,n,N) */
  int count=0;                             /* 保存文件中的记录条数 (或元素个数) */

  fp=fopen("C:\\zggz","ab+");
  /* 以追加方式打开二进制文件 c:\zggz，可读可写，若此文件不存在，会创建此文件 */
  if(fp==NULL)
  {
    printf("\n=====>can not open file!\n");
    exit(0);
  }

while(!feof(fp))
{
   if(fread(&gz[count],sizeof(ZGGZ),1,fp)==1) /* 一次从文件中读取一条职工工资记录 */
      count++;
}
fclose(fp); /* 关闭文件 */
printf("\n==>open file sucess,the total records number is : %d.\n",count);
getchar();
menu();
```

```
while(1)
{
   system("cls");
   menu();
   printf("\n                Please Enter your choice(0~9):");     /*显示提示信息*/
   scanf("%d",&select);

  if(select==0)
  {
   if(saveflag==1) /*若对数组的数据有修改且未进行存盘操作，则此标志为 1*/
   { getchar();
     printf("\n==>Whether save the modified record to file?(y/n):");
     scanf("%c",&ch);
     if(ch=='y'||ch=='Y')
       Save(gz,count);
   }
   printf("\n===>thank you for useness!");
   getchar();
   break;
  }

  switch(select)
  {
  case 1:count=Add(gz,count);break;                         /*增加职工工资记录*/
  case 2:count=Del(gz,count);break;                         /*删除职工工资记录*/
  case 3:Modify(gz,count);break;                            /*修改职工工资记录*/
  case 4:count=Insert(gz,count);break;                      /*插入职工工资记录*/
  case 5:Tongji(gz,count);break;                            /*统计职工工资记录*/
  case 6:Save(gz,count);break;                              /*保存职工工资记录*/
  case 7:system("cls");Disp(gz,count);break;                /*显示职工工资记录*/
  default: Wrong();getchar();break;                         /*按键有误，必须为数值 0-7*/
  }
 }
}
```

20.4.10　主菜单模块

之菜单即程序运行后首先显示的菜单界面，提示用户选择操作，系统会完成相应的任务。具体实现代码如下所示：

```
void menu()  /*主菜单*/
{
system("cls");    /*调用 DOS 命令，清屏．与 clrscr() 功能相同*/
textcolor(10);    /*在文本模式中选择新的字符颜色*/
gotoxy(10,5);     /*在文本窗口中设置光标*/
cprintf("                The Employee' Salary Management System \n");
gotoxy(10,8);
cprintf("     ************************Menu****************************\n");
gotoxy(10,9);
cprintf("     *  1 input   record         2 delete record           *\n");
gotoxy(10,10);
cprintf("     *  3 search  record         4 modify record           *\n");
gotoxy(10,11);
cprintf("     *  5 insert  record         6 count  record           *\n");
gotoxy(10,12);
cprintf("     *  7 sort    reord          8 save   record           *\n");
gotoxy(10,13);
cprintf("     *  9 display record         0 quit   system           *\n");
gotoxy(10,14);
cprintf("     *******************************************************\n");
/*cprintf()送格式化输出至文本窗口屏幕中*/
}
```

20.4.11 统计记录模块

本模块的功能是通过依次读取数组中元素数据域中的实发工资的值进行比较判断，实现对工资在各个等级的人数统计。此功能是通过函数 Tongji(ZGGZ tp[],int n) 实现的，能够在数组 tp 中实现职工工资的统计处理。具体实现代码如下所示：

```
/*统计公司的员工的工资在各等级的人数*/
void Tongji(ZGGZ tp[],int n)
{
int count10000=0,count5000=0,count2000=0,count0=0;
int i=0;
if(n<=0)
{ system("cls");
  printf("\n=====>Not employee record!\n");
  getchar();
  return ;
}
system("cls");
Disp(tp,n);
i=0;
while(i<n)
{
  if(tp[i].sfgz>=10000) {count10000++;i=i+1;continue;}  /*实发工资>10000*/
  if(tp[i].sfgz>=5000)  {count5000++;i=i+1;continue;}   /*5000<=实发工资<10000*/
  if(tp[i].sfgz>=2000)  {count2000++;i=i+1;continue;}   /*2000<=实发工资<5000*/
  if(tp[i].sfgz<2000)   {count0++;i=i+1;continue;}      /*实发工资<2000*/

}
printf("\n-----------------------the TongJi result-----------------------\n");
printf("sfgz>=     10000:%d (ren)\n",count10000);
printf("5000<=sfgz<10000:%d (ren)\n",count5000);
printf("2000<=sfgz< 5000:%d (ren)\n",count2000);
printf("sfgz<       2000:%d (ren)\n",count0);
printf("--------------------------------------------------------------\n");
printf("\n\npress any key to return");
getchar();
}
```

20.5 客户有变

到此为止，整个编码工作已经接近尾声。但是此时客户出了一个新的要求：希望整个系统使用起来更加方便，更加人文化。例如，想实现查询功能和排序功能，通过查询功能可快速检索到需要操作的记录；通过排序功能，使记录信息按照工资从高到低的顺序排列显示！针对上述新的需求，项目经理给出了具体的解决方案：结合定位函数 Locate() 定义一个查询函数 Qur()，然后使用冒泡排序法实现信息的降序排序。

↑扫码看视频（本节视频课程时间：36 分 55 秒）

20.5.1 查询记录模块

在本模块中，主要实现在数组中按照员工的编号或员工的姓名来查找满足某个条件的记录信息。在查询函数 Qur(ZGGZ tp[],int n) 中，为了遵循模块化编程的原则，将在数组中进行记录定位操作作为一个单独的函数 Locate(ZGGZ tp[],int n,char findmess[],char nameornum[])，其中参数 findmess[] 用于保存要超找的内容，nameornum[] 保存要查找的字段，如果找到该记录，则返回指向该记录的数组元素的下标；反之，返回 -1 的值。

在函数 Qur(ZGGZ tp[],int n) 中，实现在数组 tp 中查询某员工工资记录的信息。执行后，系统会提示选择查询字段，即可以选择按照编号查询还是按照姓名查询，如果记录存在就以表格样式打印输出，具体实现代码如下所示：

```
/* 按职工编号或姓名，查询记录 */
void Qur(ZGGZ tp[],int n)
{
int select;                  /*1：按编号查，2：按姓名查，其他：返回主界面（菜单）*/
char searchinput[20];        /* 保存用户输入的查询内容 */
int p=0;
if(n<=0)                     /* 若数组为空 */
{
  system("cls");
  printf("\n=====>No employee record!\n");
  getchar();
  return;
}
system("cls");
printf("\n     =====>1 Search by number  =====>2 Search by name\n");
printf("      please choice[1,2]:");
scanf("%d",&select);
if(select==1)                /* 按编号查询 */
 {

  stringinput(searchinput,10,"input the existing employee number:");
  p=Locate(tp,n,searchinput,"num");/* 在数组 tp 中查找编号为 searchinput 值的元素，并返
                                                              回该数组元素的下标值 */
  if(p!=-1)                  /* 若找到该记录 */
  {
   printheader();
   printdata(tp[p]);
   printf(END);
   printf("press any key to return");
   getchar();
  }
  else
   Nofind();
   getchar();
}
else if(select==2) /* 按姓名查询 */
{
  stringinput(searchinput,15,"input the existing employee name:");
  p=Locate(tp,n,searchinput,"name");
  if(p!=-1)
  {
   printheader();
   printdata(tp[p]);
   printf(END);
   printf("press any key to return");
   getchar();
  }
  else
   Nofind();
   getchar();
}
else
  Wrong();
  getchar();

}
```

20.5.2 排序显示模块

本模块功能是通过函数 Sort(ZGGZ tp[],int n) 实现的，在具体实现上，是根据冒泡降序将数组中按照实发工资字段的降序顺序进行排列，并打印输出结果。具体实现代码如下所示：

```
/* 利用冒泡排序法实现数组的按实发工资字段的降序排序，从高到低 */
void Sort(ZGGZ tp[],int n)
{
int i=0,j=0,flag=0;
ZGGZ newinfo;
if(n<=0)
{ system("cls");
  printf("\n=====>Not employee record!\n");
  getchar();
  return ;
}
system("cls");
Disp(tp,n);  /* 显示排序前的所有记录 */
for(i=0;i<n;i++)
{
  flag=0;
  for(j=0;j<n-1;j++)
   if((tp[j].sfgz<tp[j+1].sfgz))
    { flag=1;
      strcpy(newinfo.num,tp[j].num);  /* 利用结构变量 newinfo 实现数组元素的交换 */
      strcpy(newinfo.name,tp[j].name);
      newinfo.jbgz=tp[j].jbgz;
      newinfo.jj=tp[j].jj;
      newinfo.kk=tp[j].kk;
      newinfo.yfgz=tp[j].yfgz;
      newinfo.sk=tp[j].sk;
      newinfo.sfgz=tp[j].sfgz;

      strcpy(tp[j].num,tp[j+1].num);
      strcpy(tp[j].name,tp[j+1].name);
      tp[j].jbgz=tp[j+1].jbgz;
      tp[j].jj=tp[j+1].jj;
      tp[j].kk=tp[j+1].kk;
      tp[j].yfgz=tp[j+1].yfgz;
      tp[j].sk=tp[j+1].sk;
      tp[j].sfgz=tp[j+1].sfgz;

      strcpy(tp[j+1].num,newinfo.num);
      strcpy(tp[j+1].name,newinfo.name);
      tp[j+1].jbgz=newinfo.jbgz;
      tp[j+1].jj=newinfo.jj;
      tp[j+1].kk=newinfo.kk;
      tp[j+1].yfgz=newinfo.yfgz;
      tp[j+1].sk=newinfo.sk;
      tp[j+1].sfgz=newinfo.sfgz;
    }
    if(flag==0) break;/* 若标记 flag=0，意味着没有交换了，排序已经完成 */
  }
    Disp(tp,n);  /* 显示排序后的所有记录 */
    saveflag=1;
    printf("\n    =====>sort complete!\n");

}
```

20.5.3 最后的一些调整

上面只是编写了两个函数，接下来需要把这两个函数和整个项目相关联，即在主函数中设置调用按键，添加对 Qur() 函数和 Qur(ZGGZ tp[],int n) 函数的调用。调整后的按键值如下：

- 如果输入 0，则继续判断是否对记录进行了更新操作之后实现了存盘操作。如果未存盘，系统会提示用户是否需要进行数据存盘操作。当输入 X 或 Y 时，系统会进行存盘操作。最后系统会退出工资管理系统的操作。
- 如果选择 1，则调用 Add() 函数，执行增加记录的操作；
- 如果选择 2，则调用删除函数 Del()；
- 如果选择 3，则调用 Qur() 函数，执行查询操作；
- 如果选择 4，则调用 Modify() 函数，执行修改操作；
- 如果选择 5，则调用 Insert() 函数，执行插入操作；
- 如果选择 6，则调用 Tongji() 函数，执行统计操作；
- 如果选择 7，则调用 Sort() 函数，实现按照工资高低的降序排列；
- 如果选择 8，则调用 Save() 函数，将记录保存到磁盘；
- 如果选择 9，则调用 Disp() 函数，将记录以表格的形式打印并输出。

当输入 0 ～ 9 之外的值，则调用函数 Wrong()，提示错误信息。

当然，主函数 main() 也得随之调整，调整后的代码如下所示：

```
void main()
{
  ZGGZ gz[N];                /* 定义 ZGGZ 结构体 */
  FILE *fp;                  /* 文件指针 */
  int select;                /* 保存选择结果变量 */
  char ch;                   /* 保存 (y,Y,n,N) */
  int count=0;               /* 保存文件中的记录条数 (或元素个数) */

  fp=fopen("C:\\zggz","ab+");
  /* 以追加方式打开二进制文件 c:\zggz，可读可写，若此文件不存在，会创建此文件 */
  if(fp==NULL)
  {
    printf("\n=====>can not open file!\n");
    exit(0);
  }

while(!feof(fp))
{
   if(fread(&gz[count],sizeof(ZGGZ),1,fp)==1) /* 一次从文件中读取一条职工工资记录 */
      count++;
}
fclose(fp); /* 关闭文件 */
printf("\n==>open file sucess,the total records number is : %d.\n",count);
getchar();
menu();
while(1)
{
   system("cls");
   menu();
   printf("\n             Please Enter your choice(0~9):");     /* 显示提示信息 */
   scanf("%d",&select);

  if(select==0)
  {
   if(saveflag==1) /* 若对数组的数据有修改且未进行存盘操作，则此标志为 1*/
   { getchar();
     printf("\n==>Whether save the modified record to file?(y/n):");
     scanf("%c",&ch);
```

```
      if(ch=='y'||ch=='Y')
        Save(gz,count);
    }
    printf("\n===>thank you for useness!");
    getchar();
    break;
   }

   switch(select)
   {
   case 1:count=Add(gz,count);break;              /* 增加职工工资记录 */
   case 2:count=Del(gz,count);break;              /* 删除职工工资记录 */
   case 3:Qur(gz,count);break;                    /* 查询职工工资记录 */
   case 4:Modify(gz,count);break;                 /* 修改职工工资记录 */
   case 5:count=Insert(gz,count);break;           /* 插入职工工资记录 */
   case 6:Tongji(gz,count);break;                 /* 统计职工工资记录 */
   case 7:Sort(gz,count);break;                   /* 排序职工工资记录 */
   case 8:Save(gz,count);break;                   /* 保存职工工资记录 */
   case 9:system("cls");Disp(gz,count);break;     /* 显示职工工资记录 */
   default: Wrong();getchar();break;              /* 按键有误，必须为数值 0-9*/
   }
  }
}
```

20.6 项目调试

在此将项目命名为“charge.c”，在 Visual C++6.0 中调试时会提示如下错误：

```
error LNK2001: unresolved external symbol _gotoxy
```

造成上述错误的原因是，Visual C++ 6.0 中没有提供 clrscr()、gotoxy() 等库函数。难道在在 Visual C++ 6.0 中就不能调试这个项目吗？当然可以，但前提是需要添加一些库函数代码。因为客户要求尽量代码简便，没有必要搞得那么复杂，所以建议使用 Turbo C++ 来调试。有时选择最合适的是一个好的选择！

下面是用 Turbo C 调试的结果，执行后将显示默认的菜单节目，如图 20-3 所示。

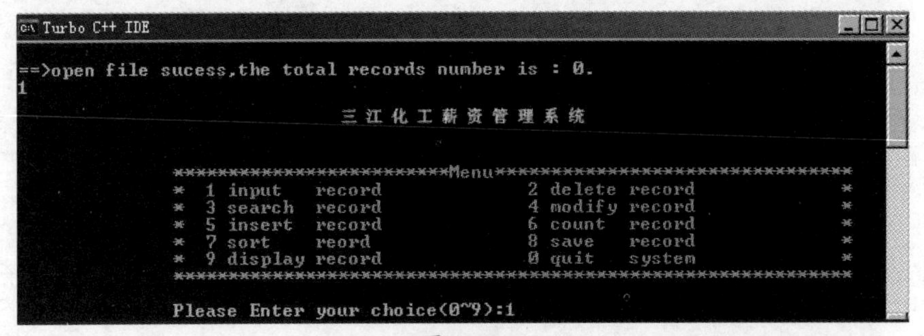

图 20-3

单击按键 1，则开始添加记录，根据提示可以添加新的记录信息，如图 20-4 所示。

```
Turbo C++ IDE
                          三 江 化 工 薪 资 管 理 系 统

           ************************Menu****************************
           *  1 input   record             2 delete record         *
           *  3 search  record             4 modify record         *
           *  5 insert  record             6 count  record         *
           *  7 sort    reord              8 save   record         *
           *  9 display record             0 quit   system         *
           *********************************************************

           Please Enter your choice(0~9):1

=====>Not employee record!

input number(press '0'return menu):001
Name:aa
jbgz:1300
jiangjin:800
koukuan:45
input number(press '0'return menu):002
Name:bb
jbgz:1500
jiangjin:600
koukuan:23
input number(press '0'return menu):003
Name:cc
jbgz:1200
jiangjin:300
koukuan:46
input number(press '0'return menu):_
```

图 20-4

输入记录，按下按键 9 可以显示当前系统中的记录信息，是以表格样式显示的，如图 20-5 所示。

```
Turbo C++ IDE
           ************************Menu****************************
           *  1 input   record             2 delete record         *
           *  3 search  record             4 modify record         *
           *  5 insert  record             6 count  record         *
           *  7 sort    reord              8 save   record         *
           *  9 display record             0 quit   system         *
           *********************************************************

           Please Enter your choice(0~9):9

=====>Not employee record!
-----------------------------------ZGGZ------------------------------------------
| number|    name    |  jbgz   |   jj    |   kk    |  yfgz   |   sk    |  sfgz   |
|-------|------------|---------|---------|---------|---------|---------|---------|
|001    |aa          | 1300.00|  800.00|   45.00| 2055.00|  246.60| 1808.40|
|-------|------------|---------|---------|---------|---------|---------|---------|
|002    |bb          | 1500.00|  600.00|   23.00| 2077.00|  249.24| 1827.76|
|-------|------------|---------|---------|---------|---------|---------|---------|
|003    |cc          | 1200.00|  300.00|   46.00| 1454.00|  174.48| 1279.52|
|-------|------------|---------|---------|---------|---------|---------|---------|
|9      |dd          | 1200.00|   12.00|   12.00| 1200.00|  144.00| 1056.00|
|-------|------------|---------|---------|---------|---------|---------|---------|
```

图 20-5

当按下按键 2 后进入删除界面，可以删除员工编号为“9”的记录信息。即先选择按照编号删除，然后输入编号，如图 20-6 所示。

```
Turbo C++ IDE
-----------------------------------ZGGZ------------------------------------------
| number|    name    |  jbgz   |   jj    |   kk    |  yfgz   |   sk    |  sfgz   |
|-------|------------|---------|---------|---------|---------|---------|---------|
|001    |aa          | 1300.00|  800.00|   45.00| 2055.00|  246.60| 1808.40|
|-------|------------|---------|---------|---------|---------|---------|---------|
|002    |bb          | 1500.00|  600.00|   23.00| 2077.00|  249.24| 1827.76|
|-------|------------|---------|---------|---------|---------|---------|---------|
|003    |cc          | 1200.00|  300.00|   46.00| 1454.00|  174.48| 1279.52|
|-------|------------|---------|---------|---------|---------|---------|---------|
|9      |dd          | 1200.00|   12.00|   12.00| 1200.00|  144.00| 1056.00|
|-------|------------|---------|---------|---------|---------|---------|---------|
2ame:cc
jbgz:1200
      =====>1 Delete by number         =====>2 Delete by name
      please choice[1,2]:1
input the existing employee number:9
Name:dd
==>delete success!
```

图 20-6

当按下按键 3 后进入查找界面，按照员工名字查找名为“CC”的记录信息，如图 20-7 所示。

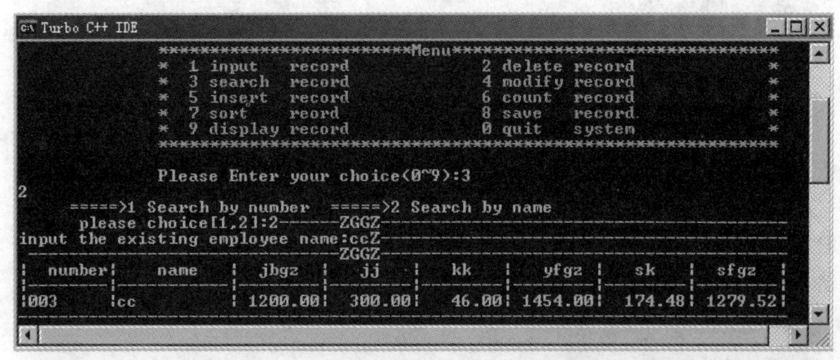

图 20-7

当按下按键 4 后进入修改界面，修改编号为“001”员工的记录信息，如图 20-8 所示。

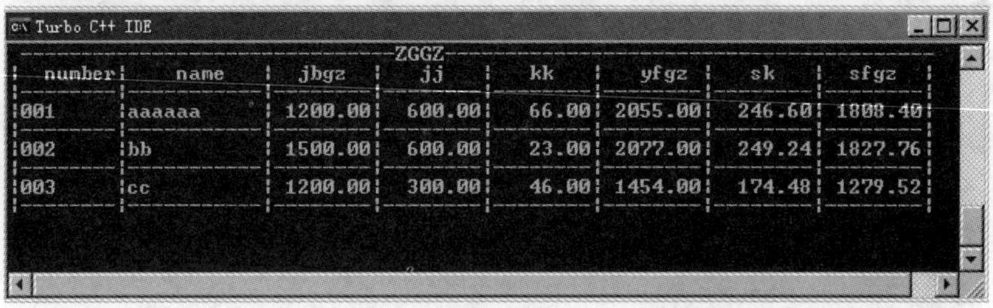

ZGGZ

number	name	jbgz	jj	kk	yfgz	sk	sfgz
001	aaaaaa	1200.00	600.00	66.00	2055.00	246.60	1808.40
002	bb	1500.00	600.00	23.00	2077.00	249.24	1827.76
003	cc	1200.00	300.00	46.00	1454.00	174.48	1279.52

图 20-8

当按下按键 5 后进入插入界面，可以添加新的员工记录信息。图 20-9 在编号为“002”之后添加了一条新信息。

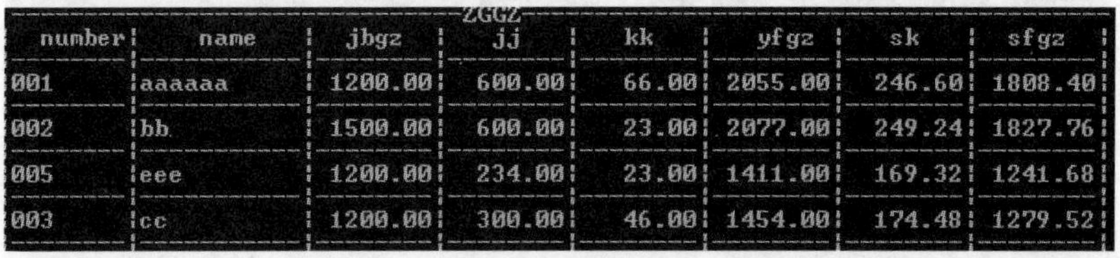

ZGGZ

number	name	jbgz	jj	kk	yfgz	sk	sfgz
001	aaaaaa	1200.00	600.00	66.00	2055.00	246.60	1808.40
002	bb	1500.00	600.00	23.00	2077.00	249.24	1827.76
005	eee	1200.00	234.00	23.00	1411.00	169.32	1241.68
003	cc	1200.00	300.00	46.00	1454.00	174.48	1279.52

图 20-9

当按下按键 6 后进入统计界面，可以显示系统的统计结果，如图 20-10 所示。

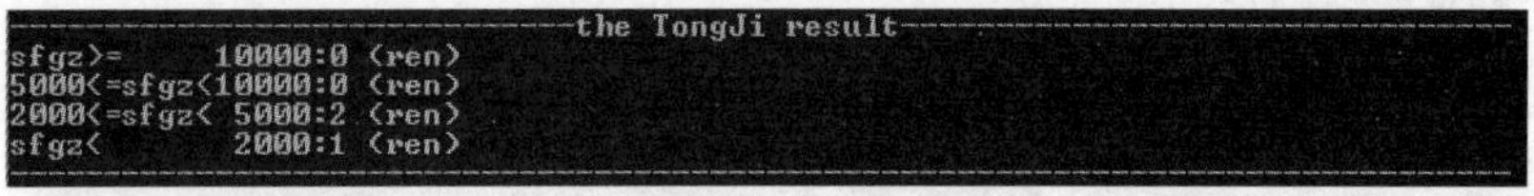

```
------------------the TongJi result------------------
sfgz>=      10000:0 (ren)
5000<=sfgz<10000:0 (ren)
2000<=sfgz< 5000:2 (ren)
sfgz<        2000:1 (ren)
```

图 20-10

当按下按键 7 后进入排序界面，实现按照工资高低的降序排列，如图 20-11 所示。

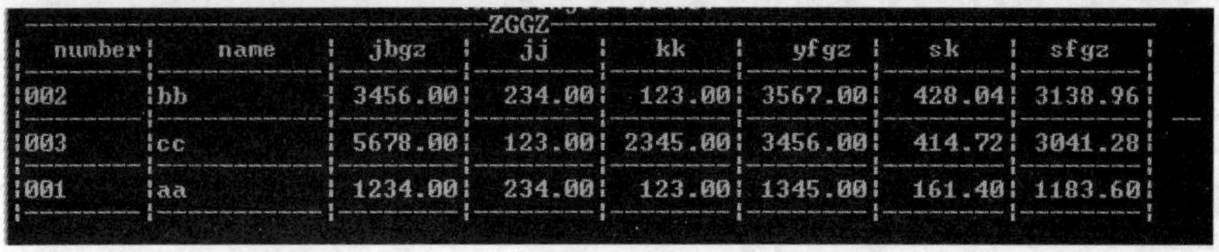

ZGGZ

number	name	jbgz	jj	kk	yfgz	sk	sfgz
002	bb	3456.00	234.00	123.00	3567.00	428.04	3138.96
003	cc	5678.00	123.00	2345.00	3456.00	414.72	3041.28
001	aa	1234.00	234.00	123.00	1345.00	161.40	1183.60

图 20-11

当按下按键 8 后进入保存界面，并输出提示信息，如图 20-12 所示。

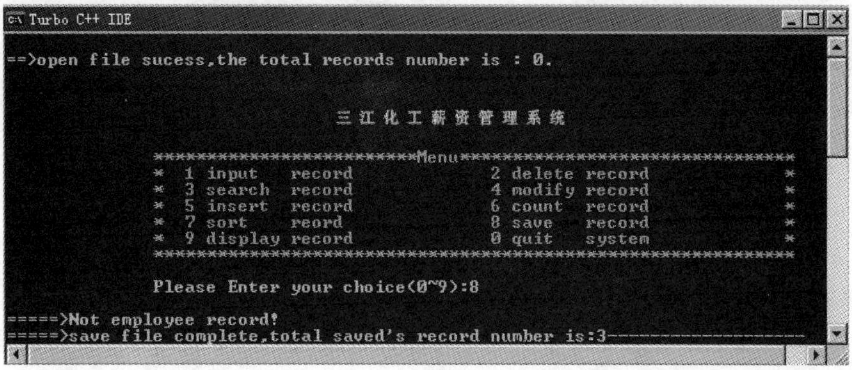

```
Turbo C++ IDE
==>open file sucess,the total records number is : 0.

                          三 江 化 工 薪 资 管 理 系 统

              *************************Menu*******************************
              *  1 input   record             2 delete record            *
              *  3 search  record             4 modify record            *
              *  5 insert  record             6 count  record            *
              *  7 sort    reord              8 save   record            *
              *  9 display record             0 quit   system            *
              ************************************************************

              Please Enter your choice(0~9):8

=====>Not employee record!
=====>save file complete,total saved's record number is:3-------------------
```

图 20-12

第21章

启明星绘图板系统

（视频讲解：100分钟）

众所周知，Windows系统自带的画图板简单灵巧，深得用户的喜爱。另外，其占用资源少、操作简单、功能齐全等特点为用户的小型图形开发工作带来了很多便利。为此，也出现了很多利用VC等可视化开发工具开发的模仿Windows的画图板。在本章的内容中，将通过C语言开发一个绘图板系统，该画图板具有画图、调整图形大小与方位、保存与打开文件等基本的画图板功能。

21.1 项目介绍

本章项目的客户是一家培训公司，计划开发一个绘图板系统供学员使用。本项目的客户提出了两点要求：

（1）实现基本的直线、矩形、圆形等绘图处理。

（2）实现将绘制的图形保存。

↑扫码看视频（本节视频课程时间：1分12秒）

本项目开发团队成员的具体职责如下。

- 项目经理：负责前期功能分析，总体设计；
- 软件工程师A：数据结构设计，规划系统所需要的函数；
- 软件工程师B：负责预处理模块、功能控制模块、保存加载模块、鼠标控制模块的编码工作；
- 软件工程师C：主函数模块、图形绘制模块的编码工作。

整个项目的具体开发流程如图21-1所示。

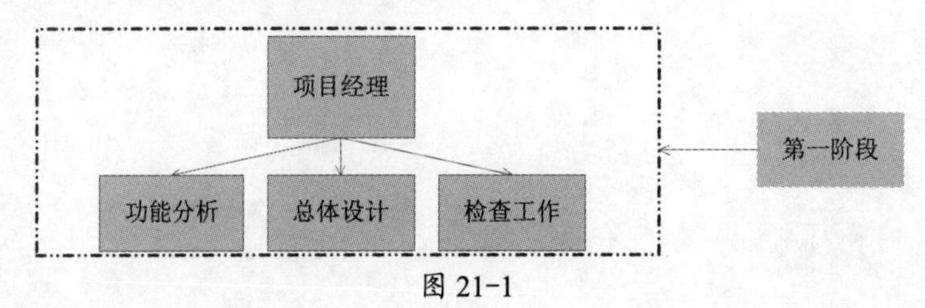

图21-1

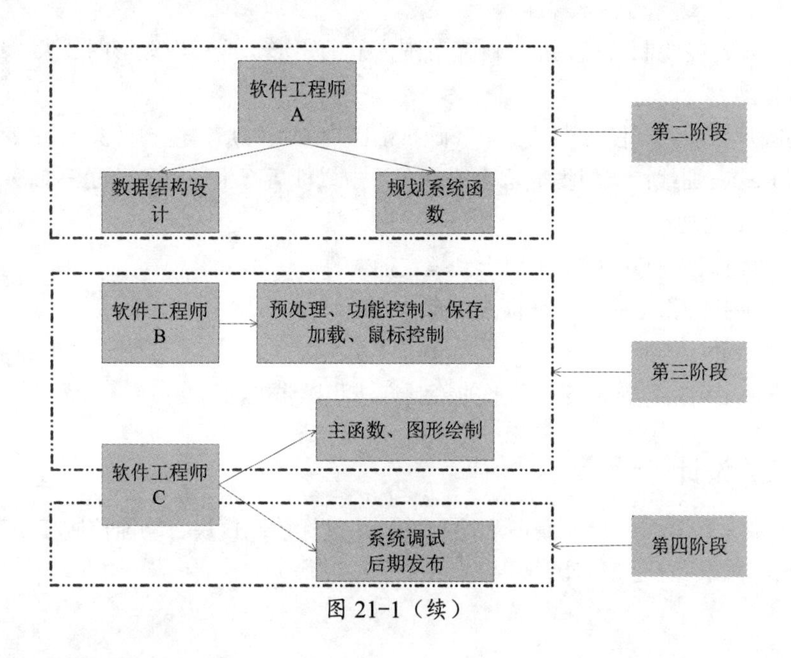

图 21-1（续）

21.2　项目规划分析

在具体编码工作之前，需要进行项目规划分析方面的工作，为后期的编码工作打好基础。在本节的内容中，详细讲解本项目规划分析的具体过程。

↑扫码看视频（本节视频课程时间：3 分 01 秒）

21.2.1　绘图板的核心技术

本项目用 C 语言完成了一个 Windows 应用程序的开发——画图板，该画图板能实现基本的图形操作功能。本项目旨在通过画图板的实现过程，介绍鼠标编程原理、文件操作原理和图形操作原理等。

完成本项目，程序员需要了解怎么将像素写入文件、怎么从文件中读取像素；了解基本的鼠标编程知识，懂得鼠标功能中断 INT 33H 中断的入口参数和出口参数意义、寄存器的设置、鼠标位置的获取和设置、鼠标按键的获取等鼠标操作；了解直线、矩形、圆和 Bezier 曲线等图形的绘制原理、旋转原理、移动院里和缩放原理等。

21.2.2　功能描述

本项目用 C 语言编程实现的画图板，具有基本的画图功能，图形操作功能和文件保存、打开功能等。

（1）图形绘制功能

- 绘制直线：能绘制任意角度的直线，能实现直线的旋转、伸长、缩短和上下左右移动。

- 绘制矩形：能绘制任意大小（画布范围内）的矩形，能实现矩形的放大、缩小和上下左右移动。
- 绘制圆形：能绘制任意半径大小（画布范围内）的圆形，能实现圆形的放大和缩小。
- 绘制 Bezier 曲线：能根据屏幕上的点（单击鼠标后产生的点）绘制出 Bezier 曲线。

（2）文件处理功能

- 保存：能保存画布中的所有图形到指定的文件。
- 加载：能打开指定的文件，将其内容加载到画布中。

（3）用户帮助功能

显示用户使用指南，包括各种图形的绘制方法和操作方法等。

21.2.3 总体设计

本系统包括 4 个模块，分别是图形绘制模块、鼠标控制模块、功能控制模块和保存加载模块。具体结构如图 21-2 所示。

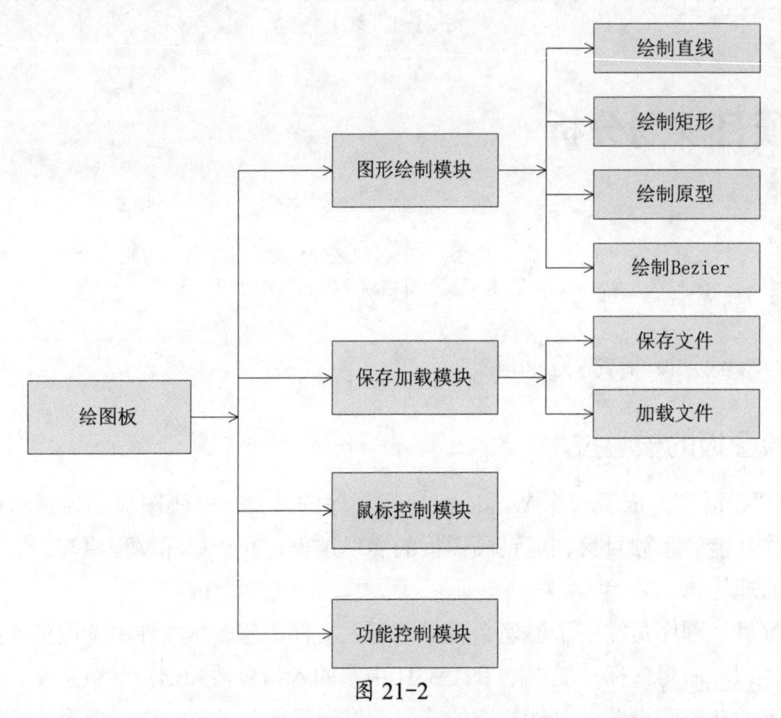

图 21-2

（1）图形绘制模块。该模块包括图形的绘制和操作功能，主要有绘制直线、移动直线、缩放和旋转直线；绘制矩形、移动和缩放矩形；绘制和缩放圆形；绘制 Bezier 曲线。

（2）鼠标控制模块。该模块主要实现鼠标状态的获取、鼠标位置的设置，以及鼠标的绘制等。

（3）功能控制模块。该模块实现的功能包括输出中文、填充像素和显示用户帮助。

（4）保存加载模块。该模块将像素保存到指定文件和从指定文件中读取像素到画布。

至此，整个项目的第一阶段完成。在这一阶段的工作中，读者可以再次体验到规划阶段的重要性。作为一个全新的项目，很多读者没有开发过绘图系统，但是仔细分析 Windows 系统自带的绘图板后，绘图系统的基本功能就了解得差不多了。任何绘图都离不开直线、正方形、矩形、圆和曲线等。所以只要实现了这几个形状的绘制，整个绘图工具的地基就打牢了。后续的高级工作只需继续美化和升级即可。

21.3　架构设计

在本节内容中，将详细讲解项目架构设计阶段的实现流程，将首先设计数据结构，然后规划项目中需要的函数，为后面的编码工作做好准备。

↑扫码看视频（本节视频课程时间：1 分 35 秒）

21.3.1　设计数据结构

在项目中没有自定义结构体，在此仅预先定义几个全局变量，见下表 21-1。

表 21-1

全局变量	具体说明
int Rx,Ry,R	分别表示所画圆形的圆心的横坐标、纵坐标，以及圆的半径
int TOPx,TOPy,BOTTOMx,BOTTOMy	分别表示所画矩形的左上角的横坐标、纵坐标，以及右下角的横坐标、纵坐标
int Centx,Centy	表示直线或者矩形旋转中心点的横坐标和纵坐标
int lineStartx,lineStarty,lineEndx,lineEndy	分别表示直线的起点横坐标、纵坐标，以及终点的横坐标、纵坐标
int linePoint_x[20],linePoint_y[20]	这两个数组用于在画 Bezier 曲线时存储所选点的横坐标和纵坐标

注意：此处为什么选择使用结构体？

因为项目本身很简单，所以最开始没有打算使用结构体。但是为了能更好地应付对程序进行扩展，也可以利用结构体来进行点坐标的存储。在 C 语言程序中使用结构体后，对于坐标系来说很容易实现和扩充。在 C 程序中实现结构体的方法十分容易，例如在下面的代码中，*x*、*y* 分别表示点的横坐标和纵坐标。这就创建了一个简单的结构体！

```
Struct POINT
{
        Int x;
        Int y;
  };
```

21.3.2　规划系统函数

（1）outChinese()，函数原型如下所示：

```
void outChinese(char*mat, int x, int y,int color)
```

本程序中虽然有中文显示，但是显示的中文不多，所以就没有加载中文字库，而是生成字模信息来建立一个小型字库，以此来减轻程序“负担”。

outChinese() 函数根据点阵信息显示中文，其中 mat 为字模指针，matisize 为点阵大小，x 和 y 表示起始坐标，color 表示显示的颜色。

（2）fill()，函数原型如下所示：

```
void fill(int startx, int starty,int endy, int color)
```

Fill() 函数用于以指定的颜色填充指定的区域。其中 startx、starty 表示填充区域的左上角横、纵坐标，endx、endy 表示填充区域的右下角的横、纵坐标，color 表示填充的颜色。该函数调用系统画图函数 putpixel() 来实现。

（3）showHelp()，函数原型如下所示：

```
void showHelp()
```

showHelp() 函数用于显示用户使用指南。用户使用指南包括各种图行的绘制方法和调整方法等。

（4）save()，函数原型如下所示：

```
void save()
```

Save() 函数用于保存画布中的图形。用户首先输入保存文件的文件名，然后将画布中的像素写入文件，保存文件是以“.dat”结尾的。保存完毕将提示用户。

（5）函数 load()，函数原型如下所示：

```
void load()
```

load() 函数用于打开已有的图形。用户首先输入打开文件的文件名，然后将文件中的像素输入画布中。打开完毕将提示用户。如果打开过程中出现错误，如没有找到指定的文件等，也将显示错误信息。

（6）mouseStatus()，函数原型如下所示：

```
int mouseStatus(int*x,int*y)
```

mouseStatus() 函数用于获取鼠标的状态，包括鼠标指针所处的横坐标、纵坐标，以及鼠标的按键情况。中断的入口参数 AH 为 03H，出口参数 BH 表示鼠标按键状态，位 0 为 1 表示按下左键，位 1 为 1 表示按下右键，位 2 为 1 表示按下中键；CX 表示水平位置，DX 表示垂直位置。函数中传递的指针参数 *x*、*y* 分别用来接收鼠标指针的水平位置和垂直位置。

（7）setMousePos()，函数原型如下所示：

```
int setMosePos(int x,int y)
```

setMousePos() 函数用来设置鼠标的位置。*x*、*y* 分别表示预设置的横坐标和纵坐标。这里中断的入口参数 AH 为 1，分别把 *x* 和 *y* 赋给寄存器 CX 和 DX。

（8）DrawMouse()，函数原型如下所示：

```
voidDrawMouse(float x,float y)
```

DrawMouse() 函数用于绘制鼠标。*x*、*y* 分别表示鼠标指针所处的位置。

（9）DrawLine()，函数原型如下所示：

```
void DrawLine()
```

DrawLine() 函数用于绘制直线。单击鼠标左键，捕获鼠标指针位置，并以此为起点开始画直线，拖动鼠标，松开鼠标结束绘制。然后可以通过键盘来调整直线的位置、大小等。

（10）DrawRectangle()，函数原型如下所示：

```
void DrawRectangle()
```

DrawRectangle() 函数用于绘制矩形。其绘制方法与直线的绘制方法一致。

（11）LineToCircle()，函数原型如下所示：

```
void LineToCircle(int x0,int y0,int r)
```

LineToCircle() 函数实现的是直线法生成圆。x0、y0 表示圆心，r 表示半径。直线法生成圆的相关知识读者可查阅图形学资料。

（12）DrawCircle()，函数原型如下所示：

```
void DrawCircle()
```

DrawCircle() 函数实现的是画圆功能，该函数是调用 LineToCircle() 函数来实现的。

（13）factorial()，函数原型如下所示：

```
void factorial(int n)
```

factorial() 函数用于求阶乘，n 表示需要求阶乘的函数。求阶乘的方法很多，本程序中使用的是比较原始的方法，即从 n 依次乘到 1，也可以用递归来实现，读者可以自行设计。

（14）berFunction()，函数原型如下所示：

```
float berFunction(int I,int n,double t)
```

berFunction() 函数是伯恩斯坦基函数的计算，该函数调用了前面的阶乘函数 factorial().

（15）DrawBezier()，函数原型如下所示：

```
void DrawBezier()
```

DrawBezier() 函数实现画 Bezier 曲线，该函数调用了 berFunction() 函数。Bezier 曲线的绘制涉及数学知识，读者可查阅相关资料。

21.4　具体编码

前面已经完成了前两个阶段的工作，接下来项目进入第三阶段的具体编码工作。现在资料充足，既有功能分析策划书，也有函数规划和全局变量。有了这些资料，整个编码思路就变得十分清晰了。

↑扫码看视频（本节视频课程时间：1 分 03 秒）

21.4.1　实现预处理模块

在此模块中，主要实现文件的加载、常量的定义和全局变量的定义，以及点阵字模的定义等功能。具体实现代码如下所示：

```
#include <graphics.h>
#include <stdlib.h>
#include <conio.h>
#include <stdio.h>
#include <dos.h>
#include <bios.h>
#include <math.h>
#include <alloc.h>

/* 定义常量 */
/* 向上翻页移键 */
#define PAGEUP 0x4900
/* 向下翻页移键 */
#define PAGEDOWN 0x5100
```

```
/*Escape键*/
#define ESC 0x011b
/*左移键*/
#define LEFT 0x4b00
/*右移键*/
#define RIGHT 0x4d00
/*下移键*/
#define DOWN 0x5000
/*上移键*/
#define UP 0x4800
/*空格键*/
#define SPACE 0x3920

#define    NO_PRESSED    0
#define    LEFT_PRESSED  1
#define    RIGHT_PRESSED 2
#define    pi            3.1415926

/*定义全局变量*/
int Rx,Ry,R;
int TOPx,TOPy,BOTTOMx,BOTTOMy;
int Centx,Centy;
int lineStartx,lineStarty,lineEndx,lineEndy;
int linePoint_x[20],linePoint_y[20];

/*这里的字模数组均由"点阵字模工具"生成，你可以用你自己需要的点阵信息来
替换示例中的字模信息，注意字模大小要一致，否则显示会出问题。*/
char zhi16K[]={
/* 以下是 '直' 的 16点阵楷体_GB2312 字模，32 byte */
  0x01,0x00,0x01,0x00,0x01,0xF0,0x1E,0x00,
  0x02,0x00,0x07,0xC0,0x08,0x40,0x0F,0x40,
  0x08,0x40,0x0F,0x40,0x08,0x40,0x0F,0x40,
  0x08,0x40,0x0F,0xFC,0x70,0x00,0x00,0x00,
};

char xian16K[]={
/* 以下是 '线' 的 16点阵楷体_GB2312 字模，32 byte */
  0x00,0x80,0x00,0x90,0x08,0x88,0x10,0x80,
  0x24,0xF0,0x45,0x80,0x78,0xB0,0x11,0xC0,
  0x2C,0x88,0x70,0x50,0x04,0x60,0x18,0xA4,
  0x63,0x14,0x00,0x0C,0x00,0x04,0x00,0x00,
};
//此处依次省略汉字'矩''形''圆''清''屏''保''存''加''载' '帮'的 16点阵楷体_
GB2312 字模，32 byte
char zhu16K[]={
/* 以下是 '助' 的 16点阵楷体_GB2312 字模，32 byte */
  0x00,0x00,0x00,0x20,0x0C,0x20,0x34,0x20,
  0x24,0x20,0x34,0x38,0x25,0xC8,0x34,0x48,
  0x24,0x48,0x26,0x88,0x38,0x88,0xE1,0x28,
  0x02,0x10,0x04,0x00,0x00,0x00,0x00,0x00,
};

/*自定义函数*/
void outChinese(char *mat,int matsize,int x,int y,int color);
void fill(int startx,int starty,int endx,int endy,int color);
void showHelp();

void save();
void load();

int mouseStatus(int* x,int* y);
int setMousePos(int x, int y);
void DrawMouse(float x,float y);

void DrawLine();
void DrawRectangle();
```

```
void LineToCircle(int x0,int y0,int r);
void DrawCircle();
long factorial(int n);
float berFunction(int i,int n,double t);
void DrawBezier();
```

在上面的编码过程中，预编译中的字模数组是用“点阵字模工具”生成的，读者完全可以用自己需要的点阵信息来替换示例中的字模信息，只要字模大小一致即可，否则显示会出问题。汉字的点阵字模是从点阵字库文件中提取出来的。例如常用的 16×16 点阵 HZK16 文件，12×12 点阵 HZK12 文件等等，这些文件包括了 GB 2312 字符集中的所有汉字。现在只要弄清汉字点阵在字库文件中的格式，就可以按照自己的意愿去显示汉字了。

21.4.2　实现功能控制模块

功能控制模块的功能是实现根据点阵信息显示中文功能、填充屏幕功能和显示用户指南功能，分别由函数 outChinese()、fill() 和 showHelp() 来实现。具体说明见下表 21-2。

表 21-2

函数	具体说明
void outChinese(char*mat,int matsize,int x,int y,int color)	根据定义的点阵字模数组显示中文
void fill(int startx,int starty,int endx,int endy,int color)	在指定的区域用指定的颜色来填充
void showHelp()	显示用户使用指南，包括直线、矩形、圆形和 Bezier 曲线的绘制方法

具体实现代码如下所示：

```
/* 根据点阵信息显示中文函数 */
void outChinese(char *mat,int matsize,int x,int y,int color)
/* 依次：字模指针、点阵大小、起始坐标 (x,y)、颜色 */
{
  int i, j, k, n;
  n = (matsize - 1) / 8 + 1;
  for(j = 0; j < matsize; j++)
    for(i = 0; i < n; i++)
      for(k = 0;k < 8; k++)
        if(mat[j * n + i] & (0x80 >> k))
          /* 测试为 1 的位则显示 */
          putpixel(x + i * 8 + k, y + j, color);
}

/* 填充函数 */
void fill(int startx,int starty,int endx,int endy,int color)
{
    int i,j;
        for(i=startx;i<=endx;i++)
            for(j=starty;j<=endy;j++)
            /* 在指定位置以指定颜色画一像素 */
            putpixel(i,j,color);

}

/* 显示用户帮助函数 */
void showHelp()
{
    setcolor(14);
    outtextxy(45,50,"Line:");
    setcolor(WHITE);
```

```
    outtextxy(45,50,"     1 Press left button to start until to line end.");
    outtextxy(45,65,"     2 Use UP,DOWN,LEFT,RIGHT keys to move it.");
    outtextxy(45,80,"     3 Use PAGEUP key to enlarge it, and PAGEDOWN key to
                                                        shrink it.");
    outtextxy(45,95,"     4 Use SPACE key to rotate it.");

    setcolor(14);
    outtextxy(45,120,"Rectangle:");
    setcolor(WHITE);
    outtextxy(45,120,"    1 Press left button to start until to right corner.");
    outtextxy(45,135,"    2 Use UP,DOWN,LEFT,RIGHT keys to move it.");
    outtextxy(45,150,"    3 Use PAGEUP key to enlarge it, and PAGEDOWN key to
                                                        shrink it.");

    setcolor(14);
    outtextxy(45,170,"Circle:");
    setcolor(WHITE);
    outtextxy(45,170,"    1 Press left button to start until to end.");
    outtextxy(45,185,"    2 Use PAGEUP key to enlarge it, and PAGEDOWN key to
                                                        shrink it.");

    setcolor(14);
    outtextxy(45,205,"Bezier:");
    setcolor(WHITE);
    outtextxy(45,205,"    Press left button to start, and right button to end.");

    outtextxy(45,230,"Press ESC key to stop the operation function.");
    outtextxy(45,245,"Press right button to end the drawing works.");
    outtextxy(45,260,"Press any key to continue......");
    getch();
    fill(40,40,625,270,0);
}
```

21.4.3 实现保存加载模块

此模块的功能是保存功能和加载功能，具体功能是由函数 save() 和 load() 来实现，具体说明如下：

（1）void save()：保存画布中的像素到指定文件。

（2）void load()：将指定文件中的像素加载到画布中。

具体实现代码如下所示：

```
/* 保存函数 */
void save()
{
    int i,j;
    FILE *fp;
    char fileName[20];

    fill(0,447,630,477,2);
    gotoxy(1,25);
    printf("\n\n\n\n  Input the file name[.dat]:");
    scanf("%s",fileName);
    fill(0,447,630,477,2);

    /* 以读写的方式打开文件 */
    if((fp=fopen(fileName,"w+"))==NULL)
    {
        outtextxy(260,455,"Failed to open file!");
        exit(0);
    }
    outtextxy(280,455,"saving...");

    /* 保存像素到文件 */
    for(i=5;i<630;i++)
```

```
        for(j=30;j<=445;j++)
            fputc(getpixel(i,j),fp);
    fclose(fp);

    fill(0,447,630,477,2);
    outtextxy(260,455,"save over!");
}

/* 打开函数 */
void load()
{
    int i,j;
    char fileName[20];
    FILE *fp;

    fill(0,447,630,477,2);
    gotoxy(1,25);
    printf("\n\n\n\n  Input the file name[.dat]:");
    scanf("%s",fileName);

    /* 打开指定的文件 */
    if((fp=fopen(fileName,"r+"))!=NULL)
    {
        fill(0,447,630,477,2);
        outtextxy(280,455,"loading...");

        /* 从文件中读出像素 */
        for(i=5;i<630;i++)
            for(j=30;j<=445;j++)
                putpixel(i,j,fgetc(fp));
        fill(0,447,630,477,2);
        outtextxy(280,455,"loading over !");
    }
    /* 打开失败 */
    else
    {
        fill(0,447,630,477,2);
        outtextxy(260,455,"Failed to open file!");

    }
    fclose(fp);
}
```

21.4.4　实现鼠标控制模块

鼠标控制模块的功能是实现对鼠标的操作，包括鼠标状态的获取、鼠标位置的设置和绘制鼠标，这几个功能分别由函数 mouseStatus()、setMousePos() 和 drawMouse() 来实现。具体说明见下表 21-3。

表 21-3

函数	具体说明
int mouseStatus(int* x, int* y)	获取鼠标的位置，包括水平位置和垂直位置，以及鼠标的按键情况（左键、右键和没有按键）
int setMousePos(int x , int y)	设置鼠标的位置，将鼠标指针设置在（x,y）表示的坐标位置
void DrawMouse(float x,float y)	绘制鼠标

具体实现代码如下所示：

```
/* 获取鼠标状态函数 */
```

```
int mouseStatus(int* x,int* y)
{
    /* 定义两个寄存器变量，分别存储入口参数和出口参数 */
    union REGS inregs,outregs;
    int status;
    status=NO_PRESSED;

    /* 入口参数 AH = 3，读取鼠标位置及其按钮状态 */
    inregs.x.ax=3;
    int86(0x33,&inregs,&outregs);
    /*CX 表示水平位置，DX 表示垂直位置 */
    *x=outregs.x.cx;
    *y=outregs.x.dx;

    /*BX 表示按键状态 */
    if(outregs.x.bx&1)
        status=LEFT_PRESSED;
    else if(outregs.x.bx&2)
        status=RIGHT_PRESSED;
    return (status);
}

/* 设置鼠标指针位置函数 */
int setMousePos(int x,int y)
{
    union REGS inregs,outregs;

    /* 入口参数 AH = 4，设置鼠标指针位置 */
    inregs.x.ax=4;
    inregs.x.cx=x;
    inregs.x.dx=y;
    int86(0x33,&inregs,&outregs);
}

/* 绘制鼠标函数 */
void DrawMouse(float x,float y)
{
    line(x,y,x+5,y+15);
    line(x,y,x+15,y+5);
    line(x+5,y+15,x+15,y+5);
    line(x+11,y+9,x+21,y+19);
    line(x+9,y+11,x+19,y+21);
    line(x+22,y+19,x+20,y+21);
}
```

21.4.5 图形绘制模块

1. 绘制直线

在本项目中，直线绘制功能是由函数 DrawLine() 实现的，该函数实现了直线的绘制、调整 (包括移动、旋转和缩放) 功能。函数 DrawLine() 的具体实现代码如下所示：

```
/* 绘制直线函数 */
void DrawLine()
{
   int x0,y0,x1,y1;
   int last_x=0,last_y=0;
   int endFlag=0;
   int key;
   int temStartx,temStarty,temEndx,temEndy;
   int increment_x,increment_y,angle;

   DrawMouse(last_x,last_y);
   while(1)
   {
        /* 右键结束画直线 */
        while((mouseStatus(&x1,&y1)==RIGHT_PRESSED))
```

```
            endFlag=1;
        if(endFlag==1)
            break;
        /*鼠标移动，没有单击，仅仅画移动的鼠标*/
        while(mouseStatus(&x1,&y1) == NO_PRESSED)
        {
            if(last_x!=x1||last_y!=y1)
            {
                DrawMouse(last_x,last_y);
                DrawMouse(x1,y1);
                last_x=x1;
                last_y=y1;
            }
        }
        /*单击左键后，开始画直线*/
        if(mouseStatus(&x0,&y0)==LEFT_PRESSED)
        {
            DrawMouse(last_x,last_y);
            line(x0,y0,x1,y1);
            last_x=x1;
            last_y=y1;
            /*拉动过程中，画直线和鼠标*/
            while(mouseStatus(&x1, &y1)==LEFT_PRESSED)
            {
                if(last_x!=x1||last_y!=y1)
                {
                    line(x0,y0,last_x,last_y);
                    line(x0,y0,x1,y1);
                    last_x=x1;
                    last_y=y1;
                }
            }
            /*松开左键后，画直线完成，记录直线的起始位置*/
            lineStartx=x0;
            lineStarty=y0;
            lineEndx=x1;
            lineEndy=y1;

            while(1)
            {
                /*从键盘获取键值，开始操作（移动、放大、缩小、旋转）直线*/
                key=bioskey(0);
                /*ESC键，退出操作*/
                if(key==ESC)
                    break;

                /*旋转*/
                if(key==SPACE)
                {
                    /*计算旋转中心*/
                    /*如果直线示倾斜的*/
                    if((lineStarty!=lineEndy)&& (lineStartx!=lineEndx))
                    {
                        Centx=(lineEndx-lineStartx)/2+lineStartx;
                        Centy=(lineEndy-lineStarty)/2+lineStarty;
                    }

                    /*如果直线是竖直的*/
                    if(lineStarty==lineEndy)
                    {
                        Centx=(lineEndx-lineStartx)/2+lineStartx;
                        Centy=lineStarty;
                    }

                    /*如果直线是水平的*/
                    if(lineStartx==lineEndx)
                    {
                        Centx=lineStartx;
```

```
            Centy=(lineEndy-lineStarty)/2+lineStarty;
        }

        temStartx=lineStartx;
        temStarty=lineStarty;
        temEndx=lineEndx;
        temEndy=lineEndy;

        /*旋转不能超过边界*/
        if(lineStartx>=10 && lineStarty>=40 && lineEndx <=620 &&
                                                    lineEndy <=445)
        {
            /*清除原有的直线*/
            setwritemode(XOR_PUT);
            line(lineStartx,lineStarty,lineEndx,lineEndy);

            /*计算旋转 30 度后的起点坐标*/
            lineStartx=(temStartx-Centx)*cos(pi/6)-(temStarty-
                                        Centy)*sin(pi/6)+Centx;
            lineEndx=(temEndx-Centx)*cos(pi/6)-(temEndy-
                                        Centy)*sin(pi/6)+Centx;

            /*计算旋转 30 度后的终点坐标*/
            lineStarty=(temStartx-Centx)*sin(pi/6)+(temStarty-
                                        Centy)*cos(pi/6)+Centy;
            lineEndy=(temEndx-Centx)*sin(pi/6)+(temEndy-
                                        `Centy)*cos(pi/6)+Centy;

            temStartx=lineStartx;
            temStarty=lineStarty;
            temEndx=lineEndx;
            temEndy=lineEndy;

            /*绘制旋转后的直线*/
            line(lineStartx,lineStarty,lineEndx,lineEndy);
        }
    }
    /*左移直线*/
    if(key==LEFT)
    {
        if(lineStartx>=10 && lineStarty>=40 && lineEndx <=620 &&
                                                    lineEndy <=445)
        {
            setwritemode(XOR_PUT);
            line(lineStartx,lineStarty,lineEndx,lineEndy);
            /*起始的横坐标减小*/
            lineStartx-=5;
            lineEndx-=5;
            line(lineStartx,lineStarty,lineEndx,lineEndy);
        }
    }

    /*右移直线*/
    if(key==RIGHT)
    {
        if(lineStartx>=10 && lineStarty>=40 && lineEndx <=620 &&
                                                    lineEndy <=445)
        {
            setwritemode(XOR_PUT);
            line(lineStartx,lineStarty,lineEndx,lineEndy);
            /*起始的横坐标增加*/
            lineStartx+=5;
            lineEndx+=5;
            line(lineStartx,lineStarty,lineEndx,lineEndy);
        }
    }
```

```
        /* 下移直线 */
        if(key==DOWN)
        {
            if(lineStartx>=10 && lineStarty>=40 && lineEndx <=620 &&
                                                        lineEndy <=445)
            {
                setwritemode(XOR_PUT);
                line(lineStartx,lineStarty,lineEndx,lineEndy);
                /* 起始的纵坐标增加 */
                lineStarty+=5;
                lineEndy+=5;
                line(lineStartx,lineStarty,lineEndx,lineEndy);
            }
        }

        /* 上移直线 */
        if(key==UP)
        {
            if(lineStartx>=10 && lineStarty>=40 && lineEndx <=620 &&
                                                        lineEndy <=445)
            {
                setwritemode(XOR_PUT);
                line(lineStartx,lineStarty,lineEndx,lineEndy);
                /* 起始的纵坐标减小 */
                lineStarty-=5;
                lineEndy-=5;
                line(lineStartx,lineStarty,lineEndx,lineEndy);
            }
        }
        /* 放大直线 */
        if(key==PAGEUP)
        {
            if(lineStartx>=10 && lineStarty>=40 && lineEndx <=620 &&
                                                        lineEndy <=445)
            {
                setwritemode(XOR_PUT);
                line(lineStartx,lineStarty,lineEndx,lineEndy);

                /* 如果直线是倾斜的 */
                if((lineStarty!=lineEndy)&& (lineStartx!=lineEndx))
                {
                    /* 计算直线的倾角 */
                    angle=atan((fabs(lineEndy-lineStarty))/
                                        (fabs(lineEndx-lineStartx)));
                    /* 计算水平增量 */
                    increment_x=cos(angle)*2;
                    /* 计算垂直增量 */
                    increment_y=sin(angle)*2;

                    /* 计算放大后的起始坐标 */
                    if(lineStartx<lineEndx)
                    {
                        lineStartx-=increment_x;
                        lineStarty-=increment_y;
                        lineEndx+=increment_x;
                        lineEndy+=increment_y;
                    }
                    if(lineStartx>lineEndx)
                    {
                        lineEndx-=increment_x;
                        lineEndy-=increment_y;
                        lineStartx+=increment_x;
                        lineStarty+=increment_y;
                    }
                }
                /* 如果直线竖直的 */
                if(lineStarty==lineEndy)
```

```
            {
                lineStartx-=5;
                lineEndx+=5;
            }
            /* 如果直线是水平的 */
            if(lineStartx==lineEndx)
            {
                lineStarty-=5;
                lineEndy+=5;
            }
            line(lineStartx,lineStarty,lineEndx,lineEndy);
        }
    }
    /* 缩小直线 */
    if(key==PAGEDOWN)
    {
        if(lineStartx>=10 && lineStarty>=40 && lineEndx <=620 &&
                                                lineEndy <=445)
        {
            setwritemode(XOR_PUT);
            line(lineStartx,lineStarty,lineEndx,lineEndy);
            /* 如果直线是倾斜的 */
            if((lineStarty!=lineEndy)&& (lineStartx!=lineEndx))
            {
                /* 计算直线的倾角 */
                angle=atan((fabs(lineEndy-lineStarty))/
                                    (fabs(lineEndx-lineStartx)));
                /* 计算水平减少量 */
                increment_x=cos(angle)*2;
                /* 计算垂直减少量 */
                increment_y=sin(angle)*2;
                /* 计算缩小后的起始坐标 */
                if(lineStartx<lineEndx)
                {
                    lineStartx+=increment_x;
                    lineStarty+=increment_y;
                    lineEndx-=increment_x;
                    lineEndy-=increment_y;
                }
                if(lineStartx>lineEndx)
                {
                    lineEndx+=increment_x;
                    lineEndy+=increment_y;
                    lineStartx-=increment_x;
                    lineStarty-=increment_y;
                }
            }

            /* 如果直线竖直的 */
            if(lineStarty==lineEndy)
            {
                lineStartx+=5;
                lineEndx-=5;
            }

            /* 如果直线是水平的 */
            if(lineStartx==lineEndx)
            {
                lineStarty+=5;
                lineEndy-=5;
            }
            line(lineStartx,lineStarty,lineEndx,lineEndy);
        }
    }
}
DrawMouse(x1,y1);
}
```

```
        }
        DrawMouse(last_x,last_y);
    }
```

由此可见，不但可以绘制直线，而且可以对直线进行上移、下移、左移、右移处理。

2．绘制矩形

绘制矩形功能由 DrawRectangle() 函数来实现，该函数实现了矩形的绘制、调整（包括移动和缩放）功能。其实现原理和绘制、调整方法与直线的实现原理和绘制、调整方法基本一致，具体实现代码如下所示：

```
/* 绘制矩形函数 */
void DrawRectangle()
{
    int x0,y0,x1,y1;
    int last_x=0,last_y=0;
    int endFlag=0;
    int key;

    DrawMouse(last_x,last_y);
    while(1)
    {
        /* 单击右键，结束绘制矩形 */
        while((mouseStatus(&x1,&y1)==RIGHT_PRESSED))
            endFlag=1;
        if(endFlag==1)
            break;

        /* 移动鼠标，仅仅绘制鼠标即可 */
        while(mouseStatus(&x1,&y1) == NO_PRESSED)
        {
            if(last_x!=x1||last_y!=y1)
            {
                DrawMouse(last_x,last_y);
                DrawMouse(x1,y1);
                last_x=x1;
                last_y=y1;
            }
        }

        /* 单击左键开始绘制矩形 */
        if(mouseStatus(&x0,&y0)==LEFT_PRESSED)
        {
            DrawMouse(last_x,last_y);
            rectangle(x0,y0,x1,y1);
            last_x=x1;
            last_y=y1;

            /* 按着鼠标左键不动，绘制矩形 */
            while(mouseStatus(&x1,&y1)==LEFT_PRESSED)
            {
                if(last_x!=x1||last_y!=y1)
                {
                    rectangle(x0,y0,last_x,last_y);
                    rectangle(x0,y0,x1,y1);
                    last_x=x1;
                    last_y=y1;
                }
            }

            /* 绘制结束后，记录左上角和右下角的坐标 */
            TOPx=x0;
            TOPy=y0;
            BOTTOMx=x1;
            BOTTOMy=y1;
```

```
while(1)
{
    key=bioskey(0);
    if(key==ESC)
        break;

    /* 放大矩形 */
    if(key==PAGEUP)
    {
        if(TOPx>=10 && TOPy>=40 && BOTTOMx <=620 &&BOTTOMy <=445)
        {
            /* 清除原有的直线 */
            setwritemode(XOR_PUT);
            rectangle(TOPx,TOPy,BOTTOMx,BOTTOMy);
            /* 左上角坐标减小 */
            TOPx-=5;
            TOPy-=5;
            /* 右下角坐标增加 */
            BOTTOMx+=5;
            BOTTOMy+=5;
            /* 绘制放大后的矩形 */
            rectangle(TOPx,TOPy,BOTTOMx,BOTTOMy);
        }
    }

  /* 缩小矩形 */
    if(key==PAGEDOWN)
    {
        if(TOPx>=10 && TOPy>=40 && BOTTOMx <=620 &&BOTTOMy <=445)
        {
            setwritemode(XOR_PUT);
            rectangle(TOPx,TOPy,BOTTOMx,BOTTOMy);
            /* 左上角坐标增加 */
            TOPx+=5;
            TOPy+=5;
            /* 右下角坐标减小 */
            BOTTOMx-=5;
            BOTTOMy-=5;
            /* 绘制缩小后的矩形 */
            rectangle(TOPx,TOPy,BOTTOMx,BOTTOMy);
        }
    }

    /* 左移矩形 */
    if(key==LEFT)
    {
        if(TOPx>=10 && TOPy>=40 && BOTTOMx <=620 &&BOTTOMy <=445)
        {
            setwritemode(XOR_PUT);
            rectangle(TOPx,TOPy,BOTTOMx,BOTTOMy);
            /* 横坐标减小 */
            TOPx-=5;
            BOTTOMx-=5;
            rectangle(TOPx,TOPy,BOTTOMx,BOTTOMy);
        }
    }

    /* 右移矩形 */
    if(key==RIGHT)
    {
        if(TOPx>=10 && TOPy>=40 && BOTTOMx <=620 &&BOTTOMy <=445)
        {
            setwritemode(XOR_PUT);
            rectangle(TOPx,TOPy,BOTTOMx,BOTTOMy);
            /* 横坐标增加 */
            TOPx+=5;
            BOTTOMx+=5;
```

```
                        rectangle(TOPx,TOPy,BOTTOMx,BOTTOMy);
                    }
                }

                /* 下移矩形 */
               if(key==DOWN)
               {
                   if(TOPx>=10 && TOPy>=40 && BOTTOMx <=620 &&BOTTOMy <=445)
                   {
                        setwritemode(XOR_PUT);
                        rectangle(TOPx,TOPy,BOTTOMx,BOTTOMy);
                        /* 纵坐标增加 */
                        TOPy+=5;
                        BOTTOMy+=5;
                        rectangle(TOPx,TOPy,BOTTOMx,BOTTOMy);
                   }
                }

                /* 上移矩形 */
                if(key==UP)
                {
                     if(TOPx>=10 && TOPy>=40 && BOTTOMx <=620 &&BOTTOMy <=445)
                     {
                        setwritemode(XOR_PUT);
                        rectangle(TOPx,TOPy,BOTTOMx,BOTTOMy);
                        /* 纵坐标减小 */
                        TOPy-=5;
                        BOTTOMy-=5;
                        rectangle(TOPx,TOPy,BOTTOMx,BOTTOMy);
                     }
                }
            }
            DrawMouse(x1,y1);
        }
    }
    DrawMouse(last_x,last_y);
}
```

3. 绘制圆形

圆形的绘制功能通过如下两个函数实现：

（1）直线生成圆函数 LineToCircle()。

（2）画橡皮筋圆函数 DrawCircle()。

LineToCircle() 函数是为实现画橡皮筋圆（即圆随着鼠标的移动而不断扩大或者缩小）而编写的。对于圆形的绘制步骤和直线绘制步骤类似，具体实现代码如下所示：

```
/* 用直线法生成圆 */
void LineToCircle(int x0,int y0,int r)
{
   int angle;
   int x1,y1,x2,y2;

   angle=0;
   x1=r*cos(angle*pi/180);
   y1=r*sin(angle*pi/180);

   while(angle<45)
   {
      angle+=5;
      x2=r*cos(angle*pi/180);
      y2=r*sin(angle*pi/180);
      while(x2==x1)
        x2++;
      while(y2==y1)
        y2++;
```

```
        line(x0+x1,y0+y1,x0+x2,y0+y2);
        line(x0-x1,y0+y1,x0-x2,y0+y2);
        line(x0+x1,y0-y1,x0+x2,y0-y2);
        line(x0-x1,y0-y1,x0-x2,y0-y2);
        line(x0+y1,y0-x1,x0+y2,y0-x2);
        line(x0+y1,y0+x1,x0+y2,y0+x2);
        line(x0-y1,y0-x1,x0-y2,y0-x2);
        line(x0-y1,y0+x1,x0-y2,y0+x2);
        x1=x2+1;
        y1=y2+1;
    }
}

/*绘制圆函数*/
void DrawCircle()
{
    int x0,y0,x1,y1,r,oldr;
    int last_x,last_y;
    int endFlag;
    int key;

    last_x=0;
    last_y=0;
    endFlag=0;

    DrawMouse(last_x,last_y);
    while(1)
    {
        /*单击右键，绘制圆结束*/
        while((mouseStatus(&x1,& y1)==RIGHT_PRESSED))
        {
            endFlag=1;
        }
        if(endFlag==1)
            break;

        /*移动鼠标，仅绘制鼠标即可*/
        while(mouseStatus(&x1,&y1) == NO_PRESSED)
        {
            if(last_x!=x1||last_y!=y1)
            {
                DrawMouse(last_x,last_y);
                DrawMouse(x1,y1);
                last_x=x1;
                last_y=y1;
            }
        }

        /*单击左键，开始绘制圆*/
        if(mouseStatus(&x0,&y0)==LEFT_PRESSED)
        {
            /*计算半径*/
            r=sqrt((x0-x1)*(x0-x1)+(y0-y1)*(y0-y1));
            DrawMouse(last_x,last_y);
            LineToCircle(x0,y0,r);
            last_x=x1;
            last_y=y1;
            oldr=r;

            /*按住鼠标左键不动，拖动鼠标绘制圆*/
            while(mouseStatus(&x1,&y1)==LEFT_PRESSED)
            {
                if(last_x!=x1||last_y!=y1)
                {
                    r=sqrt((x0-x1)*(x0-x1)+(y0-y1)*(y0-y1));
                    LineToCircle(x0,y0,oldr);
                    LineToCircle(x0,y0,r);
```

```
                last_x=x1;
                last_y=y1;
                oldr=r;
            }
        }
        /*绘制结束后，记录圆的圆心和半径*/
        Rx=x0;
        Ry=y0;
        R=r;

    while(1)
    {
        key=bioskey(0);
        if(key==ESC)
           break;
        /*放大圆*/
        if(key==PAGEUP)
            {
                if(Rx-R>10 && Ry-R>40 && Rx+R<620 && Ry+R<445)
                {
                    /*如果半径和初始状态一样大，则保留原来的圆*/
                    if(R==r)
                    {
                        setcolor(WHITE);
                        R+=10;
                        circle(Rx,Ry,R);
                    }
                    else
                    {
                        setcolor(BLACK);
                        /*用背景色画圆，覆盖原有的*/
                        circle(Rx,Ry,R);
                        /*增加半径*/
                        R+=10;
                        setcolor(WHITE);
                        /*绘制新圆*/
                        circle(Rx,Ry,R);
                    }
                }
            }
        /*缩小圆*/
         if(key==PAGEDOWN)
            {
                if(Rx-R>10 && Ry-R>40 && Rx+R<620 && Ry+R<445)
                {
                    /*如果半径和初始状态一样大，则保留原来的圆*/
                    if(R==r)
                    {
                        setcolor(WHITE);
                        R-=10;
                        circle(Rx,Ry,R);
                    }
                    else
                    {
                        setcolor(BLACK);
                        /*用背景色画圆，覆盖原有的*/
                        circle(Rx,Ry,R);
                        setcolor(WHITE);
                        /*减小半径*/
                        R-=10;
                        circle(Rx,Ry,R);
                    }
                }
            }
        }
        DrawMouse(x1,y1);
    }
```

```
    }
    DrawMouse(last_x,last_y);
}
```

4. 绘制 Bezier 曲线

Bezier 曲线的生成涉及数学计算，此功能需要由 3 个函数来实现，分别是求阶乘函数、伯恩斯坦基函数和 Bezier 曲线绘制函数，具体说明见下表 21-4。

表 21-4

函数	具体说明
long factorial(int n)	计算阶乘
float berFunction(int i,int n,doublet)	计算伯恩斯坦基函数
void DrawBezier()	绘制 Bezier 曲线函数

具体实现代码如下所示：

```
/*求阶乘函数*/
long factorial(int n)
{
    long s=1;
    if(n==0)
        return 1;

    while(n>0)
    {
        s*=n;
        n--;
    }
    return s;
}

/*伯恩斯坦基函数*/
float berFunction(int i,int n,double t)
{
    if(i==0&&t==0||t==1&&i==n)
        return  1;
    else if(t==0||t==1)
        return 0;
    return  factorial(n)/(factorial(i)*factorial(n-i))*pow(t,i)*pow(1-t,n-i);

}

/*绘制 Bezier 曲线函数*/
void DrawBezier()
{
    int x,y,x0,y0,x1,y1;
    float j,t,dt;
    int i,n;
    int endFlag=0;
    int last_x=0,last_y=0;
    n=0;

    DrawMouse(last_x,last_y);
    while(mouseStatus(&x1,&y1)==LEFT_PRESSED);
    while(1)
    {
            while((mouseStatus(&x1,&y1)==RIGHT_PRESSED))
                endFlag=1;
            if(endFlag==1)
                break;
            /*如果有两个以上的点，则将其连接，即画直线*/
            if(n>1)
```

```
                line(linePoint_x[n-1],linePoint_y[n-1],linePoint_x[n-
                                                        2],linePoint_y[n-2]);

            /*移动鼠标*/
            while(mouseStatus(&x1,&y1) == NO_PRESSED)
            {
                if(last_x!=x1||last_y!=y1)
                {
                    DrawMouse(last_x,last_y);
                    DrawMouse(x1,y1);
                    last_x=x1;
                    last_y=y1;
                }
            }
            /*单击左键时，绘制点*/
            while(mouseStatus(&x0,&y0)==LEFT_PRESSED);
            putpixel(x0,y0,14);
            /*记录每次鼠标左键单击的点坐标*/
            linePoint_x[n]=x0;
            linePoint_y[n]=y0;
            n++;
        }
        DrawMouse(x1,y1);
        dt=1.0/10;
        setwritemode(0);
        for(j=0;j<=10;j+=0.5)
        {
          t=j*dt;
          x=0;
          y=0;
          i=0;
          while(i<n-1)
          {
              x+=berFunction(i,n-2,t)*linePoint_x[i];
              y+=berFunction(i,n-2,t)*linePoint_y[i];
              i++;
          }
          if(j==0)
             moveto(x,y);

          lineto(x,y);

        }
        setwritemode(1);
    }
```

在上面的绘制图形函数中，用到了 Turbo C 提供的内置绘图函数。图形由点、线、面组成，Turbo C 提供了一些函数，以完成这些操作，而所谓面则可由对封闭图形填上颜色来实现。当图形系统初始化后，在此阶段将要进行的画图操作均采用缺省值作为参数的当前值，如画图屏幕为全屏，当前开始画图坐标为 (0，0)(又称当前画笔位置，虽然这个笔是无形的)，又如采用画图的背景颜色和前景颜色、图形的填充方式，以及可以采用的字符集（字库）等均为缺省值。

21.4.6　主函数模块

主函数 main() 实现对整个项目程序的控制。首先进行屏幕的初始化，进入图形界面，进行按钮绘制、中文输出等操作，然后对用户单击的按钮进行捕获，并调用相应的函数进行处理。具体代码如下所示：

```
    void main()
    {
```

```
    int gdriver,gmode;
    int x0,y0,x1,y1;
    int last_x,last_y;
    int i;

    x0=250;
    y0=250;
    gdriver=DETECT;
    while( 1)
    {
        initgraph(&gdriver,&gmode,"");
        setbkcolor(0);
        setcolor(14);
        /* 绘制画布 */
        rectangle(5,30,630,445);
        setfillstyle(1,2);
        /* 填充画布以外的颜色，画布仍呈背景色 */
        floodfill(10,10,14);

        /* 绘制按钮框 */
        for(i=0;i<=7;i++)
        {
            setcolor(RED);
            line(60*i+1,2,60*i+1,25);
            line(60*i+1,2,60*i+55,2);
            setcolor(RED);
            line(60*i+1,25,60*i+55,25);
            line(60*i+55,2,60*i+55,25);
        }

        setcolor(RED);
        line(0,446,639,446);
        line(0,478,639,478);

        setcolor(8);
        /* 绘制退出按钮框 */
        rectangle(570,2,625,25);
        setfillstyle(1,RED);
        floodfill(620,5,8);
        setcolor(WHITE);
        outtextxy(585,10,"EXIT");

        /* 显示 " 直线 "*/
        outChinese(zhi16K, 16, 10,6, WHITE);
        outChinese(xian16K, 16, 28,6, WHITE);

        /* 显示 " 矩形 "*/
        outChinese(ju16K, 16, 70,6, WHITE);
        outChinese(xing16K, 16, 88,6, WHITE);

        /* 显示 " 圆形 "*/
        outChinese(yuan16K, 16, 130,6, WHITE);
        outChinese(xing16K, 16, 148,6, WHITE);

        outtextxy(185,10,"Bezier");

        /* 显示 " 清屏 "*/
        outChinese(qing16K, 16, 250,6, WHITE);
        outChinese(ping16K, 16, 268,6, WHITE);

        /* 显示 " 保存 "*/
        outChinese(bao16K, 16, 310,6, WHITE);
        outChinese(cun16K, 16, 328,6, WHITE);

        /* 显示 " 加载 "*/
        outChinese(jia16K, 16, 370,6, WHITE);
```

```
outChinese(zai16K, 16, 388,6, WHITE);

/*显示"帮助"*/
outChinese(bang16K, 16, 430,6, WHITE);
outChinese(zhu16K, 16, 448,6, WHITE);

setMousePos(x0,y0);
setwritemode(1);
DrawMouse(x0,y0);

last_x=x0;
last_y=y0;
while(!((mouseStatus(&x1,&y1)==NO_PRESSED) && x1>240 &&x1<295&&y1>1&&y1<25))
{
    /*单击退出按钮*/
    if((mouseStatus(&x1,&y1)==NO_PRESSED) && x1>570 &&x1<625&&y1>1&&y1<25)
        exit(0);
    /*鼠标移动*/
    while(mouseStatus(&x1,&y1) == NO_PRESSED||y1>25)
    {
        if(last_x!=x1 && last_y!=y1)
        {
            DrawMouse(last_x,last_y);
            DrawMouse(x1,y1);
            last_x=x1;
            last_y=y1;
        }
    }

    DrawMouse(last_x,last_y);
    /*在按钮框中单击左键后*/
    while(mouseStatus(&x1,&y1)==LEFT_PRESSED);
    /*绘制直线*/
    if(x1>0 && x1<60 && y1>1 && y1<25)
    {
        setwritemode(0);
        setcolor(8);
        /*呈凹陷状态*/
        line(1,2,1,25);
        line(1,2,55,2);
        setcolor(15);
        line(1,25,55,25);
        line(55,2,55,25);
        setwritemode(1);

        DrawLine();

        setwritemode(0);
        setcolor(RED);
        /*还原成初始状态*/
        rectangle(1,2,55,25);
        setcolor(15);
        setwritemode(1);

        DrawMouse(last_x,last_y);
    }

    /*绘制矩形*/
    if(x1>60 && x1<115 && y1>1 && y1<25)
    {
        setwritemode(0);
        setcolor(8);
        line(61,2,61,25);
        line(61,2,115,2);
        setcolor(15);
        line(61,25,115,25);
```

```
        line(115,2,115,25);
        setwritemode(1);

        DrawRectangle();

        setwritemode(0);
        setcolor(RED);
        rectangle(61,2,115,25);
        setcolor(15);
        setwritemode(1);

        DrawMouse(last_x,last_y);
    }

    /* 绘制圆形 */
    if(x1>120 && x1<175 && y1>1 && y1<25)
    {
        setwritemode(0);
        setcolor(8);
        line(121,2,121,25);
        line(121,2,175,2);
        setcolor(15);
        line(121,25,175,25);
        line(175,2,175,25);
        setwritemode(1);

        DrawCircle();

        setwritemode(0);
        setcolor(RED);
        rectangle(121,2,175,25);
        setcolor(15);
        setwritemode(1);

        DrawMouse(last_x,last_y);
    }

    /* 绘制 Bezier 曲线 */
    if(x1>180 && x1<235 && y1>1 && y1<25)
    {
        setwritemode(0);
        setcolor(8);
        line(181,2,181,25);
        line(181,2,235,2);
        setcolor(15);
        line(181,25,235,25);
        line(235,2,235,25);
        setwritemode(1);

        DrawBezier();

        setwritemode(0);
        setcolor(RED);
        rectangle(181,2,235,25);
        setcolor(15);
        setwritemode(1);
        DrawMouse(last_x,last_y);
    }

    /* 保存文件 */
    if(x1>300 && x1<355 && y1>1 && y1<25)
    {
        setwritemode(0);
        setcolor(8);
        line(301,2,301,25);
        line(301,2,355,2);
```

```
                setcolor(15);
                line(301,25,355,25);
                line(355,2,355,25);
                setwritemode(1);

                save();

                setwritemode(0);
                setcolor(RED);
                rectangle(301,2,355,25);
                setcolor(15);
                setwritemode(1);
                DrawMouse(last_x,last_y);
            }

            /*加载已有的文件*/
           if(x1>360 && x1<415 && y1>1 && y1<25)
           {
                setwritemode(0);
                setcolor(8);
                line(361,2,361,25);
                line(361,2,415,2);
                setcolor(15);
                line(361,25,415,25);
                line(415,2,415,25);
                setwritemode(1);

                load();

                setwritemode(0);
                setcolor(RED);
                rectangle(361,2,415,25);
                setcolor(15);
                setwritemode(1);
                DrawMouse(last_x,last_y);
            }

            /*显示用户帮助*/
            if(x1>420 && x1<475 && y1>1 && y1<25)
            {
                setwritemode(0);
                setcolor(8);
                line(421,2,421,25);
                line(421,2,475,2);
                setcolor(15);
                line(421,25,475,25);
                line(475,2,475,25);
                setwritemode(1);

                showHelp();

                setwritemode(0);
                setcolor(RED);
                rectangle(421,2,475,25);
                setcolor(15);
                setwritemode(1);
                DrawMouse(last_x,last_y);
            }

        }
        closegraph();
    }
}
```

21.5 项目调试

在调试项目时，笔者曾经很困惑。整个项目基于图形图像绘制，所以不能用 Visual Studio 或 DEV-C++ 等工具来实现，而只能用 Turbo C 来实现。但是对于用户来说，在虚拟 DOS 界面中展示项目很不方便。我想找一种简单而方便的方法，希望能够在 Windows 环境下实现整个操作。解决方案是使用第三方工具——DOSBox，它可以完全满足我的要求。其运行后界面如图 21-3 所示。

↑扫码看视频（本节视频课程时间：38 分 47 秒）

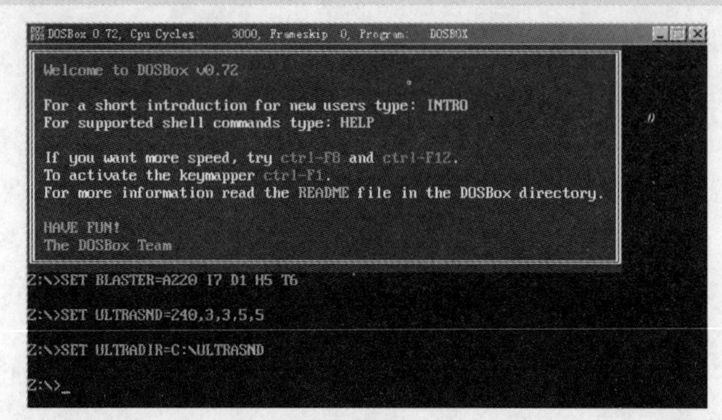

图 21-3

开始调试项目，系统主界面的显示效果如图 21-4 所示。

运行后鼠标指针停留在程序初始化时指定的位置，图中显示了各种绘图按钮、保存加载按钮，以及退出按扭，单击绘图按钮则会进行相应的绘图工作。例如，图 21-5 显示了绘制矩形的效果。

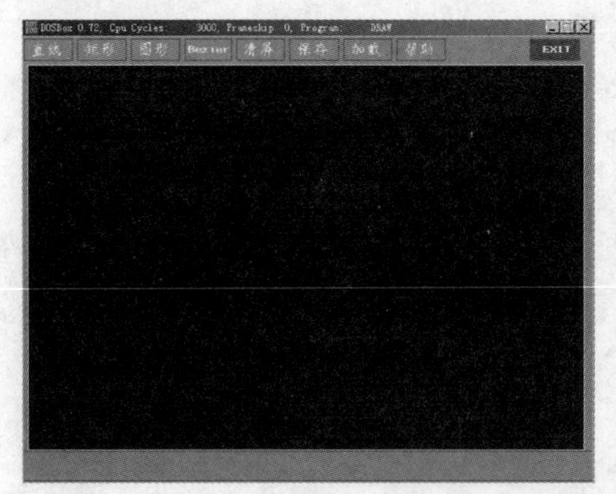

图 21-4

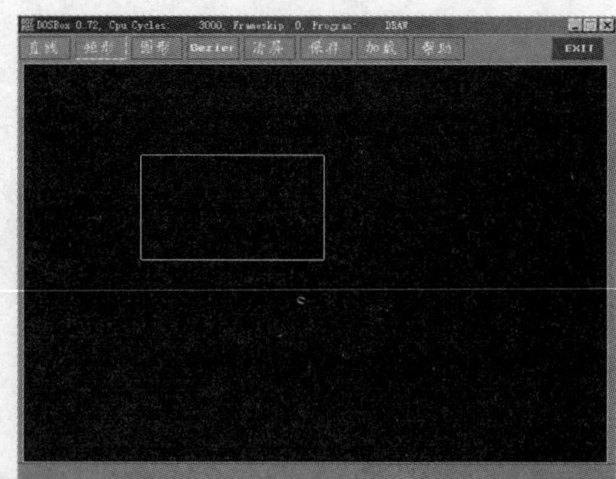

图 21-5